"十三五"国家重点出版物出版规划项目
面向可持续发展的土建类工程教育丛书
普通高等教育"十一五"国家级规划教材
21世纪高等教育建筑环境与能源应用工程系列教材

通风工程

第 2 版

主　编　王汉青
副主编　姬长发　李向阳
参　编　刘荣华　王洪义　李小华　付峥嵘
主　审　汤广发

机械工业出版社

本书继承了第 1 版的优点，在第 1 版基础上，结合国家相关新标准、新规范和通风工程领域的新发展以及教学的新需求，与时俱进，对相关内容进行了修订。

书中介绍了工业有害物种类及其来源和危害，系统讲述了消除工业和民用建筑空气中所含有害物的各种通风方法，内容包括自然通风、全面通风、局部通风、隧道通风、防烟排烟通风、空气净化原理与设备、通风管道设计计算、测量调试等。新增了室外空气污染物包括雾霾的形成、扩散、危害及通风防治方法，多元通风的相关内容，通风工程气流流动的数值模拟方法等。

本书注重基本概念、基本原理、基本方法，同时注重对学生工程设计基本技能的培养，内容全面、翔实，反映了通风工程领域最新的技术和研究成果。各章之间联系紧密，但又相对独立，便于教师的讲解和学生自学。章后附有习题和二维码形式客观题（扫描二维码可在线做题，提交后可参考答案）。

本书可作为高等院校建筑环境与能源应用工程、采矿工程和安全工程等专业的本科生教学用书，也可供暖通空调领域工程技术人员参考。

本书配有 PPT 电子课件、课后习题答案等教学资源，免费提供给选用本书作为教材的授课教师。需要者请登录机械工业出版社教育服务网（www.cmpedu.com）注册后下载。

图书在版编目（CIP）数据

通风工程/王汉青主编. —2 版. —北京：机械工业出版社，2018.3（2023.12 重印）

21 世纪高等教育建筑环境与能源应用工程系列教材 "十三五"国家重点出版物出版规划项目 普通高等教育"十一五"国家级规划教材

ISBN 978-7-111-58857-3

Ⅰ.①通… Ⅱ.①王… Ⅲ.①房屋建筑设备–通风设备–建筑安装–高等学校–教材 Ⅳ.①TU834

中国版本图书馆 CIP 数据核字（2018）第 041504 号

机械工业出版社（北京市百万庄大街 22 号 邮政编码 100037）
策划编辑：刘 涛 责任编辑：刘 涛 臧程程
责任校对：张 征 封面设计：路恩中
责任印制：郜 敏
北京富资园科技发展有限公司印刷
2023 年 12 月第 2 版第 10 次印刷
184mm×260mm·22.5 印张·588 千字
标准书号：ISBN 978-7-111-58857-3
定价：59.00 元

电话服务	网络服务
客服电话：010-88361066	机 工 官 网：www.cmpbook.com
010-88379833	机 工 官 博：weibo.com/cmp1952
010-68326294	金 书 网：www.golden-book.com
封底无防伪标均为盗版	机工教育服务网：www.cmpedu.com

序

建筑环境与设备工程（2012 年更名为建筑环境与能源应用工程）专业是教育部在 1998 年颁布的全国普通高等学校本科专业目录中将原"供热通风与空调工程"专业和"城市燃气供应"专业进行调整、拓宽而组建的新专业。专业的调整不是简单的名称的变化，而是学科科研与技术发展，以及随着经济的发展和人民生活水平的提高，赋予了这个专业新的内涵和新的元素，创造健康、舒适、安全、方便的人居环境是 21 世纪本专业的重要任务。同时，节约能源、保护环境是这个专业及相关产业可持续发展的基本条件。它们和建筑环境与设备工程（建筑环境与能源应用工程）专业的学科科研与技术发展总是密切相关，不可忽视。

新专业的组建及其内涵的定位，首先是由社会需求决定的，也是和社会经济状况及科学技术的发展水平相关的。我国的经济持续高速发展和大规模建设需要大批高素质的本专业人才，专业的发展和重新定位必然导致培养目标的调整和整个课程体系的改革。培养"厚基础、宽口径、富有创新能力"，符合注册公用设备工程师执业资格要求，并能与国际接轨的多规格的专业人才是本专业教学改革的目的。

机械工业出版社本着为教学服务，为国家建设事业培养专业技术人才，特别是为培养工程应用型和技术管理型人才做贡献的愿望，积极探索本专业调整和过渡期的教材建设，组织有关院校具有丰富教学经验的教师编写了这套建筑环境与设备工程（建筑环境与能源应用工程）专业系列教材。

这套系列教材的编写以"概念准确、基础扎实、突出应用、淡化过程"为基本原则，突出特点是既照顾学科体系的完整，保证学生有坚实的数理科学基础，又重视工程教育，加强工程实践的训练环节，培养学生正确判断和解决工程实际问题的能力，同时注重加强学生综合能力和素质的培养，以满足 21 世纪我国建设事业对专业人才的要求。

我深信，这套系列教材的出版，将对我国建筑环境与设备工程（建筑环境与能源应用工程）专业人才的培养产生积极的作用，会为我国建设事业做出一定的贡献。

陈在康

第2版前言

普通高等教育"十一五"国家级规划教材《通风工程》第1版自2007年出版以来,受到了全国相关高等学校的普遍欢迎,截至修订前已印刷10余次,发行近5万册。该教材不但已成为国内不少普通高等学校"通风工程"课程的主选教材,同时也成为许多工程运营人员和设计院所工程师的参考工具书。许多读者来信来函对本书表示积极肯定,也有些读者提出了一些宝贵的意见。近十年来,随着暖通空调领域不断发展,特别是为了应对大气污染和室内外空气环境保护的要求,通风工程领域新产品、新材料和新技术取得了许多新的进展,使得相关规范、标准做了比较多的更新。为了适应这些新形势和新情况,我们对本书进行了修订。

第2版入选"十三五"国家重点出版物出版规划项目。

第2版继承了第1版的优点,聚焦于应用型本科人才的培养,在继续强化基本概念、基本原理和基本方法的同时,重点关注通风工程领域一些新的趋势,诸如相关规范修编,以及雾霾对通风的要求和应用日益广泛的计算流体力学分析方法(Computational Fluid Dynamics,CFD)等。主要修改内容如下:

1. 纠正了一些编写和印刷错误,并根据近几年相关规范的修订情况,对全书相关规范涉及的内容进行了全面修改。

2. 在第1章、第3章增加了室外空气污染物包括雾霾的形成、扩散、危害及通风防治方法的内容。

3. 在第3章增加了多元通风的相关内容,对多元通风、太阳能烟囱等的概念进行了介绍。

4. 在第4章的修改中,出于开拓学生思维的考虑,增加了用于计算吹吸式排风罩的流量比法的概念。

5. 第5章对隧道通风,第6章对粉尘性质、除尘器类型和除尘器选择,第8章对风机的选择计算等内容进行了补充和完善。

6. 针对目前CFD作为一个基本分析工具在通风工程领域应用日益广泛的情况,根据编者长期对CFD在暖通空调领域方面应用的研究,增加了第10章"通风工程气流流动的数值模拟方法",由王汉青编写,该章简要介绍了其基本原理,并用自然通风、三维非定常室内自然对流、机械通风(单、双侧排风罩)、旋风除尘器等典型案例算例,对CFD在暖通空调中的应用进行了介绍。本章可以作为扩充学生知识面的选讲内容或自学内容,也可以作为学生自主学习的课外项目。

第2版由主编王汉青具体制定修订意见,并征求编者意见后统一完成。博士研究生朱辉、李铖俊,硕士研究生周振宇、李坤相和汪婷婷做了许多资料收集工作,在此表示感谢!由于编者知识和经验有限,难免会有差错,诚请各位读者予以指正。

编 者

第1版前言

《通风工程》是普通高等学校建筑环境与设备工程专业主干课程教材之一，本教材可以作为建筑环境与设备工程和采矿工程两个专业的本科生教学用书，按50~60课时编写。

本教材被教育部评为"普通高等教育'十一五'国家级规划教材"。

本教材介绍了工业有害物种类及其来源和危害，系统讲述了消除工业和民用建筑空气中所含有害物的各种通风方法，内容包括全面通风、局部通风、隧道通风、防排烟通风、空气净化原理与设备、通风管道设计计算、测量调试等。本教材注重基本概念、基本原理、基本方法，同时注重对学生工程设计基本技能的培养，内容全面、翔实，各章之间联系紧密但又相对独立，便于教师在讲解中取舍和学生自学。

与一般通风教材相比，本教材在强化基础知识的同时，试图在加强实践能力培养、反映最新科技成果上做些工作。具体体现在以下几个方面：

（1）"置换通风"和"防排烟通风"是近年来发展起来的新兴通风方式，为了适应工程应用的需要，本教材介绍了其基本原理和设计要点。

（2）"自然通风"一章中，为适应建筑节能和以人为本设计理念的要求，增加了对生态建筑通风方式的介绍。

（3）"隧道通风"在工业和民用建筑中使用越来越多，本教材增加了这部分内容，既可满足采矿工程专业的教学要求，又可扩充本专业学生的知识面。

（4）近年来，在民用建筑通风空调工程中，出现了诸如非平衡等离子、光催化、负离子和臭氧净化等新概念，本书在净化原理与设备一章中做了介绍。

（5）在"测量与调试"一章中，增加了有害气体的测量内容，教学中可根据实际需要予以删减。

全书共分九章，由湖南工业大学王汉青教授拟定全书内容和编写提纲并编写第8章、与姬长发合作编写第1章、与李向阳合作编写第7章，湖南工程学院李小华（第2章），湖南工业大学付峥嵘（第3章），湖南科技大学刘荣华（第4章），西安科技大学姬长发（第5章），南华大学李向阳（第6章），平顶山工学院（现为河南城建学院）王洪义（第9章）参加了本书的编写。全书由王汉青教授统稿。

本教材由博士生导师王汉青教授主编，姬长发教授、李向阳副教授任副主编，湖南大学博士生导师陈在康、汤广发教授主审。

本教材引用了许多资料（数据、图表、例题等），谨向有关文献的作者表示衷心感谢，湖南工业大学王智勇老师在本教材编写中做了不少工作，在此一并表示衷心感谢。

由于编者的水平有限，书中错误和不足之处，敬请专家和读者批评指正，编者不胜感谢。

编　者

目　录

第 1 章

概　　述

随着我国工业生产的快速发展，工业有害物的散发量日益增加，环境污染问题越来越严重。严重的环境污染和生态破坏给经济社会发展带来了负面影响。工业生产过程伴随着数以亿吨计的有害物排放，这些有害物如果不进行处理，会严重污染室内外空气环境，对人民身体健康造成极大危害。特别是工矿企业，工人长期接触、吸入 SiO_2 等粉尘后，肺部会引起弥漫性纤维化，到一定程度便形成"硅肺"。对一些特殊行业，如制药、航天、电子、建材等，如果没有相应的技术加以控制，粉尘在危害人体健康的同时，也严重影响企业产品质量，使生产无以为继。通风工程正是基于以上原因，针对居住建筑和生产车间的空气条件，一方面起着改善室内空气品质、保护人民健康、提高劳动生产率的重要作用；另一方面在许多工业部门起着保证生产正常进行，提高产品质量的作用。通风工程的主要任务是，控制生产过程中产生的粉尘、有害气体、高温、高湿，创造良好的生产环境和保护大气环境。

1.1　工业有害物及其卫生毒理学基础

1.1.1　工业有害物的种类与来源

工业生产中有许多伴随产品的加工过程而向环境散发出不同形态、不同性质的有害物质，如铸造、喷砂过程中飞扬的硅尘，纺织生产中散发的纤维尘，电镀生产中散发的酸、碱、铬雾，熔铜炉散发的氧化锌尘，化工生产中散发的溶剂气体以及热加工生产中散发的热、水蒸气等，均不同程度地对人体造成危害。因此，了解环境中存在的有害物质的形态、性质及其危害，对通风工程来说是十分重要的。

1. 工业有害物的种类

空气中有害物质的种类不同，其治理措施也大有差别。空气中有害物质的种类可归纳如下：

（1）粉尘　粉尘是指分散于气体中的细小固体粒子，这些细小粒子通常是由煤、矿石和其他固体物料在运输、筛分、研磨、粉碎、加工等工艺过程中散发出来的，一般都具有与母料相同的物理、化学性质，但形态极不规则。其粒度范围相当广，粗大的可达 $200\mu m$，微细的小至 $0.25\mu m$ 以下（只能用超倍显微镜才能观察到）。其在空气中的数量及分布状况取决于它们的重力特性。

一种物质的微粒分散在另一种物质中组成一个分散系统，一般把固体或液体微粒分散在气体介质中所构成的分散系统称为气溶胶。按照微粒的来源及物理性质，气溶胶可细分为灰尘、烟、雾等种类。

1）灰尘（dust）。灰尘是指所有固态分散性微粒。粒径在 $10\mu m$ 以上的较大微粒沉降速度快，经过一定时间后会沉降到地面或其他物体上，成为"降尘"或"落尘"；粒径在 $10\mu m$ 以下的会悬浮在空气中成为"浮尘"或"飘尘"，大气中飘尘大多粒径为 $0.1\sim10\mu m$。飘尘容易随呼吸而进入呼吸道，粒径更小（如小于 $2.5\mu m$）的可通过呼吸道到达支气管和肺部，这对人体的危害极为严重。因此，通风除尘除了捕集粒径较大的粉尘外，为了改善作业空气环境还应提高对 $5\mu m$ 以下飘尘的捕集效率。

2）烟（smoke）。烟是指所有凝聚性固态微粒，以及液态粒子和固态粒子因凝聚作用而生成的微粒，通常是在燃烧、熔炼及熔化过程中受热挥发，直接升华为气态，然后冷凝所形成的。由于烟在形成过程中往往伴随着氧化反应，所以其成分与母料不同。烟的粒径一般在 $0.01\sim 1\mu m$，在空气中沉降很慢，由于强烈的布朗运动，扩散能力很强。

3）雾（mist）。雾是指所有液态分散性微粒的液态凝聚性微粒，即悬浮在大气中微小液滴构成的气溶胶。雾是液体受机械力的作用分裂或蒸气在凝结核上凝结而成的。如化工生产过程中产生的酸、碱雾，镀铬过程产生的铬雾，喷漆过程飞溅的漆雾以及油雾等。雾的粒径一般在 $0.1\sim 10\mu m$ 之间。不论雾是如何形成的，其形状都是球形。

4）烟雾（smog）。烟雾是烟和雾的混合体。主要分两种：一种是伦敦烟雾，指大气中形成的自然雾与人为排出的烟气（煤粉尘、二氧化硫等）的混合体，对应于早期以燃煤为主要污染源的煤烟型污染；还有一种叫洛杉矶烟雾，是汽车和工厂排烟中的氮氧化物和碳氢化物经太阳紫外线照射而生成的二次污染物，亦称光化学烟雾，对应于近代燃油型污染。

5）霾（haze）。霾是悬浮在大气中的大量微小尘粒、烟粒或盐粒的集合体，是一种非水成物组成的气溶胶系统。霾一般呈乳白色，它使物体的颜色减弱，使远处光亮物体微带黄红色，而黑暗物体微带蓝色。其成分来源包括工业、农业生产和汽车尾气排放等，主要成分包含了空气中的灰尘、硫酸、硝酸、有机碳氢化合物等。根据我国气象局规定，如果水平能见度小于 $10km$ 时，将这种非水成物组成的气溶胶系统造成的视程障碍称为霾（haze）或灰霾（dust - haze）。

霾与雾的区别在于各自的形成条件。发生霾时相对湿度一般不大，而雾中的相对湿度是饱和的。一般来说相对湿度小于 80% 时的大气混浊视野模糊导致的能见度恶化是由霾造成的，而相对湿度大于 90% 时的大气混浊视野模糊导致的能见度恶化是由雾造成的，相对湿度介于 $80\%\sim 90\%$ 之间时的大气混浊视野模糊导致的能见度恶化是霾和雾的混合物共同造成的，但其主要成分是霾。霾与雾、云不一样，与晴空区之间没有明显的边界，霾粒子的分布比较均匀。雾与霾的区别见表1-1。

表1-1　雾与霾的区别

项目	雾	霾
相对湿度	100%	小于80%
厚度	10~200m	1~3km
粒子尺度	1~100μm	0.001~10μm
粒子平均直径	10~20μm	1~2μm
颜色	乳白色或青白色	黄色或橙灰色

（2）有害气体　有害气体就是在常温、常压下，在空气中呈现气态的有害物质。只有在高压、低温情况下才能液化。如煤气、氨气、氯气、一氧化碳等。常见有毒有害气体按其毒害性质和程度的不同，可分为刺激性气体和窒息性气体两大类。

刺激性气体是指对眼和呼吸道黏膜有刺激作用的气体，它是化学工业常遇到的有毒气体。刺激性气体的种类甚多，最常见的有氯、氨、氮氧化物、光气、氟化氢、二氧化硫、三氧化硫和硫酸二甲酯等。这类气体一般虽不会直接导致死亡，但也会影响人的健康，且长时间吸入也会致死。

窒息性气体是指能造成机体缺氧的有毒气体，可分为单纯窒息性气体、血液窒息性气体和细胞窒息性气体。如甲烷、乙烷、乙烯、一氧化碳、氰化氢、硫化氢等。此类气体对人体的危害较大，能在短时间内使人缺氧窒息、导致死亡，危害较大。

（3）蒸气 蒸气是固体直接升华或液体蒸发所形成的气态物质。当温度降低时，它又可恢复成原来的固态或液态。如溶剂蒸发的蒸气、磷蒸气、汞蒸气、硝基苯的蒸气等。

在工业有害物中，主要指能对人体造成伤害的有害气体和蒸气。

（4）余热 在生产过程中散发的热，包括对流热、辐射热，它们直接影响工作区的空气温度和相对湿度，影响人体舒适性和劳动效率。

2. 工业有害物的来源

（1）粉尘的来源 粉尘主要来源有以下几个方面：

1）固体物料的破碎和研磨。

2）粉状物料的混合、筛分、包装及运输。

3）可燃物的燃烧与爆炸，例如，煤或木材等炭化物燃烧时产生的烟尘。

4）生产过程中物质加热产生的蒸气在空气中的氧化和凝结，如矿石烧结、金属冶炼等过程中产生的锌蒸气，在空气中冷却时，会凝结、氧化成氧化锌固体微粒。

（2）有害气体、蒸气的来源 在化工、造纸、纺织物漂白、金属冶炼、浇铸、电镀、酸洗、喷漆等工业生产过程中常常会产生有害气体与蒸气。

（3）矿井内有害物质的来源 矿井内空气中除有氧气（O_2）、氮气（N_2）、二氧化碳（CO_2）、水蒸气（H_2O）以外，还混有各种有害气体，如甲烷（CH_4）、一氧化碳（CO）、硫化氢（H_2S）、二氧化硫（SO_2）、二氧化氮（NO_2）、氨气（NH_3）、氢气（H_2）和矿尘等。

1）二氧化碳（CO_2）。二氧化碳的主要来源有：有机物的氧化；人员的呼吸；煤和岩石的缓慢氧化，以及矿井水与碳酸性岩石的分解作用；爆破作业，矿井内火灾，煤炭自燃以及瓦斯、煤尘爆炸时，也能产生大量二氧化碳。此外，有的煤层或岩层能长期连续放出二氧化碳，甚至有的煤层在短时间内大量喷出或与大量煤粉同时喷出二氧化碳。发生这种现象时，往往会造成严重破坏性事故。

2）一氧化碳（CO）。一氧化碳为无色、无味气体，来源于物质的不完全燃烧，对空气的相对密度为 0.967，微溶于水，但易溶于氨水，与酸、碱不起反应，只能被活性炭少量吸附。矿井内爆破作业、煤炭自燃以及发生火灾或煤尘、瓦斯爆炸时都能产生一氧化碳。

3）硫化氢（H_2S）。硫化氢是一种无色、带有臭鸡蛋气味的有毒气体，易溶于水。矿井内的 H_2S 主要是由硫化矿物水化和坑木等有机物腐烂所产生的。

4）氮氧化物（NO_x）。空气成分中氮的氧化物主要是 NO_2，在燃烧、电镀、化工和矿井内进行爆破作业时会产生一系列氮的氧化物，如 NO、NO_2，NO 在空气中又被氧化成 NO_2。

5）二氧化硫（SO_2）。二氧化硫为无色气体，具有强烈的硫黄气味及酸味，对空气的相对密度为 1.434，易积聚在巷道底部，易溶于水。在化学纸浆和制酸工艺以及矿井内含硫矿物氧化或燃烧、含硫矿物爆破都会产生 SO_2。含硫矿层也会涌出 SO_2。

6）甲烷（CH_4）。甲烷为煤矿开采过程中，从煤层中释放出来的气体，也是煤矿中经常遇到的主要的有害气体。

7）其他有害物质。矿井内空气除了上述有害气体外，还含有其他一些有害物质，如在采掘生产过程中所产生的煤和岩石的细微颗粒（统称为矿尘）。矿尘对矿井内空气的污染不容忽视，对矿井生产和工人身体都有严重危害。煤尘能引起爆炸，矿尘能引起矿工尘肺病。

1.1.2 工业有害物卫生毒理学基础

1. 有害物侵入人体的途径

有害物质的有害作用在于侵入人体。侵入人体的途径有下面三条：

（1）呼吸道 正常的人每天要呼吸 $10 \sim 15m^3$ 的空气，吸入的空气经过鼻腔、咽部、喉头、气管、支气管后进入肺泡，并在肺泡内进行新陈代谢。若有害物质随空气被吸入，轻者会使上呼吸道受到刺激而有不适感，重者就会发生呼吸器官的障碍，使呼吸道和肺发生病变，造成支气管炎、支气管哮喘、肺气肿和肺癌等疾病。若突然吸入高浓度污染物，可能会造成急性中毒，甚至死亡。据统计，大约有95%的工业中毒都是由于工业有害物通过呼吸道入侵人体所致。

（2）皮肤和黏膜 有些有害物质，能够通过皮肤和黏膜侵入人体。它经过毛囊空间，通过皮脂腺而被吸收；有的通过破坏了的皮肤入侵；也有的通过汗腺侵入人体。一般可经皮肤、黏膜侵入的有害物质有下面几类：

1）能溶于脂肪或类脂肪的物质如有机铅化合物、有机磷化合物、有机锡化合物、苯的硝基化合物和氨基化合物以及苯、醇类化合物等。

2）能与皮脂的脂酸根相结合的物质如汞及汞盐类、砷的氧化物及砷盐类等。

3）具有腐蚀性的物质如酸、碱、酚类等。

经皮肤吸收的有害物量的多少，除与脂溶性、水溶性和浓度有关外，还与环境温度、相对湿度、劳动强度等因素有关。环境温度高、湿度大、劳动强度大，则发汗量多，这样有害物质就容易黏附在皮肤上而被吸收。反之，吸收量可减少。因此，改善环境的温度、湿度条件，是减少有害物经皮肤入侵的重要措施。

（3）消化道 在工业生产中，有害物质单纯从消化道侵入而吸收者为数不多。但是由呼吸道侵入的毒物，有可能随呼吸道的分泌物部分吞咽进入消化道后被吸收。这种通过消化道侵入有害物的危害性比前两条途径的要小得多。

2. 粉尘对人体的危害

粉尘对人体健康的影响取决于粉尘的性质、粒径及浓度。对人体的危害主要表现在以下两个方面。

（1）引起尘肺病 一般粉尘进入人体肺部后，可引起各种尘肺病。有些非金属粉尘如硅、石棉、炭黑等，由于吸入人体后不能排除，将变成硅肺、石棉肺或尘肺。例如，含有游离二氧化硅成分的粉尘，在肺泡内沉积会引起纤维性病变，使肺组织硬化而失去呼吸功能，发生硅肺病。

（2）引起中毒甚至死亡 有些毒性强的金属粉尘（铬、锰、镉、铅、镍等）进入人体后，会引起中毒以致死亡。例如，铅使人贫血，损伤大脑；锰、镉损坏人的神经、肾脏；镍可以致癌；铬会引起鼻中隔溃疡和穿孔，以及肺癌发病率增加。此外，它们都能直接对肺部产生危害。如吸入锰尘会引起中毒性肺炎；吸入镉尘会引起心肺功能不全等。粉尘中的一些重金属元素对人体的危害很大。表1-2示出了某些工业粉尘及其可能引起的疾病。

表1-2 工业粉尘及其可能引起的疾病

粉尘的种类	可引起的疾病
燃烧排放的烟尘	佝偻病
氧化铅、铬化合物、氟化合物	中毒性疾病
铝、铁、锌尘	金属热症
植物尘	花粉症
羽毛、毛发	哮喘症

（续）

粉尘的种类	可引起的疾病
无机和有机物粉尘	慢性支气管炎
悬浮硅石粉	硅肺
炭粉	炭肺
铁粉	铁肺
铝粉	铝肺
香烟尘	香烟尘肺
焦油 镭放射性矿物粉尘 石英石粉、铬化合物尘 氧化铁粉尘	肺癌
无机和有机物粉尘	流行性病、白喉、结核病
氟及氟化物尘	氟黑皮肤病及皮肤癌
镍尘	镍湿疹
可可、焦油	皮肤癌

3. 有害气体和蒸气对人体的危害

根据气体（蒸气）类有害物对人体危害的性质，大致可分为麻醉性、窒息性、刺激性、腐蚀性等四类。下面列举几种常见气体（蒸气）对人体的危害。

（1）汞蒸气（Hg） 汞蒸气是一种剧毒物质。即使在常温或0℃以下汞也会大量蒸发，通过呼吸道或胃肠道进入人体后便发生中毒反应。急性汞中毒主要表现在消化器官和肾脏，慢性中毒则表现在神经系统，产生易怒、头痛、记忆力减退等病症，或造成营养不良、贫血和体重减轻等症状。职业中毒以慢性中毒较多。

（2）铅（Pb） 铅蒸气在空气中可以迅速氧化和凝聚成氧化铅微粒。铅不是人体必需的元素，铅及其化合物通过呼吸道及消化道进入人体后，再由血液输送到脑、骨骼及骨髓各个器官，损害骨髓造血系统引起贫血。铅对神经系统也将造成损害，引起末梢神经炎，出现运动和感觉异常。儿童经常吸入或摄入低浓度的铅，会影响儿童智力发育和产生行为异常。

（3）苯（C_6H_6） 苯属芳香烃类化合物，在常温下为带特殊芳香味的无色液体，极易挥发。苯在工业上用途很广，有的作为原料用于燃料工业和农药生产，有的作为溶剂和黏合剂用于造漆、喷漆、制药、制鞋及苯加工业、家具制造业等。苯蒸气主要产生于焦炉煤气及上述行业的生产过程中。苯进入人体的途径是呼吸道或从皮肤表面渗入。短时间内吸入大量苯蒸气可引起急性中毒。急性苯中毒主要表现为其对中枢神经系统的麻醉作用，轻者表现为兴奋、欣快感，步态不稳，以及头晕、头痛、恶心、呕吐等，重者可出现意识模糊，由浅昏迷进入深昏迷或出现抽搐，甚至导致呼吸、心跳停止。长期反复接触低浓度的苯可引起慢性中毒，主要是对神经系统、造血系统的损害，表现为头痛、头昏、失眠，白细胞持续减少、血小板减少而出现出血倾向。

（4）二氧化碳（CO_2） CO_2是无色略带酸臭味的气体，对人的呼吸有刺激作用，对空气的相对密度为1.52。CO_2不助燃也不能供人呼吸，易溶于水。当肺泡中CO_2增多时，能刺激人的呼吸神经中枢，引起呼吸频繁，呼吸量增加，所以在急救受有害气体伤害的患者时，常常首先让其吸入含有5% CO_2的氧气以加强呼吸。但空气中CO_2含量过高时，又会相对地减少氧的含量，使人窒息。

（5）一氧化碳（CO） CO多数属于工业炉、内燃机等设备中燃料不完全燃烧时的产物，或来自煤气设备的渗漏。CO是一种对血液、神经有害的毒物。由呼吸道吸入的CO容易与血红蛋白相结合生成碳氧血红蛋白，CO与血红蛋白的结合力比氧与血红蛋白的结合力大200～300倍，碳氧血红蛋白的存在影响氧和血红蛋白的离解，阻碍了氧的释放，导致低氧血症，引起组织缺氧。中枢神经系统对缺氧最敏感。缺氧引起水肿、颅内压增高，同时造成脑血液循环障碍，部分重症CO中毒患者，在昏迷苏醒后，经过两天至两个月的假愈期，出现一系列神经—精神障碍等迟发性脑病。

(6) 二氧化硫（SO_2）　SO_2主要来自含硫矿物氧化、燃烧，金属矿物的焙烧，毛和丝的漂白，化学纸浆和制酸等生产过程，含硫矿层也会涌出SO_2。它是无色、强刺激性的一种活性毒物，在空气中可以氧化成SO_3，形成硫酸烟雾，其毒性要比SO_2大10倍。它对人的眼、呼吸器官有强烈的刺激作用，使鼻、咽喉和支气管发炎。

(7) 硫化氢（H_2S）　进入体内的H_2S在肺泡内很快就被血液吸收，氧化成无毒的硫盐，但未被氧化的H_2S则发生毒害作用。H_2S也很容易溶于黏膜表面的水分中，与钠离子结合成硫化钠，对黏膜有强烈的刺激作用，可引起眼炎及呼吸道炎症，甚至肺水肿。H_2S对人体全身的致毒作用在于它和氧化型细胞血素酶的三价铁结合，使酶失去活性，影响细胞氧化，造成人体组织缺氧。空气中H_2S浓度过高（900mg/m³以上）可直接抑制呼吸中枢，引起窒息而迅速死亡。急性中毒后遗症是头痛与智力下降，慢性中毒症状是眼球酸痛，有灼伤感，肿胀畏光，并引起气管炎和头痛。

(8) 氮氧化物（NO_x）　氮氧化物主要指NO和NO_2，它们来源于燃料的燃烧及化工、电镀等生产过程。NO_2呈棕红色，对呼吸器官有强烈刺激，常导致各种职业病，比如由高浓度NO_2中毒引起急性肺气肿，以及由慢性中毒引起的慢性支气管炎和肺水肿。空气中NO_2的体积分数为$1 \times 10^{-4}\%$～$3 \times 10^{-4}\%$时，可闻到臭味；体积分数为$13 \times 10^{-4}\%$时，眼鼻有急性刺激感及胸部不适；体积分数为$25 \times 10^{-4}\%$～$75 \times 10^{-4}\%$时，肺部绞痛；体积分数为$300 \times 10^{-4}\%$以上时，发生支气管炎及肺水肿死亡。NO对人体的生理影响还不十分清楚，它与血红蛋白的亲和力比CO还要大几百倍。如果动物与高浓度的NO相接触，可出现中枢神经病变。

(9) 甲烷（CH_4）　甲烷为无色、无味、无臭的气体，对空气的相对密度为0.55，难溶于水，扩散性较空气高1.6倍。虽然无毒，但当浓度较高时，会引起窒息。不助燃，但在空气中具有一定浓度并遇到高温（650～750℃）时能引起爆炸，煤矿中经常发生的瓦斯爆炸事故，其爆炸气体中的主要成分就是甲烷。

(10) 甲醛（HCHO）　甲醛又称蚁醛，是无色有强烈刺激性气味的气体，相对空气的密度为1.06，略重于空气。几乎所有的人造板材、某些装饰布、装饰纸、涂料和许多新家具都可释放出甲醛，因此它和苯是现代房屋装修中经常出现的有害气体。空气中的甲醛对人的皮肤、眼结膜、呼吸道黏膜等有刺激作用，它也可经呼吸道吸收。甲醛在体内可转变为甲酸，有一定的麻醉作用。甲醛浓度高的居室中有明显的刺激性气味，可导致流泪、头晕、头痛、乏力、视物模糊等症状，检查可见结膜、咽部明显充血，部分患者听诊呼吸音粗糙或有干性罗音。较重者可有持续咳嗽、声音嘶哑、胸痛、呼吸困难等病状。

4. 工业有害物对人体危害程度的影响因素

影响有害物对人体危害程度的因素可概括为如下几类：

(1) 粉尘的粒径　粉尘的粒径是影响其对人体危害程度的一个重要因素，粉尘的粒径越小对人体危害越大，原因有两方面：

一方面，粒径越小的粉尘越容易悬浮于空气中，不易捕集，并且比较容易通过鼻腔和咽喉进入人的气管、支气管甚至肺部。粒径大于10μm的粒子，几乎都被鼻腔和咽喉所阻隔，而不进入肺泡。对人体健康危害最大的是 10μm 以下的悬浮颗粒——飘尘。飘尘经过呼吸道沉积于肺泡的沉积率与飘尘的粒径有很大的关系。0.1~10μm 的粒子有 90% 沉积于呼吸道和肺泡上，其中 5μm 以上的粒子容易被呼吸道阻留，一部分在口、鼻中阻留，一部分在气管和支气管中阻留。在支气管的上皮细胞上长着纤毛，这些纤毛把黏附有粉尘的黏液送到咽喉，然后被人咳出去或者咽到胃里。粒径为 2~5μm 的微粒大都在气管和支气管被阻留；粒径小于 2μm 的微粒可进入人体的肺泡，粒径小于 0.4μm 的微粒可自由地进出于肺部。尘粒粒径小的则易被肺泡吸收和溶解，因而不经肝脏的解毒就直接被血液和淋巴液输送至全身，造成对人体很大的危害，如图 1-1 所示。

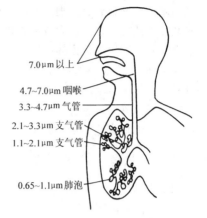

图 1-1　吸入呼吸器官的气溶胶粒子

另一方面，粉尘粒径越小，化学活性越大。因为单位质量的表面积增大，其表面活性也越大，会加剧对人体的生理效应。例如锌和一些金属本身并无毒，但将其加热后形成烟状氧化物时，可与体内蛋白质作用而引起发烧，发生所谓铸造热病。再有，粉尘的表面可能吸附空气中的有害气体、液体甚至细菌、病毒等微生物，故是污染物质传播的媒介物。有时，它还会和空气中的二氧化硫联合作用，加重对人体的危害。

（2）有害物的成分及物理、化学性质　空气中有害物的组成以及毒性不同对人的危害程度也不同。若空气中存在着两种及两种以上有害物，其对人体健康的影响有的表现为单独作用，有的表现为相叠加或更强的作用。因此，在现实中应该考虑它们的联合作用与综合影响。

粉尘的化学成分直接影响对机体的危害性质，特别是粉尘中游离二氧化硅的含量。长期大量吸入含结晶型游离二氧化硅的粉尘可引起硅肺病。粉尘中游离二氧化硅的含量越高，引起病变的程度越重，病变的发展速度越快。但是直接引起尘肺的粉尘是指那些可以吸入到肺泡内的粉尘，一般称为呼吸性粉尘。因此，可吸入肺泡中的游离二氧化硅直接危害人体的健康。

（3）有害物的含量　有害物含量越高对人体的危害越大。例如二氧化碳，当其体积分数为 2% 时，呼吸感到急促且伴有轻度头痛；体积分数增加到 3% 时，呼吸感到困难，同时有耳鸣和血液流动很快的感觉；体积分数达到 10% 时，呼吸将处于停顿状态且人失去知觉；当体积分数高达 20% 以上时，人将窒息死亡（表 1-3）。

（4）有害物对人体的作用时间　很多有害物具有蓄积性，只有在体内蓄积达到中毒阈值时，才会产生危害。因此，随着作用时间的延长，毒物的蓄积量将加大。有害物在体内的蓄积是受摄入量、有害物的生物半衰期（即有害物在体内浓度减低一半所需时间）和作用时间三个因素影响的。

表 1-3　CO_2 含量对人体的影响

CO_2 体积分数（%）	对人体影响
1~2	持续作用会破坏人体电解质平衡
2	作用数小时后，人会感到轻度头痛和呼吸困难
3	头剧痛，出汗，呼吸困难
5	精神沮丧
6	视力下降，动作颤抖
10	昏迷，失去知觉
30	昏迷，抽搐，死亡

（5）劳动场所的气象条件 在不同的温、湿度和空气流速的条件下，同一浓度的有害物所表现出来的毒性也有所差别。如温度过高会加速某些易挥发有害物质的蒸发且会使人呼吸加快，同时其化学活性增强，从而致毒程度也会增加；另外环境温度高、湿度大，人体易出汗，一些亲水性的有害物极易被人体的汗液吸附而溶解于汗液，加速中毒。

（6）人的劳动强度及个体方面的因素 有害物的吸收及危害作用随劳动强度不同会有明显的区别。重体力劳动时，人对某些有害物所致的缺氧更为敏感。

在同样条件下接触有害物时，人们的受害症状、中毒和致病程度也往往各不相同，所以有害物对人体的危害还与个人的年龄、性别、思想情绪、健康状况和体质有关。

1.1.3 工业有害物对工农业生产的影响

（1）粉尘对生产的影响

1）粉尘对生产的影响主要是降低产品质量和机器工作精度。如感光胶片、集成电路、化学试剂、精密仪表和微型电动机等产品，如果被粉尘沾污或其转动部件被磨损、卡住，就会降低质量甚至报废。

2）粉尘还会降低光照度和能见度，影响室内作业的视野。

3）有些粉尘如煤尘、铝尘和谷物粉尘在一定浓度和温度等条件下会发生爆炸，造成人员伤亡和经济损失。

（2）有害气体和蒸气对生产的影响 有害蒸气和气体对工业生产也有很大危害。例如，二氧化硫、三氧化硫、氟化氢和氯化氢等气体遇到水蒸气时，会腐蚀金属材料、油漆涂层，缩短设备使用寿命。

（3）粉尘、有害气体和蒸气对农作物的危害 二氧化硫、二氧化氮、臭氧和氟化氢等有害气体对农作物有较大危害：

1）二氧化硫进入大气层后氧化为硫酸，在云中形成酸雨，对建筑、森林、湖泊、土壤危害大。

2）粉尘沉积在绿色植物叶面会干扰植物的光合作用，从而影响植物的健康和生长。

3）臭氧在浓度很低时就能减缓植物生长，高浓度时则能杀死叶片组织，致使整个叶片枯死，最终会引起植物死亡，比如高速公路沿线的树木死亡就被指与臭氧有关。

4）氮氧化物会破坏树叶组织，抑制植物生长，或在空中形成酸雨，对农作物造成危害。

1.1.4 工业有害物对大气环境的影响

室内空气环境中的工业有害物如果不加控制地排入大气，会在更大范围内破坏大气环境，从而影响人居环境。

（1）全球气候变暖 工业有害物中的飘尘、烟雾和各种气态污染物，使大气变得混浊，能见度降低，太阳光直接辐射减少。此外，大量的废热排出，地面长波辐射的变化，工业有害物中的微粒形成水蒸气凝结核的作用等，也会使全球或局部地区大气的温度、湿度、雨量等发生变化。另一方面，温室气体使得全球气候变暖。世界各地气象部门的统计数字表明，20世纪70～80年代以来，气温上升了 0.7℃ 左右。工业有害物中的氯氟烃（CFC_s）和甲烷（CH_4）是重要的温室气体，虽然它们的排放量比 CO_2 小，其吸热能力却分别是 CO_2 的 20000 倍和 20 倍，是全球气候变暖的重要因素。

全球气候变暖导致的严重后果是海平面的不断升高。近百年来，随着全球气候增暖，全球海平面上升了 10～15cm。科学家预测如果全球气候增暖 3℃，海平面将平均上升 80cm。届时，将会对生活在沿海 100km 以内 30 多亿人口的生命构成威胁。

（2）臭氧层破坏　臭氧是大气中的微量气体之一，是氧的同素异形体（O_3），主要集中在平流层 20～25km 的高空，即大气的臭氧层。臭氧层对保护地球上的生命界和调节地球气候都发挥着极为重要的作用。太阳光谱中能到达地面的有紫外光和可见光，其中紫外—B 带的紫外光能被臭氧吸收。紫外线可以促进人类皮肤上合成维生素 D 的反应，这对骨组织的生成及保护起着有益的作用。但紫外—B 带的紫外光过度照射可以引起皮肤癌、免疫系统和眼的疾病，对动植物也有伤害。臭氧层能吸收 99% 以上的有害紫外辐射，保护地球上的生命。20 世纪 70 年代后期，美国人首先观察到南极上空的臭氧层出现了一个"空洞"。1985 年美国"雨云一号"气象卫星测到了这个"空洞"的面积与美国的领土面积相等。1995 年 12 月 7 日，世界气象组织宣布：南极臭氧洞面积为 2500 万 km^2，而且臭氧减少的现象比往年早了 2 个月出现；北极臭氧层损害也达到了历史最坏记录；同时，臭氧层被破坏在西伯利亚、美洲南部、英伦三岛上空也有发现。臭氧层的破坏，将对地球上的生命系统构成极大危害，危及生态平衡，还将导致地球气候出现异常，由此带来各种灾害的频繁发生。

1.2　气象条件对人体生理的影响

上面主要讲述了粉尘和有害气体、有害蒸气对人体的影响，作为工业有害物之一，余热和余湿首先会改变室内气象条件，进而对人体造成生理影响。

人体调节体温有两种途径：其一，人体通过控制新陈代谢获得热量的多少来调节体温；其二，通过控制人体向环境的散热量来调节体温。人体活动量大则新陈代谢率高，因而体内产热量也大，一方面向外界做功，另一方面增加向环境的散热量。当然，人体新陈代谢率的大小还取决于年龄、性别、活动量、体质等条件。而人体向环境的散热量又受服装热阻、新陈代谢、空气环境条件（温度、湿度、风速、周围物体的表面辐射温度等）的影响而有所不同。通常，人体依靠以上两种正常的调节手段可以保持得热和失热平衡，此时体温基本稳定在 36.5～37℃。如果由于气象条件不合适，使得人体散热和得热不相等，人体则会感觉热不舒适甚至发生疾病。

1.2.1　人体与周围环境的热交换

人体与环境的热交换方式主要有对流、辐射、蒸发三种，这三种方式的换热主要取决于空气温度、湿度、流速及环境平均辐射温度等因素及其组合情况。

根据传热学原理，对流换热主要取决于皮肤温度和周围空气温度与速度。当周围空气温度低于人体皮肤表面温度时，人体通过对流向周围散热，且空气速度越高，对流换热越强，人体越感觉凉爽（冷）；反之，当周围空气温度高于人体皮肤表面温度时，人体得热，且此时空气速度越快，人体会感觉越热（暖）。当人体皮肤表面温度等于空气温度时，人体与空气之间对流换热量为零。

因为空气是辐射透过体，因此人体与周围的辐射换热主要取决于周围固体表面温度和人体皮肤表面温度，而与周围的空气温度无关。当周围固体表面温度高于人体皮肤表面温度时，人体接受热辐射，反之人体接受冷辐射。

蒸发散热主要取决于空气的流速和相对湿度。当温度一定时，相对湿度越小，空气流速越大，汗液的蒸发量会越大；反之，相对湿度越大，流速越小，蒸发量越小。在我国南方地区，往往夏天空气温度高于皮肤表面温度，同时空气相对湿度普遍接近饱和，此时人体对流换热对人体散热非常不利，加之此时人体又不能通过蒸发散热，因而造成非常闷热的环境，严重时会导致中暑。

总之，人体的舒适感与气象条件直接相关，如果空气温度过高，人体主要依靠汗液的蒸发来维持热平衡，出汗过多使人体脱水和缺盐，引起疾病。所以，不但要消除粉尘和有害气体以保证一定的空气清洁度，同时还要消除余热和余湿，保证一定的空气流速、温度和相对湿度。

1.2.2 影响人体热舒适的基本参数

1. 空气温度

微热气候中最重要的因素是空气温度。人体对温度较为敏感，且热感觉比冷感觉要相对滞后。人体对温度的生理调节很有限，如果体温调节系统长期处于紧张工作状态，会影响人的神经、消化、呼吸和循环等多系统的稳定，降低抵抗力，增高患病率。空气温度在25℃左右时，脑力劳动的工作效率最高；低于18℃或高于28℃，工作效率急剧下降。试验表明：如以25℃时的工作效率为100%，则35℃时只有50%，10℃时只有30%。对夏热冬冷地区的调查表明，夏季空气温度不超过28℃时，人们对热环境均表示满意；28~30℃时，约30%的人感到热，但很少有人感到热得难以忍受；30~34℃时，84%的人感到热，14.5%的人感到热得难以忍受，无法在室内居住；超过34℃时，100%的人感到热，42%的人会感到难以忍受，室内不能居住。此外，卫生医学研究表明，气温在30~40℃时，胃酸分泌减少，胃肠蠕动减慢，食欲下降。

冬季室内空气温度为18℃时，50%坐着的人感到冷；温度低于12℃时，80%坐着的人感到冷，而且有人冷得难受，不能坚持久坐，活动着的人也有20%以上感到冷，因此卫生学将12℃作为建筑热环境的下限。舒适的室内温度因季节不同而异，考虑到人体的生理需要和能源，一般夏季有空调的场所为22~28℃，冬季有供暖的场所为16~24℃。由于我国幅员辽阔，南北方气温相差很大，情况复杂，因此该标准只对夏季有空调和冬季有供暖场所的室内温度做了规定，对于其他场所的空气温度标准，建议为：冬季12~21℃，夏季<28℃。

2. 空气湿度

室内湿度过高，会阻碍汗液蒸发，影响散热和皮肤表面温度，从而影响人的舒适感。另外，湿度高还会促进室内环境中细菌和其他微生物的生长繁殖，加剧室内微生物的污染，这些微生物可通过呼吸进入人体，导致呼吸系统或消化系统等多种疾病的发生。最宜人的室内湿度与温度相关联：冬天温度为18~25℃，湿度为30%~80%；夏天温度一般为23~28℃，湿度为30%~60%。在此范围内感到舒适的人占95%以上。空调房间中，以室温为19~24℃、湿度为40%~50%时最感舒适。一般来说，空调场所夏季湿度为40%~80%，冬季湿度为30%~60%。

3. 空气流速

室内空气的流动对人体有着不同的影响。夏季空气流动可以促进人体散热，冬季空气流速过大会使人体感到寒冷。当室内空气流动性较差，得不到有效换气时，各种有害化学物质不能及时排到室外，造成室内空气品质恶化；由于室内气流流动速度小、气流组织形式不理想，人们在室内活动中所排出的有害物聚集于室内，致使室内空气质量进一步恶化，足见保持一定室内空气流速的重要性。一般来说，夏季室内空气流速一般以0.3m/s左右为宜，冬季室内空气流速以0.2m/s左右为宜。

4. 新风量

一般而言，新风量越多，对健康越有利。国内外许多实验表明，产生"病态建筑物综合征"的一个重要原因就是新风量不足。新鲜空气可以改善人体新陈代谢、调节室温、除去过量的湿气，并可稀释室内污染物。室内新风量根据二氧化碳的含量来确定，这是大多数国家使用的基本方法。二氧化碳与人体的新陈代谢有关，可以作为室内空气新鲜程度的一个指标。根据《室内空气中二氧化碳卫生标准》（GB/T 17094—1997）的规定，建筑室内空气中二氧化碳的卫生标准值应不大于0.1%（2000mg/m³）。据统计，人每日吸入的空气量约为10m³。一般来说，保证每人每小时有30m³的新鲜空气，则室内二氧化碳的含量可控制在0.1%（体积分数）左右。

5. 吹风频率

吹风频率是影响人体热感觉的又一重要因素，国内外学者对此进行了大量的研究。Fanger教授的研究表明，当受试者处于"冷–中性"状态时，频率在0.3~0.5Hz范围内变化的气流最容易使人体产生冷吹风感。夏一哉和赵荣义等人通过研究在等温环境中气流运动的选择频率和紊动气流对人体热感觉的影响等问题，得出了可接受的吹风频率范围是0.2~0.65Hz，这与Fanger教授的研究结果基本一致。这也说明人体对于风的频率有独特的感觉和选择，人们对外界的高频的气流感觉更为敏感，当环境温度高时，可以选择频率较高的送风方式，以提高人体的舒适感。

6. 其他因素

影响热舒适还有许多其他因素，如热辐射、气流组织的均匀程度、吹风感、着衣程度、活动量等。另外，社会因素、地理因素以及人种的不同等因素也对人体热舒适存在较大的影响。

以上分析了室内空气热环境单个参数对人体的影响。应该指出，从人体的热交换原理可知，各种因素的组合值对人体会有不同的影响，需要对这些因素组合进行综合分析，因而提出了许多综合评价热环境舒适性的指标，这些会在"建筑环境学"课程中叙及，在此不再详叙。

1.3 空气中有害物含量与有关标准

有害物对人体的危害程度，主要取决于有害物本身的物理化学性质及其在空气中的含量。

1.3.1 有害物含量

单位体积空气中有害物含量可以用质量和体积两种表示方法，即质量浓度和体积分数。质量浓度是指每立方米空气中所含有害物的毫克数，以mg/m³表示；体积分数是指每立方米空气中所含有害物的毫升数，以×10⁻⁴%或mL/m³表示。在标准状态下，质量浓度和体积分数可按下式进行换算

$$Y = \frac{M \times 10^3}{22.4 \times 10^3}C = \frac{M}{22.4}C$$

式中　Y——有害气体的质量浓度（mg/m³）；
　　　M——有害气体的摩尔质量（g/mol）；
　　　C——有害气体的体积分数（×10⁻⁴%或mL/m³）。

空气中有害气体与蒸气的含量，既可用质量浓度表示，也可用体积分数表示。空气中粉尘的含量一般用质量浓度表示；有时也用颗粒浓度表示，即每立方米空气中所含粉尘的颗粒数。在工业通风技术中一般采用质量浓度，颗粒浓度主要用于洁净车间。

1.3.2 卫生标准

为了保护工人、居民的安全和健康，必须使工业企业的设计符合卫生要求。我国在总结职业病防治工作经验，开展生产环境和工人健康状况卫生学调查的基础上，结合我国技术和经济发展的实际，制定了《工业企业设计卫生标准》，最早颁布于1962年，后来又经过多次修订，其中有1979年11月1日起实行的《工业企业设计卫生标准》（TJ 36—1979），2002年4月8日国家卫生部发布并于2002年6月1日开始实施《工业企业设计卫生标准》（GBZ 1—2002），2010年1月22日国家卫生部发布并于2010年8月1日实施《工业企业设计卫生标准》（GBZ

1—2010）。新标准 GBZ 1—2010 比旧标准更科学、更全面、更趋于合理，这是工业通风设计和验收的重要依据，对各工业企业车间空气中有害物的最高容许浓度，空气的温度、相对湿度和流速，以及居住区大气中有害物质的最高容许浓度等都做了规定。例如该标准规定，车间空气中一般粉尘的最高容许浓度为 $10mg/m^3$，含有 10% 以上游离二氧化硅的粉尘则为 $2mg/m^3$，危害性大的物质其容许浓度低；在车间空气中一氧化碳的最高容许浓度为 $30mg/m^3$，而居住区大气中则为 $1mg/m^3$（日平均），居住区的卫生要求比生产车间高。

此外，新标准 GBZ 1—2010 相比 GBZ 1—2002 有着较大的变化，如增加了工作场所职业危害预防控制的卫生设计原则；增加了工作场所防尘、防毒的具体卫生设计要求，包括除尘、排毒和空气调节设计的卫生学要求、事故排风的卫生学设计、毒物自动报警和检测报警装置的设计要求、系统式局部送风时工作地点的温度和平均风速的规定；调整了防暑、防寒的卫生学设计要求，包括空气调节厂房内不同湿度下的温度要求、冬季工作地点的供暖温度和辅助用室的供暖温度要求等。卫生标准中关于居住区大气中及车间空气中有害物质的最高容许浓度见书后附录 1 和附录 2。

车间空气中有害物的最高容许浓度，即为工人在此浓度下长期进行生产劳动而不会引起急性或慢性职业病的浓度，亦即为车间空气中有害物不应超过的浓度。居住区大气中有害物质的一次最高容许浓度，一般是根据不引起黏膜刺激和恶臭而制定的；日平均最高容许浓度是根据有害物不引起慢性中毒制定的。

1.3.3　排放标准

工业生产中产生的有害物质是造成大气环境恶化的主要原因，因而，从这些生产车间排出的空气不经过净化或净化不够都会对大气造成污染。1996 年，在对 1982 年制定的《大气环境质量标准》（GB 3095—1982）进行修订的基础上，颁布了《环境空气质量标准》（GB 3095—1996），1996 年 10 月 1 日起在全国实施。2012 年再次对其进行修订并颁布了《环境空气质量标准》（GB 3095—2012）。与原标准比较，该标准调整了环境空气功能区分类，将三类区并入二类区；增设了颗粒物（粒径小于等于 $2.5\mu m$）浓度限值和臭氧 8 小时平均浓度限值；并且还调整了颗粒物（粒径小于等于 $10\mu m$）、二氧化氮、铅和苯并［a］芘等的浓度限值；此外还调整了数据统计的有效性规定。

此外，《大气污染物综合排放标准》（GB 16297—1996）已经废止，并被其他不同行业标准的相应部分所替代，如《煤炭工业污染物排放标准》（GB 20426—2006）、《硝酸工业污染物排放标准》（GB 26131—2010）、《陶瓷工业污染物排放标准》（GB 25464—2010）、《铝工业污染物排放标准》（GB 25465—2010）、《铅、锌工业污染物排放标准》（GB 25466—2010）、《铜、镍、钴工业污染物排放标准》（GB 25467—2010）、《镁、钛工业污染物排放标准》（GB 25468—2010）、《硫酸工业污染物排放标准》（GB 26132—2010）、《稀土工业污染物排放标准》（GB 26451—2011）、《铁矿采选工业污染物排放标准》（GB 28661—2012）等，在相应工程设计中应该遵循。

除此之外，与污染物排放有关的标准还包括《水泥工业大气污染物排放标准》（GB 4915—2013）、《工业炉窑大气污染物排放标准》（GB 9078—1996）、《炼焦化学工业污染物排放标准》（GB 16171—2012）、《火电厂大气污染物排放标准》（GB 13223—2011）等。这些标准都是为了应对保护环境的紧迫要求，防止工业废气对大气等的污染，保证人民身体健康，促进工农业生产的发展而制定的。这些标准规定了多种大气污染物的排放限值，其指标体系为最高允许排放浓度、最高允许排放速率和无组织排放监控浓度限值。不同行业相应标准的要求比有关国家标准中的规定更为严格。在实际工作中，对已制定行业标准的生产部门，应以行业标准为准。

1.4 防治有害物的通风方法

1.4.1 有害物在室内的传播机理

粉尘和有害气体都要经过一定的传播过程才能由污染源扩散到周围空气中，再与人体接触，进入呼吸系统、皮肤等人体器官，构成对人体的危害。使有害物从静止状态变成悬浮于空气中，并传播到空气中的作用，称为有害物的尘化和传播。一般来说，有害物的传播机理有下面几种。

1. 扩散作用

当有害物浓度在空间上分布不均匀时，就会由于浓度差的作用而使有害物从高浓度区域向低浓度区域运动，这种有害物的传播机理称为扩散作用。一般有害气体和蒸气从污染源散发到室内空间的过程主要依靠扩散作用，尘粒非常小的粉尘也会产生扩散传播。

2. 外部机械力作用

机械加工和许多其他工业生产过程，以及人本身的运动都会对加工和生产对象、周围物体产生挤压、剪切、拉伸等作用，这些作用力加上重力和浮力统称为外部机械力。尘粒由静止状态进入空气中浮游往往是由于外部机械力使尘粒获得能量而造成的。如用砂轮磨光金属时，会在摩擦剪切力的作用下使一些金属块或金属粒脱离金属表面而进入室内空气中，如图1-2和图1-3所示。

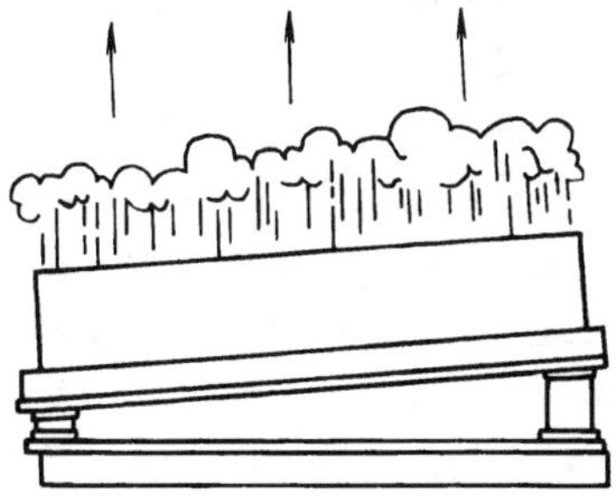

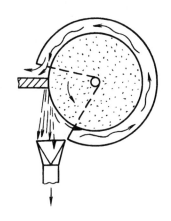

图1-2 剪切压缩造成的尘化作用

3. 空气流动输运作用

粉尘等相对密度较大的物质，如果处在静止空气中，就会在重力的作用下，沉降在物体的表面而从空气中被去除，不会对人体产生危害。但是，许多生产加工和人员活动过程中，因为块、粒状物料在空气中的高速运动和冷、热气流上升运动，会带动周围空气随其流动，这部分空气称之为诱导空气，如图1-4所示。诱导空气由于速度较快，能携带有害物一起运动，从而能把有害物从污染源带走，并输运到空气中而散播开来。一般把诱导空气称为一次气流，把由于通风或冷热气流对流所形成的室内气流称为二次气流。二次气流运动范围较大，能实现有害物的大范围输运。正是由于局部的诱导空气和室内大范围的空气对流，即一次气流和二次气流的运动，有害物才能实现从污染源到人员所在地点的大范围转移，这种由于空气对流的有害物传播机理称为空气流动输运作用。

图1-3 剪切和诱导空气造成的
尘化作用（砂轮转动时）

计算表明，直径为 $10\mu m$ 的粉尘以初速 10m/s 做水平运动，仅仅经过 0.01s 其速度几乎降为0，很快失去进一步传播的能量，在此过程中仅仅运动了 8mm 远。可见，细小的粉尘本身并没有独立运动能力，一次气流给予粉尘的能量是不足以使粉尘扩散飞扬的，它只造成局部地点的空气污染。造成粉尘进一步扩散，污染室内空气环境的主要原因是二次气流，即由于通风或冷热气流对流所形成的室内气流。二次气流带着局部地点的含尘空气在整个车间内流动，使粉尘散布到整个车间。二次气流的对流输运也是有害气体和蒸气的主要传播机理之一。

当然，以上三种有害物的传播机理往往并不是单独作用的，往往有两种或三种机理联合作用，才能真正实现有害物在室内的传播。如图1-5所示，带式运输机输送的粉料就是依靠外部机械力作用和空气对流输运作用两种机理联合实现在室内传播的。从高处下落到地面时，由于气流和粉尘的剪切作用，被物料挤压出来的高速气流会带着粉尘向四周飞溅。另外，粉尘在下落过程中，由于剪切和诱导空气的作用，高速气流也会使部分物料飞扬。

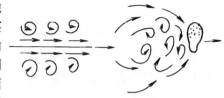

图1-4　诱导空气造成的尘化作用
（块、粒状物料运动时）

1.4.2　防治有害物的通风方法

通风方法按照空气流动动力的不同，可分为自然通风和机械通风两大类。

1. 自然通风

自然通风是依靠室内外温差所造成的热压，或者室外风力作用在建筑物上所形成的压差，使室内外的空气进行交换，从而改善室内的空气环境。因自然通风不需要专设动力装置，对于产生大量余热的车间是一种经济而有效的通风方法。其不足之处是，自然进入的室外空气无法预先进行处理；同样，从室内排出的空气中，如果含有有害粉尘或有毒气体时，也无法进行净化处理。严重者会污染周围环境造成很坏的影响。另外，自然通风的换气量一般要受室外气象条件的影响，通风效果不稳定。

图1-5　综合性的尘化作用

2. 机械通风

借助于通风机所产生的动力而使空气流动的方法，称为机械通风。由于风机的风量和压力可根据需要来选择，因此这种方法能确保通风量，并可控制空气流动方向和气流速度，也可以按所要求的空气参数，对进风和排风进行处理。显然，机械通风系统要比自然通风复杂，一次投资和运行管理费用较大。

通风方法按通风系统作用范围，可分为局部通风和全面通风。局部通风又可以细分为局部排风和局部送风。

（1）局部排风　所谓局部排风，就是在集中产生有害物的局部地点，设置有害物捕集装置，将有害物就地排走，以控制有害物向室内扩散。局部排风是防毒、排尘最为有效的通风方法。它可以用最小的风量，获得最好的通风效果。局部排风系统可以是机械的或自然的。

典型的局部排风系统如图1-6所示，它由以下几部分组成：

1）局部排气罩。它是收集有害物的装置。

2）风管。它是用来输送空气的。

3）空气净化装置。为了保护大气环境或回收原材料，当排气中的粉尘或其他有害物的含量超过排放标准时，必须采用除尘器或有害气体净化设备处理，在达到排放标准后排入大气。

4）风机。它是输送空气的动力设备，为了防止风机被磨损或腐蚀，通常将风机放在净化装置的后面。

（2）局部送风　向局部工作地点送风，创造局部地带良好的空气环境。这种送风方式称为局部送风，也称岗位吹风。例如，有些高温车间，即便设计自然通风对整个车间进行降温，但还防止不了工人操作地点受高温热辐射的作用，这种场合可采取局部送风措施。

局部送风方式可分为系统式和单体式两种。系统式就是利用通风机和风管，直接将室外新鲜空气或者经过处理后具有一定参数的空气送到工作地点。单体式局部送风，一般借助轴流风扇或喷雾风扇，直接将室内空气（再循环）以射流送风方式吹向作业地带。利用增加作业地带气流速度的作用，或者同时利用喷雾水滴的蒸发吸热作用，来加速人体的散热。但是对散发有粉尘或有害气体的车间内不宜采用，因为高速气流会使有害物扩散到整个车间。对于操作人员少、面积大的车间，用全面通风改善整个车间的空气环境既困难又不经济，而且也无此必要。此时，采用局部送风，比较合理且经济。炼钢、铸造等高温车间经常采用这种通风方法。图1-7所示为铸造车间浇注工段采用的系统式局部送风系统。

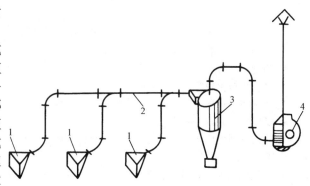

图1-6 局部排风系统
1—排风罩 2—风管 3—净化设备 4—风机

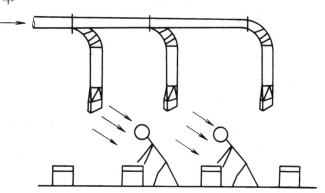

图1-7 系统式局部送风系统

（3）全面通风 所谓全面通风就是对整个房间进行通风换气。其目的在于稀释（冲淡）室内有害物浓度，消除余热、余湿，使之达到卫生标准和满足生产要求。全面通风（包括全面送风和全面排风）可以利用自然通风方法来实现，也可以用机械通风方法来实现。上述各种通风方法在解决实际通风问题时，应该依据具体情况来选择。有时需要几种方法联合使用才能获得良好的效果。例如，对于散发有害物的车间，由于受生产条件的限制，有害物源不固定或其面积较大，或者安装局部通风装置会妨碍工人操作等，就不宜采用局部通风而应采用全面通风。又如，当只采取局部通风措施，还不能将有害物有效地加以控制，仍有一部分要扩散到车间内而造成室内空气环境污浊，这时应在局部通风的基础上，同时辅以全面通风。在房间内有可能突然从设备或管道中逸出大量有害气体或燃烧爆炸性气体时，则需要尽快地把有害物排到室外，这种通风称为事故通风。事故通风装置只在发生事故时开启使用，进行强制排风。

1.4.3 防治有害物的综合措施

实践证明，任何一种单一的有害物防治措施都很难将生产场所的有害物降到国家卫生标准以下，或者说也不经济。因此，要根据有害物的产生地点和生产作业情况，实行综合防治。综合防治首先从改进工艺着手减少有害物的发生量，即改革工艺设备和工艺操作方法，提高机械化、自动化程度，从根本上杜绝和减少有害物的产生；其次是净化空气，即采取合理的通风措施，降低空气中有害物的含量，尽可能地使其达到国家卫生标准的要求；第三就是要建立严格的检查管理制度，规范日常清洁和维护管理工作，加强个体防护。只有这样，才能切实有效地防治有害物，保护人民身体健康和生命安全，达到通风工程的最终目的。

习　题

1. 粉尘、有害蒸气和气体对人体有何危害？

2. 试阐明粉尘粒径大小对人体危害的影响。

3. 试阐述采用通风技术控制有害物的理论依据。

4. 试阐述矿井内空气成分。

5. 写出下列物质在车间空气中的最高容许浓度，并指出何种物质的毒性最大（一氧化碳、二氧化硫、氯、丙烯醛、铅烟、五氧化砷、氧化镉）。

6. 卫生标准规定的空气中有害物质最高容许浓度，考虑了哪些因素？举例说明。

7. 卫生标准规定居住区大气中氨的最高容许浓度为 $0.2mg/m^3$，试将该值换算为体积分数。

8. 排放标准与哪些因素有关？

9. 试阐述不同的室内气象条件对人体舒适感（或人体热平衡）的影响。

10. 阐述防治工业有害物的综合措施。

二维码形式客观题

扫描二维码可自行做题，提交后可查看答案。

第1章
客观题

参 考 文 献

[1] 孙一坚. 工业通风 [M]. 4版. 北京：中国建筑工业出版社，2010.

[2] 赵以蕙. 矿井通风与空气调节 [M]. 北京：中国矿业大学出版社，1990.

[3] 苏永森，等. 工业厂房通风技术 [M]. 天津：天津科学技术出版社，1985.

[4] 金招芬，等. 建筑环境学 [M]. 北京：中国建筑工业出版社，2001.

[5] 吴忠标. 大气污染控制工程 [M]. 北京：科学技术出版社，2002.

[6] 林肇信. 大气污染控制工程 [M]. 北京：高等教育出版社，1991.

[7] 林肇信，等. 环境保护概论 [M]. 北京：高等教育出版社，1999.

[8] 王汉青. 高大空间多射流湍流场的大涡数值模拟研究 [D]. 长沙：湖南大学，2003.

[9] Sheldon K Friedlander. Smoke，Dust and Haze [M]. Oxford：Oxford University Press，2000.

[10] E Ullah，R Nawaz，J Iqbal. Single image haze removal using improved dark channel [C]. IEEE Proceedings of International Conference on Modelling，Identification and Control，Aug. 2013：245 – 248.

[11] 曹香府. 有毒有害物质的职业危害与防护 [M]. 北京：煤炭工业出版社，2012.

[12] Atchley A L，Maxwell R M，Navarresitchler A K. Human health risk assessment of CO_2 leakage into overlying aquifers using a stochastic，geochemical reactive transport approach [J]. Environmental Science and Technology，2013，47 (11)：5954 – 5962.

[13] 同济医科大学环境卫生教研室. 室内空气中二氧化碳卫生标准：GB/T 17094—1997 [S]. 北京：中国标准出版社，1997.

[14] 张宇峰，赵荣义. 建筑环境人体热适应研究综述与讨论 [J]. 暖通空调，2010，40 (9)：38 – 48.

[15] 李百战. 室内热环境与人体热舒适 [M]. 重庆：重庆大学出版社，2012.

第 2 章

全 面 通 风

通风的任务是以通风换气的方法改善室内的空气环境。概括地说，是把局部地点或整个房间内的污浊空气排至室外（必要时经过净化处理），把新鲜（或经过处理）空气送入室内。前者称为排风，后者称为送风。由实现通风任务所需的设备、管道及其部件组成的整体，称之为通风系统。

本章介绍控制工业有害物的主要通风方法，重点阐述全面通风和置换通风的基本原理。局部通风是十分有效的通风方法，设计时一般优先考虑，这部分内容将在后面章节做详细介绍。

全面通风是对整个房间进行通风换气，其基本原理是：用清洁空气稀释（冲淡）室内含有有害物的空气，同时不断地把污染空气排至室外，保证室内空气环境达到卫生标准。全面通风又叫稀释通风。

全面通风可以采用自然通风或机械通风。

应当指出，全面通风的效果不但与通风量有关，还与通风气流组织有关，这些内容将在后面几节中介绍。

在解决实际问题时，应根据具体情况选择合理的通风方法，有时需要几种方法联合使用才能达到良好效果。例如，用局部通风措施仍不能有效地控制有害物致使部分有害物还散发到车间时，应辅助采用全面通风方式。

2.1 全面通风换气量的确定

本节所分析的全面通风换气量是指车间内连续、均匀地散发有害物，在合理的气流组织下，将有害物浓度稀释到卫生标准规定的最高容许浓度以下所必需的通风量。单位时间进入室内空气中的有害物（余热、水蒸气、有害气体和蒸气，以及粉尘等）数量是确定全面通风量的原始资料。

2.1.1 全面通风换气的基本微分方程式

假设在体积为 V_f 的房间内，每秒钟散发出的有害物量为 X，室内空气中有害物初始浓度为 y_1，现采用全面通风稀释房间空气中的有害物，则在任一个微小的时间间隔 $d\tau$ 内，室内得到的有害物量（包括有害物源散发的有害物和进风带入的有害物）与从室内排走的有害物量（即排风带走的有害物）之差，应和整个房间内有害物增量（正或负）相等，即

$$q_v y_0 d\tau + X d\tau - q_v y d\tau = V_f dy \tag{2-1}$$

式中 q_v——全面通风量（m^3/s）；

y——某一时刻空气中的有害物浓度（g/m^3）；

y_0——进风空气中的有害物浓度（g/m^3）；

$\mathrm{d}\tau$——无限小的时间间隔（s）；

V_f——房间体积（m^3）；

X——有害物发生量（g/s）；

$\mathrm{d}y$——房间空气中在 $\mathrm{d}\tau$ 时间内的有害物浓度增量（g/m^3）。

式（2-1）是全面通风的基本微分方程式，它表示在任何瞬间，房间空气中有害物浓度 y 与全面通风量 q_V 之间的关系（假定进、排风过程是等温的）。

式（2-1）可以变换为

$$\frac{\mathrm{d}\tau}{V_f} = \frac{\mathrm{d}y}{q_V y_0 + X - q_V} \tag{2-2}$$

由常数的微分为零，式（2-2）可以改写为

$$\frac{\mathrm{d}\tau}{V_f} = -\frac{1}{q_V} \frac{\mathrm{d}(q_V y_0 + X - q_V y)}{q_V y_0 + X - q_V y}$$

假定在 τ 内，房间空气中有害物浓度 y_1 又变为 y_2，可得

$$\int_0^\tau \frac{\mathrm{d}\tau}{V_f} = -\frac{1}{q_V} \int_{y_1}^{y_2} \frac{\mathrm{d}(q_V y_0 + X - q_V y)}{q_V y_0 + X - q_V y} \tag{2-3}$$

积分上式并稍加变换，得

$$\frac{\tau q_V}{V_f} = \ln \frac{q_V y_1 - X - q_V y_0}{q_V y_2 - X - q_V y_0} \tag{2-4}$$

即

$$\frac{q_V y_1 - X - q_V y_0}{q_V y_2 - X - q_V y_0} = \exp\left(\frac{\tau q_V}{V_f}\right) \tag{2-5}$$

在 $\tau < \dfrac{V_f}{q_V}$ 时，级数 $\exp\left(\dfrac{\tau q_V}{V_f}\right)$ 收敛，方程式（2-5）可以用级数展开的近似方法求解。取级数的前两项，可得到

$$\frac{q_V y_1 - X - q_V y_0}{q_V y_2 - X - q_V y_0} = 1 + \frac{\tau q_V}{V_f}$$

或

$$q_V = \frac{X}{y_2 - y_0} - \frac{V_f}{\tau} \frac{y_2 - y_1}{y_2 - y_0} \tag{2-6}$$

用式（2-6）可以求得在时间 τ 内，房间空气中有害物浓度降至要求的 y_2 值所需的全面通风量。全面通风量 q_V 与时间 τ 有关，式（2-6）为不稳定状态下全面通风量计算式。

变换式（2-5），可以求得通风量为定值时，任意时刻的有害物浓度 y_2

$$y_2 = y_1 \exp\left(-\frac{\tau q_V}{V_f}\right) + \left(\frac{X}{q_V} + y_0\right)\left[1 - \exp\left(-\frac{\tau q_V}{V_f}\right)\right] \tag{2-7}$$

如果室内空气中的有害物初始浓度 $y_1 = 0$，则上式成为

$$y_2 = \left(\frac{X}{q_V} + y_0\right)\left[1 - \exp\left(-\frac{\tau q_V}{V_f}\right)\right] \tag{2-8}$$

当 $\tau \to \infty$ 时，$\exp\left(-\dfrac{\tau q_V}{V_f}\right) \to 0$，室内有害物浓度可认为已稳定，且

$$y_2 = y_0 + \frac{X}{q_V} \tag{2-9}$$

实际上，室内有害物浓度趋于稳定并不严格要求 $\tau \to \infty$。例如，$\dfrac{\tau q_V}{V_f} \geqslant 3$ 时，$\exp\left(-\dfrac{\tau q_V}{V_f}\right) =$

0.0497 ≪ 1，可近似认为 y_2 已趋于稳定。

式（2-7）和式（2-8）表示的有害物浓度随通风时间变化的关系，可以画成图 2-1 中的曲线。

从上述分析看出，室内有害物浓度随时间按指数规律增加或减少，增减快慢取决于 $\dfrac{q_V}{V_f}$。

在实际计算时，最高允许浓度（即上述公式中的 y_2）通常是已经给定的，重要的是确定通风量 q_V。

根据式（2-9），稳定状态下所需的全面通风量按下式计算

$$q_V = \frac{X}{y_2 - y_0} \qquad (2\text{-}10)$$

进风不含有害物，即 $y_0 = 0$ 时

$$q_V = \frac{X}{y_2} \qquad (2\text{-}11)$$

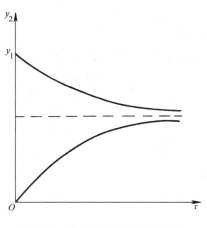

图 2-1 有害物浓度随通风时间的变化曲线

由于室内有害物分布和通风气流实际上不可能完全均匀，混合过程不可能在瞬时完成；有时即使室内的有害物平均浓度符合卫生标准，有害物源附近空气中的有害物浓度仍远未达到卫生标准。因此，实际所需的通风量比按式（2-10）计算得到的数值大。为此，引入一个安全系数 K，式（2-10）变为

$$q_V = \frac{KX}{y_2 - y_0} \qquad (2\text{-}12)$$

取用 K 值要综合考虑多方面的因素，如有害物的毒性，有害物散发的不均匀性，有害物源的分布情况，通风气流的组织等。对于一般的通风房间，取 $K = 3 \sim 10$；对于生产车间的全面通风，取 $K \geq 6$；只有精心设计的小型实验室，才能取 $K = 1$。

【例 2-1】 地下工程某房间的体积 $V_f = 250\text{m}^3$，设置通风量为 $0.05\text{m}^3/\text{s}$ 的全面通风系统，在 180 人进入房间后立即开动风机送入室外空气。试求该房间的 CO_2 浓度达到 5.9g/m^3 所需的时间。

【解】 由资料查得每人每小时呼出的 CO_2 约为 40g，CO_2 的产生量 $X = 40\text{g/h} \times 180 = 7200\text{g/h} = 2\text{g/s}$。

送入房间空气中的 CO_2 体积分数为 $500 \times 10^{-4}\%$，即 CO_2 浓度 0.98g/m^3。设风机起动前房间空气中的 CO_2 浓度与室外一样，即 $y_0 = 0.98\text{g/m}^3$。

由式（2-4）可得到

$$\tau = \frac{V_f}{q_V}\ln\frac{q_V y_1 - X - q_V y_0}{q_V y_2 - X - q_V y_0} = \frac{250}{0.05}\ln\frac{0.05 \times 0.98 - 2 - 0.05 \times 0.98}{0.05 \times 5.9 - 2 - 0.05 \times 0.98}\text{s}$$
$$= 656.2\text{s} = 10.937\text{min}$$

2.1.2 全面通风量的确定

在车间内散发的有害物是有害气体或蒸气时，可以用式（2-10）、式（2-11）和式（2-12）来计算消除这些有害物所需的全面通风量。

如果车间产生的有害物是余热，则根据热平衡原理得到消除余热所需的全面通风量计算式

$$q_m = \frac{Q}{c(t_p - t_0)} \tag{2-13}$$

式中 q_m——全面通风量（kg/s）；

      Q——室内余热量（kJ/s）；

      c——空气的质量热容，取 $c = 1.01\text{kJ}/(\text{kg} \cdot \text{K})$；

      t_p——排出的空气温度（K）；

      t_0——进入的空气温度（K）。

如果车间产生的有害物是余湿，则根据湿平衡原理可得到消除余湿所需的全面通风量计算式

$$q_m = \frac{W}{d_p - d_0} \tag{2-14}$$

式中 q_m——全面通风量（kg/s）；

      W——室内余湿量（g/s）；

      d_p——排出空气的含湿量 [g/kg（干空气）]；

      d_0——进入空气的含湿量 [g/kg（干空气）]。

应当注意，当车间内有数种溶剂（苯及其同系物或醇类，或醋酸类）的蒸气，或数种刺激性气体（三氧化二硫，或氟化氢及其盐类等）同时散发时，由于它们对人体有相同的危害作用，全面通风量应按各种气体或蒸气分别稀释至容许浓度所需的通风量总和计算。

当车间内同时散发数种其他有害物时，全面通风量应按消除各种有害物所需的最大通风量计算。

在实际计算时，如果无法具体确定散入房间的有害物量，全面通风量可按照类似房间的换气次数经验值确定。所谓换气次数 n，是指通风量 q_V（m^3/s）与通风房间体积 V_f（m^3）的比值，即 $n = \dfrac{q_V}{V_f}$（次/s）。若已知换气次数，可以按下式确定全面通风量

$$q_V = nV_f \tag{2-15}$$

根据《工业建筑供暖通风与空气调节设计规范》（GB 50019—2015）中的相关规定，当室内的有害物质数量无法确定时，全面通风量可按换气次数来确定。上式中的换气次数可以参考相关的设计手册。《实用供热空调设计手册》中列出了一些涉及工业建筑的换气次数。例如，对于排风换气次数：变电室 10 次/h、配电室 3 次/h、电梯机房 10 次/h、蓄电池室 12 次/h、制冷空调机房 5 次/h、汽车库（停车场、无修理间）2 次/h、汽车修理间 3 次/h、地下停车库 5~6 次/h、油罐室 5 次/h。

【例 2-2】   某车间同时散发几种有机溶剂的蒸气，它们的散发量分别为：苯 2kg/h，醋酸乙酯 1.2kg/h，乙醇 0.5kg/h。已知该车间消除余热所需的全面通风量为 $50\text{m}^3/\text{s}$。求该车间所需的全面通风量。

【解】   由附录 2 查得三种溶剂蒸气的容许浓度为：

苯 $40\text{mg}/\text{m}^3$；醋酸乙酯 $300\text{mg}/\text{m}^3$；乙醇，未作规定，不计风量。

进风为清洁空气，上述三种溶剂蒸气的浓度为零。取安全系数 $K = 6$。按式（2-12）计算把三种溶剂的蒸气稀释到容许浓度所需的通风量。

苯 $q_{V1} = \dfrac{X_1}{y_2 - y_0} = \left[\dfrac{6 \times 2 \times 10^6}{3600 \times (40 - 0)} \right] \text{m}^3/\text{s} = 83.33\text{m}^3/\text{s}$

醋酸乙酯 $q_{V2} = \dfrac{X_2}{y_2 - y_0} = \left[\dfrac{6 \times 1.2 \times 10^6}{3600 \times (300 - 0)}\right] m^3/s = 6.67 m^3/s$

乙醇 $\quad q_{V3} = 0$

因为几种溶剂同时散发对人体危害作用相同的蒸气，所需风量为各自风量之和，即

$$q_V = q_{V1} + q_{V2} + q_{V3} = (83.34 + 6.67) m^3/s = 90.01 m^3/s$$

该风量已能满足消除余热的需要，故该车间所需的全面通风量为 $90.01 m^3/s$。

2.1.3 有害物散发量的计算

正确计算有害物的散发量，是合理确定全面通风量的基础。

1. 生产设备发热量

设备散热量的计算方法在传热学中已经介绍。实际计算时，由于工艺过程及设备种类繁多，结构各异，完全用理论方法来确定它们的散热量是很困难的。因此，必须深入现场调查实测，在此基础上参考有关文献，以取得比较准确的计算结果。

生产车间主要散热设备有：①工业炉窑及其热设备的散热量；②高温原材料、半成品和成品冷却时的散热量；③蒸汽锻锤的散热量；④电炉、电动机的散热量；⑤内燃机等动力设备的散热量；⑥燃料燃烧时的散热量。

2. 散湿量

生产车间的散湿量是指进入空气中的水蒸气含量，主要有：①暴露水平面或潮湿表面散发的水蒸气量；②生产过程中散发的水蒸气量；③原材料或半成品、成品散发的水蒸气量。

具体计算时，要进行必要的现场勘测，参考有关文献，才能取得比较准确的计算结果。

3. 有害气体和蒸气的散发量

生产车间内的有害气体和蒸气来源主要有：①燃烧过程产生的有害气体，如工业炉窑燃烧产物中的硫氧化物、氮氧化物、HF、CO 等；②从生产设备或管道不严密处渗漏出来，进入室内的有害气体或蒸气；③工业槽面散发的有害气体；④容器及化学物品自由面的蒸发；⑤喷涂过程中散入室内的有害气体或蒸气，如喷涂过程中散发的苯蒸气；⑥生产工艺过程中化学反应产生的有害气体，如铸件浇注时产生的 CO，电解铝时产生的 HF 等。

由于生产过程繁杂，散发有害气体和蒸气的情况并不相同，一般很难用理论公式计算。因此，必须经过现场测试和调查研究，参考经验数据，才能得到比较正确的有害气体或蒸气的散发量。

最后要指出，车间内的余热量并不一定等于各种设备散热量之和，因为车间既得到热量，也有可能失去热量；余热量应是得热量与失热量之差。

2.1.4 气流组织

全面通风量不仅取决于通风量，还与通风气流的组织有关。在不少情况下，尽管通风量相当大，但因气流组织不合理，仍然不能全面而有效把有害物稀释；在局部地点的有害物质因积聚，浓度增加。因此，合理设计气流组织是通风设计的重要一环，应当重视。

在设计气流组织时，考虑的主要方面有：有害物源的分布、送回风口的位置及其形式等。

1. 气流组织和有害物源的关系

全面通风气流组织设计的最基本原则是：将新鲜空气送到作业地带或操作人员经常停留的工作地点，应避免将有害物吹向工作区；同时，有效地从有害物源附近或者有害物浓度最大的部位排走污染空气。

在图 2-2 中，"×"表示有害物源，"○"表示人员的工作位置，箭头表示进、排风方向。方案 1 是将清洁空气先送到人员的工作位置，再经有害物源排至室外。这个方案中，人员工作地点空气新鲜，显然是合理的。方案 2 的气流组织是不合理的，因为送风空气先经过有害物源，再达到人员工作位置，人员吸入的空气比较浑浊。同样，方案 3 也是不合理的。

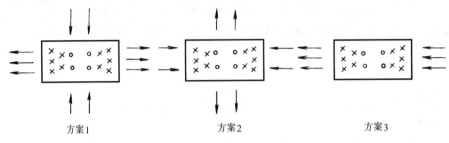

方案1　　　　　　　　　方案2　　　　　　　　　方案3

图 2-2　气流组织平面示意图

2. 送排风方式

通风房间气流组织的主要方式有：上送上排、下送上排和中间送上下排等。具体工程采用哪种方式，则根据操作人员位置、有害物源分布情况、有害物性质及其浓度分布、有害物运动趋向等因素综合考虑，按以下原则确定：

1）送风口应接近人员操作的地点，或者送风要沿着最短的线路到达人员作业地带，保证送风先经过人员操作地点，后经污染区排至室外。

2）排风口应尽可能靠近有害物源或有害物浓度高的区域，把有害物迅速排至室外，必要时进行净化处理。

3）在整个房间内，应使进风气流均匀分布，尽量减少涡流区。

通风房间内应当避免出现涡流区的原因是，空气在涡流区内再循环的结果，会使有害物浓度不断积聚造成局部空气环境恶化。如果在涡流区积聚的是易燃烧或爆炸性有害物，则在达到一定浓度时就会引起燃烧或爆炸，在设计中应予以避免。

4）对民用建筑、生产厂房及辅助建筑物中要求清洁的房间，当其周围环境较差时，送风量应大于排风量，使室内保持正压；对于室内产生有害气体和粉尘，可能污染周围相邻房间时，送风量应小于排风量，使室内保持负压，一般送风量为排风量的 80% ~ 90%。

5）当采用全面通风消除余热、余湿或其他有害物质时，应分别从室内温度最高、含湿量或有害物质浓度最大的区域排风，并且其风量分配应符合以下要求：当有害气体和蒸汽密度比空气小，或在相反情况下会形成稳定的上升气流时，宜从房间上部地带排出所需风量的 2/3，从下部排出 1/3；当有害气体和蒸汽密度比空气大，且不会形成稳定的上升气流时，宜从房间上部地带排出所需风量的 1/3，从下部地带排出 2/3。

图 2-3 表示了几种不同的气流组织方式。其中图 a、图 b、图 c 所示的气流组织方式通风效果差，图 d、图 e、图 f 所示的气流组织方式通风效果好。

对于同时散发有害气体和余热的车间，一般采用如图 2-4 所示的下送上排的方式。清洁的空气从车间下部送入，在工作区散开，带着有害气体或余热流至车间上部，最后经设在上部的排风口排出。这样的气流组织有以下特点：

1）新鲜空气能以最短的路线到达人员作业地带，避免在途中受污染。

2）工人首先接触新鲜空气。

3）符合热车间内有害气体、蒸气和热量的分布规律，即一般情况下，上部的有害气体或蒸

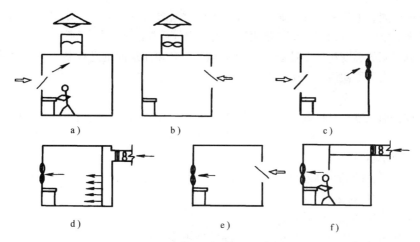

图 2-3 气流组织方式示意图

气浓度高，上部的空气温度也是高的。

密度较大的有害气体或蒸气并不一定沉积在车间底部，因为它们不是单独存在，是和空气混合在一起的，所以决定有害气体在车间空间的分布不是它们自身的密度，而是混合气体的密度。在车间空气中，有害气体的浓度通常是很低的，一般在 $0.5g/m^3$ 以下，它引起空气密度的变化很小。但是，当温度变化 1℃ 时，例如，由 15℃ 升高到 16℃，空气密度由 $1.226kg/m^3$ 减少到 $1.222kg/m^3$，即空气密度变化达 $4g/m^3$。由此可见，只要室内空气温度分布稍不均匀，有害气体就会随室内空气一起运动。只

图 2-4 热车间的气流组织示意图

是在室内没有对流气流时，密度较大的有害气体才会积聚在车间下部。另外，有些比较轻的挥发物（如汽油、醛等）由于蒸发吸热，使周围空气冷却，并随之一起下降。如果不问具体情况，只看到有害气体密度大于空气密度一个方面，将会得出有害气体浓度分布的错误结论。

在工程设计中，一般采用以下的气流组织方式：

1）有害物源散发的有害气体温度比周围空气温度高，或者车间存在上升气流，不论有害气体密度大小，均应采用下送上排的方式。

2）如果没有热气流的影响，当散发的有害气体密度比空气小时，则应采用下送上排的方式；比空气密度大时，应当采用上下两个部位同时排出的方式，并在中间部位将清洁空气直接送到工作地带。

通风房间内有害气体浓度分布除了受对流气流影响外，还受局部气流影响。局部气流包括经窗孔进入的室外空气流（俗称穿堂风）、机械设备引起的局部气流、通风气流等。由此可见，车间内影响有害气体浓度分布的因素是复杂的。对大型的或重要的车间通常先进行模型实验或数值仿真，以正确确定复杂情况下的气流组织方式。

最后，应当指出，室内通风气流主要受送风口位置和形式的影响，排风口的影响是次要的。

2.1.5 空气平衡和热平衡

在用通风方法控制有害物污染、改善房间的空气环境时，必须考虑通风房间的空气平衡和热平衡，这样才能达到设计要求。

对于通风房间，不论采用哪种通风方式，单位时间进入室内的空气质量总是和同一时间内从此房间排走的空气质量相等，也就是通风房间的空气质量总要保持平衡，称此为空气平衡。

要使通风房间的温度达到设计要求并保持不变，必须使房间的总得热量等于总失热量，即保持房间热量平衡，称此为热平衡。

1. 空气平衡

如前所述，通风方式有机械通风和自然通风两类，因此，空气平衡的数学表达式为

$$q_{m,jj} + q_{m,zj} = q_{m,jp} + q_{m,zp} \tag{2-16}$$

式中　$q_{m,jj}$——机械进风量（kg/s）；

　　　$q_{m,zj}$——自然进风量（kg/s）；

　　　$q_{m,jp}$——机械排风量（kg/s）；

　　　$q_{m,zp}$——自然排风量（kg/s）。

在没有自然通风的房间中，若机械进、排风量相等（即 $q_{m,jj} = q_{m,jp}$），此时室内压力等于室外大气压力，即室内外压差为零。若机械进风量大于机械排风量（即 $q_{m,jj} > q_{m,jp}$），此时，室内压力升高并大于室外压力，房间处于正压状态。反之房间压力降低，处于负压状态。在通风房间处于正压状态时，室内一部分空气总会通过房间的窗户、门洞，或不严密的缝隙流到室外。渗透到室外的这部分空气量称为无组织排风量。与之相反，当通风房间处于负压状态时，总会有室外空气渗透到室内，这部分空气量称为无组织进风量。上述分析表明，不论通风房间处于正压还是负压，空气平衡原理总是适用的。

在工程设计中，空气平衡原理有重要作用。如对于清洁度要求比较高的房间，有意识地使机械进风量大于机械排风量，保持房间正压，以免受室外空气影响。对于产生有害物的房间，则有意识地保持负压，以免污染室外空气。房间负压不能过大，避免引起如表2-1所示的不良后果，在冬季更要注意这个问题。

表2-1　室内负压引起的影响

负压/Pa	风速/(m/s)	危害
2.45 ~ 4.9	2 ~ 2.9	操作者有吹风感
2.45 ~ 12.25	2 ~ 4.5	自然通风的抽力下降
4.9 ~ 12.25	2.9 ~ 4.5	燃烧炉出现逆火
7.35 ~ 12.25	3.5 ~ 6.4	轴流式排风扇工作困难
12.25 ~ 49	4.5 ~ 9	大门难以启闭
12.25 ~ 61.25	6.4 ~ 10	局部排风系统能力下降

为了保证车间排风系统在冬季能正常工作，防止室外大量冷空气直接进入室内，对于机械排风量大的房间，必须设置送风系统，生产车间的无组织进风量以不超过一次换气为宜。

2. 热平衡

对于采用机械通风，又使用再循环空气补偿部分热损失的车间，热平衡的表达式为

$$\sum Q_h + cq_{V,p} \rho_n t_n = \sum Q_f + cq_{V,jj} \rho_{jj} t_{jj} + cq_{V,zj} \rho_w t_w + cq_{V,hx} \rho_n (t_s - t_n) \tag{2-17}$$

式中　$\sum Q_h$——围护结构、材料吸热造成的总失热量（kW）；

　　　$\sum Q_f$——车间内的生产设备、产品、半成品、热力管道及供暖散热器等总放热量（kW）；

　　　$q_{V,p}$——房间的总排风量，包括局部和全面排风量（m³/s）；

　　　$q_{V,jj}$——机械进风量（m³/s）；

　　　$q_{V,zj}$——自然通风量（m³/s）；

　　　$q_{V,hx}$——再循环空气量（m³/s）；

c——空气质量热容，且 $c = 1.01 \text{kJ} / (\text{kg} \cdot \text{℃})$；

ρ_n——房间空气密度（kg/m^3）；

ρ_w——室外空气密度（kg/m^3）；

t_w——室外空气温度（℃）；

t_{jj}——机械进风温度（℃）；

t_n——室内空气温度（℃）；

t_s——再循环空气温度（℃）。

为了节省能耗，在保证通风效果的前提下，设计通风系统采取以下技术措施：

1）设计局部排风系统，特别是排风量大的系统，不能片面追求大风量，通过采用局部排风罩的结构、完善系统设计等措施，在保证通风效果的前提下，尽可能减少排风量，从而减少车间的进风量和排热损失。在我国北方寒冷地区更要注意这一点。

2）排风再循环使用。局部排风系统排除的空气在净化后，如能达到规定的卫生要求，考虑再循环使用。但是，以下通风场所禁止使用循环空气。①《建筑设计防火规范》（GB 50016—2014）中所规定的甲、乙类仓库或厂房。②空气中含有的爆炸危险粉尘、纤维，且含尘浓度大于或等于其爆炸下限的 25% 的丙类厂房或仓库。③空气中含有易燃易爆气体，且气体浓度大于或等于其爆炸下限的 10% 的其他厂房或仓库。④建筑物内的甲乙类火灾危险性的房间。

3）冬季机械进风系统应采用较高的送风温度。直接吹向工作地点的空气温度，不低于人体表面温度（约 34℃），最好在 37～50℃ 之间，以避免操作人员有吹风感。同时，适当利用部分无组织进风，以减少机械进风量。

4）将室外空气直接送到局部排风罩或其附近，补充局部排风系统排除的风量。后面要述及的送风式通风柜，其 70% 的排风量直接由室外空气供给，大大减少了房间排热损失，节省了能量。

与保持热平衡的道理相似，为使车间空气的湿度和有害物浓度稳定地达到设计要求，必须保持湿平衡和有害物质的平衡。

实际的通风问题比较复杂，有时需要根据排风量确定进风量；有时则根据热平衡确定送风参数；有时既有局部排风系统，又有全面通风系统；既要确定风量，又要确定空气参数。不管问题如何复杂，只要掌握了空气平衡、热平衡原理，这些问题不难解决。

【例 2-3】 如图 2-5 所示的车间内，生产设备总散热量 $Q_1 = 350 \text{kW}$，维护结构失热量 $Q_2 = 450 \text{kW}$，上部天窗排风量 $q_{V,zp} = 2.8 \text{m}^3/\text{s}$，从工作区排走的风量 $q_{V,jp} = 4.25 \text{m}^3/\text{s}$，自然进风量 $q_{V,zj} = 1.32 \text{m}^3/\text{s}$，车间工作区温度 $t_n = 18℃$，室外空气温度 $t_w = -12℃$，室内的温度梯度为 $0.3℃/\text{m}$，天窗中心高 10m，试计算：机械送风量 $q_{m,jj}$、送风温度 t_j 和进风所需的加热量 Q_3。

【解】 （1）列出空气平衡方程式

$$q_{m,jj} + q_{m,zj} = q_{m,jp} + q_{m,zp}$$

$$q_{V,zj} \rho_{-12} + q_{m,jj} = q_{V,zp} \rho_{zp} + q_{V,jp} \rho_{18}$$

（2）确定天窗排风温度

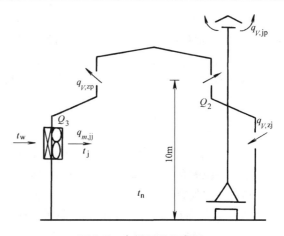

图 2-5　车间通风示意图

$$t_p = t_n + 0.3(H-2) = [18 + 0.3 \times (10-2)] \text{℃} = 20.4\text{℃}$$

（3）确定相应温度的空气密度

$$\rho_{-12} = 1.35\text{kg/m}^3 ; \rho_{18} = 1.21\text{kg/m}^3 ; \rho_{20.4} = 1.20\text{kg/m}^3$$

（4）则机械进风量为

$$q_{m,jj} = q_{V,zp}\rho_{20.4} + q_{V,jp}\rho_{18} - q_{V,zj}\rho_{-12}$$
$$= (2.8 \times 1.2 + 4.25 \times 1.21 - 1.32 \times 1.35)\text{kg/s} = 6.72\text{kg/s}$$

（5）列出热平衡方程式

$$Q_1 + q_{m,jj}ct_j + q_{m,zj}ct_w = Q_2 + q_{m,zp}ct_p + q_{m,jp}ct_n$$

把已知数值代入上式，得

$$350 + 6.72 \times 1.01 t_j + 1.32 \times 1.01 \times 1.35 \times (-12)$$
$$= 450 + 2.8 \times 1.01 \times 1.2 \times 20.4 + 4.25 \times 1.21 \times 1.01 \times 18$$

解上式得机械进风温度 $t_j = 41.89\text{℃}$

（6）加热机械进风所必需的热量

$$Q_3 = q_{m,jj}c(t_j - t_w) = [6.72 \times 1.01 \times (41.78 + 12)]\text{kW} = 365\text{kW}$$

2.2　置换通风

有别于传统的混合通风的混合稀释原理，置换通风是通过把较低风速（湍流度）的新鲜空气送入人员工作区，利用挤压的原理把污染空气挤到上部空间排走的通风方法，它能在改善室内空气品质的基础上与辐射吊顶（地板）技术结合实现节能的目的。

2.2.1　评价通风效果的指标

传统的混合通风方式以室内的平均温度或有害物质平均含量来评价室内的通风效果。然而，室内的人是停留在工作区之内，用卫生学的观点评价通风效果，应以接近地面的工作区的空气品质的优劣来衡量。从这一基本要求出发引申出新的评价方法——换气效率。

1. 换气效率

换气效率用工作区某点空气被更新的有效性作为气流分布的评价指标。该方法是用示踪气体（SF_6，R12，CH_4 等）标识室内空气。已知标识后的初始含量为 c_0，通风房间内新鲜空气的送入使示踪气体的含量随之下降，由此可测得室内示踪气体的含量随时间而衰减的变化规律。室内示踪气体的含量衰减曲线如图 2-1 所示上部曲线。

定义空气龄为曲线下面积与初始含量之比，则其表达式为

$$(\tau) = \frac{\int_0^\infty c_{(\tau)} \text{d}(\tau)}{c_0} \tag{2-18}$$

式中　c_0——初始含量（体积分数）（$\times 10^{-4}\%$）；

　　　$c_{(\tau)}$——瞬间含量（体积分数）（$\times 10^{-4}\%$）；

　　　(τ)——空气龄（s）。

可见，对室内某点而言，其空气龄越短，即意味着空气滞留在室内的时间越短，被更新的有效性越好。对整个房间的空气龄测定通常在排风口。

假定理想的送风方式为"活塞流"，送入室内的新鲜空气量为 q_{V_0}，房间体积为 V，则该房间

换气的名义时间常数为

$$\tau_0 = \frac{V}{q_{V_0}} \qquad (2\text{-}19)$$

考虑工作区高度约为房间高度的一半，则房间内空气可能的最短寿命为 $\tau_0/2$，并以此作为在相同送风量条件下，不同气流分布方式换气效果优劣的比较基础。由此可得出换气效率的定义为

$$\varepsilon = \frac{\tau_0}{2(\tau)} \times 100\% \qquad (2\text{-}20)$$

可见换气效率为可能最短的空气龄与平均空气龄之比。

显然，换气效率 $\varepsilon = 100\%$ 只有在理想的活塞流时才有可能，全面孔板送风接近这种条件。四种主要通风方式的换气效率如图 2-6 所示，图 a 表示活塞通风，图 b 表示置换通风，图 c 表示混合通风，图 d 表示侧送通风。在工程中活塞通风极少见，通风工程中常用的是传统的混合通风。置换通风的换气效率可接近于活塞通风，因此，该通风方式具有很强的生命力。

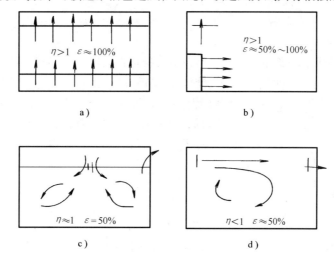

图 2-6　四种主要通风方式的 ε 值和 η 值

2. 通风效率

考察气流分布方式的能量利用有效性，可用通风效率来表示，即

$$\eta = \frac{t_p - t_0}{t_n - t_0} = \frac{c_p - c_0}{c_n - c_0} \qquad (2\text{-}21)$$

式中　t_p——排风温度（℃）；

　　　t_0——送风温度（℃）；

　　　t_n——工作区温度（℃）；

　　　c_0——送风含量（体积分数）（$\times 10^{-4}\%$）；

　　　c_n——工作区含量（体积分数）（$\times 10^{-4}\%$）；

　　　c_p——排风含量（体积分数）（$\times 10^{-4}\%$）。

从式（2-21）中可知，当 $t_p > t_n$ 时，$\eta > 1$；$t_p < t_n$，$\eta < 1$。上述四种主要通风方式的 η 值的大致范围参见图 2-6 所注。应该指出的是，置换通风方式 $\eta > 1$，这种通风方式已经受到重视，并在欧洲、北美广泛应用，这是因为它具有较高的 ε 值和 η 值。

2.2.2 置换通风的原理

置换通风是以挤压的原理来工作的（图2-7）。置换通风以较低的温度从地板附近把空气送入室内，风速的平均值及湍流度均比较小，由于送风层的温度较低，密度较大，故会沿着整个地板面蔓延开来。室内的热源（人、电气设备等）在挤压流中会产生浮升气流（热烟羽），浮升气流会不断卷吸室内的空气向上运动，并且，浮升气流中的热量不再会扩散到下部的送风层内。因此，在室内某一位置高度会出现浮升气流量与送风量相等的情况，这就是热分离层。在热分离层下部区域为单向流动区，在上部为混合区。室内空气温度分布和有害物浓度分布在这两

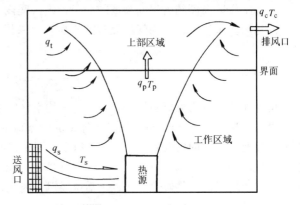

图 2-7　置换通风的原理及热力分层图

个区域有非常明显差异，下部单向流动区存在明显的垂直温度梯度和有害物浓度梯度，而上部湍流混合区温度场和有害物浓度场则比较均匀，接近排风的温度和浓度。因此，从理论上讲，只要保证热分离层高度位于人员工作区以上，就能保证人员处于相对清洁、新鲜的空气环境中，大大改善人员工作区的空气品质；另一方面，只需满足人员工作区的温湿度即可，而人员工作区上方的冷负荷可以不予考虑。因此，相对于传统的混合通风，置换通风具有节能的潜力（空间高度越大，节能效果越显著）。

2.2.3 置换通风的特性

传统的混合通风是以稀释原理为基础的，而置换通风以浮力控制为动力。这两种通风方式在设计目标上存在着本质差别。前者是以建筑空间为本，而后者是以人为本。由此在通风动力源、通风技术措施、气流分布等方面及最终的通风效果上产生了一系列的差别，也可以说置换通风以崭新的面貌出现在人们面前。两者的比较见表2-2。

表 2-2　两种通风方式的比较

项　目	混合通风	置换通风
目标	全室温湿度均匀	工作区舒适性
动力	流体动力控制	浮力控制
机理	气流强烈参混	气流扩散浮力提升
措施1	大温差、高风速	小温差、低风速
措施2	上送下回	下送上回
措施3	风口湍流系数大	送风湍流小
措施4	风口参混性好	风口扩散性好
流态	回流区为湍流区	送风区为层流区
分布	上下均匀	温度浓度分层
效果1	消除全室负荷	消除工作区负荷
效果2	空气品质接近于回风	空气品质接近于送风
换气效率	<50%	50% ~67%
通风效率	<100%	120%或更高

1. 置换通风房间内的自然对流

置换通风房间内的热源有工作人员、办公设备及机械设备三大类。在混合通风的热平衡设计中，仅把热源的量作为计算参数而忽略了热源产生的上升气流。置换通风的主导气流是依靠热源产生的上升气流及烟羽来驱动房间内的气流流向。关于热源引起的上升气流流量，欧洲各国学者都进行了研究，由于实验条件的不同所得的数据不尽相同。

2. 置换通风房间室内空气温度、速度与有害物浓度的分布

由于热源引起的上升气流使热气流浮向房间的顶部，因此，房间在垂直方向上形成温度梯度，即置换通风房间底部温度低、上部温度高，室内温度梯度形成了脚寒头暖的局面，这种现象与人体的舒适性规律有悖。因此，应控制离地面 0.1m（脚踝高度）至 1.1m 之间温差不能超过人体所容许的程度。置换通风出口风速约为 0.25m/s，随着高度增加风速越来越低。置换通风房间的有害物浓度梯度的趋势与温度分布相似，即上部有害物浓度高，下部有害物浓度低，在 1.1m 以下的工作区其有害物浓度远低于上部的有害物浓度。

3. 置换通风房间的热力分层

置换通风是利用空气密度差在室内形成的由下而上的通风气流。新鲜空气以极低的流速从置换通风器流出，通常送风温度低于室温 2~4℃，送风的密度大于室内空气的密度，在重力作用下送风下沉到地面并蔓延到全室，在地板上形成一薄薄的冷空气层称之为空气湖。空气湖中的新鲜空气受热源上升气流的卷吸作用、后续新风的推动作用及排风口的抽吸作用而缓缓上升，形成类似活塞流的向上单向流动，因此，室内热浊的空气被后续的新鲜空气抬升到房间顶部并被设置在上部的排风口排出。

热污染源形成的烟羽因密度低于周围空气而上升，烟羽沿程不断卷吸周围空气并流向顶部。如果烟羽流量在近顶棚处大于送风量，根据连续性原理，必将有一部分热浊气流下降返回，因此顶部形成一个热浊空气层。根据连续性原理，在任一个标高平面上的上升气流流量等于送风量与返回气流流量之和。因此，必将在某一个平面上烟羽流量正好等于送风量，该平面上返回空气量等于零。在稳定状态时，这个界面将室内空气在流态上分成两个区域，即上部湍流混合区和下部单向流动清洁区。置换通风热力分层情况如图 2-7 所示。

在置换通风条件下，下部区域空气凉爽而清洁，只要保证分层高度（地面到界面大的高度）在工作区以上，就可以确保工作区优良的空气品质。而上部区域可以超过工作区的容许浓度，该区域不属于人员停留区，故对人员无妨。

2.2.4 置换通风的设计

1. 置换通风的设计指南

（1）置换通风的设计条件　其设计应符合下列条件：

1）污染源与热源共存时。

2）房间高度不小于 3m。

3）冷负荷小于 95W/m² 的建筑物。

4）室内空气温度高于环境空气温度。

5）室内无强烈的扰动气流。

（2）置换通风的设计参数　其设计参数应符合下列条件：

1）坐着时，头部与足部温差 $\Delta t_{hf} \leqslant 2℃$。

2）站着时，头部与足部温差 $\Delta t_{hf} \leqslant 3℃$。

3）吹风不满意率 PD≤15%。

4）舒适不满意率 PPD≤15%。

5）置换通风房间内的温度梯度小于2℃/m。

（3）置换通风器的选型　选型时，面风速应符合下列条件：

1）工业建筑，面风速 v 取 0.5m/s。

2）高级办公室，面风速 v 取 0.2m/s。

3）一般根据送风量和面风速 $v=0.2\sim0.5$ m/s 确定置换通风器的数量。

（4）置换通风器的布置　其布置应符合下列条件：

1）置换通风器附近不应有大的障碍物。

2）置换通风器宜靠外墙或外窗。

3）圆柱形置换通风器可布置在房间中部。

4）置换通风风口宜落地安装。对于工业厂房，当厂房内物流频繁时，置换通风风口可以吊装，但风口底部距离地面不应大于2m。

5）冷负荷高时，宜布置多个置换通风器。

6）置换通风器布置应与室内空间协调。

2. 置换通风房间内的温度梯度

置换通风房间内的温度梯度 Δt_n 是影响人体舒适性的重要因素。离地面 0.1m 的高度是人体脚踝的位置，脚踝是人体暴露于空气中的敏感部位，该处的空气温度 $t_{0.1}$ 不应引起人体的不适。房间工作区的温度 t_n 往往取决于离地面 1.1m 处的温度（对坐姿人员而言，如办公、会议、讲课、观剧等，如站姿时的分层高度为1.8m）。虽然置换通风在我国的工程应用逐渐增多，但是我国现有的通风空调设计手册及暖通设计规范仍未对此做出明确规定，设计中可以参考欧洲及国际标准中的有关数据，见表2-3。

表2-3　欧洲及国际标准中的舒适性指标

舒适指标	德国标准 DIN 1946/2—1994（1999）	瑞士标准 SIA V382/1（2014）	英国注册工程师协会 CIBSE Guide H：Building Control Systems（2007）	国际标准组织 ISO 7730（2005）	美国采暖，制冷与空调工程师学会 ASHREA 55（2013）
$\Delta t_n = t_{1.1} - t_{0.1}$	≤2℃	<2℃	<3℃	<3℃	—
$\Delta t_n = t_{1.8} - t_{0.1}$	—	—	—	—	≤3℃
$t_{0.1min}$	21℃	19℃	20℃	—	—

3. 送风温度的确定

送风温度由下式确定

$$t_s = t_{1.1} - \Delta t_n \left(\frac{1-k}{c} - 1\right) \qquad (2-22)$$

式中　c——停留区温升系数，$c = \dfrac{\Delta t_n}{\Delta t} = \dfrac{t_{1.1} - t_{0.1}}{t_p - t_s}$；

k——地面区温升系数，$k = \dfrac{\Delta t_{0.1}}{\Delta t} = \dfrac{t_{0.1} - t_s}{t_p - t_s}$。

停留区温升系数 c 也可根据房间用途确定，表2-4列出了各种房间的 c 值。

表 2-4   各种房间停留区的温升系数

停留区的温升系数 $c = \dfrac{\Delta t_{\mathrm{n}}}{\Delta t}$	地表面部分的冷负荷比例（%）	房间用途
0.16	0~20	顶棚附近照明的场合：博物馆、摄影棚
0.25	20~60	办公室
0.33	60~100	置换诱导场合
0.4	60~100	高负荷办公室、冷却顶棚、会议室

地面温升系数 k 可根据房间的用途及单位面积送风量确定，表2-5列出了各种房间的 k 值。

表 2-5   各种房间地面区的温升系数

地面区温升系数 $k = \dfrac{\Delta t_{0.1}}{\Delta t}$	房间单位面积送风量/[m³/(m²·h)]	房间用途及送风情况
0.5	5~10	仅送最小新风量
0.33	15~20	使用诱导式置换通风器的房间
0.20	>25	会议室

4. 送风量的确定

（1）基于热力分层理论的计算方法   根据置换通风热力分层理论，界面上的烟羽流量与送风流量相等，即

$$q_{\mathrm{s}} = q_{\mathrm{p}} \tag{2-23}$$

当热源的数量与发热量已知，可用下式求得烟羽流量

$$q_{\mathrm{p}} = \left(3\pi^{2} \frac{g\beta Q_{\mathrm{s}}}{\rho c_{\mathrm{p}}} \right)^{\frac{1}{3}} \left(\frac{6}{5}\alpha \right)^{\frac{4}{3}} Z_{\mathrm{s}}^{\frac{5}{2}} \tag{2-24}$$

式中 Q_{s}——热源热量；

β——温度膨胀系数；

α——烟羽对流卷吸系数（由实验确定）；

Z_{s}——分层高度。

通常在民用建筑中的办公室、教室等的工作人员处于坐姿状态，工业建筑中的人员处于站姿状态。坐姿状态时分层高度 $Z_{\mathrm{s}} = 1.1\mathrm{m}$，站姿状态时分层高度 $Z_{\mathrm{s}} = 1.8\mathrm{m}$。

（2）基于人体热舒适的计算方法   人体头、足部位空气温度梯度的值对热舒适有着显著影响。根据 ASHRAE 55—2013 的建议，人体所处的热环境中，头和脚踝的垂直空气温差 Δt_{hf} 应小于3℃。为满足通风房间内人体热舒适要求，在计算过程中可将 Δt_{hf} 设为定值，再根据下式求得满足人体热舒适的送风量

$$q_{\mathrm{s}} = \frac{AQ_{\mathrm{oe}} + BQ_{l} + CQ_{\mathrm{ex}}}{\rho c_{p} \Delta t_{\mathrm{hf}}}$$

式中 q_{s}——送风量（m³/s）；

Q_{oe}——室内人员和电气设备负荷（W）；

Q_{l}——照明负荷（W）；

Q_{ex}——外墙和窗户得热，包括太阳辐射得热（W）；

ρ——空气密度（kg/m³）；

c_{p}——空气比定压热容 [kJ/(kg·℃)]；

Δt_{hf}——头和脚踝的垂直空气温差（℃）；

A、B、C——常数，分别取 0.295、0.132、0.185。

（3）基于室内空气品质的计算方法   根据美国采暖制冷空调工程师协会（ASHRAE）《System Performance and Design Guidelines for Displacement Ventilation》中的建议，考虑室内空气品质时置换通风送风量的确定可以按照如下步骤进行：

首先，计算通风房间的总热负荷 Q_t，同样也包含了 Q_{oe}、Q_l 和 Q_{ex} 三项：

$$Q_t = Q_{oe} + Q_l + Q_{ex}$$

由于置换通风不可适用于热负荷高于 0.095 W/m² 的房间，因此需要检验通风房间的总热负荷是否超过该值。在设计计算过程中，可参考下式来检验

$$\frac{Q_t}{A} \leqslant 0.095 \, \text{W/m}^2$$

$$A = LW$$

式中　A——通风房间地面面积（m²）；

　L、W——表示房间的长和宽（m）。

根据通风房间的总热负荷，可以得到所需冷却空气的体积 V_h：

$$V_h = 0.076 Q_{oe} + 0.034 Q_l + 0.048 Q_{ex}$$

在此基础上，计算区域室外气流体积 V_{oz}（Zone outdoor air flow），用于保证室内空气品质。区域室外气流体积是指必须提供给通风区域的室外空气流量，可以由下式计算：

$$V_{oz} = V_{bz}/E_z$$

式中　V_{bz}——保证置换通风区域内人员呼吸区空气品质所需要的室外空气流量（m³/s）；

　E_z——换气效率。按照 ASHRAE 62.1—2010 中的规定，取 1.2。

V_{bz} 可按下式计算

$$V_{bz} = R_p P_z + R_a A_z$$

式中　R_p——通风房间内每人所需的室外空气流量（m³/s），可参考 ASHRAE62.1 中的取值；

　P_z——通风房间内的人员数量；

　R_a——通风房间内单位面积所需要的室外空气流量（m³/s），可参考 ASHRAE62.1 中的取值；

　A_z——通风房间面积（m²）。

最后，在 V_h 和 V_{oz} 中选取较大者，作为置换通风的送风量。

5. 送排风温差的确定

当室内发热量已确定时，送排风温差 Δt_{es} 可以根据下式计算得到

$$\Delta t_{es} = t_e - t_s = Q_t/1.08V$$

式中　Q_t——通风房间总热负荷（W）；

　V——送风量（m³/s）。

在置换通风房间内，在满足热舒适性要求条件下，送排风温差随着房间高度的增高而变大。欧洲国家根据多年的经验确定了送排风温差与房间高度的关系，见表2-6。

表2-6　送排风温差与房间高度的关系

房间高度/m	送排风温差/℃	房间高度/m	送排风温差/℃
<3	5~8	6~9	10~12
3~6	8~10	>9	12~14

2.3　事故通风

当生产设备发生偶然事故或故障时，可能突然散发出大量有害气体或有爆炸性气体进入车间，这时需要尽快地把有害物排到室外，这种通风称为事故通风。事故通风装置只在发生事故

时才开启使用，进行强制排风。

事故排风的吸风口，应布置在有害气体或爆炸性气体散发量可能最大的区域。当散发的气体或蒸气比空气重时，吸气口主要应设在下部地带。当排除有爆炸性气体时，应考虑风机的防爆问题。

事故排风的排风口与机械送风系统的进风口的水平距离不应小于20m；当水平距离不足20m时排风口应高于进风口，且高差不得小于6m。事故排风机的开关，应分别设置在室内和室外便于开启的地点。此外，对事故排风的死角处应采取导流措施。

事故排风装置所排出的空气，可不设专门的进风系统来补偿。排出的空气一般都不进行处理，当排出有剧毒的有害物时，应将它排到10m以上的大气中稀释，仅在非常必要时，才采用化学方法处理。当排风中还有可燃性气体时，事故通风系统排风口距离可能火花溅落处应大于20m。

事故排风时的排风量，应由事故排风系统和经常使用的排风系统共同保证。若事故排风的场所不具备自然进风条件，则在该场所应同时设置补风系统，补风量一般取排风量的80%，且补风风机应与排风风机连锁。

事故排风的排风量一般按房间的换气次数来确定。

根据《工业企业设计卫生标准》（GBZ 1—2010）、《工业建筑供暖通风与空气调节设计规范》（GB 50019—2015）、《发电厂供暖通风与空气调节设计规范》（DL/T 5035—2016）、《民用建筑供暖通风与空气调节设计规范》（GB 50736—2012）等标准的要求，在生产中可能突然逸出大量有害物质，或易造成急性中毒，或易燃易爆的化学物质的作业场所，事故通风的通风换气次数不小于12次/h。同时，事故通风房间体积计算方法遵循《工业建筑供暖通风与空气调节设计规范》（GB 50019—2015）的要求，当房间高度小于或等于6m时，应按照房间实际体积计算；当房间高度大于6m时，应按6m的空间体积来计算。

<h2 style="text-align:center">习　题</h2>

1. 通风设计时，如果不考虑空气平衡和热平衡，会出现什么问题？

2. 通风方法如何分类？各举一例说明。

3. 热平衡计算中，在计算稀释有害气体所用的全面通风耗热量时，为什么采用冬季供暖室外计算温度；而在计算消除余热、余湿所需的全面通风耗热量时，则采用冬季室外计算温度？

4. 在确定全面通风量时，有时按分别稀释各有害物所需的空气量之和计算，有时则取其中的最大值计算，为什么？

5. 与传统的混合通风相比，置换通风有什么优点？

6. 某厂有一体积 $V_f = 1200m^3$ 的车间突然发生事故，散发某种有害气体进入车间，散发量为350mg/s，事故发生后10min被发现，立即开动事故通风机，事故排风量 $q_V = 3.6m^3/s$。试确定风机起动后多长时间内有害物浓度才能降到100mg/m³以下。

7. 某车间设计的通风系统如图2-8所示，已知机械进风量 $q_{m,jj} = 1.2kg/s$，局部排风 $q_{m,p} = 1.39kg/s$，机械进风温度 $t_j = 20℃$，车间得热量 $Q_d = 20kW$，失热量 $Q_s = 4.5(t_n - t_w)kW$，室外温度 $t_w = 4℃$，开始时室内温度 $t_n = 20℃$，部分空气经墙上的窗孔 M 自然流入或流出，试确定在车间达到空气平衡、热平衡状态时：

（1）窗孔 M 是进风还是排风？风量多大？

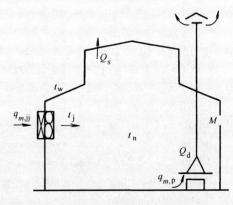

图 2-8

（2）室内的空气温度是多少？

8. 某车间工艺设备散发的硫酸蒸气 $x = 20mg/s$。已知夏季通风室外计算温度 $t_w = 32℃$，车间余热量为 174kW。要求车间内温度不超过35℃，有害蒸气浓度不超过卫生标准。试计算该车间的全面通风量（取 $K = 3$）。

9. 某车间同时散发有害气体 CO 和 SO_2，已知它们的发生量分别为：$X_{CO} = 120mg/s$，$X_{SO_2} = 105mg/s$。试计算该车间所需的全面通风量（取 $K = 6$）。

10. 某房间体积为 $170m^3$，采用自然通风每小时换气两次。室内无人时，房间空气中 CO_2 与室外相同（体积分数为 0.05%）。工作人员每小时呼出的 CO_2 量为 19.8g/h。试确定在工作人员进入房间后的第 1 小时，空气中 CO_2 的体积分数不超过 0.1% 的情况下，室内能容纳的最多人数。

二维码形式客观题

扫描二维码可自行做题，提交后可查看答案。

第2章
客观题

参 考 文 献

[1] 茅清希. 工业通风［M］. 上海：同济大学出版社，1998.

[2] 苏永森，等. 工业厂房通风技术［M］. 天津：天津科学技术出版社，1985.

[3] 孙一坚. 工业通风设计手册［M］. 北京：中国建筑工业出版社，1997.

[4] 李强民. 置换通风原理、设计及应用［J］. 暖通空调，2000（5）：41 – 46.

[5] 李强民. 置换通风在我国的应用［J］. 暖通空调新技术，1999（1）：13 – 16.

[6] 电子工业部第十设计研究院. 空气调节设计手册［M］. 2版. 北京：中国建筑工业出版社，2005.

[7] 王汉青. 全面通风延迟时间问题之讨论［J］. 暖通空调. 1988（1）：30 – 32.

[8] 中华人民共和国住房和城乡建设部. 工业建筑供暖通风与空气调节设计规范：GB 50019—2015［S］. 北京：中国计划出版社，2016.

[9] 陆耀庆. 实用供热空调设计手册［M］. 北京：中国建筑工业出版社，2008.

[10] 中华人民共和国公安部. 建筑设计防火规范：GB 50016—2014［S］. 北京：中国计划出版社，2015.

[11] 中国疾病预防控制中心职业卫生与中毒控制所，中国疾病预防控制中心环境与健康相关产品安全所，等. 工业企业设计卫生标准：GBZ 1—2010［S］. 北京：人民卫生出版社，2010.

[12] 中华人民共和国住房和城乡建设部标准定额司. 发电厂供暖通风与空气调节设计规范：DL/T 5035—2016［S］. 北京：中国电力出版社，2016.

[13] 中国建筑科学研究院. 民用建筑供暖通风与空气调节设计规范：GB 50736—2012［S］. 北京：中国建筑工业出版社，2012.

[14] ASHRAE 62. 1—2010　Ventilation for Acceptable Indoor Air Quality［S］. American Society of Heating, Refrigerating and Air – Conditioning Engineers, Inc., 2010.

[15] ASHREA 55—2013　Thermal Environmental Conditions for Human Occupancy［S］. American Society of Heating, Refrigerating and Air – Conditioning Engineers, Inc., 2013.

[16] Q Chen, L Glicksman. System Performance Evaluation and Design Guidelines for Displacement Ventilation［M］. American Society of Heating, Refrigerating and Air – Conditioning Engineers, Inc., 2003.

第 3 章

自 然 通 风

自然通风是指利用建筑物内外空气的密度差引起的热压，或室外大气运动引起的风压，来引进室外新鲜空气达到通风换气作用的一种通风方式。它不消耗机械动力，同时，在适宜的条件下又能获得巨大的通风换气量，所以它是一种经济的通风方式。自然通风在一般的居住建筑、普通办公楼、工业厂房（尤其是高温车间）中有广泛的应用，且能经济有效地满足建筑物内人员的室内空气品质要求和生产工艺的一般要求。

3.1 自然通风作用原理

虽然自然通风在大部分情况下是一种经济有效的通风方式，但是，它同时又是一种难以进行有效控制的通风方式。只有在对自然通风作用原理了解的基础上，才能采取一定的技术措施，使自然通风基本上按预想的模式运行。

如果建筑物外墙上的窗孔两侧存在压差 Δp，空气就会流过该窗孔，空气流过窗孔时的阻力就等于 Δp。

$$\Delta p = \zeta \frac{\rho v^2}{2} \tag{3-1}$$

式中　Δp——窗孔两侧的压力差（Pa）；

　　　v——空气流过窗孔时的流速（m/s）；

　　　ρ——通过窗孔空气的密度（kg/m^3）；

　　　ζ——窗孔的局部阻力系数。

上式也可改写为

$$v = \sqrt{\frac{2\Delta p}{\zeta \rho}} = \mu \sqrt{\frac{2\Delta p}{\rho}} \tag{3-2}$$

式中　μ——窗孔的流量系数，$\mu = \sqrt{\dfrac{1}{\zeta}}$，$\mu$ 值的大小与窗孔的构造有关，一般小于 1。

通过窗孔的空气量按下式计算

$$q_m = q_V \rho = vF\rho = \mu F \sqrt{2\Delta p \rho} \tag{3-3}$$

式中　q_m——通过窗孔的空气量（kg/s）；

　　　q_V——通过窗孔的空气流量（m^3/s）；

　　　F——窗孔的面积（m^2）。

由式（3-3）可以看出，如果窗孔两侧的压差 Δp 和窗孔的面积 F 已知，就可以求得通过该孔的空气量 q_m。要实现自然通风，窗孔两侧必须有压差 Δp。下面分析在自然通风条件下，自然通风压差 Δp 是如何产生的。

3.1.1 热压作用下的自然通风

1. 单层建筑

由流体静力学基本原理可知，大气压力与距离地面的高程有关：离地面越高，压力就越小，由高程引起的上下压力差值等于：高差×空气密度×重力加速度。因此，如果空气的温度不一样，则由于空气密度不同会造成这种上下压力差值也不同。

如图3-1所示，有一单层建筑，分别在一侧的外墙上开有上下两个窗孔 B、A。建筑室内温度为 t_i，室外温度为 t_o，且有 $t_i > t_o$，这样就有室内空气的密度 ρ_i 小于室外空气的密度 ρ_o。因此，室内压力 p_i 随高度的变化率的绝对值比室外压力 p_o 随高度的变化率的绝对值小，即 $|\Delta p_i|/H < |\Delta p_o|/H$。也就是说图3-1中的压力线 $a_i b_i(p_i)$ 和压力线 $a_o b_o(p_o)$ 的斜率不同。

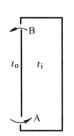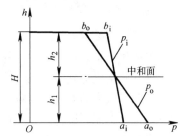

图3-1 单层建筑热压作用下的自然通风

图3-1中如果首先关闭上部窗孔 B，而仅开启下部窗孔 A，不管窗孔 A 两侧是否存在压差，由于空气的流动，下部孔口 A 处内外压力会趋向相等，即图3-1中 a_i、a_o 两点将重合。由于室内外空气密度不同会导致上部孔口 B 处的 $p_{iB} > p_{oB}$。压差 Δp_B 可用下式计算

$$\Delta p_B = p_{iB} - p_{oB} = H(\rho_o - \rho_i)g$$

这时，如果开启上部窗孔 B，在压差 Δp_B 作用下，室内空气会通过上部孔口 B 流向室外。这种由于室内外空气密度差所形成的压差 $H(\rho_o - \rho_i)g$ 称为热压 Δp_t。

随着房间内空气向室外排出，室内总的压力水平下降，则压力线 $a_i b_i$ 会向左平行移动到图3-1中 $a_i' b_i'$ 的位置，这时就会在与外墙垂直的上下孔口间的某个位置上（如图3-1中压力线 $a_i' b_i'$ 与压力线 $a_o b_o$ 的交点高度上）室内与室外压力相等。同样，在室内外温度保持不变的条件下，假定外墙上任一高度上室内外压力相等，该面上所有点的室内外压力相等，也就是说内外压力差为零，这样的水平面叫中和面。显然，在图3-1所示的中和面的高度上开孔时，通过该孔口的自然通风风量将为零。实际上，如果房间只有一个窗孔也仍然会形成自然通风，这时窗孔的上部排风、下部进风，相当于两个窗孔连在一起。

图3-1中，位于中和面以下的下部孔口 A 处也存在压差 Δp_A，在该压差的作用下，室外空气会通过孔口 A 流进室内。而且根据质量守恒定律，由孔口 A 流进室内的空气量 $q_{m,A}$ 应该等于由孔口 B 流出室内的空气量 $q_{m,B}$。

由孔口流量的计算式（3-3），有

$$q_{m,A} = \mu_A F_A \sqrt{2\Delta p_A \rho_o} \quad q_{m,B} = \mu_B F_B \sqrt{2\Delta p_B \rho_i} \tag{3-4}$$

式中　F_A、F_B——下部和上部孔口的面积（m^2）；

μ_A、μ_B——下部和上部孔口的流量系数；

Δp_A、Δp_B——下部和上部孔口的内外压力差（Pa）；

ρ_i、ρ_o——室内外空气的密度（kg/m^3）。

孔口处内外压力差正比于孔口离中和面的距离和室内外空气的密度差。利用理想气体状态方程，将空气密度差用室内外的热力学温度表示，因此有

$$\Delta p_A = h_1(\rho_o - \rho_i)g = K_s h_1 \left(\frac{1}{T_o} - \frac{1}{T_i} \right) \tag{3-5}$$

$$\Delta p_\mathrm{B} = h_2(\rho_\mathrm{o} - \rho_\mathrm{i})g = K_\mathrm{s} h_2 \left(\frac{1}{T_\mathrm{o}} - \frac{1}{T_\mathrm{i}} \right) \tag{3-6}$$

式中　K_s——与当地大气压力有关的系数，标准大气压时，$K_\mathrm{s} = 3460\mathrm{Pa \cdot K/m}$；

　　h_1、h_2——下部和上部孔口中心与中和面间的高差（m）；

　　T_i、T_o——室内外空气的热力学温度（K）。

从上面两式不难看到，Δp_A 和 Δp_B 与中和面的位置有着密切的关系，它们随着中和面的位置变化而此消彼长。

根据质量守恒定律，进风的质量流量等于排风的质量流量，利用式（3-4）、式（3-5）和式（3-6），可得到如下关系式

$$\frac{h_1}{h_2} = \frac{T_\mathrm{o}}{T_\mathrm{i}} \left(\frac{\mu_\mathrm{B} F_\mathrm{B}}{\mu_\mathrm{A} F_\mathrm{A}} \right)^2 \tag{3-7}$$

或

$$\frac{h_1}{H} = \frac{1}{1 + \left(\dfrac{\mu_\mathrm{B} F_\mathrm{B}}{\mu_\mathrm{A} F_\mathrm{A}} \right)^2 \dfrac{T_\mathrm{i}}{T_\mathrm{o}}} \tag{3-8}$$

式中　H——上下孔口中心间的高差（m）。

由式（3-7）和式（3-8）可以看到，中和面的位置与上、下开口面积，开口的流量系数和室内外的热力学温度有关。当上、下开口的面积及流量系数相等时，若 $T_\mathrm{o}/T_\mathrm{i} < 1$，则 $h_1/h_2 < 1$，表明中和面在上、下开口中间略偏下一些；中和面将随着下部开口的增大而下移，随着上部开口的增大而上移。中和面也将随着室外温度的降低而下降。室内有机械排风时，会使中和面上升；有机械进风时，使中和面下降。上面的讨论是假定 $T_\mathrm{o} < T_\mathrm{i}$，当 $T_\mathrm{o} > T_\mathrm{i}$ 时，将出现上部孔口进风而下部孔口排风，式（3-7）、式（3-8）中相应地应将热力学温度的比值颠倒过来。

2. 多层建筑

如果是一多层建筑物，仍设室内温度高于室外温度，则室外空气从下层房间的外门窗缝隙或开启的洞口进入室内，经内门窗缝隙或开启的洞口进入楼内的垂直通道（如楼梯间、电梯井、上下连通的中庭等）向上流动，最后经上层的内门窗缝隙或开启的洞口和外墙的窗、阳台门缝或开启的洞口排至室外。这就形成了多层建筑物在热压作用下的自然通风（图3-2），也就是所谓的"烟囱效应"。

在多层建筑的自然通风中，其中和面的位置与上、下的流动阻力（包括外门窗和内门窗的阻力）有关，一般情况下，中和面可

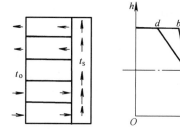

图3-2　多层建筑在热压作用下的自然通风
t_s—楼梯间温度　p_s—楼梯间内的压力线

能在建筑高度$(0.3 \sim 0.7)H$之间变化。当上、下空气流通面积基本相等时，中和面基本上在建筑物的中间高度附近。还应该指出，多层建筑中的热压是指室外温度 t_o 与楼梯间等竖井内的温度 t_s 之间所形成的差值，因此，图3-2中表示了楼梯间内的压力线 p_s 与室外的压力线 p_o 之间的关系；而每层楼的压差，也应该是指室外与楼梯间之间的压力差。由于空气是从室外经外窗或门，再经房门、楼梯间门进入楼梯间，所以，房间内的压力介于室外压力与楼梯间压力之间。

多层建筑"烟囱效应"的强度与建筑高度和室内外温差有关。建筑物愈高，"烟囱效应"就愈强烈。但也有特例，并非所有多层建筑的"烟囱效应"都大于单层建筑。例如，图3-3中的外廊式多层建筑，在建筑内部由于没有竖向的空气流动通道，因此就不存在如图3-2所示的

自然通风模式，也形不成贯穿整栋建筑的"烟囱效应"。这时热压作用下的自然通风与单层建筑并没有本质区别。从图3-3可以看到，如果建筑物内没有"烟囱"（与室外有联系的竖向通道），也就没有相应的"烟囱效应"。

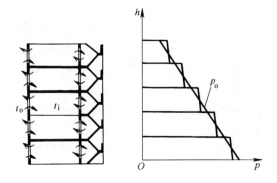

图 3-3 外廊式多层建筑在热压作用下的自然通风

3.1.2 风压作用下的自然通风

1. 风压

室外气流吹过建筑物时，气流将发生绕流。在建筑物附近的平均风速随建筑物高度的增加而增加。迎风面的风速和风的湍流度对气流的流动状况和建筑物表面及周围的压力分布影响很大。

从图3-4可以看出，由于气流的撞击作用，迎风面静压力高于大气压力，处于正压状态。在一般情况下，风向与该平面的夹角大于30°时，会形成正压区。

室外气流发生建筑绕流时，在建筑物的顶部和后侧形成旋涡。屋顶上部的涡流区称为回流空腔，建筑物背风面的涡流区称为回旋气流区。根据流体力学原理，这两个区域的静压力均低于大气压力，形成负压区，它们统称为空气动力阴影区。空气动力阴影区覆盖着建筑物下风向各表面（如屋顶、两侧外墙和背风面外墙），并延伸一定距离，直至基本恢复平行流动的尾流。

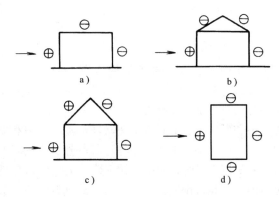

图 3-4 建筑物在风力作用下的压力分布
⊕—附加压力为正 ⊖—附加压力为负
a) 平屋顶建筑（立剖面） b) 倾角30°坡屋顶建筑（立剖面）
c) 倾角45°坡屋顶建筑（立剖面） d) 建筑平面图

由于室外空气流动造成的建筑物各表面相对未扰动气流的静压力变化，即风的作用在建筑物表面所形成的空气静压力变化称为风压。

2. 风压作用下的自然通风计算

在建筑物四周由风力产生的空气静压力变化所附加的压力值可用下式计算

$$\Delta p_w = K \frac{v_w^2}{2} \rho_o \tag{3-9}$$

式中 Δp_w——风压（Pa）；

      K——空气动力系数；

      v_w——未受扰动来流的风速（m/s）；

      ρ_o——室外空气密度（kg/m³）。

其中，空气动力系数K主要与未受扰动来流的角度相关，在较复杂情况下需要通过风洞实验来确定不同位置的值。空气动力系数可正可负，K为正时表示该处的压力比大气压力高了Δp_w；反之，负值表示该处的压力比大气压力减少了Δp_w。在正方形或矩形建筑物的迎风侧，K在0.5～0.9范围内变化；背风侧，K在-0.3～-0.6范围内变化；在平行风向的侧面或与风向稍有角度的侧面，K为-0.1～-0.9；倾角在30°以下的屋面前缘，K为-0.8～-1.0，其余部分，K 为 $-0.2 \sim -0.8$；大倾角的屋面迎风侧的 K 为 $0.2 \sim 0.3$，背风侧，K 为 $-0.5 \sim -0.7$。

建筑在风压作用下，具有正值风压的一侧为进风，而在负值风压的一侧为排风，这就是在风压作用下的自然通风。自然通风量与正压侧和负压侧的开口面积、风力大小有关。假设建筑物只在迎风的正压侧有窗，当室外空气进入建筑物后，建筑物内的压力水平就升高，最后与迎风侧的压力一致。而如果在正压侧和负压侧都有门窗，就能形成贯通室内的空气流，这种自然通风模式称为穿堂风。

风压作用下自然通风量的计算步骤是：首先，确定在风压作用下的室内压力，然后，计算出在室内外压差作用下的进风量或排风量。在压差作用下通过孔口的通风量可用式（3-3）计算，但是，当孔口或缝隙的尺寸很小时，应该用下式计算

$$q_v = \mu F \left(2\Delta p / \rho\right)^n \tag{3-10}$$

式中符号的意义与式（3-3）相同，n 为经验系数，对于窄门窗缝 $n = 0.65$。

3.1.3 热压与风压联合作用下的自然通风

热压与风压共同作用下的自然通风可以认为是它们的代数叠加。也就是说，某一建筑物受到风压、热压同时作用时，外围护结构各窗孔的内、外压差就等于风压、热压单独作用时窗孔内外压差之和。

设有一建筑，室内温度高于室外温度。当只有热压作用时，室内外的压力分布如图 3-5a 所示；只有风压作用时，迎风侧与背风侧的室外压力的分布如图 3-5b 所示，其中虚线为未考虑温度影响的室内压力线。图 3-5c 考虑了风压和热压共同作用的压力分布。由此可以看到，当 $t_i > t_o$ 时，在下层迎风侧进风量增加了，下层的背风侧进风量减少了，甚至可能出现排风；上层的迎风侧排风量减少了，甚至可能出现进风，上层的背风侧排风量加大了；在中和面附近迎风面进风，而背风面排风。

那么，在热压与风压联合作用下的自然通风究竟谁起主导作用呢？实测和原理分析表明：对于高层建筑，在冬季（室外温度低）时，即使风速很大，上层的迎风面房间仍然是排风的，说明热压起了主导作用；而低层建筑，风速本来就低一些（大气流动边界层的影响使近地面风速降低），且风速受邻近建筑（或其他障碍物）的影响很大，因此，也影响了风压对建筑的作用。虽然热压在建筑的自然通风中起主导作用，但风压的作用不容忽视，故在新版《民用建筑供暖通风与空气调节设计规范》（GB 50736—2012）中规定：采用自然通风的建筑，自然通风量的计算应同时考虑热压和风压的作用。

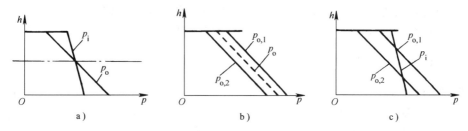

图 3-5　热压、风压作用下建筑内外压力分布
a）只有热压作用　b）只有风压作用　c）热压与风压联合作用

在计算热压作用下的通风量时，宜按照下列方法确定：

1）室内发热量较均匀、空间形式较简单的单层大空间建筑，可采用如前所述的简化计算方法确定。

2）住宅和办公建筑中，考虑多个房间之间或多个楼层之间的通风，可采用多区域网络法进行计算，可参见相关文献[7]。

3）建筑体形复杂或室内发热量明显不均的建筑，可按计算流体动力学（CFD）数值模拟方法确定。

在计算风压作用下的通风量时，宜按照下列方法确定：

1）分别计算过渡季及夏季的自然通风量，并按其最小值确定。

2）室外风向按计算季节中的当地室外最多风向确定。

3）室外风速按基准高度室外最多风向的平均风速确定。当采用计算流体动力学（CFD）数值模拟时，应考虑当地地形条件及其梯度风、遮挡物的影响。

4）仅当建筑迎风面与计算季节的最多风向成 45°～90° 角时，该面上的外窗或有效开口利用面积可作为进风口进行计算。

3.2 工业厂房自然通风的计算

自然通风的计算方法较多，通常都采用"热压法"。计算时一般只考虑夏季情况。

工业厂房自然通风计算分设计性计算和校核性计算。设计性计算主要是根据已确定的工艺条件和要求的工作区温度，计算必需的全面换气量，确定进、排风窗孔中心位置和所需要开启窗孔的面积。而校核性计算是在工艺、建筑、窗孔位置和面积已确定的条件下，验算所能达到的最大自然通风量，校核作业地带温度能否满足卫生要求。

厂房内部的温度分布和气流分布是比较复杂的，与厂房形式、工艺设备布置、设备散热量等因素有关。温度的分布和气流的分布直接关系到自然通风的设计计算。要想摸清这些分布规律必须针对具体对象进行模型试验，或者对类似厂房进行实地观察和测试。目前采用的自然通风计算方法是在一系列的简化条件下进行的，这些简化的条件是：

1）空气在流动过程中是稳定的，即假定所有可以引起自然通风的因素不随时间而变化。

2）整个车间的空气温度都等于车间的平均温度；在同一水平面上的各点静压均相等，静压沿高度方向的变化符合流体静力学的规律。

3）车间内空气流经的路途上，没有任何障碍，并且不考虑热源左右必然存在的局部气流的影响。

4）经外围护结构缝隙渗入的空气量很小，不予考虑。

5）经开孔流入的射流，或室内热源所造成的射流，在到达排风窗孔前已完全消散。

6）用封闭模型得出的空气动力系数适用于有空气流动的孔口。

3.2.1 设计性计算的步骤

自然通风设计性计算通常按下列步骤进行。

1. 计算全面换气量及排风温度

排除车间余热量所需的全面换气量 q_m（kg/s），按下式计算

$$q_m = \frac{Q}{c(t_p - t_j)} \tag{3-11}$$

式中 Q——车间总余热量（显热）（kJ/s）；

t_p——车间上部的排风温度（℃），可参照《工业建筑供暖通风与空气调节设计规范》（GB 50019—2015）中 H.0.2 条确定；

t_j——车间的进风温度，等于夏季通风室外计算温度 t_w（℃），可按《工业建筑供暖通风与空气调节设计规范》（GB 50019—2015）第4.1.4条确定；

c——空气的比热容，$c = 1.01\text{kJ/(kg} \cdot \text{℃)}$。

车间上部排风温度的确定方法有几种，当有条件时，可按与夏季通风室外计算温度的允许温差确定。其他条件下可采用温度梯度法和有效热量系数法。

（1）温度梯度法 对于散热较为均匀，散热量不大于 116W/m^3 时的车间，室内空气温度沿高度方向的分布规律大致是一直线关系。因此，车间上部的排风温度 t_p（℃）可按下式计算

$$t_p = t_n + \alpha(h - 2) \tag{3-12}$$

式中 t_n——工作区温度，即指工作地点所在的地面上2m以内的温度（℃），一般应符合表3-1中的规定；

h——排风天窗中心距地面高度（m）；

α——沿车间高度方向的温度梯度（℃/m），见表3-2。

表3-1 车间内工作地点的夏季空气温度

夏季通风室外计算温度 t_w/℃	工作区温度 t_n/℃
29 及 29 以下	<32
30	<33
31	<34
32 ~ 33	<35
34	<36

注：夏季通风室外计算温度等于和低于31℃的地区，在设置局部送风后，工作区的计算温度允许超过表3-1的要求，但不能超过35℃。

表3-2 温度梯度 α 值

室内散热量 / （W/m³）	厂房高度/m										
	5	6	7	8	9	10	11	12	13	14	15
12 ~ 23	1.0	0.9	0.8	0.7	0.6	0.5	0.4	0.4	0.4	0.3	0.2
24 ~ 47	1.2	1.2	0.9	0.8	0.7	0.6	0.5	0.5	0.5	0.4	0.4
48 ~ 70	1.5	1.5	1.2	1.1	0.9	0.8	0.8	0.8	0.8	0.8	0.5
71 ~ 93		1.5	1.5	1.3	1.2	1.2	1.3	1.2	1.1	1.0	0.9
94 ~ 116			1.5	1.5	1.5	1.5	1.5	1.5	1.5	1.4	1.3

注：如果车间很高，散热又集中，则上表数据不宜采用。

（2）有效热量系数法（m 值法） 在有强热源的车间内，空气温度沿高度方向的分布是比较复杂的。如图3-6所示，热源上部所形成的热射流，在上升过程中不断卷入周围的空气，热射流温度逐渐下降，当热射流到达屋顶时，并非全部由天窗排出，其中一部分又沿四周外墙向下回流而返回作业地带或在作业地带上部又重新被热射流卷入。返回作业地带的循环气流，把车间总热量的一部分又带回到作业地带而影响作业地带的温度，这部分的热量称为有效余热量。如果车间总余热量为 Q，则有效余

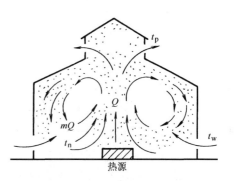

图3-6 热源上部的热射流

热量即为 mQ，即相当于直接散入工作区的热量，所以 m 值称为有效热量系数。

根据整个车间的热平衡，可写出

$$q_m = \frac{Q}{c(t_p - t_w)}$$

根据作业地带的热平衡，可写出

$$q'_m = \frac{mQ}{c(t_n - t_w)}$$

因为 $q_m = q'_m$，所以

$$\frac{Q}{c(t_p - t_w)} = \frac{mQ}{c(t_n - t_w)}$$

$$m = \frac{t_n - t_w}{t_p - t_w} \tag{3-13}$$

因此

$$t_p = t_w + \frac{t_n - t_w}{m} \tag{3-14}$$

从式（3-14）可以看出，在同样的 t_p 下，m 值越大，也就是散入作业地带的有效余热量越大，工作地点的温度就越高。

从式（3-14）还可看出，如果能确定出 m 值，则排风量就较容易确定。这样就把 t_p 的求值问题变成了 m 值的确定问题。而有效热量系数 m 值的确定也是很复杂的问题，其大小主要取决于热源的性质、热源分布和热源高度，同时还取决于建筑物的某些几何因素（如车间高度、窗孔尺寸及其高度等）。此值应通过实测取得。

有效热量系数 m 值一般可按下式确定

$$m = m_1 m_2 m_3 \tag{3-15}$$

式中　m_1——如图3-7所示，根据热源占地面积 f 与车间地板面积 F 之比值确定的系数；

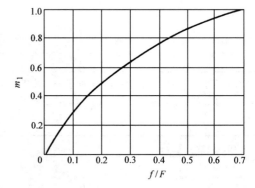

图3-7　m_1 的计算图

m_2——根据热源高度确定的系数，见表3-3；

m_3——根据热源的辐射散热量 Q_f 与总散热量 Q 之比值确定的系数，见表3-4。

表3-3　系数 m_2 值

热源高度/m	≤2	4	6	8	10	12	≥14
m_2	1.0	0.85	0.75	0.65	0.60	0.55	0.5

表3-4　系数 m_3 值

Q_f/Q	≤0.4	0.5	0.55	0.6	0.65	0.7
m_3	1.0	1.07	1.12	1.18	1.30	1.45

2. 确定窗孔的位置，分配各窗孔的进、排风量

3. 确定各窗孔内外压差和窗孔面积

在采用热压法计算时，先假定某一内外压差等于零的位置（即中和面位置），然后按式(3-5)和式(3-6)计算出各窗孔的内外压差。

根据式（3-4）可分别写出进、排风窗孔面积的计算公式。

进风窗孔面积

$$F_A = \frac{q_{m,A}}{\mu_A \sqrt{2gh_1(\rho_o - \rho_i)\rho_o}} = \frac{q_{m,A}}{\mu_A \sqrt{2gh_1(\rho_w - \rho_{np})\rho_w}} \tag{3-16}$$

排风窗孔面积

$$F_B = \frac{q_{m,B}}{\mu_B \sqrt{2gh_2(\rho_o - \rho_i)\rho_i}} = \frac{q_{m,B}}{\mu_B \sqrt{2gh_2(\rho_w - \rho_{np})\rho_p}} \tag{3-17}$$

式中　$q_{m,A}$、$q_{m,B}$——进、排风窗孔的空气质量流量（kg/s）；

　　　μ_A、μ_B——进、排风窗孔的流量系数，可按表 3-5 选取；

　　　ρ_{np}——室内平均温度下的空气密度（kg/m³）；

其余符号的意义同前。

应当指出，开始假定的中和面位置不同，最后所计算出的进、排风窗孔面积也将有所不同。如中和面位置选择较低，则上部排风孔口（天窗）的内外压差较大，所需排风窗孔面积就较小。一般情况下，因天窗构造复杂，造价也高，天窗的大小对建筑结构影响较大，除采光要求外，希望尽量减少排风天窗的面积。所以，在自然通风计算中，中和面的位置不宜选择过高。

3.2.2　校核性计算的步骤

当进行校核性计算时，可按已知的进、排风窗孔面积估算出中和面的位置。根据空气平衡原理，由式（3-16）和式（3-17）得出

$$\mu_A F_A \sqrt{2gh_1(\rho_w - \rho_{np})\rho_w} = \mu_B F_B \sqrt{2gh_2(\rho_w - \rho_{np})\rho_p}$$

表 3-5　进、排风窗孔的局部阻力系数和流量系数

窗扇结构形式	开启角度 $\alpha/(°)$	$h:l=1:1$		$h:l=1:2$	
		ζ	μ	ζ	μ
单层窗上悬（进风窗）	15	16	0.25	20.6	0.22
	30	5.65	0.42	6.9	0.38
	45	3.68	0.52	4.0	0.50
	60	3.07	0.57	3.18	0.56
单层窗上悬（排风窗）	15	11.3	0.30	17.3	0.24
	30	4.9	0.45	6.9	0.38
	45	3.18	0.56	4.0	0.50
	60	2.51	0.63	3.07	0.57
单层窗中悬（进风窗）	15	45.3	0.15		
	30	11.1	0.30		
	45	5.15	0.44		
	60	3.18	0.56		
	90	2.43	0.64		

（续）

窗扇结构形式	开启角度 $\alpha/(°)$	$h:l=1:1$		$h:l=1:2$	
		ζ	μ	ζ	μ
双层窗上悬	15	14.8	0.26	30.8	0.18
	30	4.9	0.45	9.75	0.32
	45	3.83	0.51	5.15	0.44
	60	2.96	0.58	3.54	0.53
竖轴板式窗	90	$\zeta=2.37$ $\mu=0.65$			

注：h 代表窗扇高度，l 代表窗扇长度。

如果进风窗和排风窗的结构形式相同，可近似认为 $\mu_A \approx \mu_B$，则上式可简化为

$$\frac{h_1}{h_2} = \frac{F_B^2 \rho_p}{F_A^2 \rho_w}$$

以 $h_2 = H - h_1$，代入上式后整理，得

$$h_1 = \frac{F_B^2 \rho_p}{F_A^2 \rho_w + F_B^2 \rho_p} H \text{ 或 } h_1 = \frac{H}{1 + \frac{F_A^2 \rho_w}{F_B^2 \rho_p}} \tag{3-18}$$

同理，可得

$$h_2 = \frac{H}{1 + \frac{F_B^2 \rho_p}{F_A^2 \rho_w}} \tag{3-19}$$

校核性计算大多用来验算现成厂房或估算改建厂房的自然通风量，及作业地带的空气环境温度是否满足表 3-1 的要求。

3.2.3 计算实例

例 3-1、例 3-2 分别为设计性计算和校核性计算的计算实例。

【例 3-1】 已知一单跨热车间，如图 3-8 所示。车间总余热量 $Q=210kJ/s$，$m=0.4$，进、排风窗均采用单层上悬窗（$\alpha=45°$），$F_1 = F_3 = 10m^2$。$\mu_1 = \mu_3 = 0.52$，$\mu_2 = 0.56$，窗孔中心高差 $H=10m$。夏季室外通风计算温度 $t_w = 26℃$（$\rho_w = 1.181kg/m^3$），要求室内作业地带温度 $t_n \leqslant t_w + 5℃$，无局部排风，请确定必需的排风天窗面积 F_2。

【解】 （1）确定上部排风温度和室内平均温度

设作业地带温度 $t_n = t_w + 5℃ = (26+5)℃ = 31℃$

上部排风温度 $t_p = t_w - \frac{t_n - t_w}{m} = [26 + (31-26)/0.4]℃ = 38.5℃$

密度 $\rho_p = 1.133 \text{kg/m}^3$

室内平均温度 $t_{np} = (t_n + t_p)/2 = 34.8\text{℃}$

密度 $\rho_{np} = 1.147 \text{kg/m}^3$

（2）热平衡所需的全面换气量

$$q_m = \frac{Q}{c(t_p - t_j)} = \left[\frac{210}{1.01 \times (38.5 - 26)}\right] \text{kg/s}$$
$$= 16.63 \text{kg/s}$$

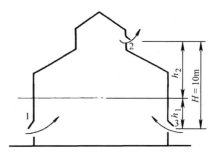

图 3-8　某单层厂房

（3）根据式（3-16），由进风面积 F_1、F_3 确定进风窗孔中心至中和面的高度

$$F_1 + F_3 = \frac{q_m}{\mu_1 \sqrt{2gh_1(\rho_w - \rho_{np})\rho_w}}$$

$$10 = \frac{16.63}{0.52 \sqrt{2 \times 9.8 h_1 (1.181 - 1.147) \times 1.181}}$$

$$h_1 = 3.25 \text{m}$$

因此，中和面至排风窗孔中心的高度为　$h_2 = h - h_1 = (10 - 3.25) \text{m} = 6.75 \text{m}$

（4）根据式（3-17）确定必需的排风天窗面积

$$F_2 = \frac{q_m}{\mu_2 \sqrt{2gh_2(\rho_w - \rho_{np})\rho_p}}$$

$$F_2 = \frac{16.63}{0.56 \sqrt{2 \times 9.8 \times 6.75 \times (1.181 - 1.147) \times 1.133}} \text{m}^2$$

$$= 13.15 \text{m}^2$$

【例3-2】　某单跨热车间，已知车间总余热量 $Q = 240 \text{kJ/s}$，$m = 0.4$，$F_A = 30 \text{m}^2$，$F_B = 20 \text{m}^2$，窗子结构形式相同 $\mu_A \approx \mu_B = 0.5$，进排风窗孔中心高差 $H = 10 \text{m}$。夏季室外通风计算温度 $t_w = 26\text{℃}$（$\rho_w = 1.181 \text{kg/m}^3$），无局部排风。请验算在热压作用下的自然通风量及作业地带的空气温度。

【解】　（1）假定上部排风温度 $t'_p = 36\text{℃}$（$\rho_p = 1.142 \text{kg/m}^3$）

作业地带温度 $t'_n = t_w + m(t'_p - t_w) = 30\text{℃}$

室内平均温度 $t'_{np} = (t'_n + t'_p)/2 = 33\text{℃}$（$\rho_{np} = 1.154 \text{kg/m}^3$）

（2）根据式（3-18）估算进风窗孔中心至中和面的高度

$$h_1 = \left(\frac{10}{1 + \frac{30^2 \times 1.181}{20^2 \times 1.142}}\right) \text{m} = 3 \text{m}$$

则中和面至排风窗孔的高度为　$h_2 = h - h_1 = (10 - 3) \text{m} = 7 \text{m}$

（3）热压作用下所能形成的自然通风量

根据式（3-16）计算通过进风窗孔的进风量

$$q_{m,A} = \mu_A F_A \sqrt{2gh_1(\rho_w - \rho_{np})\rho_p} = 20.54 \text{kg/s}$$

根据式（3-17）计算通过排风窗孔的排风量

$$q_{m,B} = \mu_B F_B \sqrt{2gh_2(\rho_w - \rho_{np})\rho_p} = 20.57 \text{kg/s}$$

而热平衡所需的全面换气量为

$$q_m = \left[\frac{280}{1.01 \times (36-26)}\right] \text{kg/s} = 27.72 \text{kg/s}$$

因为 $q_{m,A} \approx q_{m,B} < q_m$，说明假定条件不符合实际情况，所以应该调整假定条件。在这个例子中，应该适当提高假定温度，从而增大热压，使通风量增大。

（4）重新假定上部排风温度 $t'_p = 38\text{℃}$（$\rho_p = 1.135 \text{kg/m}^3$）

作业地带温度 $\quad t'_n = t_w + m(t'_p - t_w) = 30.8\text{℃}$

室内平均温度 $\quad t'_{np} = (t'_n + t'_p)/2 = 34.4\text{℃}$（$\rho_{np} = 1.148 \text{kg/m}^3$）

（5）根据式（3-18）重新估算进风窗孔中心至中和面的高度

$$h_1 = \left(\frac{10}{1 + \dfrac{30^2 \times 1.181}{20^2 \times 1.135}}\right) \text{m} = 2.99 \text{m} \approx 3 \text{m}$$

则中和面至排风窗孔的高度为 $\quad h_2 = h - h_1 = (10-3)\text{m} = 7\text{m}$

（6）热压作用下所能形成的自然通风量

根据式（3-16）计算通过进风窗孔的进风量 $\quad q_{m,A} = 22.71 \text{kg/s}$

根据式（3-17）计算通过排风窗孔的排风量 $\quad q_{m,B} = 22.67 \text{kg/s}$

热平衡所需的全面换气量

$$q_m = \left[\frac{280}{1.01 \times (38-26)}\right] \text{kg/s} = 23.10 \text{kg/s}$$

因为 $q_{m,A} \approx q_{m,B} \approx q_m$，说明假定条件基本符合实际情况，已经达到工程设计的精度要求。

（7）验算上部排风温度及作业地带温度

$$t_p = t_w + \frac{Q}{c q_{m,A}} = \left(26 + \frac{280}{1.01 \times 22.71}\right)\text{℃} = 38.2\text{℃}$$

$$t_n = t_w + m(t_p - t_w) = [26 + 0.4 \times (38.2 - 26)]\text{℃} = 30.9\text{℃} \approx t'_n$$

验算结果与假定条件基本一致。热压作用下的自然通风量为 22.71kg/s，作业地带的空气温度为 30.9℃。

虽然工业厂房自然通风的设计步骤只考虑了设计工况下的通风，自然通风的通风装置一般也比较简单，只有可开启的进、排风窗及其启闭装置，但它是属于有组织的全面通风，务必加强管理才能收到良好效果。在夏季应把全部进、排风窗孔打开，并按风向及时调整窗扇的开闭。在冬季为了稀释车间内有害物浓度而须进气时，则一般利用距地面4m以上的侧窗进风，以免冷风直接吹向工作地点，从而影响工作区人员的热舒适性。

3.3　自然通风与建筑设计

如前所述，虽然自然通风在大部分情况下是一种经济有效的通风方式，但是，它同时又是一种难以进行有效控制的通风方式。因为，它受到气象条件、建筑平面规划、建筑结构形式、室内工艺设备布置、窗户形式与开窗面积、其他机械通风设备等许多因素的影响。然而，从原理上来说，自然通风的原理无外乎"热压"和"风压"这两种基本作用形式。作为设计者，要在基本原理的指导下定性地考虑这些因素的影响，使自然通风更好地满足建筑内人员和生产工艺对通风的需求。下面介绍一些基本的设计原则和经验，可供设计者在通风方案设计中参考。

3.3.1　建筑总平面规划

建筑群的布局可从平面和空间两个方面考虑。一般建筑群的平面布局可分为：行列式、错列式、斜列式及周边式等。从通风的角度来看，错列式和斜列式较行列式和周边式好。当用行列式布置时，建筑群内部流场因风向不同而有很大变化。错列式和斜列式可使风从斜向导入建筑群内部。有时亦可结合地形采样自由排列的方式。周边式很难将风导入，这种布置方式只适于冬季寒冷地区。

为了保证建筑的自然通风效果，建筑主要进风面一般应与夏季主导风向成 60°~90° 角，不宜小于 45°，同时，应避免大面积外墙和玻璃窗受到西晒。南方炎热地区的冷加工车间应以避免西晒为主。为了保证厂房有足够的进风窗孔，不宜将过多的附属建筑布置在厂房四周，特别是厂房的迎风面。

室外风吹过建筑物时，迎风面的正压区和背风面的负压区都会延伸一定的距离，距离的大小与建筑物的形状和高度有关。在这个距离内，如果有其他较低矮的建筑物存在，就会受高大建筑所形成的正压区或负压区的影响。为了保证较低矮的建筑物能正常进风和排风，各建筑之间有关的尺寸应保持适当的比例。

3.3.2 建筑形式的选择

建筑高度对自然通风有很大的影响。随着建筑高度的增加，室外风速随之变大。而门窗两侧的风压差与风速的平方成正比。另一方面，热压与建筑物的高度也成正比。因此，自然通风的风压作用和热压作用都随着建筑物的高度的增加而增强。这对高层建筑物的室内通风是有利的。但是，高层建筑能把城市上空的高速风引向地面，产生"楼房风"的危害，这对周边地区自然通风的稳定性和控制是不利的。

如果迎风面和背风面的外墙开孔面积占外墙总面积 1/4 以上，且建筑内部阻挡较少时，室外气流就能横贯整个车间，形成所谓的"穿堂风"。穿堂风的风速较大，有利于人体散热。在我国南方，冷加工车间和一般的民用建筑广泛采用穿堂风，有些热车间也把穿堂风作为车间的主要降温措施，如图 3-9 所示。应用穿堂风时，应将主要热源布置在夏季主导风向的下风侧。

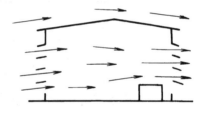

图 3-9　开敞式厂房的自然通风

如为多层车间，在工艺条件允许情况下，热源尽量安设在上层，下层用于进风。如图 3-10 所示，某铝电解车间，为了降低工作区温度，冲淡有害物浓度，厂房采用双层结构。车间的主要放热设备电解槽布置在二层，电解槽两侧的地板上设置四排连续的进风格子板。室外新鲜空气由侧窗和地板的送风格子板直接进入工作区。这种双层建筑自然通风量大，工作区温升小，能较好地改善工作区的劳动条件。

为了提高自然通风的降温效果，应尽量降低进风侧窗离地面的高度，一般不宜超过 1.2m。进风窗采用阻力小的立式中轴窗或对开窗，把气流直接导入工作区。集中供暖地区，

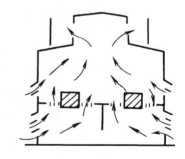

图 3-10　双层厂房的自然通风

冬季自然通风的进风窗应设在 4m 以上，以便室外气流到达工作区前能和室内空气充分混合，以免影响工作区的温度分布。

利用天窗排风的生产厂房，符合下列情况之一者应采用避风天窗：

1）炎热地区，室内散热量大于 $23W/m^2$ 时。

2）其他地区，室内散热量大于 $35W/m^2$ 时。

3）不允许气流倒灌时。

为了增大进风面积，以自然通风为主的热车间应尽量采用单跨厂房。在多跨厂房中应将冷、热跨间隔布置，尽量避免热跨相邻。在图 3-11 所示的多跨厂房中，中间跨为冷跨，利用冷跨进风，热跨工作区的降温效果好。在图 3-12 中，三跨均为热跨，中间跨的热气流不能及时排出，以致三个车间的效果都不好，所以多跨厂房冷热跨要配合好。

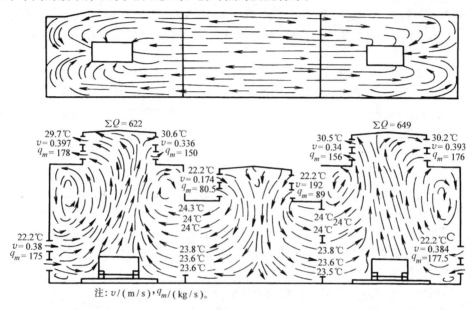

图 3-11　冷、热跨间隔布置时多跨厂房的气流运动示意图

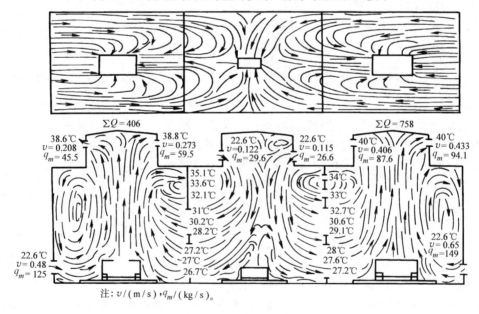

图 3-12　均为热跨的多跨厂房气流运动示意图

3.3.3　工艺布置

以热压为主进行自然通风的厂房，应将散热设备尽量布置在天窗下方。

散热量大的热源（如加热炉、热料等），应尽量布置在厂房外面，夏季主导风向的下风侧。布置在室内的热源，应采取有效的隔热降温措施。

当热源靠近生产厂房一侧的外墙布置，而且外墙与热源间无工作点时，应尽量将热源布置在该侧外墙的两个进风口之间，如图 3-13 所示，这样可使工作区温度降低。

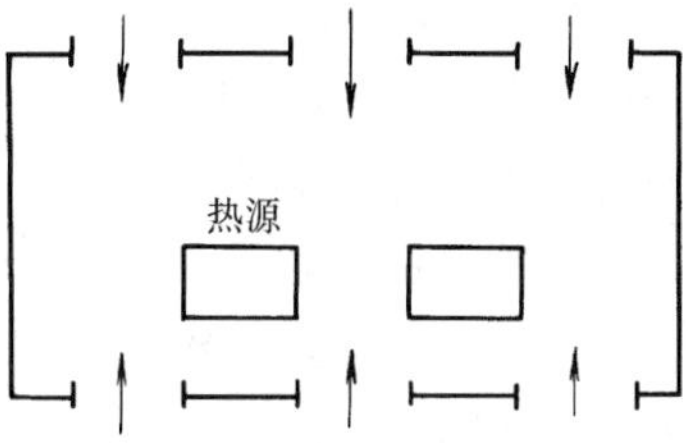

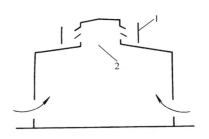

图 3-13　热车间的热源布置

3.3.4　避风天窗及风帽的设计

1. 避风天窗

由于风的作用，普通排风天窗迎风面窗孔会发生倒灌。为了不发生倒灌，可以在天窗上增设如图 3-14 所示的挡风板，保证排风天窗在任何风向下都处于负压区以利于排风，这种天窗称为避风天窗。

常用的避风天窗有以下几种。

（1）矩形天窗　矩形天窗如图 3-14 所示，过去应用较多。这种天窗采光面积大，当热源集中布置在车间中部时，便于热气流迅速排除。其缺点是建筑结构复杂，造价高。

（2）下沉式天窗　下沉式天窗把部分屋面下移，放在屋架的下弦上，利用屋架本身的高度（即上、下弦之间空间）形成天窗。它不像矩形天窗那样凸出在屋面之上，而是凹入屋盖里面。下沉式天窗又可分为纵向下沉式、横向下沉式和天井式三种，图 3-15 所示为纵向下沉式天窗。下沉式天窗比矩形天窗降低厂房高度 2～5m，因而比较经济。其缺点是天窗高度受屋架高度限制，清灰、排水比较困难。

图 3-14　矩形避风天窗
1—挡风板　2—喉口

（3）曲（折）线型天窗　曲（折）线型天窗是一种新型的轻型天窗，如图 3-16 所示。它的挡风板是按曲（折）线制作的，因此阻力要比垂直式挡风板的天窗小，排风能力大，具有构造简单、质量轻、施工方便、造价低等优点。

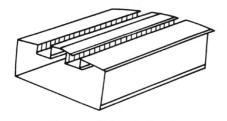

图 3-15　纵向下沉式天窗

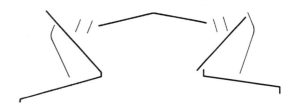

图 3-16　折线型天窗

在计算避风天窗时只考虑热压的作用。在热压作用下，天窗口的内外压差

$$\Delta p_{\mathrm{t}} = \zeta \frac{v_{\mathrm{t}}^2}{2} \rho_{\mathrm{p}} \qquad (3-20)$$

式中　Δp_{t}——天窗口的内外压差（Pa）；

v_{t}——天窗喉口处的空气流速（对下沉式天窗是指窗孔处的流速）（m/s）；

ρ_{p}——天窗排风温度下的空气密度（kg/m³）；

ζ——天窗的局部阻力系数。

仅有热压作用时，ζ 值是一个常数，由试验求得。几种常用天窗的 ζ 值见表 3-6。但是，试验研究发现，有风作用时，天窗的 ζ 值与无风时是不同的。在热压与风压同时作用下，由于受室外气流的影响，ζ 值随 v_t/v_w 的减小而增大。因此，在最不利的情况下，由于不利因素（ζ 值增大）有可能超过有利因素（室外风压），从而使有风作用时天窗的排风量会比无风时小。

局部阻力系数 ζ 反映天窗的排风能力。ζ 值小，排风能力大。选择天窗时还必须全面考虑天窗的避风性能、单位面积天窗的造价等多种因素。

表 3-6　几种常用天窗的 ζ 值

型　　号	尺　　寸	ζ 值	备注
矩形天窗	$H=1.82\text{m}$　$B=6\text{m}$　$L=18\text{m}$	5.38	无窗扇有挡雨片
	$H=1.82\text{m}$　$B=9\text{m}$　$L=24\text{m}$	4.64	
	$H=3.0\text{m}$　$B=9\text{m}$　$L=30\text{m}$	5.68	
天井式天窗	$H=1.66\text{m}$　　$l=6\text{m}$	4.24~4.13	无窗扇有挡雨片
	$H=1.78\text{m}$　　$l=12\text{m}$	3.83~3.57	
横向下沉式天窗	$H=2.5\text{m}$　　$L=24\text{m}$	3.4~3.18	无窗扇有挡雨片
	$H=4.0\text{m}$　　$L=24\text{m}$	5.35	
折线型天窗	$B=3.0\text{m}$　　$H=1.6\text{m}$	2.74	无窗扇有挡雨片
	$B=4.2\text{m}$　　$H=2.1\text{m}$	3.91	
	$B=6\text{m}$　　$H=3.0\text{m}$	4.85	

注：B 为天窗喉口宽度，L 为厂房跨度，H 为天窗垂直口高度，l 为井长。

2. 避风风帽

避风风帽安装在自然排风系统出口，它是利用风力造成的负压，加强排风能力的一种装置，如图 3-17 所示。它是在普通风帽的外围，增设一圈挡风圈。挡风圈的作用与避风天窗的挡风板是类似的，可以保证排出口基本上处于负压区内，因而可以增大系统的抽力。有些阻力比较小的自然排风系统则完全依靠风帽的负压克服系统的阻力。图 3-18 所示是避风风帽用于自然排风系统的情况。如图 3-19 所示，有时风帽也可以装在屋顶上，进行全面排风。

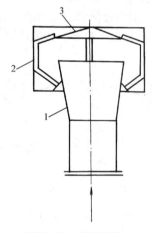

图 3-17　避风风帽

1—渐扩管　2—挡风圈　3—遮雨盖

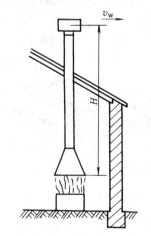

图 3-18　采用风帽的自然排风系统

3.3.5　生态建筑的自然通风

1. 生态建筑

生态学是 1866 年由德国学者海格尔提出的一门关于研究有机体与环境之间相互关系的科

学。它把传统的动植物研究扩展为人与环境之间相互关系的研究，这其中共生与再生原则表明了不同物质之间的合作共存和互利关系，提出了自然界中物质资源的有限性问题。

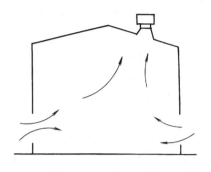

图 3-19 用作全面通风的避风风帽

实际上，从原始的简单遮蔽物到现代的高楼大厦，都或多或少地蕴藏着朴素的生态思想。"亲亲而仁民，仁民而爱物"是我国较早"生态伦理"观念的体现。随着时光推移，人们对它的认识更趋于理性化，层次更深。在"可持续发展"原则指导下，特别是 20 世纪 60 年代以来，生态学迅速发展并与其他学科相互渗透，形成多种边缘学科。其中生态建筑学就是生态学概念在规划和建筑领域的体现。生态建筑也被称作绿色建筑、可持续建筑，它们从不同角度描述了共同的概念，只是各自的侧重点有所不同。生态建筑学致力于运用生态学中的共生与再生原则，在营造结合自然并具有良好生态循环的人居环境方面进行研究和实践。

生态是指人与自然的关系，研究生态建筑的目的就在于处理好人、建筑和自然三者之间的关系。它既要为人创造一个舒适的空间小环境，同时，又要保护好周围的大环境（自然环境）。具体来说，小环境的创造包括：健康宜人的温度、湿度，清洁的空气，好的光环境、声环境以及具有长效多适的、灵活开敞的空间等。对大环境的保护主要反映在两方面：即对自然界的索取要少，对自然环境的负面影响要小。前者主要指对自然资源的少费多用：包括节约土地，在能源和材料的选择上贯彻减少使用、重复使用、循环使用以及用可再生资源替代不可再生资源等原则；后者主要指减少污染排放和妥善处理有害废弃物（包括固体垃圾、污水、有害气体），以及减少光污染、声污染等。如上海市某建筑综合采用了涉及生态建筑的 16 项关键技术，包括自然通风设计策略及气流组织模拟技术、超低能耗建筑节能技术系统、自然采光设计优化及模拟评价技术、高效环保新型空调系统的研究、太阳能光电及热利用及其建筑一体化技术、地源热泵建筑一体化应用技术、生态建筑室内环境、空调节能综合智能控制系统、绿色工程材料系列产品、景观水域水质的生态修复和生态保持工程技术研究、生态建筑室内外绿化配置技术、雨污水回用处理技术、室内环境（空气、声、光）控制及改善技术及产品等。

2. 自然通风在生态建筑中的应用

自然通风是当今生态建筑中广泛采用的一项技术措施，它是一项历史久远的技术。我国传统建筑平面布局坐北朝南、讲究穿堂风等，都是通过自然通风节省能源的朴素运用。只不过当现代人们再次意识到它时，才感到更加珍贵。它与现代技术的结合使自然通风的应用从理论到实践都提高到了一个新的高度。

采用自然通风方式的根本目的就是取代（或部分取代）传统空调制冷系统的使用，从而减少能耗、降低污染。而这一取代过程在建筑环境方面有两个至关重要的意义：一是实现有效被动式冷却。自然通风可以在不消耗不可再生能源的情况下降低室内温度，带走潮湿气体，达到人体热舒适。这有利于减少能耗、降低污染，符合可持续发展的思想。二是可以提供新鲜、清洁的自然空气（新风），有利于人员的生理和心理健康。室内空气品质的低劣在很大程度上是由于缺少充足的新风。空调所维持的恒温环境也使得人体抵抗力下降，引起各种"空调病"。而自然通风可以排除室内污浊的空气，同时还有利于满足人和大自然交往的心理需求。

（1）利用风压实现自然通风　如前所述，自然通风最基本的动力是热压和风压，其中人们所常说的"穿堂风"就是利用风压在建筑内部产生空气流动。如果希望利用风压来实现建筑自然通风，首先要求建筑有较理想的外部风环境（平均风速一般不小于3～4m/s）。其次，建筑应面向夏季主导风向，房间进深要适宜（一般应小于14m左右），以便易于形成穿堂风。在不同季节，不同风速、风向的情况下，建筑应采取相应措施（如适宜的构造形式，可开合的气窗、百叶窗等）来调节室内气流状况。例如，冬季在保证基本换气次数的前提下，应尽量降低通风量以减少热损失。

利用风压进行自然通风的典范之作当属伦佐·匹亚诺设计的 Tjibaou 文化中心。该建筑位于澳大利亚东侧的南太平洋热带岛国新喀里多尼亚，该地区气候炎热潮湿，常年多风。因此，最大限度地利用自然通风来降温、除湿，便成了适应当地气候、注重生态环境的核心技术。文化中心是由 10 个被匹亚诺称为"容器"（cases）的棚屋状单元组成，棚屋一字排开，形成三个"村落"。每个棚屋大小不同，最高的达 28m。为了达到利于自然通风和减少风荷载的目的，设计师们经过多次计算机模拟和风洞试验，并根据试验结果对"容器"的形状加以改进，使之变得更加通透和开敞，最终形成如图 3-20 所示的样子。外部材料均采用当地出产的木材。常年光顾南太平洋的强劲西风是大自然给予这个小岛的恩赐。贝壳状的棚屋背向夏季主导风向，在下风向产生强大的吸力（形成负压区），而在棚屋背面开口处形成正压，从而使建筑内部产生空气流动。针对不同风速（从微风到飓风）和风向，设计者通过调节百叶的开合和不同风向上百叶的配合来控制室内气流，

图 3-20　Tjibaou 文化中心模型

从而实现完全被动式的自然通风，达到节约能源、减少污染的目的。

（2）利用热压实现自然通风　自然通风的另一种机理是利用建筑内部的热压，即平常所讲的"烟囱效应"：热空气（密度小）上升，从建筑上部风口排出；室外新鲜的冷空气（密度大）从建筑底部被吸入。一般来说，室内外空气温度差越大，进出风口高度差越大，则热压作用越强。由于自然风的不稳定性，或由于周围高大建筑、植被的影响，许多情况下在建筑周围形不成足够的风压，这时就需要利用热压原理来加速自然通风。

与 Tjibaou 文化中心不同，麦克尔·霍普金斯设计的英国国内税务中心位于诺丁汉市的传统街区。由于建筑本身呈院落式布局（共 7 个组团），高度仅为 3～4 层；加上受紧凑的城市格局的影响，建筑周边的风速较小，尚不能很好地满足自然通风的需求。因此，霍普金斯在控制建筑进深（13.6m）以利于自然采光、通风的基础上，设计了一组顶帽可以升降的圆柱形玻璃通风塔，用作建筑的入口和楼梯间。玻璃通风塔可以最大限度地吸收太阳的能量，提高塔内空气温度，从而进一步加强烟囱效应，带动各楼层的空气循环，实现自然通风。冬季时可将顶帽降下以封闭排气口，这样通风塔便成为一个玻璃暖房，有利于降低供暖能耗。税务中心的年设计能耗仅为 110kW·h/m²，实现了城市密集环境中的完全被动式制冷。

（3）风压与热压结合实现自然通风　利用风压和热压结合来进行自然通风往往希望两者能互为补充，但到目前为止，热压和风压综合作用下的自然通风机理还在探索之中。风压和热压

什么时候相互加强、什么时候相互削弱还不能完全预知。一般来说，建筑进深小的部位多利用风压来直接通风，而进深较大的部位多利用热压来达到通风的效果。

通常的机械学院由于受功能的影响，大多是矩形平面：大进深、长走廊，走廊两侧是实验室和办公室。这就使大量使用人工照明在所难免，加上许多实验室在工作时会产生热量，因此，为了带走室内产生的大量热量（冷负荷），一般都必须采用大规模空调系统。但位于英国莱切斯特的蒙特福德大学机械馆则是个例外。建筑师肖特和福德将庞大的建筑分成一系列小体块，这样既在尺度上与周围古老的街区相协调，又能形成一种有节奏的韵律感。而更为重要的是，小的体量使得自然通风成为可能。

位于指状分支部分的实验室、办公室进深较小，可以利用风压直接通风。而位于中央部分的报告厅、大厅及其他用房则更多地依靠"烟囱效应"进行自然通风。报告厅部分的设计温度定为27℃。当室内温度接近设计温度时，与温度传感器相连的电子设备会自动打开通风阀，达到平均每人10L/s的新风量。

整幢建筑完全采用自然通风，几乎不使用空调。外围护结构采用厚重的蓄热材料使得建筑内部的热量波动很小。正是因为采用了这些技术措施，虽然机械馆总面积超过1万 m^2，相对于同类建筑其全年能耗却很低。就在机械馆刚刚落成1年之后（1994年夏），40年一遇的热浪席卷英伦三岛。而实测表明，在室外气温为31℃的情况下，建筑各部分房间的温度大多不超过23.5℃，证明了自然通风的有效性。

（4）机械辅助式自然通风（多元通风）　对于一些大型体育场馆、展览馆、商业设施等由于通风路径（或管道）较长、流动阻力较大，单纯依靠自然的风压、热压往往不足以实现自然通风。而对于空气和噪声污染比较严重的大城市，直接自然通风会将室外污浊的空气和噪声带入室内，不利于人体健康。在以上情况下，常常采用一种机械辅助式自然通风系统。该系统一般有一套完整的空气循环通道，辅以符合生态思想的空气处理手段（土壤预冷、预热，深井水换热等），并借助一定的机械方式来加速室内通风。

于1992年建造的英国新议会大厦位于伦敦市的中心地带，伦敦的空气污染和交通噪声是设计者不得不面对的现实。设计者没有采取诺丁汉税务中心那样的通风方式，而是设计了一套更为精巧的机械辅助式通风系统。为了避免汽车尾气等有害气体及尘埃进入建筑内部，霍普金斯将整幢建筑的进气口设在檐口高度，并在风道中设置过滤器和声屏障，以最大限度地除尘、降噪。新鲜空气通过机械装置被吸入各层楼板，并从靠近走廊一侧的气孔送入房间内。然后在热压作用下，房间内热气体上升至房间上方靠近外墙的气孔进入排气通道，最后从屋顶排出。进气和排气通道均设置在外墙，彼此平行相邻。每四个开间为一组，共用一套进、排气装置。在冬季，冷空气在进入房间之前先与即将排出的热空气进行热交换，这有利于减少热损失，并缓解冷空气引起的吹风感。而在夏天则利用地下水来冷却空气，这使得建筑年设计能耗比税务中心还低，只有90kW·h/ m^2 。

3.4　多元通风

多元通风模式是针对传统单一自然通风或者机械通风模式而提出的。为了解决自然通风受环境因素影响大、可控性差而机械通风能耗过大的问题，人们采取了一种可控制的自然通风和机械通风相结合的通风方式，在保持可接受室内环境和热舒适条件下最大限度地减少耗能。多元通风的目的是保证室内空气品质，但又同时起到空气调节的作用而保持热舒适性，其控制系统要以尽可能低的能量消耗达到所期望的室内空气流动分布和空气的流动稳定性。

3.4.1　多元通风技术的提出

　　建筑通风的一个主要目的是营造一个良好的室内空气品质环境。长期以来，人们利用自然通风来促使室内外空气交换，以此来改善室内空气品质。自从机械通风发明以来，它以控制精确、运行稳定等特点逐渐取代了自然通风，成为建筑中的主要通风措施。近年来，人们意识到机械通风并不是毫无缺点的，问题主要体现在建筑能耗过高和病态建筑综合征的出现，而且在相同通风量和通风温度的情况下，人体在自然通风情况下的热舒适性要优于机械通风，因此，人们提出了结合自然通风和机械通风的多元通风系统。在多元通风系统中，自然通风模式和机械通风模式交替或同时开启，最终目的是保持室内空气的交换和洁净。由此可见，多元通风并不是一个全新的通风方式，而是在自动控制的基础上，将已有的自然通风和机械通风系统进行了组合，在满足室内通风要求的情况下，尽可能地使用自然风来改善室内空气品质。比如当室外气候情况优良时，控制系统将增加自然通风系统的开启时间和次数，缩短机械通风的运行时间，这样便可最大限度减少建筑通风和空调的能耗，从而实现自然资源的有效利用[8]。

3.4.2　太阳能烟囱

　　太阳能烟囱是多元通风系统中的重要组成部分，其原理是利用太阳能驱动气流运动，将太阳能转换为空气的动能，再通过烟囱效应的抽吸作用，诱导气流流出。

　　图3-21是太阳能烟囱的示意图，太阳辐射通过一侧的透明板将通道内的空气加热，被加热的空气向上运动从烟囱内流出形成负压区域，室内的空气通过风阀补入通道，从而形成循环。在多元通风中，太阳能烟囱可以独立工作，也可以配合机械通风使用[9]。

图3-21　太阳能烟囱示意图

3.4.3　自然通风模式和机械通风模式交替运行

　　自然通风和机械通风交替运行是多元通风的形式之一，在这种模式下，室内自然通风和机械通风一般是两个独立的系统，自控系统根据不同的实际环境控制两个系统的启停。通常情况下，在一种系统运行时，另一系统处于停止状态。如室外风环境不佳，室内需要强制通风时，自控系统开启机械通风而关闭自然通风系统；当外界条件允许自然通风时，控制系统开启自然通风窗口，关闭风机。这种交替运行的多元通风具有集成度低、系统简单的特点，故系统的可靠度较高。当一种系统发生故障时，另一系统仍能运行。图3-22所示是自然通风和机械通风交替运行的多元通风示意图。

3.4.4　风机辅助式自然通风

　　交替式多元通风系统要设计两个系统，系统的初投资较大，且容易造成设备的闲置。人们在交替式的基础上将两个系统综合成一个系统，新的系统集成

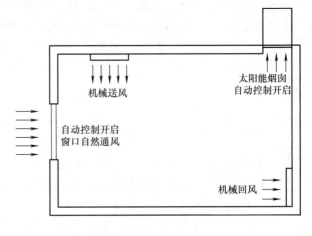

图3-22　交替运行的多元通风

化程度高，可以充分发挥自然通风和机械通风两者的优点，这种风机辅助式自然通风系统是一种综合系统。可见，风机辅助式的自然通风系统是以自然通风为主，当自然通风无法满足要求时，辅助的风扇将会开启以提高压差，帮助房间进行通风。风机辅助的自然通风充分利用了自然能源，是一种节能的系统形式，但其应用受到建筑室外气象和地理条件的限制，在设计和应用时应充分考虑，以保证系统的通风效果。该模式的关键是根据自然驱动力的强弱来控制风机启停的自控系统的设计。图3-23是风机辅助式自然通风示意图。

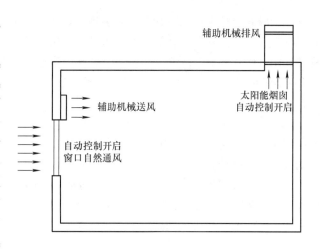

图 3-23　风机辅助式自然通风

3.4.5　热压和风压辅助式机械通风

在风机辅助式的自然通风系统中，当机械排风口内外压差较小时，室内空气流动以热压引起的自然通风为主，此时易出现温度"分层"现象，导致通风房间内温度场稳定性降低[10]。

热压和风压辅助式的机械通风是综合多元通风系统的另一种形式。在这种系统中，室内通风以机械通风为主，自然通风起到辅助作用，用来减少机械通风的消耗。这时，机械通风强度大于自然通风，通风房间内的温度场趋向于均匀。因此，热压和风压辅助式机械通风适用范围要大于风机辅助式自然通风，虽然节能性不及后者，但通风效果一般要优于风机辅助式自然通风。热压和风压辅助式机械通风原理图与图 3-22 相似，它在形式上与交替式的多元通风系统形式类似，但两者的控制方式和运行情况是截然不同的。在图 3-22 中，平时机械送风系统处于工作状态，当室外自然通风条件良好时，可以降低机械通风的送风强度，并开启自然通风的进风窗口和太阳能烟囱，让自然通风承担一部分通风任务。该模式设计的关键问题是如何依据风压和热压的变化大小来控制机械通风系统，达到节能的要求。

3.5　室外空气污染物的形成及建筑通风防治方法

室外空气污染物的种类繁多，来源也十分广泛，它可能产生于人们的工业生产或者日常活动中。空气污染不仅严重危害人们身体健康，也会给人带来心理上的问题。有研究表明，空气污染会加剧人的暴躁和不安情绪，同时造成各种疾病从而影响人们的身体健康。因此，在进行通风系统的设计时，应该考虑到室外空气污染物对通风质量的影响，针对不同种类、浓度和危害程度的室外空气污染物要综合考虑，最大限度地保证室内空气品质。

3.5.1　室外空气污染物的主要成分及其危害

室外空气污染物指的是大气中存在的污染物，主要包括二氧化硫、氮氧化物、粒子状污染物、酸雨等。

1. 二氧化硫（SO_2）

二氧化硫（化学式 SO_2）是最常见、最简单的硫氧化物，它是大气主要污染物之一，它对人体的结膜和上呼吸道黏膜有强烈刺激性，可损伤呼吸器官，可致支气管炎、肺炎，甚至肺水肿、呼吸麻痹。另外，二氧化硫对金属材料、房屋建筑、棉纺化纤织品、皮革、纸张等制品有腐蚀作用，使其剥落、褪色而损坏。国家环境质量标准规定，居住区二氧化硫日平均浓度应低于 $0.15mg/m^3$，年平均浓度应低于 $0.06mg/m^3$。

2. 氮氧化物（NO_x）

大气污染物中的氮氧化物主要指的是一氧化氮和二氧化氮，一般以 NO_x 的形式表现。当 NO_x 与碳氢化物共存于空气中时，经阳光紫外线照射，可发生光化学反应，从而产生一种光化学烟雾，它是一种有毒性的二次污染物。NO_2 比 NO 的毒性高 4 倍，可引起肺损害，甚至造成肺水肿，慢性中毒可致气管、肺病变。NO_x 对动物的影响浓度大致为 $1.0mg/m^3$，对患者的影响浓度大致为 $0.2mg/m^3$。国家环境质量标准规定，居住区的氮氧化物平均浓度应低于 $0.10mg/m^3$，年平均浓度应低于 $0.05mg/m^3$。

3. 粒子状污染物

粒子状污染物多指空气中的悬浮颗粒物，其成分复杂，本身可以是有毒物质或是其他污染物的运载体，一般包含碳、硝酸盐、硫酸盐、钠盐等物质，主要来源于煤及其他燃料的不完全燃烧、工业生产过程中粉尘、建筑和交通扬尘、风的扬尘等。当空气悬浮颗粒物的粒径在 $10\mu m$ 以上时，人体的鼻腔和口腔黏膜可以对其进行捕捉，而当颗粒物粒径在 $10\mu m$ 以下时，这些颗粒物便能顺着人的呼吸道进入人体肺泡，引起呼吸系统的病变。粒子状污染物通过门窗进入室内，图 3-24 所示是室内空气中颗粒物的电子显微镜扫描图。从图中可以看出，空气中的颗粒物大小、形状不一，与室内飞絮结合在一起成为絮状，表面光滑程度也不尽相同，这些颗粒物一旦进入人体将对人的呼吸器官造成严重危害[11]。

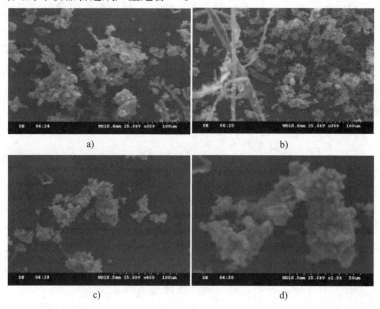

图 3-24　室内空气中颗粒物电子显微镜扫描组图

当空气颗粒物粒径小于等于 $2.5\mu m$ 时，称为 PM2.5，它是室外空气污染物及雾霾的主要成分之一。近年来，我国雾霾天气频频发生。自 2011 年以来，我国华北地区率先爆发雾霾灾害，北方不少地区由于雨水相对较少，其 PM2.5 浓度严重"超标"，局部地区的浓度超过每立方米 $1000\mu g$。一连数日的雾霾天气致使地面能见度不足百米，直接导致华北地区大面积城市交通瘫痪。进入 2013 年 10 月以后，大范围雾霾天气蔓延至我国华中、华南地区，南京、上海、武汉、南昌，甚至三亚也有不同程度雾霾出现。据记载，2013 年全年我国平均雾霾天数为 29.9 天，直至 2014 年 2 月，全国近 1/7 的地域被雾霾笼罩[12]。因此，雾霾已经成为危害人类健康和社会发展的主要大气污染物。

4. 酸雨

酸雨是指大气中的降水 pH 值低于 5.6。当降水酸度 pH < 4.9 时，将会对森林、农作物和材料产生明显损伤。

除了以上几种物质外，一氧化碳、氟化物、氨氮化合物、氡气等也是常见的大气污染物。

3.5.2 室外空气污染物的主要来源

在上节介绍的几种主要大气污染物中，二氧化硫主要由燃煤及燃料油等含硫物质燃烧产生。其次，自然界中如火山爆发、森林起火等自然现象也会有二氧化硫产生。

氮氧化物（NO_x）的主要来源是生产、生活中所用的煤、石油等燃料的燃烧产物，同时也存在于使用硝酸为原料的工厂生产废气中。

空气中的粒子状污染物数量大、成分复杂，它本身可以是有毒物质或是其他污染物的运载体。其主要来源是煤及其他燃料的不完全燃烧而排出的煤烟、工业生产过程中产生的粉尘、建筑和交通扬尘、风的扬尘等，以及气态污染物经过物理化学反应形成的盐类颗粒物。

酸雨的主要形成原因是煤炭燃烧排放的二氧化硫和机动车排放的氮氧化物与空气中的水汽混合。另外，气象条件和地形条件对酸雨的形成也有重要的影响。

3.5.3 室外空气污染物的扩散规律分析

在现实中，室外空气污染物总是跟随大气运动而扩散，污染物在大气中传输扩散的速度随时空变化很大，并且影响因素复杂。有关研究表明，大气运动状态（风力、大气湍流强度、温度和大气稳定度等）对室外空气污染物的扩散有着决定性影响。此外，降水以及地表下垫面也对空气污染物的聚集和消散起着至关重要的作用。

1. 风的影响

风是大气运动最常见的结果，其本质是各层气体分子的运动。空气污染物往往跟随风的运动，向下风向迁移。在迁移的过程中，污染物会不断向沿途的区域扩散，且其浓度将会逐渐降低。

2. 湍流的扩散作用

在大气运动中，风的速度和方向会因动力或者热力作用在短时间内不断地发生改变，这种空气运动瞬时无规则的变化称为大气湍流。湍流是由无数结构紧密、大小不同的流体涡旋构成，每个涡旋的时间与空间特征都是随机的。实际中，大气边界层内的气团一直处于湍流状态。湍流运动会使气团各部分迅速混合，从而让气体污染物或颗粒物相互掺混、结合，加速了污染物向周围的扩散。

3. 温度对污染物扩散的影响

大气稳定度指整体空气的稳定程度，即空气在热力学作用下垂直运动的趋势。假设有一空气团微元在垂直方向运动，其在上升或下降时，有稳定、不稳定和中性平衡三个状态。如果在该气团微元垂直运动时去掉外力，气团有返回原来的位置的趋势，则说明该气团所处的空气层是稳定的；当外力消失时，气团继续上升或者下降，则大气的状态是不稳定的；当外力消失时，气团停留在原来的位置，则大气的状态是中性平衡的。气团的运动带动的是污染物的输送与扩散，因此，大气状态稳定时不利于污染物的扩散，污染物浓度会逐渐增大，到一定程度后就会造成大气污染。而当大气层不稳定时，污染物扩散较为容易。大气稳定度会随大气温度层的分布变化而变化，是影响空气污染物传输和扩散的重要因素。

4. 下垫面对污染物扩散的影响

下垫面是指与大气下层直接接触的地球表面。大气污染物的传输扩散与下垫面有很大的关系，不同的下垫面会因热力、动力原因影响流场，而流场是污染物传输和扩散的关键。城市下垫面有着不同的地形状况（海洋、陆地、平原、山地及丘陵等），因其比热容不同，不同下垫面形式的近地面温度场的分布也不同，从而影响着风的形成，并最终控制污染物的传输和扩散。陆地和海水的比热容不同，由陆地和海上温差产生的空气运动称为海陆风，其形成的局部区域环流，会使空气污染物也随着气流进入循环，从而抑制了大气污染物的扩散。在有山谷的地方，日照时间的先后、长短不同，从而形成山谷风，它也会形成局部准封闭性环流，限制污染物扩散，且日落后山脊降温较山谷快，山谷中热空气上升，形成热气环流，导致冷空气堆在谷底，进而形成逆温层，致使污染物难以扩散稀释。

城市工业集中，人口密集。城市内的建筑物除了对气流运动的拖曳作用，若建筑物高于污染物排放源，污染物扩散受到建筑物群的制约将更加严重。除此之外，热岛效应也是影响城市污染物扩散的重要原因。一般来说，城市内的温度与周围郊区相比，年平均气温通常要高 1 ~ 1.5℃，冬季甚至可高 6 ~ 8℃。因为城市中心温度高而郊区气温较低，城市内气流上升，致使郊区低层冷空气向城中区侵入，进而形成城乡环流。这种大气环流，不仅使得城市内排放的污染物扩散缓慢，而且会使城市周边工业区产生的污染物被环流吸入市区，从而使得城市空气污染物更难向外扩散。

5. 污染物种类对扩散的影响

在污染物扩散过程中，由于污染物的物理、化学性质的不同，导致不同的污染物在沉降、净化、化合、分解等过程也存在不同。相同体积粒子的密度越大，其沉降速度越快，空气中的颗粒物浓度下降也越快。不同的污染物颗粒对下垫面的吸附能力也不同，吸附能力小的污染物颗粒在沉降后又受风的影响会再次进入大气中。同时，污染物颗粒是否可溶于水，是否与接触的粒子发生化学反应等性质，也会影响污染物传输和扩散以及净化的速度。因此，在污染物传输和扩散的过程中，污染物本身的性质也起着至关重要的作用。

3.5.4 室外空气污染物的通风防治方法

在传统的室内空气品质研究中，人们多关注建筑物内自身产生的污染物质（如装修材料和家具中的甲醛、苯含量，烹饪、吸烟产生的颗粒污染物等），而忽略了外界环境对室内空气品质的影响。近年来，随着我国大气污染程度不断加剧，特别是空气悬浮颗粒物问题的日益凸显，室外环境对室内空气品质的影响越来越大，因此必须加以考虑。

1. 室外空气污染物对室内空气品质的影响

室外空气污染物一般通过三个途径进入室内，即机械通风、门窗开启和围护结构渗透。近年来，由于我国建筑物围护结构密闭性的提升，通过围护结构渗透进来的空气污染物基本可以忽略不计，机械通风和门窗开启都与建筑通风有关，是室外空气污染物进入室内的主要途径。图 3-25 所示是室外空气污染物进入室内的示意图。

长期以来，人们普遍认为长期滞留室内的空气是浑浊和受污染的，相比之下，外界环境中的空气是清新且干净的。在传统室内通风设计中一般将外界空气不加处理直接引入室内，比如自然通风直接依靠门窗的开启将气流引入，机械通风通过风机、风道将空气送入室内，对其采取简单和初级的过滤净化处理。近年来，随着环境问题特别是大气颗粒物污染问题日益严重，在这样的条件下，必须要考虑环境新风中的污染物问题。以可吸入颗粒污染物为例，有研究表明，室外颗粒物对室内人员存在负面的影响关系，室外进入室内的颗粒物与人员患病、致死率强烈正相关[13]。因此，必须注意新风的处理，否则将会导致引入的空气不仅不能改善室内空气品质，反而将污染物带入室内，对室内空气品质和人员健康造成损害。

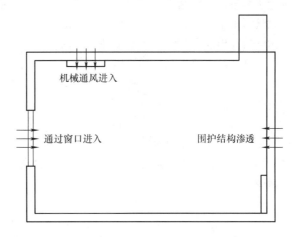

图 3-25　室外污染物进入室内的途径

2. 通风系统对室外污染物的控制

目前常用的防止室外空气污染物进入室内的方法是正压法，即根据质量守恒定律，设计送风量略大于排风量，保证室内有一定的正压，并且在送风系统中增加高效的空气污染物处理装置。这些处理装置主要有：

1）高效过滤装置。最后一级滤网的筛选粒径可达微米级，主要用于除去空气中可吸入颗粒物和粉尘，如图 3-26 所示。

2）活性炭吸附装置。主要由大比表面积的活性炭粉构成，可以吸附空气中的部分污染物（二氧化硫、氮氧化物等），一般安装在高效过滤器之后，如图 3-27 所示。

图 3-26　颗粒物过滤装置

图 3-27　活性炭吸附装置

3）静电除尘装置。利用静电场使气体电离从而使尘粒带电吸附到电极上的收尘方法。常用于以煤为燃料的工厂、电站，收集烟气中的煤灰和粉尘。冶金中用于收集锡、锌、铅、铝等的氧化物，也可以用于家居除尘灭菌[14,15]。静电除尘装置原理见第 6 章相关部分。

正压法是在实际工程中经常采用的方法，是一种行之有效的防止室外空气污染物进入室内的手段。由于正压法是根据机械通风的特点进行设计的，所以正压法也存在着以下不足：

1）适用范围较窄。当通风形式不使用机械送风时，如采用被动式通风，室内是依靠太阳能烟囱造成的负压进行通风，与正压法原理上相悖，所以在多元通风中正压法的运用受到限制。

2）过滤装置阻力较大问题。当采用自然通风时，因为不能采用正压法阻止室外空气污染物的进入，过滤成了防止污染物进入室内的主要手段，但由于自然通风所形成的负压往往较小，不足以弥补过滤器的压强损失，导致气流无法进入室内，影响整个通风系统正常运行。

为了解决以上问题，在选择通风系统时，应该结合当地的大气污染情况进行综合考虑。当全年大气污染不严重时，可以采用全自然通风形式，仅加装压损较小的初级过滤设备。当全年大气污染情况出现季节性或者季度性变化时，最好采用带有机械送风的多元通风系统，在室外空气状况良好的季节采用自然通风，而在室外空气污染较严重的季节采用机械通风，利用正压法和高效过滤器防止室外污染物向室内运动。当全年大气污染都较严重时，最好采用以机械送风为主的通风系统，保证送入室内的新风质量。此外，还要加强和完善通风系统的自动控制，设计与外界互动式的控制系统。如将通风控制系统与空气污染物检测系统进行联动，空气污染物检测系统将测定的结果反馈给通风中央控制系统，从而实现自然通风、机械通风以及多元通风之间的自由切换。为了降低能耗，还需不断改进空气过滤装置，尽量减少过滤装置带来的压降而减少能耗。

习　题

1. 形成自然通风的必要条件是什么？请简述热压和风压作用下自然通风的基本原理。
2. 多层建筑热压作用下的自然通风与单层建筑情况有什么异同？
3. 空气动力系数 K 的物理意义是什么？有哪些主要影响因素？
4. 形成穿堂风的必要条件有哪些？
5. 试分别作图说明热压、风压单独作用与联合作用时室内压力分布的状况。
6. 有效热量系数 m 的物理意义是什么？主要影响因素有哪些？
7. 某车间如图 3-28 所示，已知 $F_1 = F_2 = 10\text{m}^2$，$\mu_1 = \mu_2 = 0.6$，$K_1 = +0.6$，$K_2 = -0.3$，室内无大的发热源。试计算该车间室外空气流速 v_w 分别为 2m/s 和 3m/s 时的全面换气量。

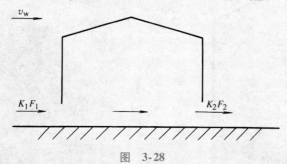

图　3-28

8. 某单层厂房如图 3-8 所示，车间总余热量 $Q = 600\text{kJ/s}$，$m = 0.3$，$\mu_1 = \mu_3 = 0.6$，$\mu_2 = 0.4$，夏季室外通风计算温度 $t_w = 30℃$，室内作业地带温度 $t_n = t_w + 5℃$，无局部排风。请确定必需的各窗孔面积（排风天窗面积为进风窗孔面积的一半）。

二维码形式客观题

扫描二维码可自行做题，提交后可查看答案。

第3章
客观题

参 考 文 献

[1] 茅清希. 工业通风 [M]. 上海：同济大学出版社，1998.

[2] 孙一坚. 工业通风 [M]. 4 版. 北京：中国建筑工业出版社，2010.

[3] 陆亚俊，马最良，邹平华. 暖通空调 [M]. 3 版. 北京：中国建筑工业出版社，2015.

[4] 王鹏，谭刚. 生态建筑中的自然通风 [J]. 世界建筑，2000 (4)：62-65.

[5] 安作桂. 地下建筑的自然通风规律 [J]. 南方建筑，1995 (1)：51-52.

[6] 龚光彩，李红祥，李玉国. 自然通风的应用与研究 [J]. 建筑热能通风空调，2003 (4)：4-6.

[7] 中国建筑科学研究院. 民用建筑供暖通风与空气调节设计规范：GB 50736—2012 [S]. 北京：中国建筑工业出版社，2012.

[8] 王莹. 浅析多元通风 [J]. 洁净与空调技术，2006 (3)：39-42.

[9] 王汉青，李铖骏，易辉. 室内空气颗粒物成分及来源分析 [J]. 建筑热能通风空调，2016 (4)：24-26，79.

[10] 柳玉清. 我国城市雾霾天气成因及其治理的哲学思考 [D]. 武汉：武汉理工大学，2014.

[11] 陈淳. 室外可吸入颗粒物对室内环境的影响及其控制 [D]. 北京：清华大学，2012.

[12] 张殿印，王纯. 除尘器手册 [M]. 北京：化学工业出版社，2004.

[13] 金国淼. 除尘设备 [M]. 北京：化学工业出版社，2002.

第4章

局部通风

4.1　概述

　　局部通风是利用局部气流，使局部工作地点不受有害物的污染，形成良好的空气环境。这种通风方法所需要的风量小、效果好，是防止工业有害物污染室内空气和改善作业环境最有效的通风方法，设计时应优先考虑。局部通风又分为局部排风和局部送风两大类。

4.1.1　局部排风

　　局部排风就是在有害物产生地点直接把它们捕集起来，经过净化处理，排至室外。其指导思想是有害物在哪里产生，就在哪里将其排走。

　　局部排风系统的结构如图4-1所示，它由以下几部分组成：

　　（1）局部排风罩　局部排风罩是用来捕集有害物的。它的性能对局部排风系统的技术经济指标有直接影响。性能好的局部排风罩，如密闭罩，只需较小的风量就可以获得良好的工作效果。由于生产设备和操作的不同，排风罩的形式多种多样。

　　（2）风管　输送含尘或有害气体，并把通风系统中的各种设备或部件连成一个整体。为了提高系统的经济性，应合理选定风管中的气体流速，管路应力求短、直。风管

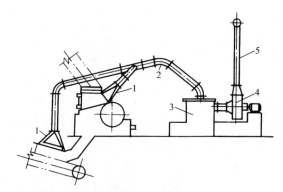

图4-1　局部排风系统示意图

1—局部排风罩　2—风管　3—净化设备　4—风机　5—烟囱

通常用表面光滑的材料制作，如薄钢板、聚氯乙烯板，有时也用混凝土、砖等材料。

　　（3）除尘或净化设备　为了防止大气污染，当排出空气中有害物量超过排放标准时，必须用除尘或净化设备处理，达到排放标准后，排入大气。

　　（4）风机　向机械排风系统提供空气流动的动力。为了防止风机的磨损和腐蚀，一般把它放在净化设备的后面。

　　（5）排气筒或烟囱　使有害物排入高空稀释扩散，避免在不利地形、气象条件下，有害物对厂区或车间造成二次污染，并保护居住区环境卫生。

　　局部排风系统各个组成部分虽功能不同，但却互相联系，每个组成部分必须设计合理，才能使局部排风系统发挥应有的作用。

4.1.2 局部送风

对于面积很大，操作人员较少的生产车间，如果采用全面通风的方式改善整个车间的空气环境，既困难又不经济。例如，某些高温车间，没有必要对整个车间进行降温，只需向个别的局部工作地点送风，在局部地点造成良好的空气环境，这种通风方法称为局部送风。其指导思想是哪里需要，就把风送到哪里。

局部送风系统有系统式和分散式两种。图 4-2 所示是铸造车间浇注工段系统式局部送风示意图。空气经集中处理后送入局部工作区。分散式局部送风一般使用轴流风扇或喷雾风扇，空气在室内循环使用。

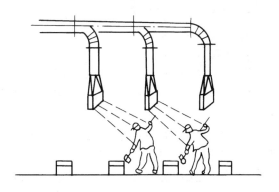

图 4-2 系统式局部送风系统示意图

4.2 局部排风的设计原则

在散发有害物（粉尘、有害蒸气和气体、余热和余湿）的场合，为防止有害物污染室内空气，必须结合工艺过程设置局部排风系统。对有可能突然放散大量有害气体或有爆炸危险气体的生产场所，应设置事故排风装置。

车间空气中有害物质的浓度，不得超过附录 2 中的规定，当有害物的浓度超过最高容许浓度时，则应设置局部排风系统。局部排风系统的设置，必须以不妨碍工艺操作为前提，然后再具体考虑排风的措施。

排风系统的设计应以造价低、排风量小和能最大限度地排除所散发的有害物为原则，只有在自然通风不能排除有害物或经济上不合理时，才考虑采用机械排风系统。

4.2.1 局部排风系统划分的原则

为正确合理地划分排风系统，应对工艺生产流程、设备使用及有害物的特性做全面了解和分析，凡属下列情况之一时，应单独设置排风系统。

1）两种或两种以上的有害物质混合后可能引起燃烧或爆炸时。

2）混合后能形成毒害更大或腐蚀性的混合物、化合物时。

3）混合后易使蒸气凝结并积聚粉尘时。

4）放散剧毒物质的房间和设备。

5）高温高湿性气体（如温度高于80℃的气体、蒸气或湿度在85%以上的气体）。

6）设置了有防火防爆要求或存储易燃易爆物质的单独房间。

4.2.2 局部排风罩的形式及设计原则

局部排风罩是局部排风系统的重要部件，其效能对于整个局部排风系统的技术经济效益具有十分重要的影响。设计完善的局部排风罩能在不影响生产工艺和生产操作的前提下，用较小的排风量获得最佳的效果，以保证工作区有害物浓度不超过国家卫生标准的规定。

按照工作原理不同，局部排风罩可分为以下几种基本形式：

1）密闭罩。

2）柜式排风罩（通风柜）。

3）外部吸气罩（包括上吸式、侧吸式、下吸式及槽边排风罩等）。

4）接受式排风罩。

5）吹吸式排风罩。

设计局部排风罩时，应遵循以下原则：

1）在可能条件下，应当首先考虑采用密闭罩或通风柜，使有害物局限于较小的空间，节省风量。

2）局部排风罩应尽可能包围或靠近有害物发生源，使有害物局限于较小的空间，尽可能减小其吸气范围，便于捕集和控制。

3）在工艺操作条件许可时，罩的四周应当尽量设置围挡，减小罩口的吸气范围。

4）排风罩的吸气气流方向应尽可能与污染气流运动方向一致。

5）已被污染的吸入气流不允许通过人的呼吸区，设计时要充分考虑操作人员的位置和活动范围。

6）排风罩应力求结构简单、造价低，便于制作安装和拆卸维修。

7）尽可能消除或减小罩口附近的干扰气流影响，如送风气流、穿堂风、工艺设备的压缩空气对吸气气流的影响。

8）排风罩的安装位置应当合理，使局部排风罩的配置与生产工艺协调一致，尽可能不妨碍工人的操作和维修。

局部排风罩的结构虽不十分复杂，但是，由于各种因素的相互制约，要同时满足上述要求并非易事。设计人员应充分了解生产工艺、操作特点及现场实际情况。

4.2.3 局部排风的净化处理

凡被有害物质污染过的空气，在排入大气前，应考虑下列各因素后再确定是否进行净化处理：

1）有害物质的毒性程度及排出物的浓度。

2）周围的自然有利条件和排出口的有利方位。

3）对于生产过程中不可避免散发的有害物质，向大气排放时，应符合国家现行的《大气污染物综合排放标准》（GB 16297—1996）。

4.3 排风罩设计计算理论

局部排风罩是局部排风系统的重要组成部分。通过局部排风罩口的气流运动，可在有害物散发地点直接捕集有害物或控制其在车间的扩散，保证室内工作区有害物浓度不超过国家卫生标准的要求。因此，局部排风罩口的气流运动规律是排风罩设计计算的理论基础。

4.3.1 排风罩口的气流运动规律

局部排风罩口气流运动方式有两种：一种是吸气口气流的吸入流动，一种是吹气口气流的吹出流动。

1. 吸气口气流运动规律

一个敞开的管口是最简单的吸气口，当吸气口吸气时，在吸气口附近形成负压，周围空气从四面八方流向吸气口，形成吸入气流或汇流。当吸气口面积较小时，可视为"点汇"。形成以吸气口为中心的径向线和以吸气口为球心的等速球面，如图4-3a所示。

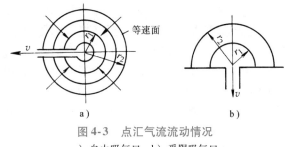

图4-3 点汇气流流动情况
a) 自由吸气口 b) 受限吸气口

根据流体力学，位于自由空间的"点汇"吸气口的吸气量为

$$q_V = 4\pi r_1^2 v_1 = 4\pi r_2^2 v_2 \tag{4-1}$$

式中 q_V——气体流量（m^3/s）；

v_1、v_2——球面1和球面2上的气流速度（m/s）；

r_1、r_2——球面1和球面2的半径。

$$v_1/v_2 = (r_2/r_1)^2 \tag{4-2}$$

由式（4-2）可见，"点汇"外某一点的流速与该点至吸气口距离的平方成反比。因此，设计排风罩时，罩口应尽量靠近污染源，以提高捕集效率。

若在吸气口的四周加上挡板，如图4-3b所示，吸气范围减少一半，其等速面为半球面，则吸气口的排风量为

$$q_V = 2\pi r_1^2 v_1 = 2\pi r_2^2 v_2 \tag{4-3}$$

比较式（4-1）和式（4-3）可以看出，在同样距离上造成同样的吸气速度时，吸气口不设挡板的吸气量比加设挡板时大1倍。因此，在设计外部吸气罩时，应尽量减少吸气范围，以便增强控制效果。

实际上，吸气口有一定大小，不能看作一个点，气体流动具有阻力，形成吸气区气体流动的等速面不是球面而是椭球面。根据试验数据，绘制了吸气区内气流流线和速度分布，直观地表现了吸气速度和相对距离的关系，如图4-4、图4-5及图4-6所示。因此，在设计时，不能把"点汇"吸气口的流动规律直接应用于排风罩的计算。为了解决实际问题，国内外很多人对各种形状的吸气口流场进行了大量的试验研究。

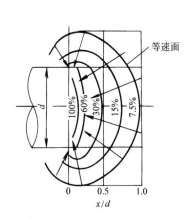

图4-4 四周无法兰边圆形吸气口的速度分布图

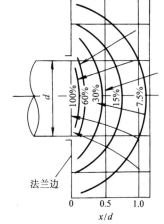

图4-5 四周有法兰边圆形吸气口的速度分布图

图 4-4 和图 4-5 是通过试验得到的四周无法兰边和有法兰边的圆形吸气口速度分布图。图中横坐标是相对距离 x/d，这里 x 为某一点至吸气口的距离，d 为吸气口的直径；等速面的速度则以罩面速度的百分值表示。图 4-6 绘出了宽长比为 1:2 的矩形吸气口吸入气流的等速线，图中数值表示中心轴离吸气口的距离以及在该点气流速度与吸气口流速 v_0 的百分比。根据试验结果，吸气口气流速度分布具有以下特点：

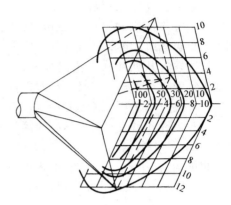

图 4-6 宽长比为 1:2 的矩形吸气口的速度分布图

1）吸气口附近的等速面近似与吸气口平行，随着离吸气口距离 x 的增大，逐渐变成椭圆面，而在 1 倍吸气口直径 d 处已接近为球面。因此，当 $x/d > 1$ 时可近似当作点汇，吸气量 q_V 可按式（4-1）、式（4-3）计算。当 $x/d = 1$ 时，该点气流速度已大约降至吸气口流速的 7.5%，如图 4-4 所示。当 $x/d < 1$ 时，该点速度根据实际测得的气流速度衰减公式计算。

2）对于结构一定的吸气口，不论吸气口风速大小如何，其等速面形状大致相同。而吸气口结构形式不同，其气流衰减规律则不同。

2. 吹出气流运动规律

空气从孔口吹出，在空间形成一股气流称为吹出气流或射流。根据空间界壁对射流的约束条件，射流可分为自由射流（吹向无限空间）和受限射流（吹向有限空间）；按射流内部温度的变化情况，可分为等温射流和非等温射流。在设计热设备上方集气吸尘罩和吹吸式集气吸尘罩时，均要应用空气射流的基本理论。

等温圆射流是自由射流中的常见流型，其结构如图 4-7 所示。圆锥的顶点称为极点，圆锥的半顶角 α 称为射流的扩散角。射流内的轴线速度保持不变并等于吹出速度 v_0 的一段，称为射流核心段（图 4-7 的 AOD 锥体）。由吹气口至核心被冲散的这一段称为射流起始段。以起始段的端点 O 为顶点，吹气口为底边的锥体中，射流的基本性质（速度、温度、浓度等）保持其原有特性。射流核心消失的断面 BOE 称为过渡断面。

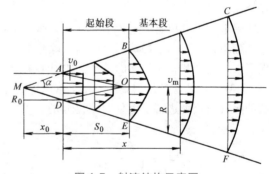

图 4-7 射流结构示意图

过渡断面以后称为射流基本段，射流起始段是比较短的，在工程设计中实际意义不大。在集气吸尘罩设计中常用到的等温圆射流和扁射流基本段的参数计算公式见表 4-1。

表 4-1 等温圆射流和扁射流基本段参数计算公式

参数名称	符 号	圆 射 流	扁 射 流	公式编号
扩散角	α	$\tan\alpha = 3.4a$	$\tan\alpha = 2.44a$	式（4-4）
起始段长度	S_0/m	$S_0 = 7.0b_0$		式（4-5）
轴心速度	$v_\mathrm{m}/(\mathrm{m/s})$	$\dfrac{v_\mathrm{m}}{v_0} = \dfrac{0.996}{\dfrac{ax}{R_0} + 0.294}$	$\dfrac{v_\mathrm{m}}{v_0} = \dfrac{1.2}{\sqrt{\dfrac{ax}{b_0} + 0.41}}$	式（4-6）

（续）

参数名称	符号	圆射流	扁射流	公式编号
断面流量	$q_{V_x}/(\text{m}^3/\text{s})$	$\dfrac{q_{V_x}}{q_{V_0}} = 2.2\left(\dfrac{ax}{R_0} + 0.294\right)$	$\dfrac{q_{V_x}}{q_{V_0}} = 1.2\sqrt{\dfrac{ax}{R_0} + 0.294}$	式(4-7)
断面平均速度	$v_x/(\text{m/s})$	$\dfrac{v_x}{v_0} = \dfrac{0.1915}{\dfrac{ax}{R_0} + 0.294}$	$\dfrac{v_x}{v_0} = \dfrac{0.492}{\sqrt{\dfrac{ax}{b_0} + 0.41}}$	式(4-8)
射流半径或半高度	R_b/m	$\dfrac{R}{R_0} = 1 + 3.4\dfrac{ax}{R_0}$	$\dfrac{b}{b_0} = 1 + 2.44\dfrac{ax}{b_0}$	式(4-9)

注：表中 a 为射流湍流系数，圆射流 $a = 0.08$，扁射流 $a = 0.11 \sim 0.12$；R_0 为圆形吹气口的半径；b_0 为扁矩形吹气口半高度；表中各符号下标 0 表示吹气口处起始段的有关参数；下标 x 表示离吹气口距离 x 处断面上的有关参数。

等温自由射流一般具有以下特征：

1）由于湍流动量交换，射流边缘有卷吸周围空气的作用，所以射流速度逐渐下降，射流断面不断扩大，其扩散角 α 约为 $15° \sim 20°$。

2）与吸气口气流运动规律比较，吹出气流的能量密集度高，速度衰减慢。

3）射流各断面动量相等。

3. 吹吸气流

可以发挥吹、吸气流的特点，把二者结合起来使用。图 4-8 所示是三种基本的吹吸气流形式。图中 H 表示吹气口和吸气口的距离；D_1、D_3、F_1、F_3 分别表示吹气口、吸气口的大小尺寸及其法兰边宽度；q_{V1}、q_{V2}、q_{V3} 分别表示吹气口的吹气量、吸入的室内空气量和吸气口的总排风量；v_1、v_3 分别为吹气口和吸气口的气流速度。吹吸气流是组合而成的合成气流，其流动状况随吹气口和吸气口的尺寸比（H/D_1、D_3/D_1、F_3/D_1、$\cdots$）以及流量比（q_{V2}/q_{V1}、q_{V3}/q_{V1}）变化而变化。图 4-8a、b、c 分别是倒三角形、正三角形和柱形，受力后，图 4-8a 立即倒下，图 4-8b、c 则难以推倒。吹吸气流的情况亦完全相同，吹气口宽度大，抵抗以箭头表示的侧风、侧压的能力就大。所以现在已把 $H/D_1 < 30$ 定为吹吸式集气罩的设计基准值。

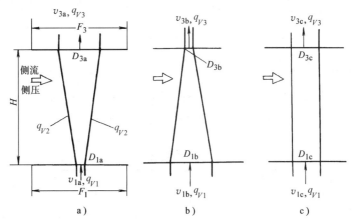

图 4-8　吹吸气流的形状

a）倒三角形　b）正三角形　c）柱形

注：1. $H/D_1 < 30$，一般 $2 < H/D_1 < 15$。

2. v_1、v_3 越小越好，但是建议 $v_1 > 0.2\text{m/s}$。

3. 采用经济设计，使 q_{V3} 或（$q_{V1} + q_{V3}$）最小。

4.3.2　排风罩排风量计算方法

排风量是排风罩设计的一个重要参数，排风罩的形式确定后，必须确定捕集污染源散发的有害物所需要的排风量。这里仅介绍目前最常用的排风罩风量计算方法之一，即风速控制法。

风速控制法认为，当排风罩抽吸时，为保证有害物全部吸入罩内，必须在距离吸气口最远的有害物散发点（控制点）上造成适当的空气流动，如图4-9所示。控制点的空气运动速度称为控制风速（也称吸捕风速），也就是指正好克服该有害物散发源散发有害物的扩散力再加上适当的安全系数的风速。只有当排风罩在该有害物散发源点造成的风速大于控制风速时，才能使有害物吸入罩内。控制风速与有害物散发源的性质以及周围气流的状况有关，一般通过试验测得。如果缺乏现场实测的数据，设计时可参考表4-2和表4-3来确定。

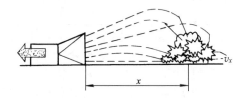

图4-9　控制风速与控制点

表4-2　控制风速 v_x

有害物散发情况	最小控制风速 /(m/s)	举　例
以轻微速度散发到相当平静的空气环境	0.25～0.5	槽内液体的散发，气体或烟从敞口容器外逸
以较低的初速度散发到较平静的空气环境	0.5～1.0	喷漆室内喷漆、断续地往容器中倾倒有尘屑的干物料、焊接、低速带输送
以相当高的速度散发出来，或是散发到空气运动迅速的区域	1.0～2.5	小喷漆室内高压喷漆、快速装袋或装桶、往带式输送机上给料、破碎机破碎
以高速散发出来，或是散发到空气运动很迅速的区域	2.5～10	磨床加工、重破碎机破碎、喷砂、清理滚筒、热落砂机落砂

表4-3　控制风速上、下限

范围下限	范围上限
室内空气流动小或有利于捕捉	室内有扰动气流
有害物毒性低	有害物毒性高
间歇生产，产量低	连续生产，产量高
大罩子大风量	小罩子局部控制

由于室外空气的流入、工人的走动、机器的运转等因素使车间内产生一股干扰气流，从而影响对有害物的吸捕作用，因此，在有干扰气流时，从上述表中选取的控制风速应相应增加，其增加值可根据表4-4来确定。

表4-4　干扰气流的影响

干扰气流的影响	控制风速的增加值/(m/s)
微弱（0～0.2m/s）	0.2
弱（0.2～0.3m/s）	0.3
一般（0.3～0.4m/s）	0.5
强（0.4～0.6m/s）	1.0

控制风速是影响捕有害物效果和系统经济性的重要参数。控制风速选得过小，有害物不能吸入罩内，而污染周围空气。选得过大，必然增大排风量，从而使系统负荷和设备均要增加。

采用控制风速法计算排风罩排风量，首先要确定防止距离罩口 x 处有害物散发源扩散所需

要的控制风速 v_x 的大小,然后根据试验求得的排风罩口速度分布曲线找出控制风速 v_x 与罩口平均风速 v_0 的关系式,求得排风罩捕集粉尘所需要的罩口平均风速 v_0,再用式(4-10)计算出排风量

$$q_V = v_0 F \qquad (4-10)$$

式中 q_V——吸气口的排风量（m^3/s）;

    F——吸气口的面积（m^2）。

4.4 密闭罩

4.4.1 工作原理

密闭罩的工作原理是把有害物源密闭起来,割断生产过程中造成的一次尘化气流和室内二次气流的联系,再利用抽风在罩内造成一定的负压,保证在一些操作孔、观察孔或缝隙处从外向里进风,防止粉尘等有害物向外逸出（图4-10）。设计正确、密闭良好的密闭罩,用较小的排风量就能获得良好的效果。

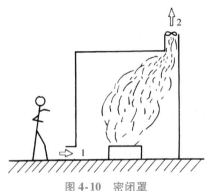

图 4-10 密闭罩

4.4.2 密闭罩的基本形式

密闭罩随工艺设备及其配置的不同,形式多样,按照它与工艺设备的配置关系,可分为三类。

（1）局部密闭罩 将设备产尘和有害物地点局部密闭,工艺设备露在外面的密闭罩。其容积较小,适用于产尘气流速度小,瞬时增压不大,且集中、连续扬尘和有害物的地点,如带式输送机落料点、磨削机的落料口等,如图4-11所示。

（2）整体密闭罩 将产生粉尘和有害物的设备或地点大部分密闭,设备的传动部分留在外面的密闭罩。其特点是密闭罩本身为独立整体,易于密闭。通过罩上的观察孔可对设备进行监视,设备传动部分的维修,可在罩外进行。这种密闭方式适用于具有振动的设备或产尘气流速度较大的产尘地点,如振动筛等,如图4-12所示。

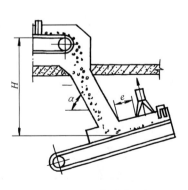

图 4-11 局部密闭罩

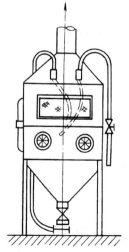

图 4-12 整体密闭罩

（3）大容积密闭罩 将产生粉尘和有害物的设备或地点进行全部封闭的密闭罩。它的特点是罩内容积大，可以缓冲含尘气流，减小局部正压。通过罩上的观察孔能监视设备的运行，维修设备可在罩内进行。这种密闭方式适用于多点产尘、阵发性产尘和产尘气流速度大的设备或地点，如多交料点的带式输送机转运点等，如图4-13所示。

在确定密闭罩的形式时，还应考虑物料温度的影响。因为，处理热物料时，罩内会形成热压。而密闭罩的气流运动状况则取决于物料运动的机械力和热压两个因素。因此，在设计密闭罩时，应充分考虑气流运动特性，合理设计密闭罩。

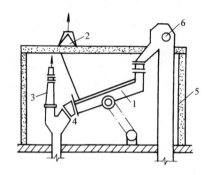

图4-13 大容积密闭罩
1—振动筛 2—小室排风口 3—排风口
4—卸料口 5—密闭小室 6—提升机

4.4.3 影响密闭罩性能的因素

1. 密闭罩上排风口的位置

确定密闭罩排风口的位置时，要能控制有害物气流不从密闭罩逸出，同时还要避免把过多的物料或粉尘吸入通风系统，增加除尘器的负担。排风口应避免设在含尘气流浓度高的部位或飞溅区域。如图4-11所示，对于带式输送机落料点的抽风口，离溜槽边缘的距离为槽宽的0.15~1.5倍，但最小不应小于300~600mm，抽风口离带面不小于带宽的0.4~0.6倍。

抽风口尽可能离密闭罩上的敞开口远些，防止气流短路。对于大型或形状特殊的密闭罩，为保持负压均匀和降低罩口风速，在密闭罩上可设两个或两个以上的排风口。输送热物料时，排风口应设在密闭罩顶部。为使罩内气流均匀，一般应从排风口向风管接口逐渐收缩，其收缩角尽量不大于60°。

防尘密闭罩的形式各不相同，排风口位置应根据工艺情况、生产设备的结构和特点、含尘气流的运动规律来确定。排风点应设置在罩内压力最高的部位，以利于消除正压。罩口风速应当选得合理，不宜过高，通常可按表4-5中的数据确定。

表4-5 密闭罩罩口风速

物料或粉尘类型	罩口风速/（m/s）
筛落的极细粉尘	0.4~0.6
粉碎或磨碎的细粉	<2
粗颗粒物料	<3

密闭罩内的负压值，选择也要合理，不宜过高，可按表4-6确定。

表4-6 密闭罩内的适当负压值　　　　　　　　　　（单位：Pa）

物料种类	单层围罩的密闭罩	双重围罩的密闭罩
块状	10~12	6~8
粒状	9~10	6~8
粉末状		5~6

2. 密闭罩的容积

密闭罩应有足够大的容积，以避免粉尘飞溅。如图 4-14a 所示，虽然设备用密闭罩罩住并进行抽风，但当向设备（如料库）中放料时，由于飞溅作用，含尘气流会高速冲击罩壁，这时罩内的负压有可能控制不住含尘气流，会使之从罩的缝隙中逸出。在这种情况下，除非再加大抽风量，但这样会使局部排风系统其他部件的荷载也随之加大，技术经济不够合理。这时可采用加大密闭罩容积的办法，使得含尘气流在反冲到侧壁的缝隙前，速度衰减到最小，从而使密闭罩内的负压足以控制含尘气流，不致逸出，如图 4-14b 所示。

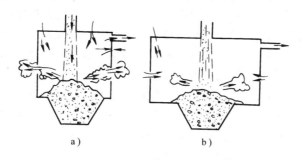

图 4-14　密闭罩

a）放物料时粉尘从密闭罩逸出　b）适当加大密闭罩的容积避免粉尘逸出

4.4.4　密闭罩计算

1. 按空气平衡原理计算

密闭罩的排风量一般由两部分组成，一部分是由运动物料带入罩内的诱导空气量（如物料输送）或工艺设备供给的空气量（如有鼓风装置的混砂机），另一部分是为了消除罩内正压并保持一定负压，所需经孔口或不严密缝隙吸入的空气量，即

$$q_V = q_{V1} + q_{V2} \qquad (4-11)$$

式中　　q_V——防尘密闭罩排风量（m^3/s）；

　　　　q_{V1}——物料或工艺设备带入罩内的空气量（m^3/s）；

　　　　q_{V2}——由孔口或不严密缝隙吸入的空气量（m^3/s）。

对于不同的生产设备，它们的工作特点、所用密闭罩的结构形式和密闭情况以及尘化气流的运动规律并不相同，甚至大相径庭，因此，很难用某一个统一公式计算得到 q_{V1} 和 q_{V2}。在设计计算时可参考有关手册。

2. 按截面风速计算

此法常用于大容积密闭罩的风量计算。一般吸气口设在密闭室的上口部，其计算式如下

$$q_V = 3600Av \qquad (4-12)$$

式中　　q_V——所需排风量（m^3/h）；

　　　　A——密闭罩截面积（m^2）；

　　　　v——垂直于密闭罩面的平均风速（m/s），一般取 $0.25 \sim 0.5 m/s$。

3. 按换气次数计算法计算排风量

该方法计算较简单，关键是换气次数的确定。换气次数的多少视有害物质的浓度、罩内工作情况（能见度等）而定，一般有能见度要求时换气次数应增多，否则可小些。其计算式如下

$$q_V = 60nV \qquad (4-13)$$

式中 q_V——排风量（m^3/h）；

　　　n——换气次数（次/min），当 $V>20m^3$ 时，取 $n=7$；

　　　V——密闭罩容积（m^3）。

4.4.5 密闭罩的应用及设计

密闭罩在工业生产活动中有很多的应用，应与工艺结合起来考虑。如在翻车机室的除尘，一般来说，钢铁厂的翻车机为转筒式翻车机，主要用于铁路卸料。翻车机在卸料时，会产生大量的粉尘，弥漫在翻车机室内外，需要采取有效的粉尘捕集措施来保障操作者的身体健康。在这种情况下，可对翻车机翻车平台至物料下落筛间、翻车机平台以上等两个部分进行围封，而对翻车平台地下部分采用钢结构进行围封，同时对拔车机侧进行气幕封闭。实践表明，采用这种方式的防尘密闭罩后操作岗位的粉尘浓度可达到国家标准。

又如用于电炉烟气防尘的移动密闭罩，该装置包括了左右密闭罩、密封板，在电炉冶炼而密闭罩打开时，其上部之间能通过密封板形成密闭的空间，防止烟气涌出，保证了废气在可控范围内被顺利抽走。此外，还有适用于高炉出铁口烟尘捕集的高炉出铁口升降密闭罩。总之，密闭罩的形式非常之多，要根据不影响工艺的原则来进行设计。

4.5 柜式排风罩

柜式排风罩（又称通风柜）是密闭罩的一种特殊形式，散发有害物的工艺装置（如化学反应装置、热处理设备、小零件喷漆设备等）置于柜内，操作过程完全在柜内进行。排风罩上一般设有可开闭的操作孔和观察孔。为了防止由于罩内机械设备的扰动、化学反应或热源的热压以及室内横向气流的干扰等原因引起的有害物逸出，必须对柜式排风罩进行抽风，使罩内形成负压。

4.5.1 柜式排风罩的形式

根据排风形式来分，柜式排风罩通常有以下三种形式：

（1）下部排风柜式罩　当通风柜内无发热体，且产生的有害气体密度比空气密度大时，可选用下部排风通风柜（图4-15）。

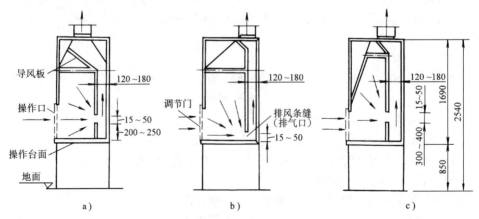

图4-15　下部排风通风柜

（2）上部排风柜式罩　当通风柜内产生的有害气体密度比空气密度小，或通风柜内有发热体时，可选用上部排风通风柜（图4-16）。

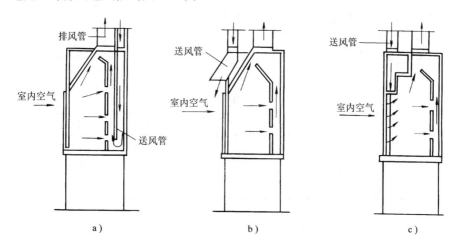

图 4-16　上部排风通风柜

（3）上、下联合排风柜式罩　当通风柜内既有发热体，又产生密度大小不等的有害气体时，可选用上、下联合排风柜。上、下联合排风柜具有使用灵活的特点，但其结构较复杂。图4-17a所示的通风柜，具有上、下排风口，采用固定导风板，使1/3的风量由上部排风口排走，2/3的风量由下部排风口排走。图4-17b所示的通风柜，具有固定的导风板，上部设有风量调节板，根据需要可调节上、下比例。图4-17c所示的通风柜，具有固定的导风板，有三条排风狭缝，上、中、下各1条，各自设有风量调节板，可按不同的工艺操作情况进行调节，并使操作口风速保持均匀。一般各排风条缝口的最大开启面积相等，且为柜后垂直风道截面积的一半。排风条缝口处的风速一般取 5~7.5m/s。

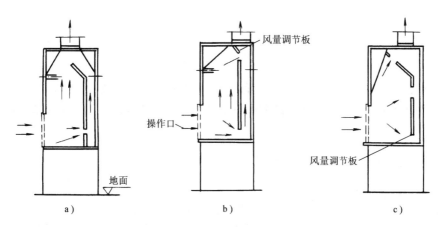

图 4-17　上、下联合排风通风柜

4.5.2　柜式排风罩排风量的计算

通风柜的工作原理与密闭罩相同，其排风量可按下式计算

$$q_V = q_{V1} + \beta v F \tag{4-14}$$

式中　q_{v1}——柜内污染气体的发生量（m^3/s）；

　　　v——工作孔上的控制风速（m/s）；

　　　F——工作孔、观察孔及其他缝隙的总面积（m^2）；

　　　β——安全系数，一般取 $\beta = 1.05 \sim 1.10$。

工作孔上的控制（吸入）速度大致在 $0.25 \sim 0.75m/s$ 范围内，可按附录3或参考表4-7选用。

表4-7　通风柜的控制风速

有害物性质	控制风速/（m/s）
无毒有害物	$0.25 \sim 0.375$
有毒或有危险的有害物	$0.4 \sim 0.5$
极毒或少量放射性有害物	$0.5 \sim 0.6$

4.5.3　柜式排风罩设计的注意事项

1）柜式排风罩排风效果与工作口截面上风速的均匀性有关，设计要求柜口风速不小于平均风速的80%。当通风柜只开启一面工作孔时，在室内各种进风方式和柜内抽风方式下，工作口风速分布较同一抽风量开启两面工作口时均匀。因此，在不影响操作的前提下，为了使通风柜有较好的效果，以开启一面工作口进行操作作为宜。

2）柜式排风罩安装活动拉门，但不得使拉门将孔口完全关闭。

3）柜式排风罩一般设在车间内或试验室内，罩口气流容易受到环境的干扰，其排风量通常按推荐入口速度计算出的排风量，再乘以1.1的安全系数来进行取值。

4）柜式排风罩不宜设在接近门窗或其他进风口处，以避免进风气流的干扰。当不可能设置单独排风系统时，每个系统连接的柜式排风罩不应过多。最好单独设置排风系统，避免互相影响。

4.6　外部吸气罩

当有害物源不能密闭或围挡起来时，可以设置外部吸气罩，它是利用罩口的吸气作用将距吸气口一定距离的有害物吸入罩内。外部吸气罩结构简单，制造方便，可分为侧吸式和上吸式两类。

4.6.1　外部吸气罩排风量的计算

1. 侧吸式吸气罩排风量

实际的罩口具有一定的面积，为了了解吸气的气流流动规律，可以假想罩口为一个吸气点，即点汇吸气口，然后推广到实际罩口（圆形或矩形）的吸气气流流动规律。根据这些规律，采用控制风速法就可以确定侧吸罩的排风量。

不同长宽比的矩形、条缝形吸气罩口，在有边、无边、自由或受限情况下的吸气罩口平均风速 v_0 与罩外某点处控制风速的 v_x 数学表达式为

$$v_0 = \varphi(x, F, v_x) \tag{4-15}$$

即罩口平均风速 v_0 是"控制点"至罩口距离 x、罩口面积 F 及"控制点"控制风速 v_x 的函数。

根据不同形式侧吸罩罩口平均风速 v_0 与 "控制点" 控制风速的关系式，利用式（4-10）就可计算排风量。表 4-8 所列为不同结构形式外部吸气罩排风量计算公式。

表 4-8 各种外部吸气罩排风量计算公式

名　称	集气吸尘罩形式	罩口边比	排风量计算公式	公式编号
自由悬挂，无法兰边或挡板	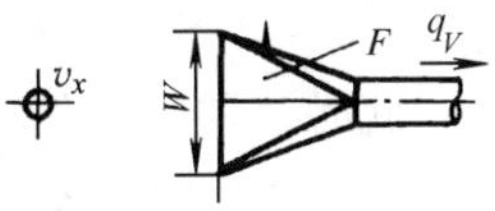	≥0.2（或圆形）	$q_V = (10x^2 + F)v_x$	式（4-16）
自由悬挂，有法兰边或挡板	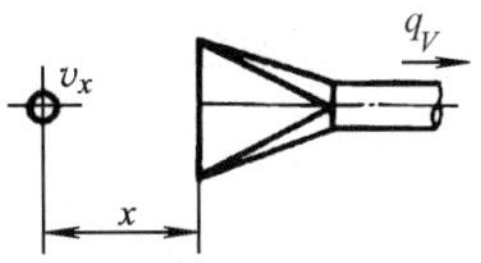	≥0.2（或圆形）	$q_V = 0.75(10x^2 + F)v_x$	式（4-17）
工作台上侧吸罩，无法兰边或挡板	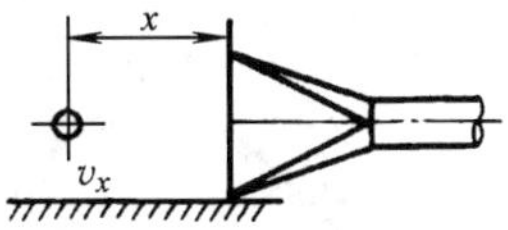	≥0.2	$q_V = (5x^2 + F)v_x$	式（4-18）
工作台上侧吸罩，有法兰边或挡板	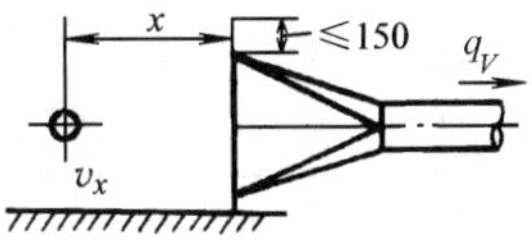	≥0.2	$q_V = 0.75(5x^2 + F)v_x$	式（4-19）
自由悬挂，无法兰边或挡板的条缝口	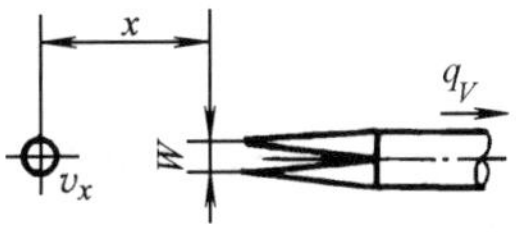	<0.2	$q_V = 3.7lxv_x$	式（4-20）
工作台上无边板的条缝口	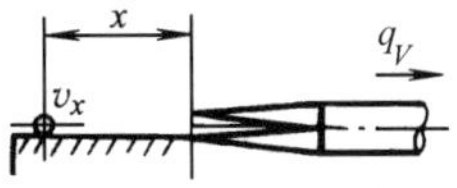	<0.2	$q_V = 2.8lxv_x$	式（4-21）
工作台上有边板的条缝口	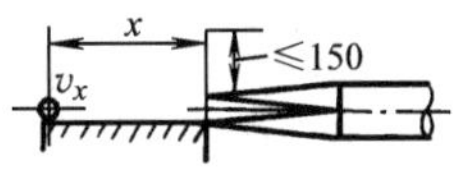	<0.2	$q_V = 2lxv_x$	式（4-22）

注：W 为罩口宽度（m）；l 为罩口长度（m）。

【例 4-1】 在一喷漆工作台旁安装一自由悬挂圆形侧吸罩。罩口直径为 $D_0 = 0.5\text{m}$。工作时有气流的干扰，最不利点距罩的距离为 $x = 1.7\text{m}$。求罩口有边板及无边板时的排风量。

【解】 查表 4-8 取 $v_x = 0.5\text{m/s}$

无边板时

$$q_V = (10x^2 + F)v_x = \left[\left(10 \times 1.7^2 + \frac{\pi \times 0.5^2}{4}\right) \times 0.5\right]\text{m}^3/\text{s} = 14.5\text{m}^3/\text{s}$$

有边板时

$$q_V = 0.75(10x^2 + F)v_x = (0.75 \times 14.55)\,\mathrm{m^3/s} = 10.9\,\mathrm{m^3/s}$$

加边板后节约排风量1/4。

2. 上吸式吸气罩排风量

由于上吸式吸气罩的形状大都和伞相似，所以这类罩简称伞形罩。

伞形罩通常设在工艺设备上方，罩面与发生源的距离视有害物的特性和工艺操作条件而定。

当发生源只产生有害物而发热量不大时，为冷过程，此时，伞形罩在发生源最不利的有害物散发点处，造成一定的上升风速，将有害气体吸入罩内。当发生源散发有害物且散热量较大时，为热过程，此时，伞形罩将热诱导气流量"接受"并全部排走。所以，伞形罩有冷过程伞形罩与热过程伞形罩之分。热过程伞形罩作为一种接受罩，后面将详细介绍，这里只介绍冷过程伞形罩排风量的计算。

（1）按发生源工作面边缘点控制风速计算　由于上吸式吸气罩设在工艺设备上方，受设备的限制，气流只能从侧面流入罩内，如图4-18所示。其排风量 $q_V(\mathrm{m^3/s})$ 可按下式确定

$$q_V = KPHv_x \tag{4-23}$$

式中　P——罩口周长（m）；

　　　　H——罩口至污染源的距离（m）；

　　　　v_x——敞口流速（m/s），可在 0.25～2.5m/s 范围内选用；

　　　　K——考虑沿高度流速不均匀的安全系数，通常取 $K = 1.4$。

在工艺操作条件允许时，应尽可能减少敞开面积，做成三面敞开，两面敞开，甚至一面敞开，相应的计算公式为

两面敞开时

$$q_V = (a + b)Hv_x \tag{4-24}$$

一面敞开时

$$q_V = aHv_x \tag{4-25}$$

或

$$q_V = bHv_x \tag{4-26}$$

式中　a——污染源长（m）；

　　　　b——污染源宽（m）。

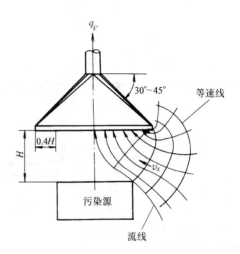

图 4-18　冷过程上吸式吸气罩

【例4-2】　为排除浸漆槽散发的有机溶剂蒸气，在槽上方设吸气罩，已知槽面尺寸为 0.6m×1.0m，罩口至槽面距离为 0.4m，罩的一个长边设置固定挡板。计算吸气罩的排风量。

【解】　根据表4-2和表4-3，取 $v_x = (0.5 + 0.1)\,\mathrm{m/s} = 0.6\,\mathrm{m/s}$，确定罩口尺寸

$$长边\ A = a + 2 \times 0.4H = (1 + 0.8 \times 0.4)\,\mathrm{m} = 1.32\,\mathrm{m}$$

$$短边\ B = b + 2 \times 0.4H = (0.6 + 0.8 \times 0.4)\,\mathrm{m} = 0.92\,\mathrm{m}$$

罩口固定一边挡板，故罩口周长为

$$P = (1.32 + 0.92 \times 2)\,\mathrm{m} = 3.16\,\mathrm{m}$$

由式 (4-23)，罩口排风量为

$$q_V = KPHv_x = (1.4 \times 3.16 \times 0.4 \times 0.6) \, \text{m}^3/\text{s} = 1.06 \text{m}^3/\text{s}$$

除了上述 Dall Valle 公式外，还有其他的计算排风量的公式。中国医学科学院卫生研究所在罩口尺寸等于污染源水平投影尺寸的装置上进行了大量的试验，整理得到的计算公式是

对于圆形罩
$$\frac{v_0}{v_x} = 7.2 \left(\frac{H}{\sqrt{F}} \right)^{1.18} \tag{4-27}$$

对于矩形罩
$$\frac{v_0}{v_x} = 8.7(n)^{-0.22} \left(\frac{H}{\sqrt{F}} \right)^{1.18} \tag{4-28}$$

式中　n——罩口短边与长边之比；

　　　F——罩口面积。

在求得罩口平均风速 v_0 后，可按式 (4-10) 计算排风量。

(2) 按罩口平均风速计算　用此方法确定伞形罩排风量，其计算式与式 (4-10) 相同，罩口平均风速 v_0 可根据罩口的围挡程度采用下列数值。

1) 罩口一面敞开 (即三面围挡) 时，v_0 取 $0.50 \sim 0.75 \text{m/s}$。

2) 罩口两面敞开 (即两面围挡) 时，v_0 取 $0.75 \sim 0.90 \text{m/s}$。

3) 罩口三面敞开 (即一面围挡) 时，v_0 取 $0.90 \sim 1.05 \text{m/s}$。

4) 罩口四面敞开 (即无围挡) 时，v_0 取 $1.05 \sim 1.25 \text{m/s}$。

用该方法计算时，伞形罩罩口面积比发生源设备面积大。

1) 矩形罩口面积
$$F = AB$$
$$A = a + 0.8H \tag{4-29}$$
$$B = b + 0.8H \tag{4-30}$$

式中　A、B——矩形罩口两边长度 (m)；

　　　a、b——设备平面两边长度 (m)；

　　　H——罩口离设备面的高度 (m)。

2) 圆形罩口面积
$$F = \frac{1}{4} \pi D^2 \tag{4-31}$$
$$D = d + 0.8H \tag{4-32}$$

式中　D——圆形罩口直径 (m)；

　　　d——设备平面直径 (m)。

【例4-3】　条件与例 4-2 相同，按罩口平均风速方法计算：可取 $v_0 = 0.95 \text{m/s}$，则罩口排风量为

$$q_V = v_0 F = v_0 AB = (0.95 \times 1.32 \times 0.92) \, \text{m}^3/\text{s} = 1.15 \text{m}^3/\text{s}$$

可见，两种计算吸气罩吸气量方法的计算结果近似。

4.6.2　外部吸气罩设计应注意的事项

1) 设计伞形罩时，应考虑工艺设备的安装高度，在不妨碍工艺操作的前提下，罩口应尽可能靠近污染物发生源。

2) 尽可能避免室内横向气流干扰，必要时也可采取围挡、回转、升降及其他改进措施。

3) 在吸气罩口四周增设法兰边，可使排风量减少。在一般情况下，法兰边宽度为150~200mm。

4）外部吸气罩的扩张角 α 对罩口的速度分布及罩内压力损失有较大影响。表4-9是在不同角度 α 下（v_c/v_0）的变化，v_c 是罩口的中心速度，v_0 是罩口的平均速度。可以看出，在 $\alpha = 30° \sim 60°$ 时，压力损失较小。设计外部吸气罩时，其扩张角 α 应小于（或等于）$60°$。

表4-9 不同角度 α 下的速度比

$\alpha/(°)$	v_c/v_0	$\alpha/(°)$	v_c/v_0
30	1.07	60	1.33
40	1.13	90	2.0

5）当罩口尺寸较大，难以满足上述要求时，应采取其他适当的措施来确保吸气罩效果。例如，把一个大吸气罩分隔成若干个小吸气罩；在罩内设挡板；在罩口上设条缝口，要求条缝口处风速在10m/s以上，而静压箱内风速不超过条缝风速的1/2；在罩口设气流分布板。

4.7 热源上部接受式排风罩

在有些工业车间内，污染源不仅散发粉尘和有害气体，同时还散发大量的余热。对流作用使得部分热量被传给了空气，从而使空气受热而产生一股上升气流（即热射流）。有些生产工艺过程本身也散发大量的热气流，例如平炉、化铁炉的加热过程，沥青熔化锅上部产生热沥青烟气等。热过程排风罩，应能将这两部分热气流全部捕集排走。热过程排风罩不同于冷过程排风罩，其排风量取决于它所接受的热气流大小，不存在控制风速的问题。

4.7.1 热射流及其计算

试验发现，热源设备产生的热气流在上升过程中，由于热诱导作用，沿途不断卷吸周围空气，使热气流体积不断增大，气流断面也随之扩大，如图4-19所示。因此，设计热过程伞形排风罩的关键是计算诱导上升的气流流量及上升气流在不同高度上的横截面大小。

对于生产工艺本身散发的热射流（如热烟气），其热射流流量一般需通过实测确定。而对于高温设备表面对流散热形成的热射流，其流量可根据热设备表面的对流散热量推算，其计算式为

$$q_{V0} = 0.381 (QhA_p^2)^{\frac{1}{3}} \qquad (4\text{-}33)$$

式中 q_{V0}——热射流流量（m^3/s）；

Q——对流散热量（kJ/s）；

h——热源定性尺寸（m）；

A_p——在热源顶部热射流的横断面积（m^2）。

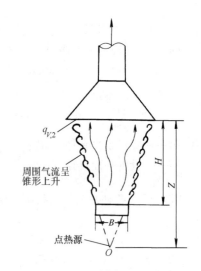

图4-19 热源上部的接受式排风罩

式（4-33）中的定性尺寸 h，对于垂直热表面，是指其高度；对水平圆柱体，是指直径；对于水平面，则是该平面水平投影的短边尺寸。式中的 A_p，对于水平圆柱体，是圆柱体长度和直径的乘积；对于水平面，是指该平面的面积；对于垂直面，是指热源顶部热射流的横断面积；此时，热气流厚度沿垂直面上升不断扩大，气流边界与垂直面夹角为5°左右。

对流散热量 Q 按下式计算

$$Q = \alpha F \Delta t \tag{4-34}$$

式中　F——热源的对流散热面积（m^2）；

　　　Δt——热源表面与周围空气的温度差（℃）；

　　　α——表面传热系数[$kJ/(m^2 \cdot s \cdot ℃)$]。

表面传热系数由下式计算

$$\alpha = A\Delta t^{1/3} \tag{4-35}$$

式中　A——系数，对于水平散热面，$A = 1.7 \times 10^{-3}$；对于垂直散热面，$A = 1.13 \times 10^{-3}$。

热射流在上升过程中，由于周围空气的卷入，流量和横断面积不断增大。计算和实测表明，当热射流上升高度 $H < 1.5\sqrt{A_p}$（或 $H \leqslant 1m$ 时），由于上升高度不大，卷入的周围空气量少，在此范围内，热射流的流量和横断面积基本不变。随着热射流上升高度的增加，射流体的直径和总流量显著增大。因此，在 $H > 1.5\sqrt{A_p}$ 时，热射流参数的计算方法与上述的完全不同。

萨顿在研究热源上部热气流的运动规律时，应用了假想点热源的概念。即假想点热源（O点）位于实际热表面以下距离为 Z 处（图4-19）。并在此基础上得出了热源上方不同高度处热射流的截面直径、截面平均流速与气流流量的计算公式。

热射流直径 d_Z（m）

$$d_Z = 0.43Z^{0.88} \tag{4-36}$$

热射流平均流速 v_Z（m/s）

$$v_Z = 0.05Z^{-0.29}Q^{\frac{1}{3}} \tag{4-37}$$

热射流流量 $q_{V,Z}$（m^3/s）

$$q_{V,Z} = 7.26 \times 10^{-3}Z^{1.47}Q^{\frac{1}{3}} \tag{4-38}$$

式中　Q——热源对流散热量（kJ/s）；

　　　Z——假想点热源至计算断面的有效距离（m），由下式计算

$$Z = H + 2B \tag{4-39}$$

式中　H——热源至计算断面的距离（m）；

　　　B——热源水平投影直径或长边尺寸（m）。

在通风技术中，根据接受罩安装高度 H 的不同分为两类，$H \leqslant 1.5\sqrt{A_p}$ 为低悬罩，$H > 1.5\sqrt{A_p}$ 的为高悬罩。

4.7.2　热源上部接受罩排风量的计算

理论上，接受罩的排风量只要等于罩口断面上热射流的流量，接受罩的断面尺寸只要等于其所在断面上热射流的尺寸，就能将此污染气流全部排走。实际上，由于横向气流的影响，热射流可能发生偏斜而溢出罩外。而横向气流的影响与接受罩的安装高度 H 有关，H 越大，其影响越严重。因此，实际使用的接受罩，其罩口尺寸和排风量必须适当加大。

接受罩罩口尺寸按下式确定

低悬圆形罩　　　　　　　　　　$D = d + 0.5H \tag{4-40}$

低悬矩形罩　　　　　　　　　　$A = a + 0.5H \tag{4-41}$

　　　　　　　　　　　　　　　$B = b + 0.5H \tag{4-42}$

式中　D——罩口直径（m）；

A、B——罩口的长和宽（m）；

　　d——热源水平投影直径（m）；

a、b——热源水平投影的长和宽（m）。

高悬罩 $$D = d_z + 0.8H \tag{4-43}$$

低悬罩排风量按下式计算

$$q_v = q_{v0} + v'F' \tag{4-44}$$

式中　q_{v0}——热源上部热射流起始流量（m^3/s），可按式（4-33）计算得到；

　　　v'——罩口扩大面积上空气的吸入速度（m/s），通常取 $v' = 0.5 \sim 0.75\text{m/s}$；

　　　F'——罩口扩大的面积，即罩口面积减去热射流的断面面积（m^2）。

高悬罩排风量按下式计算

$$q_v = q_{V,z} + v'F' \tag{4-45}$$

式中　$q_{V,z}$——罩口所在断面上的热射流流量（m^3/s），按式（4-38）计算。

【例4-4】 一金属熔化炉，已知炉内金属温度为500℃，室内空气温度为20℃，散热面积为 $d = 0.8\text{m}$ 的水平圆面。在熔化炉上方0.6m处安装接受罩，确定其排风量，如因受条件限制，改在炉上方1.1m处安装接受罩，其排风量多大？

【解】 在炉上方0.6m处安装接受罩

$$1.5\sqrt{A_p} = \left[1.5 \times \left(\frac{\pi}{4} \times 0.8^2 \right)^{\frac{1}{2}} \right] \text{m} = 1.063\text{m}$$

因 $H < 1.5\sqrt{A_p}$，该接受罩属低悬罩。

确定热源的对流散热量

$$Q = \alpha F \Delta t = 1.7 \times 10^{-3} \Delta t^{\frac{4}{3}} F$$

$$= \left[1.7 \times 10^{-3} \times (500 - 20)^{\frac{4}{3}} \times \frac{\pi}{4} \times 0.8^2 \right] \text{kJ/s} = 3.21\text{kJ/s}$$

热源顶部的热射流起始流量

$$q_{v0} = 0.381 (QA_p^2 h)^{\frac{1}{3}}$$

$$= 0.381 \times \left[3.21 \times \left(\frac{\pi}{4} \times 0.8^2 \right)^2 \times 0.8 \right]^{\frac{1}{3}} \text{m}^3/\text{s} = 0.33\text{m}^3/\text{s}$$

确定罩口直径 $$D = d + 0.5H = (0.8 + 0.5 \times 0.6)\text{m} = 1.1\text{m}$$

取 $v' = 0.6\text{m/s}$

排风罩排风量

$$q_v = q_{v0} + v'F' = \left[0.33 + 0.6 \times \left(\frac{\pi}{4} \times 1.1^2 - \frac{\pi}{4} \times 0.8^2 \right) \right] \text{m}^3/\text{s}$$

$$= 0.6\text{m}^3/\text{s} = 2160\text{m}^3/\text{h}$$

在炉上方1.1m处装置接受罩时

确定 Z：$Z = H + 2B = (1.1 + 2 \times 0.8)\text{m} = 2.7\text{m}$

确定 d_z：$d_z = 0.43Z^{0.88}\text{m} = 1.03\text{m}$

计算热射流量

$$q_{V,z} = 7.3 \times 10^{-3} Z^{1.47} Q^{\frac{1}{3}}$$

$$= (7.3 \times 10^{-3} \times 2.7^{1.47} \times 3.21^{\frac{1}{3}}) \text{m}^3/\text{s} = 0.046\text{m}^3/\text{s}$$

确定罩口尺寸 $D = d_z + 0.8H = (1.03 + 0.8 \times 1.1)\mathrm{m} = 1.91\mathrm{m}$

确定高悬罩的排风量

$$q_V = q_{V,z} + v'F' = \left[0.046 + 0.6 \times \left(\frac{\pi}{4} \times 1.91^2 - \frac{\pi}{4} \times 1.03^2 \right) \right]\mathrm{m^3/s}$$

$$= (0.046 + 1.219)\,\mathrm{m^3/s} = 1.265\mathrm{m^3/s} = 4554\mathrm{m^3/h}$$

对比高悬罩和低悬罩的计算结果，可以看出高悬罩所需排风量比低悬罩要高得多。因此，在生产实际中，应当尽量避免使用高悬罩。

4.8　槽边排风罩

槽边排风罩是外部排风罩的一种特殊形式，专门用于各种工业槽（如酸洗槽、电镀槽、中和槽、盐浴炉等）。它的特点是不影响工艺操作，有害气体在进入人的呼吸区之前就被槽边上设置的条缝形吸气口抽走。

槽边排风罩分为单侧、双侧、周边形（环形）三种。单侧排风罩适用于槽宽 $B < 500\mathrm{mm}$；双侧适用于 $B > 500\mathrm{mm}$；$B > 1200\mathrm{mm}$ 时，应采用吹吸式排风罩，但在频繁从槽中取出加工件或经常有人在槽两侧工作、槽面有扰乱气流等情况下不宜采用；当槽为圆形时，宜采用环形排风罩，布置形式如图 4-20 所示。

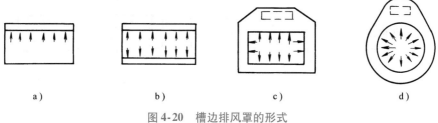

a)　　　　　　b)　　　　　　c)　　　　　　d)

图 4-20　槽边排风罩的形式

a）单侧　b）双侧　c）周边形　d）环形周边形

4.8.1　槽边排风罩的结构形式

槽边排风罩罩口结构有多种形式，目前，常用的有两种，即平口式（图 4-21）和条缝式（图 4-22）。

图 4-21　平口式双侧槽边排风罩

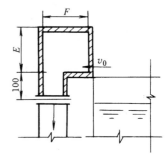

图 4-22　条缝式槽边排风罩

平口式槽边排风罩的吸气口上不设法兰边，其吸气范围会更大。若将平口式槽边排风罩靠墙布置，则同设置法兰边一样，吸气范围由 $3\pi/2$ 减小为 $\pi/2$，如图 4-23 所示，此时的排风量也会相应减小。条缝式槽边排风罩的特点是截面高度 E 较大，$E < 250\text{mm}$ 时称为低截面，$E \geqslant 250\text{mm}$ 时称为高截面。增大截面高度的效果如同在罩口上设置挡板，可减小吸气范围。因此，条缝式的排风量比平口式小。但是，它占用的空间大，对操作有一定影响。条缝式槽边排风罩广泛用在电镀车间的自动生产线上。

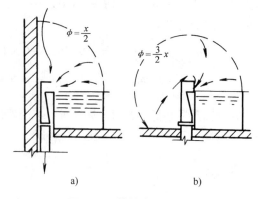

图 4-23 槽的布置形式
a) 靠墙布置　b) 自由布置

条缝式槽边排风罩的条缝口有等高条缝和楔形条缝两种（图 4-24）。等高条缝口上速度分布难以达到均匀，末端风速小，靠近风机的一端风速大。条缝口的速度分布与条缝口面积 f 和排风罩断面积 F_1 之比（f/F_1）有关，f/F_1 越小，速度分布越均匀。$f/F_1 \leqslant 0.3$ 时，可以认为速度分布是均匀的。$f/F_1 > 0.3$ 时，可以采用楔形条缝以使之能均匀排风。但是，楔形条缝制作比较麻烦，因此，有时在 $f/F_1 > 0.3$ 时仍采用等高条缝罩口，这时为了使条缝口速度分布较均匀，可以沿槽的长度方向分设两个排风罩，各自设立排气立管。条缝口上采用较高的风速，一般为 $7 \sim 10\text{m/s}$。排风量大时，上述数值应适当提高。楔形条缝口的高度按表 4-10 确定。

槽边排风罩一般由金属或塑料制作，采用金属时要考虑防腐问题。

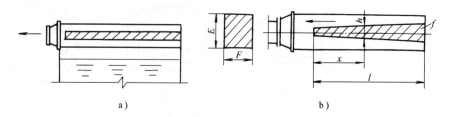

图 4-24 条缝形式
a) 等高条缝　b) 楔形条缝

表 4-10 楔形条缝口的高度

f/F_1	$\leqslant 0.5$	$\leqslant 1.0$
条缝末端高度 h_1	$1.3h_0$	$1.4h_0$
条缝始端高度 h_2	$0.7h_0$	$0.6h_0$

4.8.2 槽边排风罩排风量的计算

不同形式的槽边排风罩，其排风量计算公式是不同的。下面介绍条缝式槽边排风罩的排风量 $q_V(\text{m}^3/\text{s})$ 计算公式。

（1）高截面单侧排风

$$q_V = 2v_x AB \left(\frac{B}{A} \right)^{0.2} \tag{4-46}$$

（2）低截面单侧排风

$$q_V = 3v_x AB \left(\frac{B}{A} \right)^{0.2} \tag{4-47}$$

（3）高截面双侧排风（总风量）

$$q_V = 2v_x AB \left(\frac{B}{2A} \right)^{0.2} \tag{4-48}$$

（4）低截面双侧排风（总风量）

$$q_V = 3 v_x AB \left(\frac{B}{2A} \right)^{0.2} \tag{4-49}$$

（5）高截面环形排风

$$q_V = 1.57 v_x D^2 \tag{4-50}$$

（6）低截面环形排风

$$q_V = 2.36 v_x D^2 \tag{4-51}$$

式中　A——槽长（m）；

　　　B——槽宽（m）；

　　　D——圆形槽直径（m）；

　　　v_x——边缘控制点的控制风速（m/s），v_x 值可按附录 3 确定。

上述公式和式（4-12）是一致的，式中 $(B/A)^{0.2}$ 项是考虑从三维气流过渡到二维气流的修正。

条缝式槽边排风罩的阻力 Δp（Pa）按下式计算

$$\Delta p = \zeta \frac{\rho v_0^2}{2} \tag{4-52}$$

式中　ζ——排风罩局部阻力系数，$\zeta = 2.34$；

　　　ρ——周围空气密度（kg/m³）；

　　　v_0——条缝口上气流速度（m/s），一般范围在 $7 \sim 10$ m/s。

【例 4-5】　一酸性镀铜槽，长 $A = 1$ m，宽 $B = 0.8$ m，槽内溶液温度接近室温。设计该槽上的槽边排风罩。

【解】　因为 $B > 700$ mm，采用双侧排风罩。

根据国家标准设计，条缝排风罩的断面尺寸（即 $E \times F$）有 200mm × 200mm、250mm × 200mm 和 250mm × 250mm 三种规格。本题选用 $E \times F = 250$mm × 250mm。

根据附录 3，取控制风速 $v_x = 0.3$ m/s。

计算排风量（按高截面布置）。

总排风量

$$q_V = 2 v_x AB \left(\frac{B}{2A} \right)^{0.2} = \left[2 \times 0.3 \times 1 \times 0.8 \times \left(\frac{0.8}{2 \times 1} \right)^{0.2} \right] \text{m}^3/\text{s} = 0.4 \text{m}^3/\text{s}$$

每侧排风量　　　　　$q'_V = \frac{1}{2} q_V = \left(\frac{1}{2} \times 0.4 \right) \text{m}^3/\text{s} = 0.2 \text{ m}^3/\text{s}$

设条缝口风速 $v_0 = 8$ m/s

采用等高条缝，条缝口面积 $f_0 = q'_{V/v_0} = (0.2/8) \text{m}^2 = 0.025 \text{m}^2$

条缝口高度 $h_0 = f_0/A = (0.025/1) \text{m} = 0.025 \text{m} = 25 \text{mm}$

$$f_0/F_1 = 0.025/(0.25 \times 0.25) = 0.4 > 0.3$$

为保证条缝口上的速度均匀分布，在槽的每一侧分设两个罩子，设两根立管。则

$$f'/F_1 = \frac{f_0/2}{F_1} = \frac{0.025/2}{0.25 \times 0.25} = 0.2 < 0.3$$

确定排风罩阻力，取 $\zeta = 2.34$

$$\Delta p = \zeta \frac{\rho v_0^2}{2} = \left(2.34 \times \frac{1.2 \times 8^2}{2}\right)\text{Pa} = 90\text{Pa}$$

4.9　吹吸式排风罩

4.9.1　吹吸式排风罩的结构形式

吹吸式排风罩简称吹吸罩，在设计时需要考虑到吸气口口腔气流速度衰减很快，而吹气气流的气幕作用距离较长的特点，在槽面的一侧设喷口喷出气流，而另一侧为吸气口，吸入喷出的气流以及被气幕卷入的周围空气和槽面污染气体。这种吹吸气流共同作用的排风罩被称为吹吸罩。图 4-25 所示为气幕式吹吸罩的结构形式及其槽面上气流速度分布的情况。由图可以看出，在吹吸气流的共同作用下，气幕能将整个槽面均覆盖，从而污染气流不致外逸到室内空气中去。由于吹吸罩具有风量小，控制污染效果好，抗干扰能力强，不影响工艺操作等特点，因此，在环境保护工程中得到了广泛的应用。吹吸式排风罩的结构形式除了如图 4-25 所示的气幕式外，还有旋风式，如图 4-26 所示。

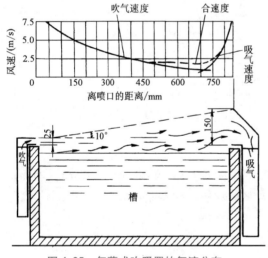

图 4-25　气幕式吹吸罩的气流分布

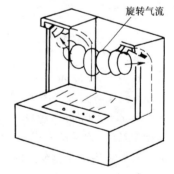

图 4-26　旋风式吹吸罩

4.9.2　吹吸式排风罩的设计计算

吹吸罩设计计算的目的是确定吹风量、吸风量、吹风口高度、吹出气流速度以及吸风口设计尺寸和吸入气流速度。

1. 速度控制法

通常采用的方法是巴杜林提出的速度控制法，他认为只要保持吸风口前吹气射流末端的平均速度不小于一定的数值（0.75 ~ 1.0m/s），就能对槽内散发的有害污染物进行有效的控制。

对于常用的工业槽，设计计算要点：

1）对于操作温度为 t 的工业槽，吸风口前必需的射流平均速度 v_1' 可按下列经验数值确定：

$$t = 70 \sim 95℃ \qquad v_1' = Hm/s$$
$$t = 60℃ \qquad v_1' = 0.85Hm/s$$
$$t = 40℃ \qquad v_1' = 0.75Hm/s$$
$$t = 20℃ \qquad v_1' = 0.5Hm/s$$

其中，H 为吹、吸风口间的距离（m）。

2）为了防止吹出气流逸出吸风口，吸气口的排风量应大于吹风口前的射流流量，一般取射流末端流量的 1.1 ~ 1.25 倍。

3）吹风口高度 b 一般为 $(0.01 \sim 0.015)H$，为了防止吹风口可能出现堵塞，b 应大于 5 ~ 7mm。吹风口的出口流速不能过高，以免槽内液面波动，一般不宜超过 10 ~ 12m/s。

4）吸气口上的气流速度 v_1 应合理确定，v_1 过大，吸风口高度 b 过小，污染气流容易逸出室内；v_1 过小，又因 b_1 过大而影响操作。一般取 $v_1 \leqslant (2 \sim 3)v_1'$。

【例 4-6】 一工业槽宽 $H = 2$m，长 $l = 2$m，槽内溶液温度 $t = 60℃$，试设计此槽的吹吸式通风装置。

【解】 （1）确定吸风口前射流末端的平均风速

$$v_1' = 0.85H = (0.85 \times 2)m/s = 1.7m/s$$

（2）吹风口高度

$$b = 0.015H = (0.015 \times 2)m = 0.03m = 30mm$$

（3）射流为平面射流 根据平面射流的计算公式确定吹风口出口流速 v_0。因为 v_1' 是指射流末端有效部分的平均风速，现近似认为射流末端的轴心风速为

$$v_m = 2v_1' = (2 \times 1.7)m/s = 3.4m/s$$

$$\frac{v_m}{v_0} = \frac{1.2}{\sqrt{\dfrac{aH}{b} + 0.41}}$$

取 $a = 0.2$

$$v_0 = v_m \times \frac{\sqrt{\dfrac{aH}{b} + 0.41}}{1.2}$$

$$= \left(3.4 \times \frac{\sqrt{\dfrac{0.2 \times 2}{0.03} + 0.41}}{1.2} \right)m/s = 10.5m/s$$

（4）吹风口的吹风量

$$q_{V0} = blv_0 = (0.03 \times 2 \times 10.5)m^3/s = 0.63m^3/s$$

（5）吸风口前的射流流量

$$q_{V1}' = 1.2q_{V0}\sqrt{\frac{aH}{b} + 0.41}$$

$$= \left(1.2 \times 0.63 \times \sqrt{\frac{0.2 \times 2}{0.03} + 0.41} \right)m^3/s = 2.803\ m^3/s$$

（6）吸风口的排风量

$$q_{V1} = 1.1q_{V1}' = (1.1 \times 2.803)\ m^3/s = 3.083m^3/s$$

（7）吸风口的气流速度

$$v_1 = 3v_1' = (3 \times 1.7)\,\text{m/s} = 5.1\,\text{m/s}$$

（8）确定吸风口高度

$$b_1 = \frac{q_{V1}}{lv_1} = \frac{3.083}{2 \times 5.1}\,\text{m} = 0.302\,\text{m} = 302\,\text{mm} \quad 取 \quad b_1 = 300\,\text{mm}$$

2. 流量比法

除了速度控制法，日本学者林太郎的流量比法也较具有代表性，他把吸气式排风罩中的流量比应用到吹吸式排风罩，如图4-27所示。

由质量守恒可知，吸风口的风量 $L = L_G + L_s + L_0 = (1+K)L_0$。

在流量比法中，即将发生泄漏时的 K 被称为极限流量比，记 K_L，它与吹风口高度、吹风速度、吸风口法兰边高度等因素有关。

设计流量比 $K_s = 1.1(l+b_0)K_L$，其中 b_0 为吹风口高度，l 为吹、吸风口长度。

由此，可知吹风量为 $L_0 = v_0 l b_0$；吸风口风量为 $L = L_0(1+K_s)$。

由此可见，此处存在一个最优化问题，即 L 和 L_0 分别如何取值才是最经济合理的。若 L_0 过大，则射流的流量会大大增加，从而使得 L 也会增加；若 L_0 过小，则射流的输送和覆盖

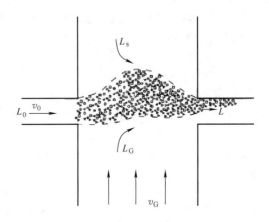

图4-27　吹吸式排风罩示意图
L—吸风口风量　L_0—吹风口风量
L_s—被卷入的气流量　L_G—被污染的空气量
v_0—吹风口流体流速　K—流量比，$K = (L_G + L_s)/L_0$

作用没有被充分发挥出来，其结果还是会使得 L 增大。因此，在不发生泄漏的情况下，使得 $L_0 + L$ 的值保持最小是最理想的。

流量比法与控制速度法相比，考虑了吹吸气流的作用，分析了排风罩尺寸所带来的影响，但其计算方法有一定的复杂性，关键是 K 的取值，可参考相关通风设计手册，也可以采用试验或 CFD 仿真方法来确定。

4.10　排风罩的其他形式

4.10.1　屋顶集气罩

屋顶集气罩是一种特殊高悬罩，它是布置在车间顶部的一种大型集尘罩，它不仅抽走了烟气，而且还兼有自然换气的作用。下面介绍几种不同形式的屋顶集尘罩。

（1）顶部集尘罩方式（图4-28a）　在含尘气体排放源及桥式起重机上方屋顶部位设置，直接抽出工艺过程中产生的烟气，捕集效率较高。

（2）屋顶密闭方式（图4-28b）　将厂房顶部视为烟囱，储留烟气，并组织排放，可以减少处理风量。但如果储留与抽气量不平衡，就会出现烟气回流现象，使作业区环境恶化。

（3）天窗开闭型屋顶密闭方式（图4-28c）　在天窗部位增设排气罩，烟气量少时只使用天窗自然换气，当烟气量骤增时启用排气罩，可保持作业区环境良好，很适用于处理阵发性烟气，但维护工作量大。

（4）顶部集尘罩及屋顶密闭共用方式（图4-28d）　该方式为以上三种形式的组合。捕集

效率高，作业环境好，处理风量大，但设备费用高。

（5）屋顶电除尘方式（图 4-28e） 在厂房屋顶装设除尘器，将捕集与净化融为一体。

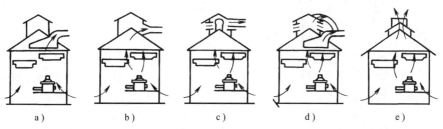

图 4-28 屋顶集尘罩的形式

a）顶部集尘罩方式 b）屋顶密闭方式 c）天窗开闭型屋顶密闭方式
d）顶部集尘罩及屋顶密闭共用方式 e）屋顶设电除尘器

4.10.2 气幕式排风罩

气幕式排风罩是一种新型的排风罩，它是利用射流形成的气幕将尘及有害物源罩住，即利用射流的屏蔽作用，阻止排风罩吸气口前方以外的空气进入抽吸区，从而缩小排风罩的吸气范围，达到以较小的吸气量进行远距离控制抽吸的目的。这种排风罩目前有两种基本形式：一种是气幕带旋转的，一种是气幕不带旋转的。

（1）普通（不带旋转的）气幕排风罩 如图 4-29 所示，这是一种不带旋转的普通气幕排风罩工作原理示意图。这种排风罩有内、外两层，送风机通过排风罩内、外两层之间的夹层，将空气从喷口喷出，形成一伞形气幕将吸气区屏蔽起来，再在排风机的抽吸作用下，通过排风罩中心吸气口将有害物气流排走。

（2）旋转气幕排风罩 如图 4-30 所示，这是一种旋转气幕式排风罩结构示意图。它是在排风罩四角安装四根送风立柱，以 20°的角度按同一旋转方向向内侧吹出连续的气幕，形成气幕空间。在气幕中心上方设有排风口。它的控制原理与上述不带旋转的普通气幕排风罩有所不同，它除了利用了气幕屏蔽控制作用之外，更主要的是还利用了"龙卷风"效应。即由于吸气而在旋转气流中心产生负压，这一负压核心

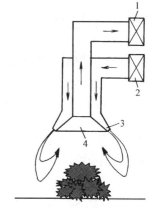

图 4-29 普通（不带旋转的）气幕
排风罩工作原理示意图
1—排风机 2—送风机
3—喷口 4—吸口

是旋转气流受到向心力的作用；同时，气流在旋转过程中将受到离心力的作用。在向心力和离心力的平衡范围内，旋转气流形成涡流，涡流收束于负压核心四周并朝向排风口，这就形成了所谓的"人工龙卷风"，如图 4-31 所示。由于利用了龙卷风原理，涡流核心具有较大的上升速度。试验研究表明，上升速度沿高度的变化不大，有利于捕集远离排风口的有害物。因此，这种排风罩是利用人工产生的气旋来捕集和控制有害物的。

与前面介绍的各种排风罩比较，气幕式排风罩具有以下主要优点：

1）可以远距离捕集粉尘和有害气体。

2）由于有一个封闭的气幕空间，污染气流与外界隔开，用较小的排风量即可有效排除污染空气。

3）有较强的抗横向气流能力。

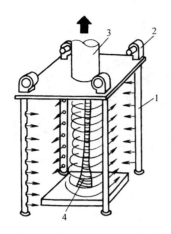

图4-30   旋转气幕排气罩结构示意图

1—送风立柱 2—送风机 3—排风管 4—涡流核心

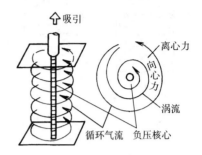

图4-31   龙卷风的发生原理

目前，气幕式排风罩在国内尚处在试验研究阶段。详见参考文献［8］。

4.11   局部送风

高温车间采取了隔热及自然通风措施后，如果在人员操作地点，空气温度仍达不到卫生标准，或者辐射强度超过 $350W/m^2$，应设置局部送风，以提高工作地点的风速或降低空气温度，改善局部工作地点的空气环境。常用的局部送风装置有风扇、喷雾风扇和系统式局部送风装置三种。

（1）风扇 风扇经常用在辐射强度小、温度不很高的车间（一般不超过35℃）。风扇吹风能增加工作地点的风速以帮助人体散热。在热车间内，人体散热主要是依靠汗液蒸发，而汗液蒸发快慢与风速大小成正比。风速大，汗液蒸发快。使用风扇进行送风，其风速大小应视劳动强度和热辐射强度而定。通常工作地点的风速控制范围为：轻作业 $2\sim4m/s$，中作业 $3\sim5m/s$，重作业 $5\sim7m/s$。

普通风扇多采用风量大、风压低、效率高的轴流式风机。风机可根据工作地点的不同，安装在适当的位置上。也可采用吊扇、摇头风扇等其他形式的风扇。

此外，散发粉尘的车间不宜采用风扇，以免吹起粉尘，污染车间的空气环境。

（2）喷雾风扇 对于热辐射强度较大，而环境中又容许含有一些雾滴的高温中、重作业地点，可以采用喷雾风扇来进行降温。

喷雾风扇是指在风扇的送风气流中加入较多的微细水滴的一种送风设备。图4-32所示是劳研型喷雾风扇结构示意图，它在普通的轴流风机上加设甩水盘（或喷雾），由供水管向甩水盘供水。风机转动时甩水盘同时转动，盘上的水在离心力的作用下，沿切线方向甩出，形成许多细小的雾滴，随气流一起吹出。喷雾风扇除了能增加工作地点的风速外，由于雾滴在空气中吸热蒸发，会吸收周围空气的湿热，因此还具有一定的降温作用。未蒸发的雾滴悬浮在空气中，还可以吸收一定的辐射热。这些雾滴落在周围物体表面，有利于降低其表面温度，减少对人体的辐射作用。落在人体上的雾滴将继续蒸发而吸收热量，起"人造汗"的作用，有利于人体散热。影响喷雾风扇的降温效果的是雾滴的尺寸大小。雾滴过大不宜蒸发，水滴直径最好在 $60\mu m$ 以下，最大不超过 $100\mu m$。带有雾滴的气流到达工作地点的风速应控制在 $3\sim5m/s$。

（3）系统式局部送风 如果工人经常停留的作业地点，热辐射强度和空气温度较高，工艺条件又不允许有雾滴，或作业地带散发的有害物的量较多，其浓度超过卫生标准；或者根据规定，作业地点散发有害气体或粉尘，不允许采用再循环空气（例如，铸造车间的浇铸线、产生有毒气体的熔化炉）时，则应采用系统式局部送风。系统式局部送风的空气一般要经过冷却，可以用人工冷源，也可以用天然冷源（如地道）进行空气降温。

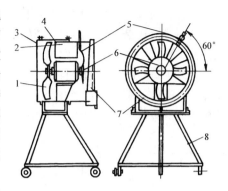

图 4-32 喷雾风扇结构示意图
1—供水管 2—甩水盘 3—电动机
4—导流板 5—固定式支架 6—轮毂
7—机壳 8—移动式支架

系统式局部送风系统在结构上与一般的送风系统相同，只是送风口的结构不同。系统式局部送风用的送风口称为"喷头"，喷头有固定式、旋转式和球形三种。固定式喷头结构简单，是一个渐扩短管（图4-33a），其湍流系数 $a = 0.09$，适用于工作地点比较固定的场合。当操作人员活动范围较大时，可采用旋转式喷头，其出口设有活动的导流叶片，喷头与风管之间采用可旋转的活动连接，能调整气流方向，湍流系数 $a = 0.2$（图4-33b）。球形喷头适用于需要调整气流方向及风量大小的场合，结构轻巧，调节方便，其湍流系数 $a = 0.09$。旋转式喷头的主要规格和性能见表4-11。

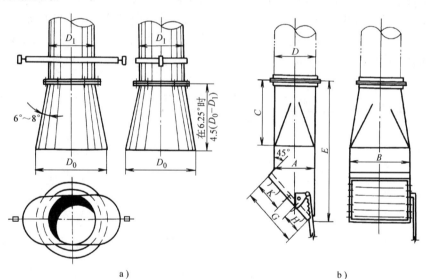

a）   b）

图 4-33 局部送风喷头
a）固定式 b）旋转式

表 4-11 旋转式喷头性能

型 号	送风口有效面积/m²	送风口当量直径/mm
1	0.109	392
2	0.125	421
3	0.157	471
4	0.218	555
5	0.30	660

系统式局部送风系统的喷头送出的气流，应从人体的前侧上方倾斜地吹到头、颈和胸部，使人体对辐射热最为敏感的主要部位处在送风气流的包围之中。使用局部送风时，不允许有车间的污染气流吹向人体。吹到人体的气流宽度可为 0.6m。

系统式局部送风系统设计的主要任务是确定喷头尺寸、送风量和出口风速，保证工作地点的温度、风速和有害物浓度达到规定的要求。表 4-12 中提供了工作地点的温度和风速标准，可供设计选用。根据表中数值要求，按自由射流公式计算，即可得到送风射流的参数、喷头的几何尺寸。

表 4-12　系统式局部送风的气象标准

辐射强度/（W/m²）[kcal/（m²·h）]	冬　季		夏　季	
	温度/℃	速度/（m/s）	温度/℃	速度/（m/s）
<35（300）	20~25	1~2	26~31	1.5~3
700（600）	20~25	1~3	26~30	2~4
1400（1200）	18~22	2~3	25~29	3~5
2100（1800）	18~22	3~4	24~28	4~6

注：1. 在轻作业时，宜采用表中温度较高值，风速较低值；重作业时，温度采用较低值，风速采用较高值；中作业时，可按插入法确定数值。
　　2. 对于炎热地区，夏季温度可提高 2℃。
　　3. 需采用室外参数时，夏季应采用通风室外计算温度和相对湿度，冬季采用供暖室外计算温度。

系统式局部送风的设置目的是在工作地点造成一定的风速和温度。在自由射流的边界附近，射流温度接近于室温，气流速度接近于零，边界部分的气流实际上起不到局部送风的作用。为此，只取流速为轴心速度 20% 的范围作为局部送风的有效作用范围。表 4-12 中要求达到的温度和风速范围是指有效作用范围内的平均值，而不是指整个射流断面上的平均温度和平均风速。因此，不能直接应用流体力学中的有关公式计算。经过换算后的局部送风系统用的计算公式见表 4-13。

表 4-13　系统式局部送风射流计算公式

项　目	起　始　段	基　本　段
轴心速度 $\dfrac{v_s}{v_0}$	1.0	$\dfrac{0.48}{\dfrac{as}{D_0}+0.145}$
按流量的平均流速 $\dfrac{v_{sp}}{v_0}$	$1.0-0.8\dfrac{as}{D_0}$	$\dfrac{0.34}{\dfrac{as}{D_0}+0.145}$
平均温度 $\dfrac{t_{sp}-t_n}{t_0-t_n}$	$1.0-0.45\dfrac{as}{D_0}$	$\dfrac{0.41}{\dfrac{as}{D_0}+0.145}$
有效部分宽度 $\dfrac{D_s}{D_0}$	$0.76\dfrac{as}{D_0}+0.36$	$4\left(\dfrac{as}{D_0}+0.145\right)$
流量 $\dfrac{q_{V,s}}{q_{V0}}$	$1+1.52\dfrac{as}{D_0}+5.28\left(\dfrac{as}{D_0}\right)^2$	$4.36\left(\dfrac{as}{D_0}+0.145\right)$

注：下标"s"指离送风口 s 处的数值；"0"指送风口的数值；"n"指室内空气参数的值；"p"指平均值。

【例 4-7】　已知夏季室外通风计算温度 $t_w=30℃$，工作地点空气温度 $t_n=35℃$，辐射强度为 1400W/m²。在该处设置系统式局部送风系统，已知送风喷头至工作地点的距离 $s=1.6m$，送风气流的作用范围 $D_s=1.4m$。计算送风喷头的尺寸和送风参数（作业种类为重作业）。

【解】　根据表 4-12，局部工作地点送风射流的平均温度 $t_{sp}=29℃$，平均风速 $v_{sp}=4.3m/s$

1）计算喷头的当量直径，由表 4-13 中公式

$$\frac{D_s}{D_0} = 4\left(\frac{as}{D_0} + 0.145\right)$$

得 $D_0 = \dfrac{D_s - 4as}{0.58} = \left(\dfrac{1.4 - 4 \times 0.2 \times 1.6}{0.58}\right)\text{m} = 0.207\text{m}$

查表 4-11，选用 1 号旋头，其当量直径 $D_0 = 0.392\text{m}$，送风口有效面积 $F_0 = 0.109\text{m}^2$

2）确定送风温度

$$\frac{t_{sp} - t_n}{t_0 - t_n} = \frac{0.41}{\dfrac{as}{D_0} + 0.145} = \frac{0.41}{\dfrac{0.2 \times 1.6}{0.392} + 0.145} = 0.426$$

送风温度

$$t_0 = \frac{t_{sp} - t_n}{0.426} + t_n = \left(\frac{29 - 35}{0.426} + 35\right)\text{℃} = 20.9\text{℃}$$

3）确定送风口出口流速，由表 4-13 中公式

$$\frac{v_{sp}}{v_0} = \frac{0.34}{\dfrac{as}{D_0} + 0.145} = \frac{0.34}{0.961} = 0.354$$

得出口流速为

$$v_0 = \frac{v_{sp}}{0.354} = \frac{4.5}{0.354}\text{m/s} = 12.72\text{m/s}$$

4）确定喷头的送风量

$$q_{V0} = v_0 F = (12.72 \times 0.109)\text{m}^3/\text{s} = 1.39\text{m}^3/\text{s}$$
$$= 5044\text{m}^3/\text{h}$$

（4）桥式起重机驾驶室降温　在热车间中，桥式起重机驾驶室位于车间上部，该处温度较高。根据实测，在南方炎热地区的平炉、转炉、铸造等高温车间，其上部空气温度在夏季高达 $40 \sim 60\text{℃}$，同时还弥漫了粉尘和有害气体，并伴有强烈的辐射，操作环境恶劣。为了改善桥式起重机驾驶员的工作条件，驾驶室必须密闭隔热，并用特制的小型局部送风装置向桥式起重机驾驶室送风。目前，应用较广的 TL-3 型桥式起重机驾驶室冷风机组，包括压缩冷凝机组和空气冷却器两部分，前者安装在桥式起重机桥架上，后者放置在驾驶室内，使驾驶室内的温度维持在 30℃ 左右。

习　　题

1. 局部通风有哪两种基本形式？分别在什么情况下使用？
2. 局部排风系统设计应遵循哪些原则？
3. 分析下列各种局部排风罩的工作原理和特点。
（1）防尘密闭罩。
（2）外部吸气罩。
（3）接受罩。
4. 为了获得良好的防尘效果，设计防尘密闭罩时应注意哪些问题？是否从罩内排除粉尘愈多愈好？
5. 控制风速如何确定？罩口与污染源距离变化时，控制风速是否变化？
6. 通风柜有哪几种形式？如何保证通风柜的效果？
7. 根据吹吸式排风罩的工作原理，分析吹吸式排风罩最优化设计的必要性。
8. 槽边排风罩上为什么 f/F_1 愈小，条缝口速度分布愈均匀？

9. 影响吹吸式排风罩工作的主要因素是什么?

10. 有一侧吸罩口尺寸为 300mm×300mm。已知其排风量 $q_V = 0.54\text{m}^3/\text{s}$,按下列情况计算距罩口 0.3m 处的控制风速。

(1) 自由悬挂,无法兰边。

(2) 自由悬挂,有法兰边。

(3) 放在工作台上,无法兰边。

11. 有一镀银槽槽面尺寸为 800mm×600mm,槽内镀液温度为室温,采用低截面条缝式槽边排风罩。槽靠墙布置时,计算其排风量、条缝口尺寸及阻力。

12. 有一金属熔化炉(坩埚炉)平面尺寸为 600mm×600mm,炉内温度 $t = 600℃$。在炉口上部 400mm 处设接受罩,周围横向风速 0.3m/s。确定排风罩罩口尺寸及排风量。

13. 有一浸漆槽槽面尺寸为 600mm×600mm,槽内污染物发散速度 $v_1 = 0.25\text{m/s}$。室内横向风速为 0.3m/s,在槽上部 350mm 处设外部吸气罩。确定排风罩罩口尺寸及排风量。

14. 某产尘设备设有防尘密闭罩,已知罩上缝隙及工作孔面积 $F = 0.08\text{m}^2$,它们的流量系数 $\mu = 0.4$,物料带入罩内的诱导空气量为 $0.2\text{m}^3/\text{s}$。要求在罩内形成 25Pa 的负压,计算该排风罩排风量。如果罩上又出现面积为 0.08m^2 的孔洞没有及时修补,会出现什么现象?

15. 有一工业槽,长×宽为 2000mm×1500mm,槽内溶液温度为常温,在槽上分别设置槽边排风罩及吹吸式排风罩,按控制风速法分别计算其排风量。

[提示:①控制点的控制风速 $v_s = 0.4\text{m/s}$,②吹吸式排风罩的 $\dfrac{H}{b_0} = 20$]

16. 某工作地点须设置局部送风系统,已知工作地点送风参数为 $t_{np} = 25℃$,$v_{np} = 3\text{m/s}$,室内空气温度 $t_n = 30℃$,喷头至工作地点距离 $s = 1.5\text{m}$,气流作用范围 $D_s = 1.5\text{m}$。试计算所需的旋转式喷头的当量直径、出口风速、风量、温度。

二维码形式客观题

扫描二维码可自行做题,提交后可查看答案。

第4章
客观题

参 考 文 献

[1] 孙一坚. 工业通风 [M]. 4 版. 北京:中国建筑工业出版社,2010.

[2] 茅清希. 工业通风 [M]. 上海:同济大学出版社,1998.

[3] 张殿印,等. 除尘工程设计手册 [M]. 北京:化学工业出版社,2003.

[4] 孙一坚. 简明通风设计手册 [M]. 北京:中国建筑工业出版社,1997.

[5] 冶金工业部建设协调司,中国冶金建设协会. 钢铁企业采暖通风设计手册 [M]. 北京:冶金工业出版社,1996.

[6] 陆耀庆. 实用供热空调设计手册 [M]. 2 版. 北京:中国建筑工业出版社,2008.

[7] 胡传鼎. 通风除尘设备设计手册 [M]. 北京:化学工业出版社,2003.

[8] 贺素艳,等. 一种气幕式排风罩性能参数优化的研究 [J]. 暖通空调,2000 (5):9-11.

第 5 章

隧 道 通 风

5.1 概述

随着我国工农业生产水平的日益提高及我国综合国力的不断提升，公路建设事业的发展突飞猛进，高等级公路通车里程快速增长，特别是伴随着山区、丘陵区高速公路的建设，出现了大量的公路隧道，使我国的公路隧道施工技术达到了一个新水平。然而，在目前的公路隧道建设中，随着隧道掘进速度的加快，长度的增加，通风问题已经成为影响隧道快速安全施工以及公路营运安全的关键问题之一，如何解决好隧道通风是摆在我们面前的一个急需解决的问题。

公路隧道通风方式有多种，选择时主要考虑的是隧道长度和交通条件，同时还要考虑气象、环境、地形及地质等条件。对于山岭公路隧道则应着重考虑其经济性。按通风动力来源不同，公路隧道通风可分为自然通风和机械通风。机械通风按通风风流的流动方向不同，可分为四种基本方式：全横向式通风、半横向式通风、纵向式通风、横向—半横向通风。不同的通风方式对隧道安全营运有不同的影响。

按照隧道建设与运营两个时期，又可将隧道通风分为施工期间通风和营运期间通风。

隧道通风系统及其通风机选择应遵循以下原则：

1）通风系统的操作必须可靠，应配备与通风系统相适应的通风机和控制系统。

2）选用合适的通风系统，尽可能节省通风设备所需空间，以减少投资。

3）选用合适的控制系统，以达到花费最少的设备费用和营运费用的目的。为此，应选用高效率且高效范围宽的通风机，使通风控制意图在通风机最有利的工作状态下实施。

4）选取的通风机应具有最佳的可达性，即当风机万一出现故障时，能迅速排除而不至于阻碍交通。

5.2 常用的隧道通风方法

5.2.1 自然通风

隧道内的自然通风，就是不用风机设备，完全靠汽车交通风的活塞作用及其剩余能量与自然风的共同作用，把有害气体和烟尘从隧道内排出洞外。当隧道内的自然风向与汽车行驶方向相同时，自然风是助力作用，排出有害气体的速度较快；当自然风向与汽车行驶方向相反时，自然风是阻力作用，排出有害气体的速度则慢。

对于没有其他通路（如竖井、斜井等）的单一隧道，自然风也基本上是已知的稳定值，可能是助力作用，也可能是阻力作用，可随着季节的变化而变化，这些状况均可反映到设计计算中。不稳定的自然风对单向交通的隧道影响较小，一般均可根据掌握的气象资料，通过计算来分析自然通风的效果；双向交通的隧道则较为复杂，自然风对部分行驶的汽车是助力作用，而对另一部分汽车则是阻力作用，两部分汽车的比例很难确定，加之自然风的不稳定性，更加深了自然通风问题的复杂程度。故对双向交通的隧道，除长度很短或确知自然风较为固定（风向、风速）且风速较大时，一般不考虑自然通风的作用。

对于有其他通路的隧道，人们似乎有一种概念，认为竖井可以起到烟囱的作用，能加速排出隧道内的有害气体，对于中等长度的隧道通常企图用增设竖井的方法以代替机械通风。实则不然，除非竖井很深，而且竖井中的空气温度与隧道外的气温相差很大时，竖井才有烟囱那样稳定地向井外排烟的作用。实际上，一般隧道的竖井深度都不太大，竖井内气温与隧道外气温相差也不太大，而且随着季节的变化，竖井内的风向、风速是多变的。竖井内的风流状况和隧道一样也是由大气的气象状况和行驶汽车交通风的活塞作用所决定的，也就是说，与汽车行驶所在位置有关，而且汽车的活塞作用一般都比自然风作用大。所以汽车在隧道内行驶时，竖井内的风流状况（风向、风速）主要由行驶汽车的活塞作用所控制。当汽车行驶在竖井前方时，汽车的活塞压力（正压）驱使洞内有害气体从竖井向井外排出；而当汽车驶过竖井后，汽车的活塞压力在汽车尾部形成负压，又使竖井内向外排烟的流向倒流。竖井与隧道内的风流状况是十分复杂的，甚至可能会出现有害气体停滞区。因此，认为用竖井可以代替机械通风的想法是不现实的。

1. 自然风压

隧道内形成自然风流的原因有三个：隧道内外的温度差（热位差）、隧道两端洞口的水平气压差（大气气压梯度）和隧道外大气自然风的作用。

当隧道两洞口有高程差时，两洞口间的压力不同。但是，若隧道内外空气密度一致，且洞口间没有水平气压梯度与大气风时，则此单纯由高程差形成的气压差，并不能使空气产生流动，因为高洞口的大气压力加位能恰好与低洞口相等。

（1）热位差 当隧道内外温度不同时，隧道内外的空气密度就不同，从而产生空气的流动，用压差来表示，就是热位差。

热位差的计算式为

$$\Delta p_t = (\rho_i - \rho_o) g \Delta Z \tag{5-1}$$

式中 Δp_t——热位差（Pa）；

ρ_i——隧道内的空气密度（kg/m^3）；

ρ_o——隧道外的空气密度（kg/m^3）；

ΔZ——隧道两洞口间的高差（m）。

（2）大气气压梯度 在大气中，由于空气温度、湿度等因素的差别，导致同一水平面上的大气压力也有差别，这种气压的差异，气象上以气压梯度表示。所谓气压梯度，就是垂直于等压线的一个向量，取子午线1°或111.1km为一个单位距离，在每一个单位距离内气压变异的大小称为一个气压梯度。气压梯度的数值，可以从气象资料查得。

此外，隧道两端洞口外温度、湿度等的差别，也会产生空气密度的差别，从而导致洞口间产生水平压差（也可以说是隧道外置的局部气压梯度）。

（3）隧道外大气自然风 隧道外吹向隧道洞口的大气自然风，碰到山坡后，其动压的一部分可转变为静压力。此部分动压，有的资料建议根据隧道外大气自然风的风向与风速按下式计算

$$\Delta p_w = \frac{\rho_o}{2} (v_w \cos\alpha)^2 \tag{5-2}$$

式中 Δp_w——动压（Pa）；

v_w——隧道外大气自然风速（m/s）；

α——自然风向与隧道中线的夹角（°）。

有的资料介绍按下式计算

$$\Delta p_{\mathrm{w}} = K \frac{v_{\mathrm{w}}^2}{2} \rho_{\mathrm{o}} \tag{5-3}$$

系数 K 由风向、山坡倾斜度与表面形状、附近地形以及洞口形状、尺寸等而定。

2. 自然风压差与隧道内自然风速

上述三项形成隧道内自然风的压差之和，即为隧道内自然风压差 Δp。作用在隧道两洞口之间，计算时以一端洞口为基准，作用在另一端洞口的为相对压力（静压与位压之和），如图 5-1 所示。若以洞口 A 为基准，则 BA 方向的自然风压差 Δp_{BA} 为

$$
\begin{aligned}
\Delta p_{\mathrm{BA}} &= \Delta p_{\mathrm{w}} + p_{\mathrm{B}} + \rho_{\mathrm{o}} g \Delta Z - p_{\mathrm{A}} = \Delta p_{\mathrm{w}} + p_{\mathrm{B}} + \rho_{\mathrm{o}} g \Delta Z - (p_{\mathrm{A}}' + \rho_{\mathrm{i}} g \Delta Z) \\
&= \Delta p_{\mathrm{w}} + (p_{\mathrm{B}} - p_{\mathrm{A}}') + (\rho_{\mathrm{o}} - \rho_{\mathrm{i}}) g \Delta Z
\end{aligned} \tag{5-4}
$$

式中　Δp_{w}——隧道外大气风动压；

$p_{\mathrm{B}} - p_{\mathrm{A}}'$——气压梯度；

p_{B}、p_{A}——洞口 A、B 外面的绝对大气压；

p_{A}'——洞口 A 外面与洞口 B 同高程处的绝对大气压。

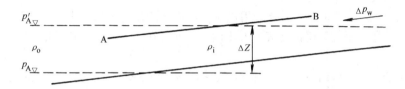

图 5-1　自然风压分析计算

当隧道为等截面直线隧道时，由 Δp 产生的隧道内自然风速 v，可按下式计算

$$\Delta p = \left(1.5 + \lambda \frac{l}{d}\right) \frac{\rho_{\mathrm{i}}}{2} v^2 = \varepsilon \frac{\rho_{\mathrm{i}}}{2} v^2 \tag{5-5}$$

式中　ε——全隧道总阻力系数，$\varepsilon = \left(1.5 + \lambda \dfrac{l}{d}\right)$；

λ——摩擦系数；

l——隧道长度（m）；

d——隧道水力直径（m）。

当隧道断面、摩擦系数等有变化时，它们的值均可按平均值计，v 为平均自然风速。

有竖井或斜井的隧道，井口 C 对洞口 A 的自然风压差 Δp_{CA} 与隧道两洞口间的自然风压差 Δp_{BA} 不相同，井口 C 与洞口 B 间也有相对压差，此时，隧道与竖井中自然风的风向、风速，将随竖井、隧道的阻力状况而异，比较复杂。

从自然气象而言，一年四季气候变化多端，昼夜早晚也不一样，自然风对隧道通风有时有利，有时不利，通风设计中要充分考虑不利的情况。

如果有足够的气象资料预期一年中自然风压差 Δp 的数值及其频率，就可以按一定的保证率来确定相应的 Δp 值，从而进行通风设计。但到目前为止，切合隧道通风设计所需气象资料的收集、分析、研究工作，尚未进行。对于具体的隧道，其局部地区气象资料更为缺乏，欲由气象资料来计算自然风压差，比较困难。

因此，在目前通风设计中，习惯上是按对通风不利来进行计算的，即两隧道洞口间自然风

压差为 $\Delta p = \varepsilon \dfrac{\rho}{2} v_n^2$。

对于 v_n 的值，我国铁路隧道运营通风计算，推荐采用 $v_n = 1.5 \mathrm{m/s}$；日本道路公团设计要领中，对于公路隧道运营通风计算，推荐采用 $v_n = 2.5 \mathrm{m/s}$。

5.2.2 机械通风

自然通风不能满足隧道内通风排烟的要求时，要使用风机予以排除，称为机械通风，也称人工通风。

长大隧道施工期间的通风几乎全部采用机械通风。营运隧道通风方式的选择，应根据隧道通风条件和隧道内允许的卫生标准，经过技术经验比较而确定。在无可靠资料时，一般双向行驶的隧道可按下列界线值确定通风方式：

当 $lN \geqslant 6 \times 10^5$ 时，采用机械通风；$lN < 6 \times 10^5$ 时，采用自然通风。

对于单向隧道，$lN \geqslant 2 \times 10^6$ 时，可设置机械通风。

式中　l——隧道长度（m）；

　　　N——通过隧道的车辆高峰小时交通量（辆/h），应按照隧道的实际通行能力或实测的高峰交通量来计算。

公路隧道达到一定长度时，需要采用机械通风来排除隧道内的有害气体与污染物，采用机械通风所需的费用几乎与隧道长度成平方比例，为此，在长大隧道的建设中，要确保通风的经济性。

隧道施工期间的机械通风可分为压入式、抽出式及压—抽混合式。营运期间的机械通风，按通风风流的流动方向基本上可以分为全横向式、半横向式、纵向式及横向—半横向通风四大类。

5.3 施工隧道通风

隧道在掘进施工时，为了稀释和排除岩体放出的有害气体、爆破产生的炮烟及粉尘以保持良好的气候条件，必须对隧道工作面进行通风，即向工作面送入新鲜风流以排除含有烟尘的污浊空气，这种通风方式被称为施工隧道通风。

5.3.1 施工通风控制条件

（1）粉尘浓度　含有10%以上的游离二氧化硅（SiO_2）的粉尘，其浓度应小于 $2\mathrm{mg/m^3}$，含有游离 SiO_2 在10%以下时，水泥粉尘浓度不大于 $10\mathrm{mg/m^3}$。

（2）一氧化碳（CO）的含量　根据有关规范规定：空气中 CO 体积分数不大于0.0024%，施工人员进入开挖面时，CO 浓度可允许达到 $100\mathrm{mg/m^3}$（称为进入浓度），但施工人员进入开挖面后 30min 内，CO 浓度应小于 $30\mathrm{mg/m^3}$（称为允许浓度）。

（3）氮氧化物含量　一般要求氮氧化物的体积分数不大于0.00025%，质量浓度不大于 $5\mathrm{mg/m^3}$。

（4）洞内空气成分（体积分数）　凡有人工作的地点，氧气的体积分数不小于20%，二氧化碳的体积分数不大于0.5%。

（5）洞内风量要求　每人每分钟供应的新鲜空气不小于 $3\mathrm{m^3}$。

（6）洞内风速要求　一般要求洞内风速不小于 $0.25\mathrm{m/s}$，且不大于 $6\mathrm{m/s}$。

5.3.2 施工通风方式的选择

施工通风方式可分为管道式通风和巷道式通风。管道式通风又可分为压入式、抽出式及压一抽混合式。

1. 管道式通风

（1）压入式通风 其布置如图5-2所示，风机和起动装置安装在距离隧道口30m以外的新鲜空气处，风机把新鲜风流经风管压送到开挖工作面，污风沿隧道排出。

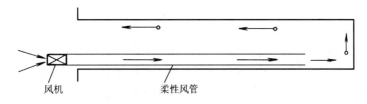

图5-2 压入式通风示意图

风管出风口距开挖工作面的距离根据理论分析和实践证明可以用下式确定

$$l_p = (4 \sim 5)A \tag{5-6}$$

式中 l_p——风管出风口距开挖工作面距离（m）；

A——隧道横净断面面积（m^2）。

此种通风方式采用的是柔性风管，成本比较低，但其缺点是污风流经整条隧道后排出洞外。一般无轨运输施工的隧道多采用这种通风方式。

而对于大长隧道的施工通风而言，湿式除尘通风技术是一种改进的方法。一般来说，隧道掌子面（掘进工作面）爆破会产生强烈的冲击波，从而达到破坏岩石结构的效果。湿式除尘技术是利用温差效应，在掌子面附近形成一个循环流，从而达到使尘粒与气体分离的目的。该技术可以吸除隧道内大部分有害气体与粉尘，能使局部环境得到较好的净化，有效改善掌子面的空气质量并降低通风费用，在隧道掘进大于1500m后，经济效益明显。

（2）抽出式通风 其布置如图5-3所示。风机和起动装置安设在距隧道口30m以外的下风向，新鲜风流沿隧道流入，污风经风管由风机抽出。

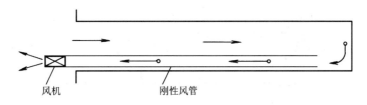

图5-3 抽出式通风示意图

风管吸风口距开挖工作面的距离由下式确定

$$l_e \leqslant 1.5A \tag{5-7}$$

式中 l_e——风管出风口距开挖工作面距离（m）；

A——隧道横净断面面积（m^2）。

此种通风方式将工作面的污风直接经风管抽出洞外，保证了整条隧道的空气清洁，对保护人体健康有利，较适用于有轨运输施工的隧道。但其缺点是采用刚性风管，并且在瓦斯隧道中需要配备防爆风机（电动机），成本比较高。另外，与抽出式通风方式相仿的还有压出式通风，它使用柔性风管，如图5-4所示，但此方法在开挖时，风机随工作面的推进需不断前移，并且放炮时飞石易击坏通风设备，一般不宜采用。

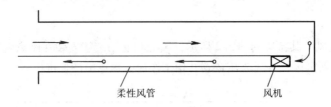

图5-4 压出式通风示意图

（3）混合式通风 它是由压入式和抽出式联合工作，兼有二者的优点，具体的布置方式分为长压短抽方式和长抽短压方式，后者又分为前压后抽式和前抽后压式。

1）长压短抽方式。如图5-5所示，以压入式通风为主，靠近工作面一段用抽出式通风，并要配备除尘装置。这种方式一般用在开挖工作面粉尘特别多的工点，主要使用柔性风管，成本较低，但除尘器要经常随风管移动，增大了通风阻力，除尘效果差时，未除掉的微尘和污风会使全隧道受到污染。在隧道施工中很少采用此通风方式。

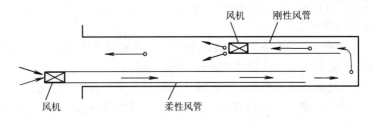

图5-5 长压短抽式通风示意图

2）前压后抽方式。如图5-6所示，以抽出式通风为主，靠近工作面设一段压入式通风。此通风方式可使整条隧道不受烟尘污染，但因主要使用刚性风管，成本较高。此通风方式较适用于有轨运输施工的隧道。

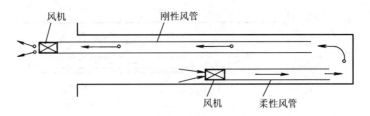

图5-6 前压后抽式通风示意图

3）前抽后压方式。如图5-7所示，以抽出式通风为主，抽出风管口靠近工作面，巷道中设一段压入式风管，其出风口在抽出风口后面。其优缺点与前压后抽式相同，只是此通风方式一般在井巷工程中应用。

在混合式通风中，压入式风机的风量要比抽出式小，有时可用引射器代替；压入式风管出风口距工作面的距离按式（5-6）计算；为避免污风循环，压入式风机进风口与抽出式风管吸风

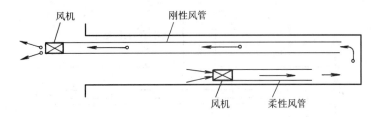

图5-7 前抽后压式通风示意图

口（或压出式风机吸风口）的重合距离应大于或等于10m，并且尽量使排出的污风处于下风向。

以上各种通风方式的风管口距工作面距离都较近，放炮时经常炸破风管，装拆和维护风管很麻烦，目前还没有很好的解决办法。以上所介绍的通风方式可根据投入的资金和设备不同、通风所要达到的要求和地质条件（是否存在易燃、易爆、有毒、有害气体等）的不同来进行合理选择。

2. 巷道式通风

巷道式通风主要是针对在长大隧道施工中开设有各种辅助坑道的情况而实施的，如平行导坑（简称平导）、斜井、竖井和钻孔等。如果没有辅助坑道，施工通风只能选择前面所介绍的几种管道式通风；如果设有辅助坑道，则施工通风就要针对不同的辅助坑道并根据施工方法和设备条件等选择不同的通风方式。充分利用辅助坑道进行施工通风，将会大大缩短独头通风的距离，降低施工成本。

（1）利用斜井、竖井或钻孔进行施工通风　图5-8和图5-9所示为军都山隧道斜井施工通风示意图。

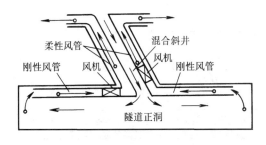

图5-8 混合斜井通风示意图

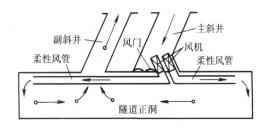

图5-9 主、副斜井通风示意图

在图5-8中采取混合斜井进风、抽出式通风，设有两道风管分别通向两个开挖工作面，风机和起动装置可设在井口外，也可串联在井底或隧道内的风管中间。混合斜井也可采用压入式通风，但均以斜井内排除的污风不回流至隧道内为宜；图5-9所示为主、副斜井通风布置，通风机均布置在主斜井井底，并且，新鲜风流经主斜井压入隧道工作面，主斜井井底还设有辅助风门，平时关闭，过往运输时打开，工作面产生的污浊空气由副斜井排出。为使隧道内空气状况更好些，此处也可应用抽出式或混合式通风，此时，将抽风机安设在副斜井内即可。

竖井或钻孔的通风布置与斜井基本相似，这里不再赘述。需要特别指出的是，当隧道与地面的高差较大或竖井（或斜井或钻孔）井口与隧道口的标高差较大时，可以利用自然风压通风，不用安设抽出式风机，如图5-10所示。但由于自然风压的大小随季节和地面气候变化较大，此方式要慎重采用，多数情况下必须安设抽出式风机，且风量应大于压入式风机的风量。

（2）利用平行导坑进行施工通风　正洞与平导开挖初期还没有横通道联通时，其通风与管

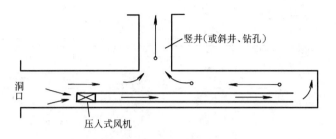

图 5-10　竖井（或斜井或钻孔）自然通风示意图

道式通风相同，均为独头通风。当开挖到一定长度，正洞与平导通过横通道联通时才能形成一个完整的通风系统，图 5-11 和图 5-12 所示为渝怀铁路圆梁山隧道施工过程中的通风示意图。在图 5-11 中新风由平导流入，平导内产生的污浊空气经三通由正洞排出。这里的通风系统采用了射流通风技术，在平导中二通与三通之间布置了两台射流风机，利用其射流、卷收和诱导作用使巷道中的气流升压，将工作面产生的污浊空气压入三通，再经正洞排出。零通是为方便运输而开设的，为防止污风循环采用了小功率射流风机进行封堵。此通风方式中风机是随着前面横通道的贯通逐渐前移的，后面的横通道可根据需要选择射流风机、风墙、风帐或风门封堵，应尽量减小漏风、避免发生污风循环，为了有利通风和正洞施工，一般风机都安设在平导内，即平导进风、正洞回风。此通风方式通过利用平导大大缩短了风管的长度，降低了风阻和漏风率、保证充足的风量；其缺点是正洞长期处于污风之中。要改善这种状况，可增加除尘装置或利用前面介绍的混合式通风（即抽、压结合），但成本会提高很多。图 5-12 是在图 5-11 的基础上，当施工进入下一阶段的情况，其形式大同小异。

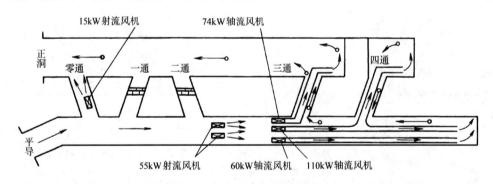

图 5-11　利用平导通风示意图（圆梁山隧道）（一）

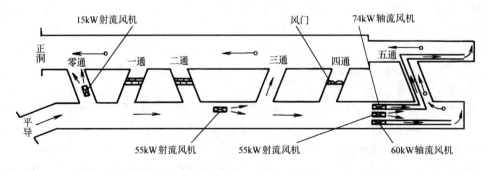

图 5-12　利用平导通风示意图（圆梁山隧道）（二）

另外，利用平导进行施工通风还有一种方式，是将平导洞口设一风门，在平导外侧通过另设风道来安设大功率主扇，平导和横通道内再通过安设局扇来向各工作面送风。图 5-13 为大瑶山隧道进口施工过程中的通风示意图。此通风方式与前面介绍的圆梁山隧道施工通风有相似之处，其缺点除了正洞长期处于污风之中外，还有应用大功率主通风机耗电量非常大，风门漏风和横通道封闭不严使部分风流短路，浪费的能量过多的问题。考虑到节能、降低成本和操作的方便性，此通风方式现已很少采用。

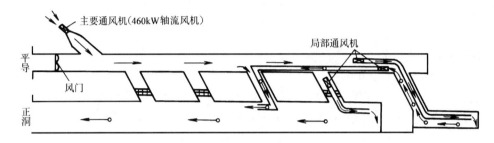

图 5-13　大瑶山隧道进口通风示意图

5.3.3　施工工作面通风量计算

根据我国多年来隧道施工经验，洞内供风量的计算应从以下四个方面考虑，分别计算出各种情况下的通风量，取其最大值即为工作面所需风量。

（1）按洞内同时工作的最多人数计算　根据洞内工作面施工人员人数及洞内风量要求，一般采用下式计算通风量

$$q_V = qmk \tag{5-8}$$

式中　q_V——洞内通风量（$\mathrm{m^3/min}$）；

　　　q——每人每分钟呼吸所需空气量 $[\mathrm{m^3/(min \cdot 人)}]$，通常取 $q = 3\mathrm{m^3/(min \cdot 人)}$；

　　　m——洞内同时工作的施工人员数量（人）；

　　　k——风量备用系数，一般取 $k = 1.15$。

（2）按吹入式通风降低有害气体浓度计算　根据压入式通风把工作面爆破产生的有害气体浓度降至允许浓度，一般采用下式计算通风量

$$q_V = \frac{2.25}{t} \sqrt[3]{G(Al_c)^2 \Psi X / p^2} \tag{5-9}$$

式中　q_V——洞内通风量（$\mathrm{m^3/min}$）；

　　　t——通风时间（min）；

　　　G——一次爆破的最大炸药量（kg）；

　　　l_c——临界长度（m），由下式计算

$$l_c = 12.5GXK/(Ap^2)$$

其中　K——系统扩散系数，与风管直径及风管出口距工作面的距离有关；

　　　Ψ——与巷道潮湿情况有关的系数，一般可取 0.3；

　　　X——炸药爆破时的有害气体产生量（$\mathrm{m^3/kg}$）；

　　　p——风管的漏风系数，根据 $p = 1/[1 - (l/100) \times p_{100}]$ 计算，其中 l 为通风距离（m），p_{100} 为 100m 风管的漏风率；

　　　A——隧道横净断面面积（$\mathrm{m^2}$）。

（3）按洞内允许最小风速计算　根据施工通风时，洞内允许最小风速计算通风量，按下式计算

$$q_V = 60Av_{min} \tag{5-10}$$

式中　v_{min}——最小允许风速（m/s），取 0.25m/s；

　　　A——隧道横净断面面积（m²）。

（4）按稀释和排除内燃机车废气计算　考虑到设备的负荷率及利用率，内燃设备的实际使用功率为

$$Q = \sum k_{i1}k_{i2}Q_i$$

式中　k_{i1}——各种设备的负荷率；

　　　k_{i2}——各种设备的利用率；

　　　Q_i——设备的额定功率（kW）。

稀释这些设备产生的废气所需的总风量可以按下式计算

$$q_V = k \sum Q$$

式中　q_V——洞内通风量（m³/min）；

　　　k——参数，一般取 3.6~4.0。

5.3.4　施工通风管理与设备的配置

根据施工通风方案，施工通风长度，通风管节长及百米漏风率等参数，经计算来确定所需风机的类型及数量，尽量选用风量大，风压高，适用于长距离及大风管送风，低噪声的风机。目前，长大隧道的施工通风多采用长管路通风方式，风管的质量好坏和适用性对通风效果会产生明显影响。风管有软管和硬管两种，从技术和经济角度来看，软管一般优于硬管。在选择风管时应考虑其漏风率、阻力大小、接头气密性、变形大小、安装条件等方面的因素。风管的直径应根据巷道断面、通风量和风管长度综合考虑确定。

为了达到良好的通风效果，避免开挖、运输与通风的不协调，应在强化施工环境质量意识的同时，设立专门的通风技术人员和管理人员，切实加强通风系统的管理，落实通风费用，保证风机正常运转。爆破后及时送风，及时按要求挂接风管并修补破洞，充分发挥通风系统的整体功能效应，为施工创造一个良好的环境条件。

对于隧道长距离独头施工通风设备的选型管理，应该综合考虑整个工程工期全寿命来进行技术与经济比选。所选风机应满足下述要求：即最大送风距离的要求、低噪声且高效节能、风机工况在合理范围内并靠近最高效率点。在风管选定后，风机的选择应根据管路阻力与风量并考虑安全余量。

5.4　营运隧道的通风

公路隧道在营运期间，来来往往的汽车排出的废气对人体是有害的，其主要成分为 CO、CO_2、NO_x、SO_2、醛类、有机化合物等，其中以 CO 危害性最大。这些有毒气体会刺激人的眼睛和呼吸道器官，严重时还会导致中毒。因此，把 CO 作为有害物的主要指标。同时，汽车行驶时排放的烟气或带起的路面上的粉尘，也会在隧道内造成空气污染，降低能见度，从而影响行车安全。无论是有害气体或是烟尘，在通风计算中都是以有害物浓度达到允许值以下为目的。营运隧道通风的目的，就是导入新鲜空气来置换隧道内汽车排出的废气，降低对人体有害的物质

（主要是 CO）的浓度，使它低于容许浓度，并达到所需要的能见度，从而保证人体健康和车辆行驶安全。隧道通风系统选择时应考虑交通量、隧道长度、气象、地形、环境等诸多因素，同时兼顾供电照明、通信监控、事故及火灾防范、工程造价和维修保养费用等。

5.4.1 通风要求

（1）有害气体的计算　根据有关部门的研究，CO 产生量的计算公式为

$$X_{CO} = \frac{2Cf V_{CO}}{(V_{CO} + V_{CO_2})M} \tag{5-11}$$

式中　C——汽油中含碳量（质量比），一般取 $C = 0.855$；

　　　f——燃料消耗率（L/km）；

　V_{CO}——废气中 CO 所占的体积分数（%）；

　V_{CO_2}——废气中 CO_2 所占的体积分数（%）；

　X_{CO}——汽车 CO 产生量 $[m^3/(t \cdot km)]$；

　　　M——车重（t）。

日本用 $q_{co} = (0.315f - 0.019)/G$ 计算 CO 产生量，可作参考。影响汽车 CO 产生量的因素还有很多，它与汽车发动机的类型、汽车保养的好坏、车速、道路状况和坡度、驾驶技术等都有关系，根据国际道路会议常设协会的资料，坡度为 5% 时，CO 排放量增加 5%，NO 排放量增加 84%，烟雾排放量（车速为 30km/h）增加 160%。

（2）有害物容许含量及可见度要求

1）隧道内 CO 容许含量（体积分数）：根据《公路隧道通风设计细则》（JTG/T D70/2 - 02—2014）的规定，分以下几种情况确定 CO 允许浓度：①在正常交通时，长度 ≤1000m 的隧道的 CO 设计浓度为 150cm³/m³，长度 >3000m 的隧道的 CO 设计浓度为 100cm³/m³，其余长度可按线性内插法取值；②在交通阻滞时，阻滞段的平均 CO 设计浓度为 150cm³/m³，经历时间不宜超过 20min；③对于人车混行的隧道，CO 设计浓度不宜大于 70cm³/m³；④进行养护维修时，作业段的 CO 允许浓度不应大于 100cm³/m³。

2）隧道内烟尘容许含量。烟尘设计浓度表示烟尘对空气的污染程度，通过测定污染空气中 100m 距离的烟尘光线透过率来确定。分别采用显色指数 33≤Ra≤60、相关色温 2000~3000K 的钠光源，显色指数 Ra≥65、相关色温 3300~6000K 的荧光灯、LED 灯光源时的烟尘设计浓度 K 表示，具体见表 5-1、表 5-2。

表 5-1　烟尘设计浓度 K（钠光源）

设计速度 $v/(km/h)$	$v < 30$	$30 \leqslant v < 50$	$50 \leqslant v < 60$	$60 \leqslant v < 90$	$v \geqslant 90$
烟尘设计浓度 K/m^{-1}	0.0120	0.0090	0.0075	0.0070	0.0065

表 5-2　烟尘设计浓度 K（荧光灯、LED 灯光源）

设计速度 $v/(km/h)$	$v < 30$	$30 \leqslant v < 50$	$50 \leqslant v < 60$	$60 \leqslant v < 90$	$v \geqslant 90$
烟尘设计浓度 K/m^{-1}	0.0120	0.0075	0.0070	0.0065	0.0050

注：当 K 为 0.0120 时，应该采取交通管制等措施。

此外，当隧道进行养护维修时，作业段的烟尘允许浓度不应大于 0.0030m^{-1}。

3）可见度要求。在路面平均照度为 30lx（勒克斯）的情况下，光透过率 $\tau = 65\%$，即隧道内稍有薄雾，视力为 1.5 者在 75m 距离内清楚地看到车和人，视力为 0.7 者在 50m 距离内清楚地看到车，隧道内有舒适感。在平坦的隧道内，以 40~60km/h 的车速通过时，正常情况下，CO 及尘烟光透过率标准见表 5-3。

表 5-3 CO 含量及尘烟光透过率标准

道路等级	CO 体积分数（%）	尘烟的光透过率（100m 透过率）
一、二级公路	100×10^{-4}	50%
三、四级公路	100×10^{-4}	40%

（3）通风速度 单向交通隧道的设计风速不宜大于 10.0m/s，特殊情况不应大于 12.0m/s；双向交通隧道的设计风速不应大于 8.0m/s；设有专用人行道的隧道设计通风风速不应大于 7m/s。

5.4.2 通风量和风压

隧道内所需通风量，应根据稀释隧道内空气中的有害物含量达到允许含量时所需的新鲜空气量来确定。对于 CO 和尘烟，比较稀释二者达到容许含量所需的通风量，取其大者为设计通风量。

（1）稀释 CO 所需的新鲜空气量 $q_{V,\text{CO}}$（m³/h）

$$q_{V,\text{CO}} = K f_v f_i f_h \frac{X_{\text{CO}} N M l}{y_{\text{CO}}} \times 10^6 \tag{5-12}$$

式中 K——风量附加系数，正常营运时，采用 $K = 1.1 \sim 1.2$；

f_v——速度修正系数；

f_i——坡度修正系数；

f_h——海拔修正系数；

l——隧道长度（km）；

y_{CO}——CO 容许含量（体积分数）（10^{-4}%）；

N——隧道内计算小时交通量（辆/h）；一般通风设计中，均考虑两个方向的不均衡行车，采用 1.2 的不均衡系数，即交通量大的方向占 60%，小的方向占 40%。采用射流风机纵向通风时，由于风机可逆转，双向行驶的每个车道内可各按 50% 计。

（2）稀释烟尘所需的新鲜空气 $q_{V,\text{F}}$（m³/h）

$$q_{V,\text{F}} = K f_i f_h \frac{X_r M D l}{l_{\max}} \tag{5-13}$$

式中 D——柴油车密度（辆/km），$D = N_r / v_r$；

N_r——柴油车所占百分比折算出的柴油车交通量（辆/h）；

v_r——通风计算车速（km/h）；

M——柴油车车重（t/辆）；

X_r——柴油车烟量 $[\text{m}^3/(\text{h}\cdot\text{t})]$；

$l_{\max}$——允许可见度极限（m^{-1}），可参阅《公路隧道设计规范》（JTG D70—2004）。

其余符号同式（5-12）。

设计通风机必要的风压，要算出与通风方式相对应的空气流动中种种损失的总和，并预留若干余量后求出。

5.4.3 通风方式的选择

选择通风方式时，要对各种方式的通风效果、技术条件、经济效益、维护管理等进行综合研究，并经过分析比较后再决定选用哪种方式。同时，也要考虑隧道所在地的道路、交通、人文、气象等条件，不能单纯由隧道长度来决定。但是，隧道长度及交通量对通风方式的选择往往起着关键作用。如日本的《道路公团设计要领》中就有各种通风方式所能适应的隧道长度，其在一般情况下建议采用的隧道长度如下：

1）纵向式通风（无竖井）：0.5~2km。

2）纵向式通风（竖井送排风）：2km以上。

3）半横向式：1.5~3km。

4）全横向式：2km以上。

《公路隧道通风设计细则》（JTG/T D70/2-02—2014）明确规定：单向交通且长度≤5000m和双向交通且长度≤3000m的隧道可采用全射流纵向通风方式。同时，全射流纵向通风方式在单向隧道和双向隧道的最大应用长度分别为5000m和3000m。对于其他通风方式：在单向隧道，半横式的适用长度为3000~5000m，全横式则不受限制；在双向隧道，半横式的适用长度为3000m左右，全横式不受限制。目前，我国隧道运营通风一般以纵向通风为主，已建成的5000m以上隧道大多采用通风井送排式配合射流风机通风的方式。

另外，通风设计中所选择的通风对象，也是至关重要的。如前所述，公路隧道通风的主要对象为CO与烟尘，但在特定条件下如何选择，日本关门隧道的探索不失为一个较好的典范。设计人员应在设计思路上不墨守成规，若按惯用的方法设计，以CO和烟尘为通风对象分别计算出所需通风量，选择其中之大者，则势必大大增加通风工程的投资。但如果引入了行之有效的电集尘装置，分段将烟气浓度降下来，最终使CO与烟尘二者所需通风量相近，将庞大的通风系统简化至最低限度的需要，就可大大降低工程投资。常见的通风方式如下。

（1）全横向式 用通风孔将隧道分成若干区段，新鲜空气从隧道一侧的通风孔横向流经隧道断面空间，将隧道内的有害气体与烟尘稀释后从另一侧通风孔进入风渠排出洞外，各通风区段的风流基本上不流至相邻的通风区段，故称为全横向式通风，如图5-14所示。

此种通风方式适合于中、长隧道，是各种通风方式中最可靠、最舒适的一种通风方式。其特点是：

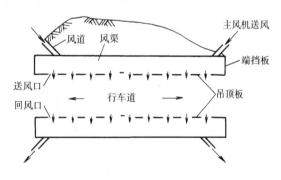

图5-14 全横向式通风示意图

1）全横向通风能保持整个隧道全程均匀的废气浓度和最佳的能见度，新鲜空气得到充分利用。

2）隧道纵向无气流动，对驾驶人员舒适感有利，同时有利于防火。

3）隧道长度不受限制，能适应最大的隧道长度。

4）但在所有隧道通风方式中，全横向通风是投资成本最高和运行费用最贵的。

（2）半横向式 半横向通风是由通风机将新鲜风经风道送入风渠，并沿隧道长度的各个截面的通风孔进入隧道通行区内，废气则自两端隧道口逸出，如图5-15所示。此种通风方式一般可应用于中型（5~6km）隧道。一般半横向通风方式在两端隧道口的排气速度小于8m/s。

半横向通风系统的机房通常安排在隧道两端出口处。由于沿隧道长度均设置有通风孔而在隧道中可获得较均匀的废气浓度。但是对单管单车道、单向行驶的隧道而言，由于车流的"活塞效应"所致，其废气浓度仍然是从隧道一端向另一端逐渐增加的。其特点是：

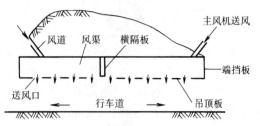

图5-15 半横向式通风示意图

1）此种通风方式最大的优点是隧道内一旦发生火灾，送风机改为逆转而成为吸出式，同时，火灾点附近的送风口闸门全部打开，其他的送风口闸门则关闭，这样，风流只能从火灾点附近的送风口进入风渠，从而防止了火势蔓延。

2）由于只有一个专门的通风渠，其工程投资、设备费用与运营管理费用均较全横向式有很大降低。

3）送风渠道和车道之间保持一定的压差，以抵消车辆活塞风和自然风的影响，从而保证了均匀送风，使得沿车道长度有害气体的浓度均匀分布。

4）由于半横向式通风系统是将全隧道分成两个独立的通风区段，送入新鲜空气分别从两端洞口排出，单向行驶的汽车不能有效地利用交通活塞风的作用。

5）半横向式通风系统是以中隔板为界，向两端洞口分别送风，从理论上来讲，在隧道中心位置存在一个中性面。在此断面上其纵向风速为零，两侧的风向相反，沿车道纵向排风速度与距离中性面的纵向距离成正比。然而，实际运行中的交通状态是不断变化的，致使中性面的位置也时常发生偏移，甚至可能在隧道中部形成一个中性面，而这一带的通风效果要比别处差得多。

6）通风土建工程结构复杂，施工难度大，工期长。

7）半横向式通风控制火灾的主要手段是使送风机反转改变为排风机，但如果不能及时地完成这一操作，反而对控制火灾不利。

（3）纵向式　新鲜空气从隧道一端引入，有害气体与烟尘从另一端排出。在通风过程中，隧道内的有害气体与烟尘沿纵向流经全隧道。根据采用的通风设备，又可分为洞口风道式通风与射流风机通风。

1）洞口风道式纵向通风。由"Saccardo"喷嘴来完成纵向通风，在隧道口处装设1台或多台通风机，经隧道口上方的一个环状间隙与隧道轴线成15°~20°角，以25~30m/s的速度吹入隧道通行区内。这一具有较高能量的吹入气体，其能量传递给隧道内的空气，使其产生克服隧道阻力的动压，从而推动隧道内空气顺气流方向流动，完成从隧道一端进入新气而从另一端排出废气的过程。将这种方式应用于单管双车道对向行驶的隧道时，由于车流影响，有时需要反向吹入完成上述过程。此时，需在另一端隧道口处设置相同的通风系统。不难理解，这一通风方式，隧道中废气浓度是从隧道一端向另一端增加的。

2）使用"射流风机"的纵向通风。由射流风机来完成纵向通风，通常是以一定数量的射流风机以一定间距吊挂于隧道顶部来完成的。新气由射流风机一侧吸入后以25~30m/s的速度从另一侧喷出，喷射气流的动能传递给隧道内气体，带动隧道内气体流动，完成从隧道一端回另一端排出废气的过程。对于长隧道，由于考虑风机供电缆的敷设和减少电缆的电压降，也采用使射流风机集中成群布置于隧道口的布置方式。当然，在考虑射流风机的布置时，应注意射流风机的"主动喷射"能与隧道中气体有较良好的均匀混合，从而达到较完全的排除废气的目的。对单管双车道对向行驶的隧道,射流风机可以反向旋转以几乎相等的流速来推动气流反向流动,排除废气。也不难看出,用"射流风机"来完成纵向通风,隧道中废气浓度也是从一端向另一端增加的。

若隧道很长,纵向通风不能满足规范要求时,可采用竖井、斜井、平行导洞等辅助通道将隧道长度分成几个通风区段,称为分段纵向式通风。按风机供风方向不同,又可分为吹入式、吸出式、吹吸两用式与吹吸联合式,如图 5-16、图 5-17 和图 5-18 所示。

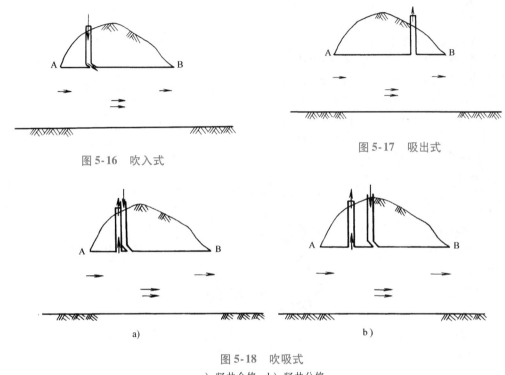

图 5-16　吹入式

图 5-17　吸出式

图 5-18　吹吸式
a) 竖井合修　b) 竖井分修

3) 纵向通风系统的特点:①能充分发挥汽车活塞风作用,所需通风量较小;②无额外的通风渠道,隧道断面小,工程费用低,使用也比较经济;③靠近送风口空气新鲜,随着空气流向距离越远,污染越严重,如果要求 CO 浓度降至允许浓度,通风量必然要加大,空气量没有得到充分利用;④以隧道作为通风道,规定气流速度较高,汽车驾驶员有不适之感;⑤由于存在烟囱效应,不利于控制火灾,往往需要避车洞。

(4) 横向—半横向通风　为了降低全横向通风的投资和运行费用,同时又满足较舒适的通风要求,值得倡导的一种通风方式为横向与半横向通风的结合型通风系统。在很多的实例中,该类通风以下列方式安排,即将排风量的设计以送风量的 50% 配备。这样,送入隧道的新气仅有 50% 被排风机所吸出,剩下的 50% 经由隧道口逸出。换言之,若再配置 50% 的排风容量,则此型通风即可成为全横向通风了。该通风方式的优点是在可获得较舒适的通风状态下,投资成本及隧道营运费用均较全横向通风低,以排风机计,其投资仅为全横向通风系统的 50%。

对于铁路隧道而言,其营运隧道的通风方式选择有单线隧道与双线隧道两类情况。①单线隧道:8km 以上的电气化铁路隧道或 2km 以上的内燃机车牵引隧道,宜设置机械通风。需要指出的是,若隧道长度没达到上述要求,但自然通风难以使卫生达标,还是应该设置机械通风;

②双线隧道：根据线路行车密度、自然条件等因素具体选择。对于内燃机车牵引的双线隧道，隧道长度 $L(\mathrm{km}) \times$ 行车密度(N/对)≤100 时，宜采用自然通风。具体的风机设置，可参见《铁路隧道设计规范》（TB 10003—2016）。

而对于自然通风方式的选择，由于它不使用机械通风设备，其节能效果较为显著，如果使用自然通风方式能够达到预期效果，应优先考虑自然通风。

习　题

1. 隧道通风的目的和任务是什么？
2. 试阐述隧道内形成自然风流的原因及影响自然风压的因素。
3. 为什么认为用竖井可以代替机械通风的想法是不现实的？
4. 施工工作面的供风量应如何确定？
5. 试阐述施工隧道通风的方法及特点。
6. 营运隧道通风方式的选择应考虑哪些因素？
7. 什么是纵向式通风？它有什么特点？

二维码形式客观题

扫描二维码可自行做题，提交后可查看答案。

第5章
客观题

参 考 文 献

[1] 郑道访. 公路长隧道通风方式研究 [M]. 北京：科学技术文献出版社，2000.

[2] 侯志远，过廷献. 营运公路隧道通风系统的选择 [J]. 河南交通科技，1995，65 (3)：9-16.

[3] 赵以蕙. 矿井通风与空气调节 [M]. 徐州：中国矿业大学出版社，1990.

[4] 关宝树，国兆林. 隧道及地下工程 [M]. 成都：西南交通大学出版社，2000.

[5] 李永生. 隧道施工通风方式的选择 [J]. 西部探矿工程，2004，97 (6)：86-89.

[6] 孙振川，苟红松. 隧道长距离独头施工通风设备选型探讨 [J]. 隧道建设，2014 (5)：408-412.

第 6 章
空气净化原理与设备

人类在生产和生活的过程中，需要一个清洁的空气环境（包括大气环境和室内空气环境），空气净化技术为实现理想的空气环境提供了技术手段。

空气污染物的净化可分为通风排气中粉尘的净化、通风排气中有害气体的净化、通风进气中粉尘的净化、通风进气中有害气体净化和室内污染物的净化。通风排气中粉尘的净化也称为工业除尘，对工业生产过程中散发的粉尘经过净化处理达到排放标准才允许排入大气；通风排气中有害气体的净化是对生产过程散发的废气进行净化处理，以达到排放标准的要求；通风进气中对粉尘的净化称为空气过滤，它以保证室内空气的清洁度为目的。对于温湿度要求为主的空调系统进气中的含尘浓度要求低于 $1 \sim 2mg/m^3$；对于集成电路、精密仪表、特殊疾病的手术室、制药行业的空调系统，必须采用洁净技术，达到相应空气洁净度级别要求。针对室内空气中主要污染物，近年来国内外学者进行了吸附、光催化、催化和等离子体等净化技术研究，找出了各种技术的适应性和影响净化效果的主要因素，在此基础上，开发了一系列室内空气净化器。

本章主要阐述空气污染物的一般净化方法和净化装置的典型结构，重点介绍粉尘的净化。

6.1 概述

空气污染物的性质和存在状态不同，其净化机理、方法和装置也各不相同，并且各有一定的特点和适用范围。净化方法和装置的选择则只能依具体条件，通过技术、经济比较确定。

大气污染物的净化实际上是一个混合物的分离问题。气溶胶的污染物，属于非均相混合物，一般都采用物理方法进行分离，分离的依据是气体分子与固体（或液体）粒子在物理性质上的差异。如较大粒子的密度比气体分子的密度大得多，则可利用重力、惯性力、离心力（统称为质量力）进行分离，统称为机械分离方法；粒子的尺寸和质量较气体分子大得多，则可采用过滤的方法加以分离；利用某些粒子易被水湿润，凝并增大而被捕集，可采用湿式洗涤进行分离；由于某些粒子的荷电性，在高压电场内可以利用静电力（库仑力），采用静电除尘的方法进行分离。

气态污染物在气体中以分子或蒸气状态存在，属于均相混合物，其分离方法与上述方法不同，大多根据物理、化学及物理化学的原理予以分离。分离的依据是不同组分所具有的不同蒸气压、不同溶解度，选择性吸收作用以及某些化学作用。目前，国内外净化气态污染物的方法主要有五种：吸收法、吸附法、燃烧法、冷凝法及催化转化法。

6.1.1 净化装置的性能

全面地评价净化装置的性能，包括技术指标和经济指标两项内容。技术指标一般用处理气体量、净化效率、压力损失及负荷适应性等特性参数来表示；作为经济指标，主要包括设备费、运行费和占地面积等。除上述基本性能外，还应考虑装置安装、操作、检修的难易程度等因素。

本节以净化效率为主介绍净化装置的技术性能。

净化装置的技术性能,主要包括以下几个方面:

1) 处理气体量:它是代表净化装置处理能力大小的指标,一般以体积流量表示。

2) 压力损失:表示净化装置消耗能量大小的技术经济指标,也称为压力降。压力损失是指净化装置进出口气流的全压差,而压力降一般是指装置进出口处气流的静压差。当装置进出口处的动压差波动不大或大体相当时,可认为气体全压差等于静压差。

3) 负荷适应性:表示净化装置可靠性的技术指标,即指净化装置的工作稳定性和操作弹性。净化装置的负荷适应性,必须考虑处理气体量或污染浓度超过或低于设计值时对净化效果的影响。

4) 净化效率:表示装置净化效果的重要技术指标,有时也称为分离效率;对于除尘装置又称除尘效率;对于吸收装置,称吸收效率;对于吸附装置,则称吸附效率。

在工程中,通常以净化效率为主来选择和评价装置,因此,本节重点介绍净化效率的表示方法。

(1) 总效率　总效率是指同一时间内,净化装置去除污染物的量与进入装置的污染物量之百分比。总效率实际上是反映装置净化程度的平均值,也称为平均效率。

如图 6-1 所示,净化装置入口的气体流量为 $q_{V,i}(m^3/s)$、进入装置的污染物流量为 $S_i(g/s)$、污染物浓度为 $C_i(g/m^3)$;净化装置出口的相应量为 $q_{V,o}(m^3/s)$、S_o (g/s) 及 $C_o(g/m^3)$。若净化装置捕集的污染物流量为 $S_c(g/s)$,则有

$$S_i = S_c + S_o$$

故总效率(%)可表示成

$$\eta = \frac{S_c}{S_i} \times 100 = \left(1 - \frac{S_o}{S_i}\right) \times 100\%$$

$$(6-1)$$

因为　$S = Cq_V$

则 $\eta = \left(1 - \frac{C_o q_{V,o}}{C_i q_{V,i}}\right) \times 100\%$　(6-2)

由于 $q_{V,i}$ 和 $q_{V,o}$ 与净化装置入口和出口的气体状态(温度、湿度和压力)有关,所以常换算为标准状态(0℃、101.325kPa)下的干气体流量表示,并加下标 "N",单位为 m^3/s,含尘浓度用 $C_N(g/m^3)$ 表示,则式(6-2)变为

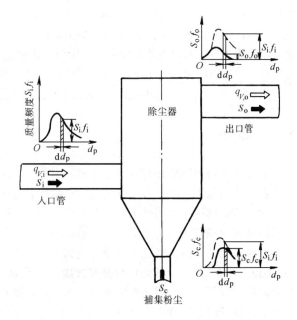

图 6-1　净化效率表达式中的有关符号

$$\eta = \left(1 - \frac{C_{oN}q_{V,oN}}{C_{iN}q_{V,iN}}\right) \times 100\%$$ (6-3)

若净化装置不漏气,即 $q_{V,iN} = q_{V,oN}$,则式(6-3)可简化为

$$\eta = \left(1 - \frac{C_{oN}}{C_{iN}}\right) \times 100\%$$ (6-4)

当净化装置漏气量超过入口流量的 20% 时,应按式(6-3)计算。

(2) 通过率(透率)　当净化效率达 99% 以上时,如表示成 99.9% 或 99.99%,在表达

装置性能上的差别不明显，所以一般采用其他方法来表示，最简单的一种方法是用通过率 $P(\%)$ 来表示。通过率 P 是指从净化装置出口逸散的污染量与入口污染量之百分比。P 值越大，说明出口逸散量越大。通过率 $P(\%)$ 可用下式表示

$$P = \frac{S_o}{S_i} \times 100\% = \frac{C_{oN} q_{V,oN}}{C_{iN} q_{V,iN}} \times 100\% = 1 - \eta \tag{6-5}$$

例如，一除尘器的 $\eta = 99\%$ 时，$P = 1.0\%$；另一台除尘器的 $\eta = 99.9\%$ 时，$P = 0.1\%$，则前一台除尘器的通过率为后者的 10 倍。

（3）分级除尘效率　分级除尘效率是基于除尘装置的除尘效率，与粉尘粒径相关，是为了确切地表示除尘效率与粒径分布的关系而提出的。分级除尘效率（简称分级效率）是指除尘装置对某一粒径 d_p 或粒径 $d_p + \Delta d_p$ 范围内粉尘的除尘效率。若设与此相应的除尘器入口的粉尘流量为 $\Delta S_i(g/s)$，捕集的粉尘量为 $\Delta S_c(g/s)$，则该除尘器对粒径 d_p 或 $d_p \pm \Delta d_p$ 范围内粉尘的分级效率 $\eta_j(\%)$ 为

$$\eta_j = \frac{\Delta S_c}{\Delta S_i} \times 100\% \tag{6-6}$$

分级效率与除尘器种类、粉尘特性、运行条件等有关，当粉尘特性和运行条件一定时，各种除尘器的分级效率可以用指数函数形式表示

$$\eta_j = 1 - \exp(-\alpha d_p^m) \tag{6-7}$$

式中　　$\exp(-\alpha d_p^m)$——分级通过率，即粒径 d_p 或 $d_p \pm \Delta d_p$ 范围内的粉尘逸散的比例；

　　　　　α——各种除尘器性能的特性参数，对某一台除尘器，α 为常数，且 α 具有 m^{-1} 的因次；

　　　　　m——粒径对分级效率影响的参数，量纲为一的量。

下面通过说明分级效率和粒径分布及总效率的关系，介绍总效率和分级效率的计算方法。

总效率容易通过实测求得，而除尘器入口、出口及捕集粉尘的粒径频度分布也可以通过测定分析求得。当除尘器入口粉尘的粒径频度分布为 f_i，捕集粉尘的频度分布为 f_c，则根据频度分布的定义和分级效率的定义式（6-6）可得

$$\Delta S_i = S_i f_i \qquad \Delta S_c = S_c f_c$$

和

$$\eta_j = \frac{S_c f_c}{S_i f_i} \times 100\% = \eta \frac{f_c}{f_i}(\%) \tag{6-8}$$

（4）板效率　板效率是指实际塔板能达到的分离程度与理论塔板所达到的平衡情况的比较。这是表示吸收装置（包括湿式洗涤器）性能的重要技术指标。板效率常用总板效率、单板效率及点效率表示。总板效率即平均板效率，又称为全塔效率。总板效率便于工程上估算实际塔板数，但它将各板效率等同起来，只是一个平均概念。为了确切表示塔内各板上不同的分离程度，又提出了单板效率，又称为莫夫利（Murphree）效率，而点效率则是更具体地表示塔板上任一点的局部分离效率。

（5）串联运行时的总净化效率　在实际净化系统中，往往把两种或多种不同形式的净化装置串联起来使用，如当污染物浓度较高时，采用一个装置净化，排放浓度可能超过排放标准，或者虽能达到排放标准，因负荷过大容易引起装置性能不稳定等，应采用两级或多级净化装置串联使用。

设第一级净化装置的效率为 η_1，第二级为 η_2，则两级净化装置串联运行的总效率为

$$\eta = \eta_1 + \eta_2(1 - \eta_1) = 1 - (1 - \eta_1)(1 - \eta_2) \tag{6-9}$$

同理，n 级净化装置串联后的总效率为

$$\eta = 1 - (1 - \eta_1)(1 - \eta_2)\cdots(1 - \eta_n) \tag{6-10}$$

以上介绍了净化装置性能的一般表示方法。实际上，净化装置的性能和很多因素有关，不但与其基本形式和规格有关，而且与其处理气体的性质、操作条件、测试方法等有关。因此，评价某种净化装置的性能，应该按照一定的规格和测试方法，针对某种介质，在一定的操作工况下进行评价。因而，统一净化装置性能的评价方法，对选择应用和开发设计都是十分重要的。

6.1.2 净化装置的分类

从废气中将污染物分离出来，并使气体得到净化的设备称为气体净化装置。净化装置是废气净化系统的主要组成部分，其性能的好坏直接影响到整个系统的运行效果。

（1）除尘装置 从气体介质中将固体粒子分离捕集的设备称为除尘装置或除尘器。按照除尘器利用的除尘机制，可将其分成如下四类：

1）机械式除尘器：如重力沉降室、惯性除尘器、旋风除尘器等。

2）湿式除尘器：如旋风水膜除尘器、冲激式除尘器、文丘里除尘器等。

3）过滤式除尘器：如袋式除尘器、颗粒层除尘器等。

4）电除尘器：如干式电除尘器、湿式电除尘器等。

实际上，在一种除尘器中往往同时利用几种除尘机制，一般是按其中的主要作用机制而分类命名的。

按除尘过程中是否用水或其他液体，还可将除尘器分为干式和湿式两大类。用水或其他液体使含尘气体中的粉尘（固体粒子）或捕集到的粉尘润湿的装置，称为湿式除尘器；把不润湿气体中的粉尘或捕集到的粉尘以干态排出的装置，称为干式除尘器。

近年来，为了提高对微粒的捕集效率，陆续出现了综合几种除尘机制的各种新型除尘器，如声凝聚器、热凝聚器、流通力/冷凝洗涤器（简称 FF/C 洗涤器）、高梯度磁分离器、荷电液滴洗涤器及电管等。目前，这些新型除尘器仍处于试验研究阶段。

（2）吸收装置 为分离废气中的分子状态污染物，完成吸收操作所采用的气液相间传质的设备称为吸收装置。其主要作用是使气液两相充分接触，以利于吸收过程的进行。吸收装置根据其总体结构可分为以下几类：

1）板式塔。

2）填料塔。

3）其他吸收装置。

在工程中还常用喷洒式、气泡搅拌式和多管降膜式等吸收装置来净化气态污染物。

对于吸收装置，可根据气液两相传质过程的特点，将其分为液体分散型和气体分散型两大类。液体分散型是指在设备内气体呈连续相，吸收剂为分散相的吸收装置，如填料塔、多管降膜式吸收装置及各种喷洒装置等；气体分散型即在设备内气体呈分散相，吸收剂成连续相的吸收装置，如板式塔及气泡搅拌装置等。

（3）吸附装置 吸附是利用固体吸附剂表面对气体中各组分的吸附能力不同而进行分离的技术，完成吸附操作的分离设备称为吸附装置或吸附器。根据吸附床层的特点，可将吸附装置分为固定床吸附器、回转式吸附器、流动床吸附器和沸腾床吸附器等。

（4）催化转化装置 催化转化法是利用催化剂的催化作用，使废气中的污染物转化成无害物，甚至是有用的副产品，或者转化成更容易从气流中被除去的物质。前一种催化转化操作直接完成了对污染物的净化过程；而后者则还需要附加吸收或吸附等其他操作工艺才能实现全部的净化过程。气态污染物净化过程用的催化反应器一般是气一固相催化反应器，有固定床和流化床两种类型。

6.1.3　净化装置的选择

净化装置的选择问题可以归结为净化效率、处理能力和动力消耗之间的平衡。净化效率高的装置往往动力消耗较大或设备费用较高。所以，应在全面衡量装置的技术指标和经济指标的基础上进行选择。

净化装置的性能还和被处理气体的性质、系统的操作条件等因素密切相关。因此，在选择时还应充分注意各种装置因其机制和结构的差别而形成的性能特点及适用范围，以及各种装置间相互补充，相互完善的关系，而不是简单地根据某些方面的特点，绝对肯定或否定某种装置。

1. 选择的依据

1）处理气体量。

2）气体性质：种类、成分、温度、湿度、密度、黏度、压力、露点、毒性、腐蚀性及燃烧爆炸性等。

3）粉尘性质：种类、成分、粒径分布、浓度、密度、电阻率、含水率、润湿性、黏附性及燃烧爆炸性等。

4）净化要求：净化效率、压力损失、废气排放标准及环境质量标准等。

5）装置的经济性：包括装置占地面积在内的设备费和运行费，以及安装费、设备使用寿命和回收综合利用情况等。

2. 选择的一般步骤

1）认真收集相关装置的技术资料，全面考虑影响装置性能的各种因素。

2）计算净化效率。根据排放标准和生产要求，由初始入口浓度、出口排出浓度及气体流量，按式（6-3）或式（6-4）计算需要达到的净化效率 η。

3）确定净化方法。根据污染物性质和工况条件确定净化方法（吸收、吸附或除尘等）及净化流程（几级处理，是否预冷、调湿以及吸收剂和吸附剂选定等）。在此基础上，对装置的技术指标和经济指标进行全面比较，选定最适宜的净化装置。

4）计算确定净化装置的型号、规格和运行参数。

6.2　粉尘的净化

从气体中去除或捕集固态或液态微粒称为粉尘的净化，有些生产过程如原材料加工、食品生产、水泥等排出的粉尘都是生产的原料或成品，回收这些有用物料，具有很大的经济意义。

6.2.1　粉尘的特性、除尘机理

1. 粉尘的特性

物料破碎成细小的粉状微粒后，继续保持原有的主要物理化学性质，还产生了许多新的特性，如荷电性、爆炸性等。在这些特性中，与除尘技术密切相关的主要有下面几种：

（1）粉尘的密度　不同的使用条件下，粉尘的密度可以分为真密度和堆密度两种。

自然状态下堆积起来的粉尘在颗粒内部充满空隙，将松散状态下单位体积粉尘的质量称为粉尘的堆密度。如果设法排除颗粒之间及颗粒内部的空气，所测出的在密实状态下单位体积粉尘的质量，称为真密度（或尘粒密度）。两种密度的应用场合不同，例如，研究单个尘粒在空气中的运动时应该用真密度，计算灰斗体积时则应该用堆密度。

（2）黏附性 粉尘的黏附性是粉尘与粉尘之间或粉尘与器壁之间的力的表现，粉尘相互间的凝聚与粉尘在器壁上的附着都与粉尘的黏附性有关。这种力包括分子力、毛细黏附力及静电力等。

黏附性与粉尘的形状、大小以及吸湿等状况有关。粒径细、吸湿性大的粉尘，其黏附性也强。

尘粒的黏附作用使尘粒凝聚增大，可以提高除尘效率，粉尘与器壁间的黏附将使除尘器和管道堵塞，使除尘系统性能恶化。

（3）爆炸性 固体物料破碎后，其总表面积增加，例如，边长 1cm 的立方体粉碎成边长 1μm 的小粒子后，总表面积由 $6cm^2$ 增加到 $6m^2$，表面积增加后，粉尘的化学活泼性大大强化。一些在堆积状态下不易燃烧的可燃物，如糖、面粉、煤粉等，以粉末状悬浮于空气中时，与空气中的氧有了充分的接触机会，在一定的温度和浓度下，可能会发生爆炸。设计此类除尘系统时，必须设置防爆装置。

（4）荷电性与电阻率 悬浮于空气中的尘粒由于天然辐射、外界离子或电子的附着、尘粒间的摩擦等作用，使尘粒荷电。此外，在粉尘生成过程中可能荷电。以上机制的粉尘荷电量小，并且不稳定。

而电除尘器中，必须采用人为的方法，使尘粒荷电充分。

粉尘的电阻率是反映粉尘的导电性能的指标，对电除尘器的选择运行具有重大影响，其影响机制将在电除尘器部分论述。

（5）粉尘的润湿性 粉尘颗粒与液体相互附着或附着难易的性质称为粉尘的润湿性。当尘粒与液体接触时，接触面扩大并且相互附着，就是能润湿；反之，接触面趋于缩小而不能附着，则是不能润湿。根据粉尘被液体润湿的程度将粉尘大致分为两类：容易被水润湿的亲水性粉尘和难以被水润湿的疏水性粉尘。粉尘的润湿还与液体的表面张力、尘粒与液体间黏附力和相对运动速度有关。例如 1μm 以下尘粒较难被水润湿，因为细小尘粒和水滴表面均附有一层气膜，只有在两者具有较高的相对速度的情况下，水滴冲破气膜才能相互附着凝并。湿式除尘装置主要依靠粉尘与水的润湿作用机制。

有些粉尘（如水泥、石灰等）与水接触后，会发生黏结和变硬，这种粉尘称为水硬性粉尘。水硬性粉尘不能选用湿式除尘器。

（6）粉尘的安息角和滑动角 将粉尘自然地堆积在水平面上形成圆锥体，其锥底角即为粉尘的安息角，一般为 35°～55°。将粉尘放置在光滑平板上，使该平板倾斜到粉尘开始滑动时的角度称为粉尘的滑动角，或称动安息角，一般为 30°～40°。

粉尘的安息角和滑动角是评价粉尘流动性的一项重要指标，它们与粉尘的粒径和形状、尘粒的表面粗糙度、粉尘的含水率以及粉尘的黏附性等多种因素有关。如表 6-1 所示，安息角越小，说明粉尘的流动性越好。粉尘的安息角和滑动角是设计料仓或除尘器灰斗的锥度，以及确定输灰管道或除尘管道的倾斜度的主要依据。粉尘粒径越小，其接触表面增大，相互吸附力强，安息角就越大。粉尘含水率增加，安息角增大。表面光滑的颗粒比表面粗糙的颗粒安息角小。黏性大的粉尘安息角大。

表 6-1 物料流动性与安息角关系

物料的流动性	安息角（°）
流动性非常好	25～30
流动性好	30～38
流动性较好	38～45
有黏性	45～55
黏性很大	>55

（7）粉尘比表面积　单位体积（或质量）粉尘具有的表面积称为粉尘的比表面积（cm^2/cm^3 或 cm^2/g）。粉尘比表面积是根据粉尘的自身体积（净体积）、堆积体积和质量为基准计算的。它常用来表示粉尘的总体细度，是研究粉尘的流动阻力、化学反应，以及传热、传质等现象的参数之一。粉尘越细，比表面积越大，粉尘层的流动阻力越大。此外，粉尘的物理化学活性（氧化、溶解、吸附、催化、生理效应等）随比表面积增大而增强。有些粉尘的爆炸危险性和毒性随粒径的减小而增强。

（8）粉尘的粒径及粒径分布　粉尘的粒径对球形粒子来说，是指它的直径，实际的尘粒形状是不规则的，只能用某一个有代表性的数值作为粉尘的粒径。例如，用显微镜法测定粒径时有定向粒径、长轴粒径、短轴粒径等；用移液管法测出的粒径称为斯托克斯粒径。

通风除尘系统处理的粉尘是由粒径不同的粒子集合组成的，各种粒径的颗粒所占的比例称为粉尘的分散度。粉尘的分散度不同，它们对人体的危害以及除尘的机理都是不同的。掌握粉尘的粒径分布是进行除尘器设计和研究的基本条件。

粉尘的粒径分布可用分组质量百分数（粒径频率）表示，现以某厂的生产粉尘为例列在表 6-2 中。

粉尘的粒径分布也称粒径的频率分布，粒径频率分布表中的分组质量百分数 $d\phi$ 和累计质量百分数 ϕ 都能反映粒径的分布情况。粉尘的粒径分布可以用正态分布函数表示，这里不再叙述。

2. 除尘机理

除尘器的除尘机理主要有以下几个方面：

（1）重力　气流中的尘粒可以依靠重力自然沉降，从气流中分离出来。但是尘粒的沉降速度一般较小，这个机理只能用于粗大的尘粒。

表 6-2　粒径的频率分布

粒径范围 $d_{c1} \sim d_{c2}$ /μm	粒径间隔 d（d_c） /μm	该粒径间隔的算术平均粒径 $d_{cp} = \dfrac{d_{c1} + d_{c2}}{2}$ /μm	该粒径间隔的粒子所占的质量百分比 $d\phi$（%）	从 $d_{c1} = 0$ 开始的累计质量百分数 $\phi = \int_0^{d_{c2}} d\phi$（%）
1.4 ~ 2.0	0.6	1.7	0.1	0.1
2.0 ~ 2.8	0.8	2.4	0.4	0.5
2.8 ~ 4.0	1.2	3.4	2.2	2.7
4.0 ~ 5.6	1.6	4.8	6.9	9.6
5.6 ~ 8.0	2.4	6.8	13.4	23.0
8.0 ~ 11.2	3.2	9.6	24.9	47.9
11.2 ~ 16	4.8	13.6	25.9	73.8
16 ~ 22.4	6.4	19.2	16.9	89.8
22.4 ~ 32	9.6	27.2	7.3	97.1
32 ~ 44.8	12.8	38.4	2.1	99.2
44.8 ~ 64	19.2	54.4	0.6	99.8
>64			0.2	100

（2）离心力　当含尘气流作圆周运动时，由于惯性离心力的作用，尘粒和气流会产生相对运动，使尘粒从气流中分离出来。它是旋风除尘器的主要机理。

（3）惯性碰撞　含尘气流在运动过程中遇到物体的阻挡（如挡板、纤维、水滴等）时，气流要改变方向进行绕流，细小的尘粒会随气流一起流动。粗大的尘粒由于具有较大的惯性，它将脱离流线，维持自身的惯性运动，尘粒将和物体发生碰撞，如图6-2所示。这种现象称为惯性碰撞，惯性碰撞是过滤式除尘器、湿式除尘器和惯性除尘器的主要除尘机理。

（4）接触阻留　细小的尘粒随气流一起绕流时，如果流线紧靠物体（纤维或液滴）表面，有些尘粒与物体发生接触而被阻留，这种机制称为接触阻留。当尘粒尺寸大于纤维网眼而被阻留时，这种现象称为筛滤作用。过滤式除尘器主要依靠筛滤作用进行除尘。

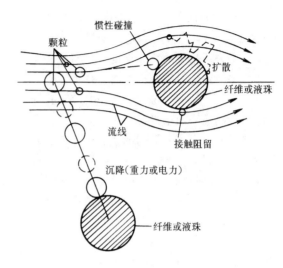

图6-2　除尘机理示意图

（5）扩散　小于$1\mu m$的微小粒子在气体分子撞击下，像气体分子一样做布朗运动。如果尘粒在布朗运动过程中和物体表面接触，就会从气流中分离，这种机理称为扩散。对于$d_c \leqslant 0.3\mu m$的尘粒，是一个主要的分离机理。

湿式除尘器和袋式除尘器的分级效率曲线表明，当$d_c = 0.3\mu m$左右时，除尘器效率最低。因为在$d_c > 0.3\mu m$时，扩散的作用还不显著，而惯性的作用是随粒径的减小而减小，当$d_c \leqslant 0.3\mu m$时，惯性不起作用，这时主要依靠扩散作用，布朗运动随粒径的减小而加强。

（6）静电力　悬浮在气流中的尘粒，若带有一定量的电荷，可以通过静电力使它从气流中分离出来。由于自然状态下，尘粒的荷电量很小，因此，要得到较高的除尘效率，必须设置专门的高压电场，使尘粒充分荷电。

（7）凝聚　凝聚作用不是一种直接的除尘机理。通过超声波、蒸汽凝结、加湿等凝聚作用，可以使细小尘粒凝聚增大，再用一般的除尘方法分离出来。

在工程上常用的除尘器通常不是简单地依靠某一种除尘机理，而是几种除尘机理的综合作用。

6.2.2　重力沉降室、惯性除尘器

1. 重力沉降室

重力沉降室是一种最简单的除尘器，它依靠重力的作用使尘粒从气流中分离出来。沉降室（图6-3）是一个断面较大的空室，含尘气体由断面较小的风管进入沉降室后，气流速度大大降低，尘粒便在重力作用下向灰斗沉降分离出来。

（1）尘粒的沉降速度　尘粒在静止流体中自由沉降时，除了受重力作用外，还要受到流体对尘粒的阻力和浮力。作用在尘粒上的总作用力为

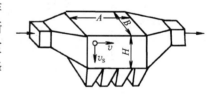

图6-3　重力沉降室

$$F = G - F_f - P \tag{6-11}$$

式中　G——尘粒的重力（N）；

F_f——尘粒在流体中受到的浮力（N）；

P——流体对尘粒的阻力（N）。

对于球形尘粒

$$G - F_{\mathrm{f}} = \frac{\pi}{6} d_{\mathrm{c}}^3 (\rho_{\mathrm{c}} - \rho) g \tag{6-12}$$

$$P = C_{\mathrm{R}} \frac{\pi}{4} d_{\mathrm{c}}^2 \frac{v^2}{2} \rho \tag{6-13}$$

式中　d_{c}——尘粒直径（m）；

ρ_{c}——尘粒密度（kg/m³）；

ρ——空气密度（kg/m³）；

g——重力加速度（m/s²）；

v——尘粒对流体的相对运动速度（m/s）；

C_{R}——流体的阻力系数。

将式（6-12）和式（6-13）代入式（6-11）

$$F = \frac{\pi}{6} d_{\mathrm{c}}^3 (\rho_{\mathrm{c}} - \rho) g - C_{\mathrm{R}} \frac{\pi}{4} d_{\mathrm{c}}^2 \frac{v^2}{2} \rho \tag{6-14}$$

尘粒在上述合力作用下从静止开始做加速下降运动，随着尘粒运动速度的增加，流体阻力也随之增加，当式（6-14）右边两项在数值上相等时，作用在尘粒上的外力之和 $F = 0$，尘粒开始在流体中做等速沉降，这时的降落速度称为尘粒的沉降速度，以 v_{s} 表示。根据沉降速度的定义可得

$$v_{\mathrm{s}} = \sqrt{\frac{4(\rho_{\mathrm{c}} - \rho) g d_{\mathrm{c}}}{3 C_{\mathrm{R}} \rho}} \tag{6-15}$$

根据分析和实验，流体阻力系数 C_{R} 是尘粒雷诺数 Re 的函数，当 $Re \leqslant 1$ 时，尘粒周围的流动状态大致处于层流状况，C_{R} 与 Re 呈直线关系

$$C_{\mathrm{R}} = \frac{24}{Re} = \frac{24\mu}{v d_{\mathrm{c}} \rho} \tag{6-16}$$

式中　μ——流体的动力黏度（Pa·s）。

将式（6-16）分别代入式（6-13）和式（6-15）中，可得到对 Re 范围的流体阻力和沉降速度

$$P = 3\pi\mu v d_{\mathrm{c}} \tag{6-17}$$

$$v_{\mathrm{s}} = \frac{g(\rho_{\mathrm{c}} - \rho) d_{\mathrm{c}}^2}{18\mu} \tag{6-18}$$

上述两公式统称为斯托克斯公式，其应用范围为 $Re \leqslant 1$，但在实际工程中，当 $Re \leqslant 2$ 时，仍可近似采用。由于在除尘设备中，尘粒与气流的相对运动状态一般不超出层流范围，上述公式可作为分析除尘器内尘粒与气流相对运动和计算尘粒沉降速度的基本公式。

当尘粒在空气中沉降时，因 $\rho_{\mathrm{c}} \gg \rho$，式（6-18）可简化为

$$v_{\mathrm{s}} = \frac{g \rho_{\mathrm{c}} d_{\mathrm{c}}^2}{18\mu} \tag{6-19}$$

如果尘粒以速度 v_{s} 沉降时，遇到垂直向上的速度为 v_{w} 的均匀气流，当 $v_{\mathrm{w}} = v_{\mathrm{s}}$ 时，尘粒将会处于悬浮状态，这时的气流速度 v_{w} 称为悬浮速度。对某一尘粒来说，其沉降速度与悬浮速度两者的数值相等，但意义不同。前者是指尘粒下落时所能达到的最大速度，而后者是指上升气流能使尘粒悬浮所需的最小速度。如果上升气流速度大于尘粒的悬浮速度，尘粒必然上升；反之，

则必定下降。

在上述公式的推导过程中，曾假定尘粒表面有一无限薄的介质层，它与尘粒没有相对运动。但在实验中发现，当尘粒的粒径很小（$d_c \leqslant 5\mu m$）时，薄气层与尘粒表面有滑动现象，使实际的阻力比按式（6-17）算出的要小，实际的沉降速度比按式（6-19）算出的要大。因此，当 $d_c \leqslant 5\mu m$ 时，必须对斯托克斯公式进行修正。

对于 $d_c \leqslant 5\mu m$ 的尘粒，在空气中沉降时，其沉降速度应按下式计算

$$v_s = K_c \frac{g\rho_c d_c^2}{18\mu} \tag{6-20}$$

式中　K_c——库宁汉（Cunninghum）滑动修正系数。

当空气温度为20℃和压力为1atm（101.325kPa）时，K_c 值近似按下式估算

$$K_c = 1 + \frac{0.172}{d_c} \tag{6-21}$$

式中　d_c——尘粒直径（μm）。

【例6-1】 密度 $\rho_c = 2700 kg/m^3$，$d_c = 5\mu m$ 和 $50\mu m$ 的球形尘粒，在 $t = 20℃$、$p = 1atm$（101.325kPa）的静止空气中自由沉降，试计算其沉降速度。

【解】 查得20℃时空气动力黏度 $\mu = 1.81 \times 10^{-5} Pa \cdot s$

对于 $d_c = 5\mu m$ 的尘粒

$$v_s = \left(1 + \frac{0.172}{d_c}\right)\frac{g\rho_c d_c^2}{18\mu} = \left(1 + \frac{0.172}{5}\right) \times \frac{9.8 \times 2700 kg/m^3 \times (5\mu m \times 10^{-6})^2}{18 \times 1.81 \times 10^{-5} Pa \cdot s}$$

$$= 2.1 \times 10^{-3} m/s = 2.03 mm/s$$

对于 $d_c = 50\mu m$ 的尘粒

$$v_s = \frac{9.8 \times 2700 kg/m^3 \times (5 \times 10^{-6})^2}{18 \times 1.81 \times 10^{-5} Pa \cdot s} = 0.201 m/s = 203 mm/s$$

（2）沉降室的计算　在沉降室内，尘粒一方面以沉降速度 v_s 下降，另一方面随着气流以气流在沉降室内的流速 v 继续向前运动，如图6-3所示。要使沉降速度为 v_s 的尘粒在重力沉降室内全部沉降下来，必须使气流通过沉降室的时间大于或等于尘粒从顶部沉降到底部灰斗所需的时间，即

$$\frac{A}{v} \geqslant \frac{H}{v_s} \tag{6-22}$$

式中　A——沉降室长度（m）；

　　　v——沉降室内气流运动速度（m/s）；

　　　H——沉降室高度（m）；

　　　v_s——尘粒的沉降速度（m/s）。

将式（6-19）代入式（6-22），可求得重力沉降室能100%捕集的最小捕集粒径

$$d_{min} = \sqrt{\frac{18\mu Hv}{g\rho_c A}} \tag{6-23}$$

（3）重力沉降室的应用　重力沉降室仅适用于捕集密度大、颗粒粗（粒径大于50μm）的粉尘。尽管重力沉降室具有结构简单、造价低、施工容易、维护管理方便、阻力小（一般为50～

150Pa）等优点，但由于它除尘效率低，占地面积大，在工程中只作为多级除尘中的初级处理。

2. 惯性除尘器

（1）惯性除尘器除尘机理　为了改善沉降室的除尘效果，可在沉降室内设置各种形式的挡板，使含尘气流冲击在挡板上，气流方向发生急剧转变，借助尘粒本身的惯性力作用，使其与气流分离。含尘气流冲击在两块挡板上时尘粒分离的机理如图 6-4 所示。当含尘气流冲击到挡板 B_1 上时，惯性大的粗尘粒（d_1）首先被分离下来，被气流带走的尘粒（d_2，$d_2 < d_1$），由于挡板 B_2 使气流方向转变，借助离心力作用也被分离下来。若设该点气流的旋转半径为 R_2，切向速度为 u_t，则尘粒 d_2 所受离心力与 $d_2^3 u_t^2 / R_2$ 成正比。显然，这种惯性除尘器，除借助惯性力作用外，还利用了离心力和重力的作用。

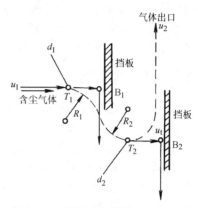

图 6-4　惯性除尘器的分离机理

（2）惯性除尘器结构形式　惯性除尘器结构形式多种多样，可分为以气流中粒子冲击挡板捕集较粗粒子的冲击式和通过改变气流流动方向而捕集较细粒子的反转式。冲击式惯性除尘器结构的示意如图 6-5 所示，其中图 a 为单级型，图 b 为多级型。在这种结构中，沿气流方向设置一级或多级挡板，使气体中的尘粒冲撞挡板而被分离。图 6-6 为几种反转式惯性除尘器，图 a 为弯管型，图 b 为百叶窗型。弯管型、百叶窗型反转式除尘装置和冲击式惯性除尘装置一样都适于烟气除尘。

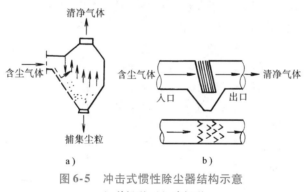

图 6-5　冲击式惯性除尘器结构示意

a）单级型　b）多级型

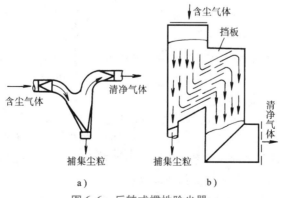

图 6-6　反转式惯性除尘器

a）弯管型　b）百叶窗型

（3）惯性除尘器的应用　一般惯性除尘器的气流速度越高，气流方向转变角度越大，转变次数越多，净化效率越高，但压力损失也越大。惯性除尘器用于净化密度和粒径较大的金属或矿物性粉尘，具有较高除尘效率。对黏结性和纤维性粉尘，则因易堵塞而不宜采用。由于惯性除尘器的净化效率不高，故一般用于多级除尘中的第一级除尘，捕集粒径 $10 \sim 20 \mu m$ 以上的粗尘粒，压力损失一般在 $100 \sim 1000 Pa$。

6.2.3　旋风除尘器

旋风除尘器是利用气流旋转过程中作用在尘粒上的离心力，使粉尘从含尘气流中分离出来。

普通旋风除尘器的结构如图6-7所示，它是由进气口、筒体、锥体、排出管（内筒）四部分组成。含尘气体由除尘器进气口沿切线方向进入后，沿外壁从上向下做旋转运动，这股向下旋转的气流称为外旋涡。外旋涡到达锥体底部后，转而向上，沿轴心向上旋转，最后，从排出管排出。这股向上旋转的气流称为内旋涡。内、外旋涡的旋转方向相同。气流做外旋转运动时，尘粒在离心力的作用下向外壁运动，到达外壁的粉尘在下旋气流和重力的共同作用下沿壁面落入灰斗分离出来。

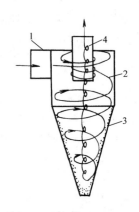

图6-7　普通旋风除尘器
1—进气口　2—筒体
3—锥体　4—排出管

1. 旋风除尘器内的流场

通过对旋风除尘器内整个流场的测定发现，实际的气流运动是很复杂的，除了切向和轴向运动外，还有径向运动，是一个三维速度场。旋风除尘器内某一断面上的速度分布和压力分布如图6-8所示。

（1）速度分布

1）切向速度：旋风除尘器内气流的切向速度分布如图6-8所示，从该图可以看出，外旋涡的切向速度 v_t 是随半径 r 的减小而增加的，在内、外旋涡的交界面上，v_t 达到最大。可以近似认为，内、外旋涡交界面的半径 $r_o \approx (0.6 \sim 0.65) r_p$（$r_p$ 为排出管半径），内旋涡的切向速度是随着 r 的减小而减小的。

某一断面上的切向速度分布可用下式表示

外旋涡　　　　$v_t^{\frac{1}{n}} r = C$　　　　（6-24）

内旋涡　　　　$v_t / r = C'$　　　　（6-25）

式中　　v_t——切向速度（m/s）；

　　　　r——气流质点的旋转半径，即距轴心的距离（m）；

　　n、C、C'——常数，通过实验确定。

一般 $n = 0.5 \sim 0.8$，如取0.5，式（6-24）可以改写为

$$v_t^2 r = C \qquad (6-26)$$

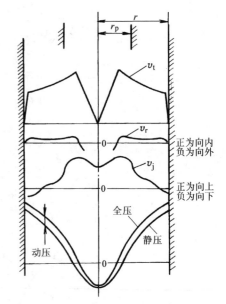

图6-8　旋风除尘器内的流场和压力分布

在不同断面上，气流的切向速度是变化的（图中未标出）。锥体部分的切向速度要比筒体部分大，因此，锥体部分的除尘效果要比筒体部分好。

2）轴向速度：外旋涡外侧的轴向速度 v_j 是向下的（图6-8中用负值表示），内旋涡的轴向

速度则是向上的（图 6-8 以正值表示）。当气流由锥体底部向上时，可能将一部分已除下来的微细粉尘重新扬起，并带出除尘器，这种现象称为返混。

3）径向速度：内旋涡的径向速度 v_r 是向外的（图 6-8 中用负值表示），外旋涡的径向速度是向内的（图 6-8 中用正值表示）。外旋涡的径向速度沿除尘器高度的分布是不均匀的，上部断面大，下部断面小。

如果近似把内、外旋涡的交界面看成一个正圆柱面，外旋涡气流均匀地经过该圆柱面而进入内旋涡（图 6-9），那么，交界面上外旋涡气流的平均径向速度 v_{ro}（m/s）可按下式计算

$$v_{ro} = \frac{q_V}{3600A} = \frac{q_V}{3600 \times 2\pi r_o H} \qquad (6-27)$$

式中　q_V——旋风除尘器处理风量（m^3/h）；

　　　A——假想圆柱面的表面积（m^2）；

　　　r_o——内、外旋涡交界面的半径（m）；

　　　H——假想圆柱面的高度（m）。

v_t 产生的离心力使尘粒做向外的径向运动，而外旋涡的 v_r 则使尘粒做向心的径向运动，把尘粒推入内旋涡。气流的切向速度 v_t 和外旋涡的径向速度 v_r 对气流中尘粒的分离起着相反的作用，而内旋涡的径向速度是向外的，对尘粒有一定的分离作用。

（2）压力分布　旋风除尘器内的压力分布是沿外壁向中心逐渐减少，在轴心处为负压（图 6-8），负压一直延伸到除尘器底部，在除尘器灰斗，负压达到最大值（ -300Pa）。该图是除尘器在正压（900Pa）条件下工作得到的，如果除尘器在负压下工作，负压值将会更大，所以，旋风除尘器底部要保持严密；如不严密，就会有大量外部空气从底部被吸入，形成一股上升气流，把已分离下来的一部分粉尘重新带出除尘器，使除尘效率急剧降低。

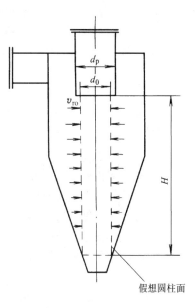

图 6-9　外旋涡的平均径向速度

了解旋风除尘器内的速度分布和压力分布，对分析除尘器的性能和解释分离机理有重要的作用。

2. 筛分理论

旋风除尘器自摩尔斯（Morse）于 1885 年在美国政府取得第一个专利到今天已有 100 多年历史。随着对旋风除尘器流场的广泛测定和理论研究的不断深化，人们对旋风除尘器分离机理的认识已从早期的见涡不见汇的"转圈理论"（1932 年由罗辛等人提出）发展成见涡又见汇的"筛分理论"。

转圈理论从旋风除尘器内只存在旋涡流场入手，认为只要气流在筒体内转圈次数足够，粉尘就能从含尘气流中分离出来。根据转圈理论得到的分割粒径仅仅与筒体高度有关，而与锥体高度无关，这显然与实际情况不相符合。

筛分理论弥补了转圈理论的缺点，它的要点是：在旋风除尘器内存在涡、汇流场，处于外旋涡内的尘粒在径向同时受到方向相反两种力的作用。由外旋涡流场产生的离心力 F_1 使尘粒向外推移，由汇流场产生的向心力 P 又使尘粒向内移动。离心力的大小与尘粒直径的大小有关，粒径越大，离心力越大，因此，必定有一临界粒径 d_k，其所受到两种力的作用正好相等。若粒径 $d > d_k$，向外推移作用大于向内移动作用，尘粒 d 被推移到除尘器外壁而被分离。相反，凡

$d < d_k$ 的尘粒，向内移动作用大于向外推移作用而被带入上升的内旋涡中排出除尘器。可以设想有一张无形的筛网，其孔径为 d_k，凡粒径 $d > d_k$ 者被截留在筛网一面，而 $d < d_k$ 者则通过筛网排出除尘器。而在内、外旋涡的交界面上切向速度最大，尘粒在该处受到的离心力也最大，因此，可以设想筛网的位置应位于内、外旋涡的交界处。对于粒径为 d_k 的尘粒，因 $F_1 = P$，它将在交界面上不停地旋转。由于各种随机因素的影响，从概率统计的观点可以认为处于这种状态的尘粒有 50% 的可能被分离，同时也有 50% 的可能进入内旋涡而排出除尘器，即这种尘粒的分离效率为 50%。除尘器的分级效率等于 50% 时的粒径称为分割粒径，用 d_{c50} 表示。

根据上述定义，当交界面上的 $F_1 = P$ 时

$$\frac{\pi}{6} d_{c50}^3 \rho_c \frac{v_{to}^2}{r_o} = 3\pi\mu v_{ro} d_{c50} \tag{6-28}$$

分割粒径
$$d_{c50} = \left(\frac{18\mu v_{ro} r_o}{\rho_c v_{to}^2} \right)^{\frac{1}{2}} \tag{6-29}$$

式中　μ——空气的动力黏度（Pa·s）；

　　　r_o——交界面的半径（m）；

　　　v_{ro}——交界面上气流的径向速度（m/s），按式（6-27）计算；

　　　ρ_c——尘粒密度（kg/m³）；

　　　v_{to}——交界面上气流的切向速度（m/s）。

分割粒径是反映除尘器除尘性能的一项重要指标，d_{c50} 越小，说明除尘效率越高。从式（6-29）可以看出，d_{c50} 是随 v_{to} 和 ρ_c 的增加而减小的，是随 v_{ro} 和 r_o 的减小而减小的。这就是说，旋风除尘器的除尘效率是随切向速度和尘粒密度的增加、径向速度和排出管直径的减小而增加的，起主要作用的是切向速度。

按式（6-29）计算 d_{c50} 时，必须先求得交界面上气流的切向速度 v_{to}。

根据式（6-26），$v_{t1}^2 r = v_{to}^2 r_o$ 得

$$v_{to} = v_{t1} \left(\frac{r}{r_o} \right)^{\frac{1}{2}} \tag{6-30}$$

式中　v_{t1}——旋风除尘器外壁附近的切向速度（m/s）；

　　　r——旋风除尘器筒体半径（m）；

　　　r_o——交界面的半径（m）。

关于 v_{t1}，木村典夫根据实验研究提出下列公式：

当 $0.17 < \sqrt{Ag}/D < 0.41$ 时

$$v_{t1} = 3.47 (\sqrt{A_g}/D) v \tag{6-31}$$

当 $0.17 > \sqrt{A_g}/D$ 时

$$v_{t1} = 0.6v \tag{6-32}$$

式中　A_g——除尘器进口面积（m²）；

　　　D——除尘器筒体直径（m）；

　　　v——除尘器进口风速（m/s）。

除尘器结构尺寸及进口风速确定以后，即可按上述公式求得分割粒径 d_{c50}。已知 d_{c50} 可按下列实验式近似地求得旋风除尘器的分级效率

$$\eta_d = 1 - \exp\left[-0.693 \left(\frac{d_c}{d_{c50}} \right) \right] \tag{6-33}$$

式中 d_c——粉尘粒径（μm）；

$\quad\quad d_{c50}$——分割粒径（μm）。

应当指出，粉尘在旋风除尘器内的分离过程是很复杂的，难以用一个公式来表达。例如，有些理论上不能捕集的细小尘粒，由于凝并或被大尘粒裹挟而带至器壁被捕集分离出来。相反，由于反弹和局部涡流的影响，有些理论上应该除去的粗大尘粒却回到内旋涡。另外，有些已分离的尘粒，在下落过程中也会重新被气流带走，内旋涡气流在锥体底部旋转向上时，也会带走部分已分离的尘粒。上述这些情况，在理论计算中是没有包括的，因此，根据某些假设条件得出的理论公式还不能进行较精确的计算。目前，旋风除尘器的效率一般是通过实测确定的。

【例 6-2】 已知某旋风除尘器 $d_{c50}=6\mu$m，进口粉尘的粒径分布如下：

粉尘粒径/μm	0 ~ 5	5 ~ 10	10 ~ 20	20 ~ 30	30 ~ 40	> 40
平均粒径/μm	2.5	7.5	15	25	35	40
质量分数（%）	7	21	36	17	9	10

计算该除尘器的分级效率和除尘效率（全效率）。

【解】 根据式（6-33）

$$\eta_d = 1 - \exp\left[-0.693\left(\frac{d_c}{d_{c50}}\right)\right]$$

$d_c = 2.5\mu$m 时，$\eta_{2.5} = 25\%$

$d_c = 7.5\mu$m 时，$\eta_{7.5} = 57.9\%$

$d_c = 15\mu$m 时，$\eta_{15} = 82.3\%$

$d_c = 25\mu$m 时，$\eta_{25} = 94.4\%$

$d_c = 35\mu$m 时，$\eta_{35} = 98.2\%$

$d_c = 40\mu$m 时，$\eta_{40} = 100\%$

除尘效率（全效率）为

$$\eta = \sum D_{di}\eta_{di} = (7 \times 0.25 + 21 \times 0.579 + 36 \times 0.823 + 17 \times 0.944 + 9 \times 0.982 + 10 \times 1)\%$$
$$= 78.4\%$$

3. 影响旋风除尘器性能的因素

影响旋风除尘器性能的因素很多，使用条件和结构形式对旋风除尘器的性能都有不同程度的影响。

在使用条件方面，影响旋风除尘器性能的因素有：

（1）进口风速 旋风除尘器内气流的旋转速度是随进口风速的增加而增加的。增大进口风速，能提高气流的旋转速度，使粉尘受到的离心力增大，从而提高除尘效率，同时也增大了除尘器的处理风量。但进口风速不宜过大，过大会导致除尘器阻力急剧增加（除尘器阻力与进口风速的平方成正比），动力消耗增大。进口风速过高，还会加剧粉尘的返混，导致除尘效率下降。从技术、经济两方面考虑，进口风速必须在合适的范围内，一般为 15 ~ 25m/s，但不应低于 10m/s，以防止进气管积尘。

（2）含尘气体的性质 粉尘真密度和粒径增大，会使除尘效率显著提高。气体温度的提高和黏度的增大，均引起除尘效率下降。旋风除尘器热态效率比冷态效率低，进口含尘浓度增高时，除尘器的阻力会有所下降，但对效率影响不大。

（3）除尘器底部的严密性   旋风除尘器无论是在正压下还是在负压下运行，其底部总是处于负压状态，如果除尘器底部不严密，从灰斗渗入的空气形成返混流会把正在落入灰斗的一部分粉尘带出除尘器，使除尘效率显著下降。所以，如何在不漏风的情况下进行正常排尘是保证旋风除尘器正常运行的一个十分关键的问题。

（4）结构

1）入口形式。旋风除尘器的入口形式大致可分为切向进入式和轴向进入式两类，如图6-10所示。切向进入式有直入式和蜗壳式。直入式入口是进气管外壁与筒体相切，蜗壳式入口是进气管内壁与筒体相切，外壁采用渐开线形式。蜗壳式入口增大进口面积比较容易，又因进口处有一环形空间，使进口气流距筒体外壁更近。这样，既缩短了尘粒向筒壁的沉降距离，又可减少进口气流与内旋涡之间的相互干扰，对降低进口阻力和提高除尘效率都有利。

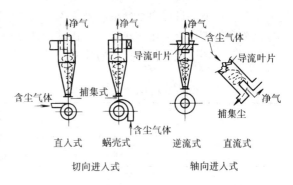

图6-10   旋风除尘器的入口形式

轴向进入式是靠固定的导流叶片促使气体做旋转运动。叶片形式有各种不同的设计。与切向进入式相比，在同一压力损失下，处理的气体量可增加2倍左右，而且气流容易分配均匀，所以主要用其组合成多管旋风除尘器，用于处理气体量大的场合。逆流式的阻力一般为800～1000Pa，除尘效率与切向进入式比较没有显著差别。直流式的阻力小，一般为400～500Pa，但除尘效率也较低。

2）筒体直径。在相同的旋转速度下，筒体直径越小，尘粒受到的离心力越大，除尘效率越高，但处理风量减少，而且筒径过小还会引起粉尘堵塞，所以筒径一般不小于150mm。为保证除尘效率不致降低太大，筒径一般不大于1000mm。如果处理风量大时，可采用并联组合形式或多管旋风除尘器。

旋风除尘器规格的命名及各部分尺寸比例多以筒径 D 为准。

3）排出管直径。理论和实践都表明，减少排出管直径可以减少内旋涡的范围，有利于提高除尘效率，但是不能取得过小，以免阻力增大，一般取 $d_p = (0.4 \sim 0.66)D$。

4）筒体和锥体高度。增加筒体和锥体高度，从表面上看，似乎增加了气流在除尘器内的旋转圈数，有利于尘粒的分离。但是，实际上由于外旋涡有向心的径向运动，使下旋的外旋涡气流在下旋过程中不断进入上旋的内旋涡中，因此，筒体和锥体的总高度过大并没有什么实际意义。实践经验表明，一般以不超过 $5D$ 为宜。在锥体部分，由于断面不断减小，尘粒到达外壁的距离也逐渐减小，气流的旋转速度不断增加，尘粒受到的离心力不断增大，这对尘粒的分离是有利的。高效旋风除尘器大都是长锥体，就是这个原因。目前，国内的高效旋风除尘器，如CZT型和XCX型也都采用长锥体，锥体长度为 $(2.8 \sim 2.85)D$。

5）排尘口直径。排尘口直径一般为 $(0.7 \sim 1)d_p$。过小会影响粉尘沉降，被上升气流带走，特别是黏性粉尘易被粉尘堵塞，故排尘口直径应大于70mm。

现将旋风除尘器各组成部分的尺寸对除尘器性能的影响，列于表6-3中。需要指出的是，这些尺寸的增加或减少不是无限的，达到一定程度后，其影响显著减少，甚至有可能因其他因素的影响而使有利因素转化为不利因素，这是在设计中要引起注意的。有的因素对效率有利，但对阻力不利，因此，也必须加以兼顾。

表 6-3　旋风除尘器结构尺寸对性能的影响

增　加	阻　力	效　率	造　价
筒体直径	降低	降低	增加
进口面积（风量不变）	降低	降低	
进口面积（风速不变）	增加	增加	
筒体高度	略降	增加	增加
锥体高度	略降	增加	增加
圆锥开口	略降	增加或降低	
排出管插入长度	增加	增加或降低	增加
排出管直径	降低	降低	增加
相似尺寸比例	几乎无影响	降低	
圆锥角	降低	20°~30°为宜	增加

4. 几种常用的旋风除尘器

旋风除尘器的结构形式很多，如组合式、旁路式、扩散式、直流式、平旋式、旋流式等。直到目前为止，其结构形式方面的研究工作一直在进行，新的形式仍在不断出现。这里仅对国内几种常用的旋风除尘器做一简要介绍。

（1）多管旋风除尘器　如前所述，旋风除尘器的效率是随着筒体直径的减少而增加，但直径减少，处理风量也减少。当要求处理风量大时，可将几台旋风除尘器并联起来使用，但占地面积大，管理不方便，因此，就产生了多管组合的结构形式。多管旋风除尘器是把许多小直径（100~250mm）的旋风子并联组合在一个箱体内，合用一个进气口、排气口和灰斗，进气和排气空间用一倾斜隔板分开，使各个旋风子之间的风量分配均匀，如图 6-11 所示。为了使除尘器结构紧凑，含尘气体由轴向经螺旋导流叶片进入旋风子，并依靠螺旋导流叶片的作用做旋转运动。

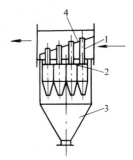

图 6-11　多管旋风除尘器
1—旋风子　2—导流叶片
3—灰斗　4—倾斜隔板

多管旋风除尘器通常要并联多个（多达 100 个以上）旋风子，由于在一个共同的箱体内设有很多个旋风子，所以保证气流均匀地分布到各个旋风子内是一个关键的问题。如果各个旋风子之间风量分配不均匀，各个旋风子下灰口的负压亦不相同，就会造成各个旋风子之间，通过共用灰斗产生气流相互串联，即所谓串流现象。这时，有的旋风子会从下部进风，同除尘器底部漏风一样，使除尘效率显著下降。因此，通常要求各个旋风子的尺寸和阻力相同，特别要求下灰口的负压相同。为了防止串流，可在灰斗中设阻风隔板，沿垂直气流方向每隔几排旋风子设一块，或单独设置灰斗。

为了避免旋风子发生堵塞，多管旋风除尘器不宜处理黏性大的粉尘。

在处理风量相同时，多管除尘器的除尘效率要比切向进气的旋风除尘器高。由于布置紧凑，多管除尘器还可减少空间。例如，处理 4600m³/h 风量时，用筒体直径为 0.9m 的高效旋风除尘器，总高度约为 7.6m，而多管除尘器仅为 2.4m。

多管除尘器除立式外，也可以做成卧式和倾斜式。近年来，在小型锅炉（蒸发量在 35t/h 以下）烟气除尘中，有使用陶瓷多管除尘器的，其旋风子用陶瓷烧制而成，耐磨和防腐性能好。

（2）旁路旋风除尘器　对旋风除尘器的流场测定表明，在旋风除尘器内，除了主旋转气流外，在除尘器整个高度上还存在两个旋涡，一个是处于顶盖附近一直到排出管下端的上旋涡；另一个是处于锥体部分的下旋涡（图 6-12）。上旋涡使部分细粉尘聚集在顶盖附近，形成上灰环。上灰环沿筒壁向上旋转，到达顶部后，转而向下，沿着排出管外壁到达排出管下端，在从下向上的内旋气流带动下，将一部分未经分离的细粉尘带出除尘器，导致除尘效率降低。

为了消除上旋涡所造成的不利影响，在除尘器上专门设置一个与锥体部分相通的旁路分离室，让上旋涡携带着细粉尘从上部分离口进入旁路分离室，沿旁路经回风口流至除尘器下部与下旋涡汇合，而粉尘则从气流中分离出来落入灰斗。在旁路分离室中部设有分离口，使一部分下旋气流（下旋涡）带着较粗粉尘由此进入分离室，回到除尘器底部。为了使上旋涡形成更明显，除尘器顶盖要比进口高出一定距离。旁路旋风除尘器的排出管插入深度比普通旋风除尘器短，故阻力比普通旋风除尘器低。

试验表明，如将旁路关闭，除尘效率会显著下降。用尘粒密度 $\rho_c = 2700 \mathrm{kg/m^3}$，中位粒径 $d_{50} = 14\mu\mathrm{m}$ 滑石粉做试验，当进口风速 $v = 17.5\mathrm{m/s}$ 时，旁路旋风除尘器的效率约为85%左右。

（3）长锥体旋风除尘器 增加锥体高度，可以提高分离效率，在理论和实践上得到验证。CZT 型长锥体旋风除尘器是一种效率较高的旋风除尘器（图6-13），因其筒体较短，锥体较长，故称为长锥体旋风除尘器，这种除尘器的主要结构尺寸如下：

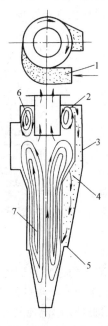

图6-12　旁路旋风除尘器

1—含尘进口　2—上部分离口　3—旁路分离室
4—中部分离口　5—回风口　6—上旋涡（上灰环）
7—下旋涡

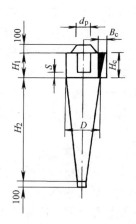

图6-13　CZT 型长锥体旋风除尘器

筒体高度 $H_1 = 0.694D$，锥体高度 $H_2 = 2.8D \sim 2.85D$，排出管直径 $d_p = 0.5D$，排出管插入深度 $S = (-0.04 \sim 0.03)D$，进气口高度 $H_c = 0.694D$，宽 $B_c = 0.185D$，进口宽高比 $B_c/H = 1/3.75$。

CZT 型除尘器由于采用了长锥体结构和比较恰当的尺寸比，因而除尘效率有较大提高。CZT 型除尘器比 CLP/B 型除尘器的除尘效率高 7.9%，但 CZT 型除尘器的阻力高出 150Pa。当处理风量减少 25% 时（$q_V = 1350\mathrm{m^3/h}$），CZT 型除尘器效率提高得更多，而阻力相差的数值却减少了。

原西安冶金建筑学院在 CZT 型旋风除尘器的基础上，将进口的宽高比改为 1:4，并增加了高为 0.2D 的一段筒体。这种新型 CZT 除尘器比原 CZT 除尘器在阻力减少 10% 的条件下，除尘效率还能提高 1% 左右。

旋风除尘器结构简单、体积小、造价低、维护管理方便。除尘效率比重力沉降室和惯性除尘器都要高，因而得到广泛应用。它主要用于处理粒径大（10μm 以上）、密度大的粉尘，既可单独使用（工程中多用于锅炉烟尘除尘），也可作为多级除尘的第一级使用。

6.2.4 湿式除尘器

湿式除尘器是通过含尘气体与液滴、液膜的接触使尘粒从气流中分离的。

1. 湿式除尘器的机理

1）通过惯性碰撞和截留，尘粒与液滴或液膜发生接触。

2）微细尘粒通过扩散与液滴接触。

3）加湿的尘粒相互凝并。

4）饱和状态的高温烟气在湿式除尘器内凝结时，要以尘粒为凝结核，可以促进尘粒的凝并。

粒径大于 5μm 的粉尘主要利用第一个机理，粒径在 1μm 以下的尘粒主要利用后三个机理。凝并作用不是一种直接的除尘机理，但通过凝并作用，可以使微细尘粒凝并成大颗粒，易于被捕集。

目前，常用的湿式除尘器，主要通过尘粒与液滴的惯性碰撞进行除尘。惯性碰撞特性可用惯性碰撞数来描述

$$N_i = \frac{v_y d_c^2 \rho_c}{18 \mu d_y} \tag{6-34}$$

式中 N_i——惯性碰撞数；

      v_y——气流与液滴的相对运动速度（m/s）；

      d_c——尘粒直径（m）；

      ρ_c——尘粒密度（kg/m³）；

      μ——空气动力黏度（Pa·s）；

      d_y——液滴直径（m）。

必须指出，并不是液滴直径 d_y 越小越好，d_y 过小，液滴容易随气流一起运动，减少了气液的相对运动速度。试验表明，液滴直径约为捕集粒径的 150 倍时，效果最好，过大或过小都会使除尘效率下降。气流的速度也不宜过高，以免增加除尘器阻力。

2. 几种常用的湿式除尘器

湿式除尘器的种类很多，下面介绍常用的几种。

（1）水浴式除尘器   它是湿式除尘器中结构最简单的一种，其结构如图 6-14 所示，含尘气体进入后，在喷头处以高速喷出，冲击水面，激起大量水花和雾滴，粗大的尘粒随气流冲入水中而被捕集，细小的尘粒随气流折转 180° 向上时，通过与水花和雾滴接触而被除下，净化后的气体经挡水板脱水后排出。

水浴式除尘器的效率和阻力主要取决于气流的冲击速度和喷头的插入深度，并随着冲击速度和插入深度的增大而增加。当冲击速度和插入深度增大到一定值后，如继续

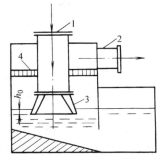

图 6-14   水浴式除尘器
1—含尘气体进口   2—净化气体出口
3—喷头   4—挡水板

增加，其除尘效率几乎不变化，而阻力却急剧增加。水浴式除尘器的冲击速度一般取 8 ~ 14m/s，喷头的插入深度 h_o 取 20 ~ 30mm。除尘器的效率一般可达 85% ~ 95%，阻力约为 400 ~ 700Pa。

水浴式除尘器的结构简单，可用砖或钢筋混凝土砌筑，耗水量少（0.1 ~ 0.3L/m³），适合中小型工厂采用。但对微细粉尘的除尘效率不高，泥浆处理比较困难。

（2）冲激式除尘器　冲激式除尘器的结构如图 6-15 所示，含尘气体进入除尘器后转弯向下，冲击水面，粗大的尘粒被水捕集直接沉降在泥浆斗内，未被捕集的微细尘粒随着气流高速通过 S 形通道（由上下两叶片间形成的缝隙），激起大量水花和水雾，使粉尘与水充分接触，得到进一步净化。净化后的气体经挡水板排出。

国产的 CCJ 型自激式除尘器自带风机，组装成除尘机组，它结构紧凑、占地面积小、施工安装方便，处理风量变化（20%以内）对除尘效率几乎没有影响。由于采用刮板运输机自动刮泥和自控供水方式，耗水量很少，约为 0.04L/m³。缺点是阻力高，价格较贵。

（3）旋风水膜除尘器　旋风水膜除尘器有立式和卧式两种形式，常见的是立式旋风水膜除尘器。立式旋风水膜除尘器的结构如图 6-16 所示，含尘气流沿切线方向进入除尘器，水在上部由喷嘴沿切线方向喷出，由于进口气流的旋转作用，在除尘器内表面形成一层液膜。粉尘在离心力作用下被甩到筒壁，与液膜接触而被捕集。它可以有效防止粉尘在器壁上的反弹、冲刷等引起的二次扬尘，从而提高除尘效率。这种湿式除尘器，由于加入了离心力的作用，能达到较高的除尘效率。除尘效率 η 通常可达 90% ~ 95%。

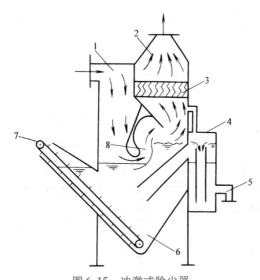

图 6-15　冲激式除尘器

1—含尘气体进口　2—净化气体出口　3—挡水板
4—溢流箱　5—溢流口　6—泥浆斗
7—刮板运输机　8—S 形通道

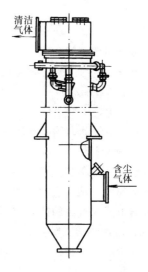

图 6-16　立式旋风水膜除尘器

除尘筒体内壁形成稳定均匀的水膜是保证除尘器正常工作的必要条件，必须做到：①均匀布置喷嘴，间距不宜过大，约 300 ~ 400mm；②入口气流速度不能太高，通常为 15 ~ 22m/s；③保证供水压力稳定，一般要求为 30 ~ 50kPa，最好能设置恒压水箱；④筒体内表面要求平整光滑，不允许有凸凹不平及突出的焊缝等。

水膜除尘器用于窑炉烟气净化时，为防止烟气中的 SO_2 腐蚀本体，降低使用寿命，常用厚 200 ~ 250mm 的花岗岩制作（亦称为麻石水膜除尘器）。它具有结构简单、造价低、除尘效率高，能同时进行有害气体净化等优点，适于处理非纤维性和非水硬性的各种粉尘，尤其适宜净化高温、易燃易爆气体，尘毒俱全的窑炉烟气。它的缺点是有用物料不能干法回收，泥浆处理比较困难。

（4）文丘里除尘器　文丘里除尘器或称文氏管除尘器是一种除尘效率很高的湿式除尘器。它由脱水器和文氏管两部分组成。图 6-17 所示文氏管一般由进气管、喷水装置、喉管、扩散管、收缩管以及连接管等部件组成，而脱水器的上端设有排气管，用于排出经处理后的净化气体，下端设有排尘管道并与沉淀池相连接，用于排出泥浆。

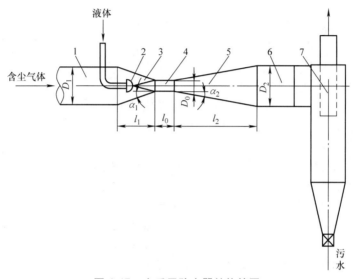

图 6-17　文丘里除尘器结构简图
1—进风管　2—喷水装置　3—收缩管　4—喉管
5—扩散管　6—连接风管　7—旋流器

文丘里除尘器的除尘过程大致可分为雾化、凝并以及脱水三个过程，前两个过程将会在文氏管内完成，最后一个过程则在脱水器内进行。含尘气体由进气管进入收缩管后，随着断面的逐渐减小，气体的流动速度将会逐渐增大，并在喉管处达到最大值。此时，由喷嘴喷射出的水滴由于高速气流的冲击而得到了雾化，含尘气体与水滴在喉管中得到了充分混合，粉尘尘粒由于惯性碰撞以及凝并等作用而变成了更大的颗粒。当含尘气流进入扩散管时，由于含尘气流的运动速度逐渐降低，粉尘尘粒的凝并作用将加快并最终凝并成较大的含尘液滴，从而更易于被捕获。含尘液滴进入脱水器后，由于粒径较大，因此在离心力以及重力的作用下，尘粒与水将实现分离，从而达到除尘的目的。

文丘里除尘器的压力损失主要的影响因素是粉尘的速度，喉管速度越大，除尘效率就越高；粉尘粒径越大，除尘效率越高，当粉尘粒径达到 0.3μm 时，除尘效率达到 99% 以上。在一定的条件下除尘效率随着粉尘浓度的增加而增大，但粉尘浓度达到一定值时，除尘效率增长变缓；液气比对文丘里除尘器除尘效率影响也很大，液气比越大，除尘效率越高，但同时压力损失也越大，因此需要根据实际需要调节液气比。

文丘里除尘器可以用于对转炉煤气以及高炉煤气的净化与回收，在粉尘以及烟气的处理中一般采用低阻或中阻的形式。它具有结构简单且紧凑、占地面积小、运行稳定以及价格相对较低等优点，既可用于处理高温烟气、高湿气体以及易燃易爆粉尘，也可用于对含有微米和亚微米尘粒的气体以及易于被洗涤液所吸收的有毒有害气体的净化，但它也有压力损失大以及处理的气体量相对较少等不足，为了避免二次污染，污水应重复使用。

6.2.5 过滤式除尘器

过滤式除尘器是利用含尘气流通过过滤材料时，将粉尘分离捕集的装置。在通风除尘系统中应用最多的是以纤维织物为滤料的袋式除尘器，以廉价的砂、砾、焦炭等颗粒物为滤料的颗粒层除尘器是20世纪70年代出现的一种除尘器，主要用于高温烟气除尘。本节主要介绍袋式除尘器。

1. 袋式除尘器的工作原理

图6-18是袋式除尘器结构简图。含尘气体进入除尘器后，通过并列安装的滤袋，粉尘被阻留在滤袋的内表面，净化后的气体从除尘器上部出口排出。随着粉尘在滤袋上的积聚，除尘器阻力也相应增加，当阻力达到一定数值后，要及时清灰，以免阻力过高，除尘效率下降。图6-18所示的除尘器是通过凸轮振打机构进行清灰的。袋式除尘器是利用纤维织物的过滤作用将含尘气体中的粉尘阻留在滤袋上的，这种过滤作用通常是通过筛滤效应、惯性碰撞效应、钩住效应、扩散效应、静电效应除尘机理的综合作用而实现的（图6-19）。

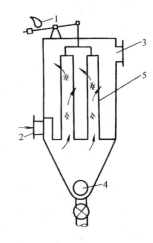

图6-18 袋式除尘器结构简图
1—凸轮振打机构 2—含尘气体进口
3—净化气体出口 4—排灰装置
5—滤袋

含尘气体通过洁净滤袋（新滤袋或清洗后的滤袋）时，由于洁净的滤袋本身的网孔较大（一般滤料为20~50μm，表面起绒的约5~10μm），气体和大部分微细粉尘都能从滤袋经纬线和纤维之间的网孔通过，而粗大的尘粒则被阻留下来，并在网孔之间产生"架桥"现象。随着含尘气体不断通过滤袋纤维间隙，被阻留在纤维间隙的粉尘量也不断增加。经过一段时间后，滤袋表面积聚一层粉尘，这层粉尘称为初层，如图6-20所示。

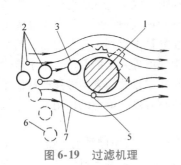

图6-19 过滤机理
1—纤维 2—粉尘 3—碰撞效应 4—扩散效应
5—钩住效应 6—重力沉降 7—流线

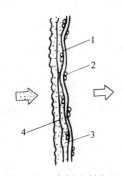

图6-20 滤料上的初层
1—经线 2—纬线 3—初层 4—粉尘层

在以后的过滤过程中，初层便成了滤袋的主要过滤层。由于初层的作用，过滤很细的粉尘，也能获得较高的除尘效率。这时滤料主要起着支撑粉尘层的作用，随着粉尘在滤袋上的积聚，除尘效率不断增加，但同时阻力也增加。当阻力达到一定程度时，滤袋两侧的压力差就很大，会把有些已附在滤料上的微细粉尘挤压过去，使除尘效率降低。另外，除尘器阻力过高，会使通风除尘系统的风量显著下降，影响通风罩的工作效果。因此，当阻力达到一定数值后，要及时进行清灰，清灰时不能破坏初层，以免除尘效率产生波动。

图 6-21 所示为同一滤料在不同状况下的分级效率曲线，由图可以看出，洁净滤料的除尘效率最低，积尘后最高，清灰后有所降低。还可以看出，对粒径为 $0.2 \sim 0.4\mu m$ 的粉尘，在不同状况下的除尘效率最低。这是因为这一粒径范围的尘粒正处于惯性碰撞和钩住作用范围的下限，扩散作用范围的上限。

2. 过滤风速

袋式除尘器的过滤风速是指气体通过滤袋表面时的平均速度。若以 q_V 表示通过滤袋的气体量（m^3/h），A 表示滤袋总面积（m^2），则过滤风速（m/s）为

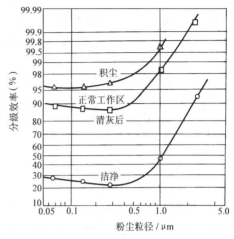

图 6-21　滤料在不同状况的分级效率

$$v_f = \frac{q_V}{60A} \qquad (6-35)$$

工程上还使用比负荷 g_f 的概念，它是指每平方米滤袋表面积每小时所过滤的气体量 $[m^3/(m^2 \cdot h)]$，因此，比负荷为

$$g_f = \frac{q_V}{A} \qquad (6-36)$$

显然有
$$g_f = 60v_f$$

过滤风速（或比负荷）是反映袋式除尘器处理气体能力的重要技术指标，它对袋式除尘器的工作和性能都有很大影响。提高过滤风速可节省滤料（减少过滤面积），提高滤料的处理能力。但风速过高会把积聚在滤袋上的粉尘层压实，并发生严重的粉尘再附，使阻力急剧增加，由于滤袋两侧的压力差增大，使微细粉尘渗入滤料内部，甚至透过滤料，致使出口含尘浓度增加。这种现象在滤袋刚清灰后更为明显（图 6-22）。

过滤风速高还会导致滤料上迅速形成粉尘层，引起过于频繁的清灰，增加清灰能耗，缩短滤袋的使用寿命。在低过滤风速的情况下，阻力低，效率高，但需要的滤袋面积也增加，除尘器的体积、占地面积、投资费用也要相应加大。因此，过滤风速的选择要综合粉尘的性质、进口含尘浓度、滤料种类、清灰方法、工作条件等因素来确定。

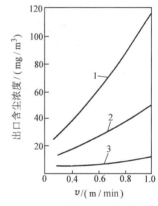

图 6-22　出口含尘浓度与过滤风速的关系
1—刚清灰后　2—两次清灰之间
3—清灰前

一般说来，处理较细或难以捕集的粉尘和气体温度高、含尘浓度大时应取较低的过滤风速。表 6-4 列出一些数据，可供选择参考。

表 6-4　袋式除尘器推荐的过滤风速　　　　　　　　　（单位：m/min）

等级	粉尘种类	清灰方式		
		振打与逆气流联合	脉冲喷吹	反吹风
1	炭黑[1]、氧化硅（白炭黑）；铅[1]、锌[1] 的升华物以及其他在气体中由于冷凝和化学反应而形成的气溶胶；化妆粉；去污粉；奶粉；活性炭；由水泥窑排出的水泥[1]	0.45 ~ 0.6	0.8 ~ 2.0	0.33 ~ 0.45

（续）

等级	粉尘种类	清灰方式		
		振打与逆气流联合	脉冲喷吹	反吹风
2	铁[1]及铁合金[1]的升华物；铸造尘；氧化铝[1]；由水泥磨排出的水泥[1]；碳化炉升华物[1]；石灰[1]；刚玉；安福粉及其他肥料；塑料；淀粉	0.6~0.75	1.5~2.5	0.45~0.55
3	滑石粉；煤；喷砂清理尘；飞灰[1]；陶瓷生产的粉尘；炭黑（二次加工）；颜料；高岭土；石灰石[1]矿尘；铝土矿；水泥（来自冷却器）[1]；搪瓷	0.7~0.8	2.0~3.5	0.6~0.9
4	石棉；纤维尘；石膏；珠光石；橡胶生产中的粉尘；盐；面粉；研磨工艺中的粉尘	0.8~1.5	2.5~4.5	
5	烟草；皮革粉；混合饲料；木材加工中的粉尘；粗植物纤维（大麻、黄麻等）	0.9~2.0	2.5~6.0	

① 基本上为高温粉尘，多采用反吹风清灰布袋除尘器捕集。

3. 袋式除尘器的阻力

袋式除尘器的阻力不仅决定着它的能耗，而且还决定着除尘效率和清灰的时间间隔。袋式除尘器的阻力 Δp 与它的结构形式、滤料特性、过滤风速、粉尘浓度、清灰方式、气体温度及气体黏度等因素有关，可按下式推算

$$\Delta p = \Delta p_c + \Delta p_f + \Delta p_d \tag{6-37}$$

式中　Δp_c——除尘器的结构阻力，在正常过滤风速下，一般为 200~500Pa；

　　　Δp_f——清洁滤料的阻力（Pa）；

　　　Δp_d——粉尘层的阻力（Pa）。

清洁滤料的阻力 Δp_f 可按下式计算

$$\Delta p_f = \zeta_f \mu v_f / 60 \tag{6-38}$$

式中　ζ_f——清洁滤料的阻力系数（m^{-1}），涤纶为 $7.2 \times 10^7 m^{-1}$，呢料为 $3.6 \times 10^7 m^{-1}$；

　　　μ——空气的动力黏度（Pa·s）；

　　　v_f——过滤风速（m/min）。

除尘器的结构、滤料和处理风量确定以后，Δp_c 和 Δp_f 都是定值。粉尘层的阻力 Δp_d 可按下式计算

$$\Delta p_d = \alpha \mu (v_f / 60)^2 C_1 \tau \tag{6-39}$$

式中　μ——空气动力黏度（Pa·s）；

　　　v_f——过滤风速（m/min）；

　　　C_1——除尘器进口含尘浓度（kg/m³）；

　　　τ——过滤时间（s）；

　　　α——粉尘层的平均比阻力（m/kg）。

$$\alpha = \frac{180(1-\varepsilon)}{\rho_c d^2 \varepsilon^3} \tag{6-40}$$

式中　ε——粉尘层的空隙率，一般长纤维滤料约为 0.6~0.8，短纤维滤料约为 0.7~0.9；

　　　ρ_c——尘粒密度（kg/m³）；

　　　d——球形粉尘的体面积平均径（m）。

除尘器处理的粉尘和气体确定以后，α、μ 都是定值。从式（6-39）可以看出，粉尘层的阻力取决于过滤风速、进口含尘浓度和过滤持续时间。除尘器允许的 Δp_d 确定后，v_f、C_1 和 τ 这

三个参数是相互制约的。处理含尘浓度低的气体时，清灰时间间隔（即滤袋过滤持续时间）可以适当延长，处理含尘浓度高的气体时，清灰时间间隔应尽量缩短。进口含尘浓度低，清灰时间间隔短、清灰效果好的除尘器可以选用较高的过滤风速；反之，则应选用较低的过滤风速。

4. 滤料

滤料是袋式除尘器的主要部件，为易耗品，其造价一般占设备费用的 10% ~ 15%。除尘器的效率、阻力以及维护管理都与滤料的材质、性能和使用寿命有关。

（1）对滤料的要求

1）容尘量大，清灰后仍保留一部分粉尘在滤料上作初层，以保持较高的过滤效率。

2）透气性能好，阻力低。

3）抗拉、抗皱折、耐磨、耐高温、耐腐蚀，机械强度高。

4）吸湿性小，易清灰。

5）尺寸稳定性好，成本低，使用寿命长。

滤料的性能除了与纤维本身的性质（如耐温、耐腐蚀、耐磨损等）有关外，还与滤料的结构有很大关系。例如，薄滤料、表面光滑的滤料（如丝绸）容尘量小，清灰容易，但过滤效率低，适用含尘浓度低、黏性大的粉尘，采用过滤风速不宜太高；厚滤料、表面起绒的滤料（如毛毡）容尘量大，清灰后还可保留一定容尘，过滤效率高，可以采用较高的过滤风速。到目前为止，还没有一种"理想"的滤料能满足上述所有要求，因此，只能根据含尘气体的性质，选择最适合于使用条件的滤料。

（2）常用滤料的性能

1）毛织滤布（呢料）。通常用羊毛织成绒布，比棉布厚，纤维比棉纤维细，它的透气性好，阻力小，容尘量大，过滤效率高，耐酸不耐碱，只能用于 90℃ 以下，价格比棉布高得多。

2）尼龙（锦纶）。耐磨性能好，耐碱不耐酸，只能用于 85℃ 以下。

3）涤纶绒布。耐酸性能好，耐磨性能仅次于尼龙，清灰容易，阻力小，过滤效率高，可在 130℃ 下长期使用。这是目前国内应用最普遍的一种滤料。

4）诺梅克斯（高温尼龙）。耐磨性和耐酸、耐碱性能好，可在 220℃ 下长期使用。它的机械强度比玻璃纤维高，因而可采用较高的过滤风速。由于诺梅克斯过滤效率高，比涤纶能承受更高的温度，因此近年来发展非常迅速，使用很普遍。国内生产的工业针刺滤料（仿诺梅克斯），其机械强度、耐温和耐腐蚀性能已达到美国诺梅克斯滤料的水平。

5）玻璃纤维。吸湿性小，抗拉强度大，耐酸性能好，但不耐磨，不耐折。一般玻璃纤维可耐温 240℃，经硅油、石墨和聚四氟乙烯处理过的玻璃纤维可在 300℃ 下长期使用。目前，国内在净化高温烟气时仍多采用玻璃纤维滤料。

6）薄膜表面滤料。从美国戈尔公司引进的 GORE – TEX^R 薄膜表面滤料，可耐温 260℃，对微细粉尘，除尘效率也接近 100%。该滤料是由聚四氟乙烯膨胀后压制而成，其厚度为 100μm，眼孔为 0.1μm，可根据含尘气体的性质，贴在所需的滤料上，构成复合滤料。它表面光洁，清灰容易，阻力小，是发展高效袋式除尘器，实现净化空气再循环的一种理想滤料。

为了使滤料能耐更高的温度，国外（如美、俄和德国）已有使用金属纤维（不锈钢）制成的滤料，这种滤料能承受 600 ~ 700℃ 高温，同时具有良好的抗化学侵蚀性，能够用于高含尘浓度和采用较高的过滤风速。因其价格昂贵，只能在特殊情况下使用。

5. 袋式除尘器主要结构形式及分类

袋式除尘器有许多结构形式，通常可以根据以下特点进行分类。

（1）按清灰方式分类

1）机械清灰。包括人工振打、机械振打和高频振荡等。一般来说，机械振打的振动强度分布不均匀，要求的过滤风速低，而且对滤袋的损伤较大，近年来逐渐被其他清灰方式所代替。但是由于某些机械振打方式简单，投资少，因而在不少场合仍在采用。

2）脉冲喷吹清灰。它是以压缩空气为动力，利用脉冲喷吹机构在瞬间内喷出压缩空气，通过文氏管诱导数倍二次空气高速喷入滤袋，使滤袋产生冲击振动，同时在逆气流的作用下，将滤袋上的粉尘清除下来。这种方式的清灰强度大，可以在过滤工作状态下进行清灰，允许采用较大的过滤风速，中心喷吹脉冲袋式除尘器、环隙喷吹脉冲袋式除尘器、顺喷脉冲袋式除尘器、对喷脉冲袋式除尘器都是采用这种清灰方式。

3）逆气流清灰。它是采用室外或循环空气以与含尘气流相反的方向通过滤袋，使其上面的粉尘脱落。在这种清灰方式中，一方面是由于反向的清灰气流直接冲击尘块，另一方面由于气流方向的改变，滤袋产生胀缩振动而使尘块脱落。

逆气流可以是用正压将气流吹入滤袋（反吹风清灰），也可以是以负压将气流吸出滤袋（反吸风清灰）。清灰气流可以由主风机供给，也可以单设反吹（吸）风机。

逆气流清灰在整个滤袋上的气流分布比较均匀，可采用长滤袋。但清灰强度小，过滤风速不宜过大，通常都是采用停风清灰。

采用高压气流反吹清灰（如回转反吹袋式除尘器所采用的清灰方式），可以得到较好的清灰效果，可以在过滤工作状态下进行清灰，但需另设中压或高压风机。这种方式可以采用较高的过滤风速，是目前主要清灰方式之一。在有些情况下，可采用机械振打和逆气流相结合的方式，以提高清灰效果。

（2）按滤袋形状分类

1）圆袋。通常的袋式除尘器的滤袋都采用圆袋。圆袋结构简单，制作方便，便于清灰。滤袋直径一般为100～300mm，最大不超过600mm。直径太小有堵灰可能；直径太大，则有效空间的利用较少；袋长为2～12m。

2）扁袋。扁袋除尘器是由一系列扁长滤袋所组成。在除尘器体积相同的情况下，采用扁袋比圆袋多出30%以上过滤面积，即在过滤面积相同情况下，扁袋除尘器的体积要比圆袋小。尽管扁袋除尘器有着明显的优点，但是在工业中的使用量仍小于圆袋除尘器，其主要原因是扁袋的结构较复杂，换袋比较困难。

（3）按过滤方式分类

1）内滤式。含尘气体首先进入滤袋内部，由内向外过滤，粉尘积附在滤袋内表面（图6-23c、e）。内滤式一般适用于机械清灰和逆气流清灰的袋式除尘器。

2）外滤式。含尘气体由滤袋外部通过滤料进入滤袋内，粉尘积附在滤袋外表面（图6-23b、d）。为了便于过滤，滤袋内要设支撑骨架（框架）。外滤式适用于脉冲喷吹袋式除尘器和回转反吹袋式除尘器。

（4）按进风方式分类

1）上进风。含尘气流由除尘器上部进入除尘器内（图6-23b、c）。

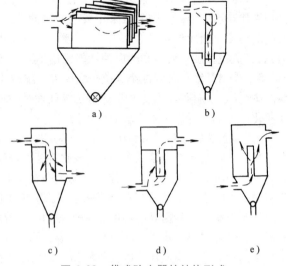

图6-23　袋式除尘器的结构形式

a）扁袋　b）上进外滤式

c）上进内滤式　d）下进外滤式

e）下进内滤式

2）下进风。含尘气流由除尘器下部进入除尘器内（图 6-23d、e）。下进风有助于粉尘沉降，减少粉尘再积附。

从以上分类可以看出，袋式除尘器是一种形式繁多，能够适用于各种不同场合的较为灵活的除尘设备。

6. 常用袋式除尘器的结构性能和特点

（1）机械振打袋式除尘器　机械振打袋式除尘器是使用机械振打机构使滤袋产生振动，将滤袋上的积尘抖落到灰斗中的一种除尘器。使滤袋振动一般有以下两种振打方式：

1）垂直方向振打。采用垂直方向振打清灰效果好，但对滤袋的损伤较大，特别是对滤袋下部。水平方向振打虽然对滤袋损伤较小，但在滤袋全长上的振打强度分布不均匀。

2）腰部水平振打。采用腰部水平振打可减少振打强度分布不均匀性。在高温烟气净化中，如果用抗弯强度较差的玻璃纤维作滤料时，应采用腰部水平振打方式。

机械振打袋式除尘器的过滤风速一般取 0.6～1.6m/min，阻力约为 800～1200Pa。

（2）逆气流反吹（吸）风袋式除尘器

1）回转反吹风扁袋除尘器。这种除尘器的结构如图 6-24 所示，这种除尘器的外壳为圆筒形，梯形扁袋沿圆筒辐射形布置。根据所需的过滤面积，滤袋可以布置成 1 圈、2 圈、3 圈甚至 4 圈。滤袋断面尺寸为（35～80）mm×290mm，袋长为 2～6m。

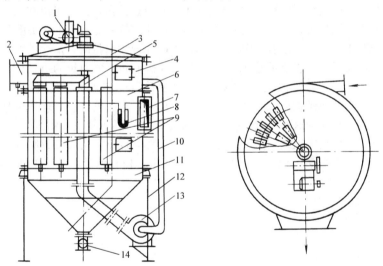

图 6-24　回转反吹风扁袋除尘器

1—减速机构　2—净气出口　3—上盖　4—上箱体　5—反吹旋臂　6—中箱体　7—含尘气体进口
8—U 形压力计　9—扁滤袋　10—循环风管　11—灰斗　12—支架　13—反吹风机　14—排灰装置

含尘气体由上部进口切线进入除尘器内，部分粗颗粒粉尘在离心力作用下被分离，未被分离的粉尘随同气流进入扁袋时被阻留在滤袋外表面上，净化后的气体由上部出口排出。

当滤袋阻力增加到一定值时，反吹风机将高压空气自中心管送到顶部旋臂内，气流由旋臂垂直向下喷吹。旋臂由一电动机通过减速机构带动，旋臂每旋转一圈，内外各圈上的每一个滤袋均被喷吹一次，每条滤袋的喷吹时间约为 0.5s，喷吹周期约为 15min，反吹风机风压约为5kPa 左右，反吹风量约为过滤风量的 15% 左右。

反吹空气可以取自大气（大气风），也可以取自经过净化的空气（循环风）。采用循环风可以不增加除尘器的风量负荷，处理高温烟气时，可以防止因冷风进入而产生结露，但除尘器内的负压不能利用，故反吹风机的风压要比用大气风风压高。采用大气风正好相反，究竟是采用循环风还是大气风应根据被处理气体的性质、能耗等因素综合考虑。

这种除尘器具有以下特点：①除尘器进口按旋风除尘器设计，能起到局部旋风作用，产生初净化去除粗大尘粒，以减轻滤袋粉尘负荷；②除尘器自带反吹风机，不受使用场合压缩空气气源限制，易损部件少，运行可靠，便于维护管理；③反吹风清灰作用距离大，可采用长滤袋，充分利用空间，占地面积小；④采用梯形滤袋在圆筒内布置，结构紧凑，据计算，在同一筒体空间内，采用梯形扁袋比圆袋多出32%的过滤面积；⑤圆筒形外壳受力均匀，用于高温烟气净化可防止变形。

ZC—1型回转反吹风扁袋除尘器的除尘效率为99.2%～99.75%，阻力为800～1600Pa。

2）脉动反吹风袋式除尘器。利用脉动反吹气流进行清灰的袋式除尘器称为脉动反吹风袋式除尘器。脉动反吹清灰就是对从反吹风机来的反吹气流给予脉动动作，它具有较强的清灰作用，但要有能使反吹气流产生脉动动作的机构，如回转阀等。

脉动反吹风袋式除尘器的结构如图6-25所示。从图可以看出，它的结构大体上与回转反吹风扁袋除尘器相同，主要不同之点是在反吹风机与反吹旋臂之间设置了一个回转阀。清灰时，由反吹风机送来的反吹气流，通过回转阀后形成脉动气流，这股脉动气流进入反吹旋臂，垂直向下对滤袋进行喷吹。

国内生产的MFC—1型脉动反吹风扁袋除尘器的除尘效率可达99.4%以上，过滤风速为1～1.5m/min时，相应的阻力为800～1200Pa。

3）反吸风袋式除尘器。尽管反吹风袋式除尘器具有过滤风速高，可以在工作状态下进行清灰等优点，但处理大风量时，多采用反吸风袋式除尘器。其主要原因是：①由于通常的反吹风袋式除尘器袋长为4～6m，袋径为120～160mm，因而处理大风量时，需要的滤袋数量就多，占地面积太大。采用反吸风，袋径可达300mm，袋长可达12m，个别长的可达到15～18m。宝钢从日本引进的反吸风袋式除尘器袋长为10m，袋径为292mm。②反吸风清灰的结构比较简单，一个大袋室只用一套切换阀就可以。③反吹风清灰消耗的能量较大，处理风量越大，相应的耗能也越明显。反吸风清灰的这些特点，在大型袋式除尘器上显示得更加明显。

宝钢从日本引进的反吸风袋式除尘器有吸入式（除尘器安装在风机的吸入端，在负压下工作）和压入式（除尘器安装在风机的压出端，在正压下工作）两种，图6-26是压入式。

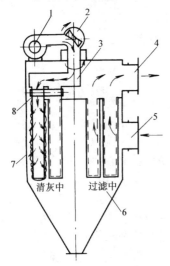

图6-25 脉动反吹风袋式除尘器

1—反吹风机 2—回转阀 3—反吹旋臂
4—净气出口 5—含尘气体进口 6—灰斗
7—滤袋 8—切换阀

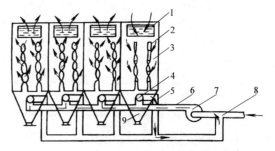

图6-26 压入式反吸风袋式除尘器

1—百叶窗 2—滤袋 3—袋室 4—三通切换阀
5—反吸风管道 6—含尘气体管道
7—风机 8—含尘气体进口 9—灰斗

反吸风袋式除尘器通常采用分室结构,各个过滤室依次进行反吸清灰,其他仍在正常过滤。

过滤时,三通切换阀接通含尘气体管道,切断反吸风管道,含尘气体进入滤袋内,将滤袋吹鼓,粉尘被阻留在滤袋的内表面上,净化气体进入袋室,从除尘器上部的百叶窗排入大气。

清灰时,三通切换阀接通反吸风管道,切断含尘气体管道,这时袋室处于负压状态,大气经百叶窗进入袋室,将滤袋压瘪,黏附在滤袋内表面上的粉尘在逆向气流作用下被清除下来,落入灰斗中。反吸风含尘尾气被吸进风机,再进入处于过滤状态的袋室过滤。

以上过滤和清灰程序,通过时间继电器操纵三通切换阀来实现。

反吸风袋式除尘器的过滤风速较低,一般在 1m/min 以下。除尘效率大于 99%,阻力为 1500~2000Pa。

(3)预涂层袋式除尘器 在滤袋上添加预涂层来捕集污染物的除尘器称为预涂层袋式除尘器。

袋式除尘器是一种高效除尘器,但传统的袋式除尘器难以处理黏附性强的粉尘,不能同时去除含尘气体中的焦油成分、油成分、硫酸雾等污染物,否则滤料上就会出现硬壳般的结块,导致滤袋堵塞,使袋式除尘器失效。用它来处理低浓度含尘气体时,除尘效率也不高。1962 年美国一家公司通过在玻璃纤维滤料上添加预涂层(助滤剂用煅烧白云石)来捕集锅炉烟气中冷凝的 SO_3 液滴(H_2SO_4),获得成功。1973 年吉路德又提出了在铝工业中用加预涂层的滤料来捕集油雾的报告。以上情况说明,在袋式除尘器的滤袋上添加恰当的助滤剂作预涂层能够同时除脱气体中的固、液、气三相污染物。预涂层袋式除尘器的发明,为袋式除尘器的应用开拓了新的途径。

1)预涂层袋式除尘器的结构和工作原理。预涂层袋式除尘器的除尘系统如图 6-27 所示,它由预除尘器、助滤剂自动给料装置、预涂层袋式除尘器、排风机和消声器等组成。预除尘器内装有金属纤维状填充层,用以除去粗粉尘,并起阻火器作用。在初始含尘浓度较低和没有火星进入预涂层袋式除尘器的情况下,可以不设置预除尘器。

预涂层袋式除尘器由上部箱体、滤袋室、下部灰斗组成。滤袋室上部和下部均用花板隔开,花板固定在箱体上。滤袋为圆筒上下开放型,上端安装在上部花板上,下端固定在下部花板上,使之向上垂吊。

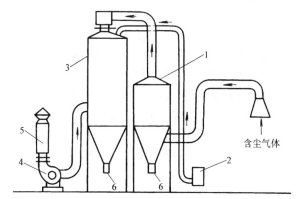

图 6-27 预涂层袋式除尘器的除尘系统
1—预除尘器 2—助滤剂自动给料装置 3—预涂层袋式除尘器 4—排风机 5—消声器 6—排灰装置

预涂层袋式除尘器与传统的袋式除尘器主要不同之处,是配有助滤剂自动给料装置。在进行过滤前,由助滤剂给料装置自动把助滤剂预涂在滤袋内表面上,使滤袋内表面形成一性能良好的预涂层。预涂层由助滤剂附着层和助滤剂过滤层组成。

过滤时,带有气、液相污染物的含尘气体先进入预除尘器,除去粗粉尘,未被捕集的粉尘(包括气、液相污染物,下同)随气流从预涂层袋式除尘器顶部进入滤袋室,通过筒形滤袋时,粉尘被阻留在滤袋内表面的预涂层上,净化后的气体经风机排出。随着粉尘在滤袋上的积聚,粉尘附着层逐渐增厚,除尘器阻力也相应增加。当阻力达到规定数值时,反吹机构和振动器同时动作,对滤袋进行反吹清灰,将粉尘附着层和助滤剂过滤层一起清除下来。清灰后,助滤剂自动给料装置重新进行添加作业,添加时间可由定时器控制。由于除尘器是多室结构,所以各室可按确定的程序进行添加作业和实现过滤与清灰过程。

2)助滤剂。目前,用于预涂层袋式除尘器的助滤剂尚未定型,仍处于研究阶段。一般说来,比表面积大,涂于滤袋后不致使过滤阻力增加过多,并能吸附、吸收或中和气、液相污染物的微细粉料适合做助滤剂。选择恰当的助滤剂是提高预涂层袋式除尘器捕集效果的关键。例如,用比表面积大于 $45m^2/g$ 的氧化铝粉末,在袋式除尘器前的反应器中,吸收从铝电解炉产生的含有气态氟和固态氟化合物的气体时,净化效率可达到99%以上。又如,用比表面积分别为 $3.9m^2/g$ 和 $4.06m^2/g$ 的高铝矾土和碳素球磨粉,在袋式除尘器前的反应管道中捕集沥青烟的焦油微粒时,净化效率均在99.7%以上。比林斯等人曾用腈纶滤料作净化低含尘浓度气体($0.3mg/m^3$)的对比试验。结果表明,在滤料上添加石棉绒预涂层后,腈纶滤料的净化效率从原来的60.4%提高到98.56%。

3)预涂层袋式除尘器的主要特点:①由于助滤剂的作用,预涂层袋式除尘器能净化传统的袋式除尘器所不能净化的含有焦油成分、油成分、硫酸雾、氟化物和露点以下的含尘气体,对黏着性、固着性强的粉尘也比较容易处理;②由于助滤剂起保护滤料表面的作用,故滤袋的寿命可以延长;③可作为空气过滤器,用于净化精密机器、集成电路、制药厂、洁净室、大型空气压缩机进口的低浓度含尘空气。

虽然,预涂层袋式除尘器和助滤剂在捕集某些气、液相污染物上已确认有效,但都是对特定的污杂物和特定的工艺过程中取得的实践经验,对其他污染物和工艺过程是否适用还有待于进一步研究和探讨。所以,预涂层袋式除尘器的结构形式、助滤剂的选择和添加方法仍是今后应该开发和研究的课题。

7. 袋式除尘器的应用

袋式除尘器作为一种高效除尘器,广泛应用于各种工业废气除尘中,如轻工、机械制造、建材、化工、有色冶炼及钢铁企业等。它比电除尘器的结构简单,投资省,运行稳定,还可以回收因电阻率高而难以回收的粉尘。它与文氏管洗涤器相比,动力消耗小,回收的干粉尘便于综合利用,不存在泥浆处理的问题。因此,对于细而干燥的粉尘,采用袋式除尘器净化是适宜的。

袋式除尘器不适用于净化含有油雾、凝结水及黏结性粉尘的气体,一般也不耐高温。尽管采用某些耐高温的合成纤维和玻璃纤维等滤料,应用范围有所改善,但在一般情况下,使用气体温度宜低于100℃。因此,在处理高温烟气时,存在着烟气的冷却降温问题。常采用的冷却方式有三种:①喷雾塔(直接蒸发冷却);②表面换热器(用水或空气间接冷却);③混入室外冷空气。一般多采用换热器冷却,特别是采用余热锅炉时,可以做到能量的回收。作为气体温度的最后调节,可以考虑混入少量室外冷空气。采用何种烟气冷却方式,要依具体条件而定。此外,袋式除尘器占地面积较大,滤袋更换和检修较麻烦,工作环境也较差。

6.2.6　电除尘器

电除尘器是利用高压电场使尘粒荷电,在库仑力作用下使粉尘从气流中分离出来的一种除尘设备。

1. 电除尘器的工作原理

图6-28所示为管式电除尘器结构示意图,接地的金属圆管叫收尘极(或集尘极),与高压直流电源相联的细金属

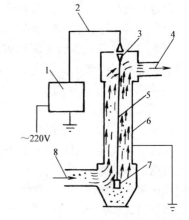

图 6-28　管式电除尘器结构示意图
1—高压直流电源　2—高压电缆　3—绝缘子
4—净化气体出口　5—电晕极
6—收尘极　7—重锤　8—含尘气体进口

线叫电晕极（又称放电极）。电晕极置于圆管中心，靠重锤张紧，含尘气体从除尘器下部进口引入，净化后的气体从上部出口排出。

含尘气体在电除尘器中的除尘过程（图 6-29）大致可以分为三个阶段。

（1）粉尘的荷电　在电晕极与收尘极之间施加直流高电压，使电晕极附近的气体电离（即电晕放电，简称电晕），生成大量的自由电子和正离子。电晕放电一般只发生在非均匀电场中曲率半径较小的电晕极表面附近约 2～3mm 的小区域内，即所谓电晕区内。在电晕区内，正离子立即被电晕极（工业上应用的电除尘器采用负电晕极）吸引过去而失去电荷。自由电子则因受电场力的驱使向收尘极（正极）移动，并充满两极间的绝大部分空间（电晕外区）。含尘气体通过电场空间时，向两极运动的自由电子和正离子通过碰撞和扩散而附在尘粒上，使尘粒荷电。

（2）粉尘的沉积　荷电粉尘在电场力作用下，向极性相反的电极运动。由于电晕外区的范围比电晕区大得多，所以进入极间的大多数尘粒带负电，朝着收尘极的方向运动而沉积在其上，只有少数尘粒会带正电而沉积在电晕极上。

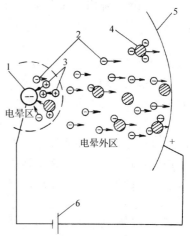

图 6-29　电除尘器的工作原理
1—导线（电晕极）　2—电子　3—正离子
4—尘粒　5—圆筒壁或极板（收尘极）
6—高压直流电源

（3）清灰　收尘极表面上的粉尘沉积到一定厚度后，用机械振打或其他清灰方式将其除去，使之落入灰斗中。电晕极也会附着少量粉尘，隔一定时间也要进行清灰。

为保证电除尘器在高效率下运行，必须使上述三个过程进行得十分有效。

2. 电除尘器的结构形式和主要部件

（1）结构形式　电除尘器的结构形式很多，可以根据其不同特点，分成不同类型。

1）根据收尘极的形式，可分为管式和板式两种。

管式电除尘器（图 6-28）就是在圆管中心放置电晕极，而把圆管的内壁作为收尘表面。管径通常为 150～300mm，长度为 2～5m。由于单根圆管通过的气体量很小，通常用多管并列而成。管式电除尘器一般适用于处理气体量较小的情况。

板式电除尘器（图 6-30）是在一系列平行的金属薄板（收尘极板）的通道中设置电晕极。极板间距一般为 200～350mm，通道数由几个到几十个，甚至上百个，高度为 2～12m，甚至 15m。除尘器长度根据对除尘器效率的要求来确定，板式电除尘器由于它的几何尺寸很灵活，可做成各种大小，以适应各种气体量的需要，因此在除尘工程中得到广泛采用。

2）根据气流流动方式，可分为立式和卧式两种。

立式电除尘器内，气流通常是由下而上，通常做成管式，但也有采用板式的。立式电除尘器由于高度较高，可以从其上部将净化后气体直接排入大气而不需要另设

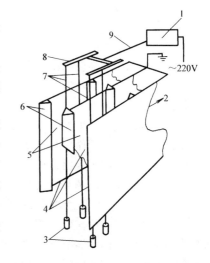

图 6-30　板式电除尘器
1—高压直流电源　2—净化气体　3—重锤
4—收尘极　5—含尘气体　6—挡板
7—电晕极　8—高压母线　9—高压电缆

烟囱。

卧式电除尘器内，气流水平通过。在长度方面根据结构及供电要求，通常每隔 3m 左右（有效长度）划分成单独电场，常用的是 2~3 个电场，除尘效率要求高时，也有多达 4 个以上电场的。

3）根据清灰方式，可分为干式和湿式两种。

干式电除尘器是通过振打或者利用刷子清扫使电极上的积尘落入灰斗中。这种方式粉尘后处理简单，便于综合利用，因而最为常用。但这种清灰方式易使沉积于收尘极上的粉尘再次扬起而进入气流中，造成二次扬尘，使除尘效率降低。

湿式电除尘器是采用溢流或均匀喷雾等方式使收尘极表面经常保持一层水膜，当粉尘到达水膜时，顺着水流走，从而达到清灰的目的。湿法清灰完全避免了二次扬尘，除尘效率高，同时没有振打设备。工作也比较稳定，但是产生大量泥浆，如不加适当处理，将会造成二次污染。

（2）主要部件　电除尘器由除尘器本体和供电装置两部分组成。除尘器本体包括电晕极、收尘极、清灰装置、气流分布装置、外壳和灰斗等。

1）电晕极。电晕极是产生电晕放电的电极，应有良好的放电性能（起晕电压低、击穿电压高、放电强度强、电晕电流大）和较高的机械强度和耐蚀性，电晕极的形状对它的放电和机械强度都有较大的影响。

电晕极有多种形式，如图 6-31 所示。最简单的一种是圆形导线。圆形导线的放电强度与其直径成反比，直径越小，起晕电压越低，放电强度越高。但导线太细时，其机械强度较低，在经常性的清灰振打中容易损坏，因此，在工业电除尘中通常都采用直径为 2~3mm 的镍铬线作为电晕极。

星形电晕极是用 4~6mm 的普通钢材冷拉而成。它是利用沿极线全长上的四个尖角放电

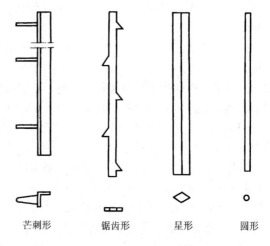

芒刺形　　锯齿形　　星形　　圆形

图 6-31　电晕极的形式

的，放电强度和机械强度都比圆形导线好。星形线也采用框架方式固定。

芒刺形和锯齿形电晕极特点是用尖端放电代替沿极线全长上的放电。因而放电强度高，在正常情况下，比星形电晕线产生的电晕电流高 1 倍左右，而起晕电压却比其他形式都低。此外，由于芒刺或锯齿尖端产生的电子和离子流特别集中，在尖端伸出方向，增强了电风（由于电子和离子流对气体分子的作用，气体向电极方向运动称为电风或离子风），这对减弱和防止含尘浓度大时出现的电晕闭塞现象是有利的。因此，芒刺形和锯齿形电晕极适用于含尘浓度大的场合，在多电场中用在第一电场和第二电场。

2）收尘极。收尘极的结构形式直接影响电除尘器的除尘效率、金属消耗量和造价。极板的形式（图 6-32）有平板形、Z 形、C 形、波浪形、曲折形等。平板形极板对防止二次扬尘和使极板保持足够刚度的性能都比较差，因而，只有在气流速度很低（小于 0.8m/s）时才能获得较高的除尘效率。型板式极板（图 6-32）中除平板形外的其他极板都有一个共同特点，即把板面或在板的两侧做成槽沟的形状。当气流通过时，紧贴极板表面处会形成一层涡流区，该处的流速较主气流流速小，因而，当粉尘进入该区时易于沉积在收尘极表面，同时，由于收尘极板面不直接受到主气流的冲刷，粉尘重返气流的可能性以及振打清灰时产生的二次扬尘都较少，

这些都有利于提高除尘效率。从目前国内外使用情况看，以 Z 形和 C 形居多。

极板的间距，对电除尘器的电场性能和除尘效率影响较大。间距太小（200mm 以下），电压升不高，会影响效率。间距太大，电压升高又受到变压器、整流设备容许电压的限制。因此，在通常采用 60 ~ 72kV 变压器的情况下，极板间距一般取 200 ~ 350mm。

收尘极和电晕极的制作和安装质量对电除尘器的性能有很大影响，安装前极板、极线必须调直，安装时要严格控制极距，安装偏差应在 ±5% 之内。极板的歪曲以及极距的不均匀会导致工作电压降低和除尘效率下降。

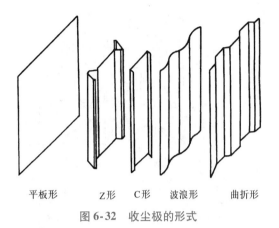

平板形　　Z形　　C形　　波浪形　　曲折形

图 6-32　收尘极的形式

3）清灰装置。沉积在电晕极和收尘极上的粉尘必须通过振打或其他方式及时清灰。电晕极上积灰过多，会影响电晕放电，收尘极上积灰过多，会影响荷电尘粒向电极运动的速度，对于高电阻率粉尘还会引起反电晕。因此，及时清灰是维持电除尘器高效运行的重要条件。

干式电除尘器的清灰方式有多种，如机械振打、压缩空气振打、电磁振打及电容振打等。目前，应用最广、效果较好的清灰方式是锤击振打。

图 6-33 所示为锤击振打器，敲击锤由转动轴带动，改变轴的转速可以改变振打频率，可以用不同质量的锤头来改变振打强度。

振打频率和振打强度必须在运动中进行调整。振打频率高、强度大、积聚在极板上的粉尘层薄，振打后粉尘会以粉末状落下，容易产生二次飞扬。振打频率低、强度弱，极板上积聚的粉尘层较厚，大块粉尘会因自重高速下落，也会造成二次飞扬。振打强度还与粉尘的电阻率有关，高电阻率粉尘比低电阻率粉尘附着力大，应采用较高的振打强度。

电晕极多采用电磁振打清灰方式。

4）气流分布装置。电除尘器内气流分布的均匀程度对除尘效率有很大的影响，气流分布不均匀，在流速低处所增加的除尘效率，远不足以弥补流速高处效率的降低。

气流分布的均匀程度与除尘器进出口的管道形式及气流分布装置有密切关系。在电除尘器的安装位置不受限制时，气流应设计成水平进口，即气流由水平方向通过扩散形喇叭管进入除尘器，然后经 1 ~ 2 块平行的气流分布板后再进入除尘器的电场。当设计成两块分布板时，其间距为板高的 0.15 ~ 0.2 倍。两层多孔板之间装有锤击振打清灰装置。若电除尘器的安装位置受到限制，需要采用直角进口时，可在气流转弯处加设导流叶片，然后经分布板再进入除尘器的电场（图 6-34）。

气流分布板一般为多孔薄板，圆孔板（孔径为 40 ~ 60mm，开孔率为 50% ~ 65%）和方孔板是最常用的形式。还有采用百叶窗式的，这种分布板的主要优点是，可以在安装后，根据气流分布情况进行调整。

在除尘器出口也常常设有一块分布板。净化气体从电场出来后，经过分布板和与出口管道连接的变径管后离开除尘器。

大型的电除尘器在设计前最好先做气流分布的模型试验，确定气流分布板的层数和开孔率。

5）除尘器外壳。除尘器的外壳必须保证严密，减少漏风。国外一般漏风率控制在 2% ~ 3% 以内，漏风将使进入电除尘器的风量增加和风机负荷增大，由此造成电场内风速过高，使除尘器效率降低，而且在处理高温烟气时，冷空气漏入会使局部地点的烟气温度降到露点温度以

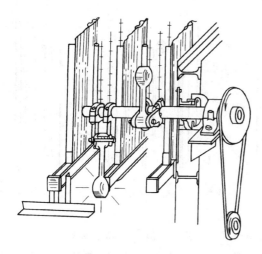

图6-33　锤击振打器

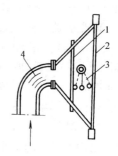

图6-34　气流分布装置
1—第一层多孔板　2—第二层多孔板
3—分布板振打装置　4—导流叶片（根据需要装设）

下，导致除尘器内构件粘灰和腐蚀。

　　6）供电装置。电除尘器只有得到良好供电的情况下，才能获得高效率。随着供电电压的升高，电晕电流和电晕功率皆急剧增大，有效驱进速度和除尘效率也迅速提高。因此，为了充分发挥电除尘器的作用，供电装置应能提供足够的高电压并具有足够的功率。

　　为了提高电除尘器的效率，必须使供电电压尽可能高。但电压升高到一定值后，将产生火花放电，在一瞬间极间电压下降，火花的扰动使极板上产生二次扬尘。大量现场运行经验表明，每一台电除尘器或每一个电场都有一最佳火花率（每分钟产生的火花次数称为火花率），图6-35所示为某电除尘器某一电场的除尘效率与火花率的关系。一般说来，电除尘器在最佳火花率下运行时，平均电压最高，除尘效率也最高。因此，借助测量平均电压的仪表，就能方便地将电除尘器调整到最佳运行工况。

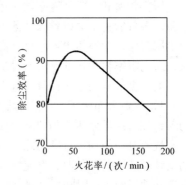

图6-35　某电除尘器某一电场
的最佳火花率

　　电除尘器的供电通常是用220V或380V的工频交流电经变压器升压和经整流器整流后得到的。在常规电除尘器中电压为50～70kV，而在超高压电除尘器中则可达200kV，甚至更高。

　　最早的电除尘器用自耦变压器人工调压，用机械整流器整流供电。目前，广泛采用可控制的火花跟踪自动调压的高压硅整流器，与前者比较有两个主要优点：①使除尘器的火花率不超过一定值，而输入功率保持最大的允许值；②可避免人工控制时为免除频繁地调节和可能出现的跳闸有意降低工作电压。

　　3. 影响电除尘器性能的主要因素

　　影响电除尘器性能的因素很多，除前面已提到的如结构形式、气流分布、工作电压等外，粉尘的电阻率和气体含尘浓度对电除尘器的性能影响较大，在此做重点介绍。

　　（1）粉尘的电阻率　工业气体中的粉尘电阻率往往差别很大，低者（如炭黑粉尘）大约为

$10^3\Omega\cdot cm$，高者（如 105℃下的石灰石粉尘）可达 $10^{14}\Omega\cdot cm$。

如果粉尘电阻率过低，即粉尘层的导电性能良好，荷负电的粉尘接触到收尘极后很快就放出所带的负电荷，失去吸力，从而有可能重返气流而被气流带出除尘器，使除尘效率降低。

反之，如果粉尘电阻率过高，即粉尘层导电性能太差，荷负电的粉尘到达收尘极后，负电荷不能很快释放而逐渐积存于粉尘层上，这就可能产生两种影响：一是由于粉尘仍保持其负极性，它排斥随后向收尘极运动的粉尘黏附在其上，使除尘效率下降；二是随着极板上沉积的粉尘不断加厚，粉尘层和极板之间便造成一个很大的电压降。如果粉尘层中有裂缝，空气存在裂缝中，粉尘层与收尘极之间就会形成一个高压电场（粉尘层表面为负极，收尘极为正极），使粉尘层内的气体电离，产生反向放电。由于它的极性与原电晕极相反，故称反电晕。反电晕时正离子向原电晕极方向运动，在运动过程中，与带负电荷的粉尘相遇，从而使粉尘所带的负电荷部分被正离子中和。由于粉尘电荷减少，因而削弱了粉尘在收尘极上沉积。如果发生反电晕，除尘效率就会显著降低。

常用电除尘器所处理的粉尘电阻率最适宜范围为 $10^4\sim5\times10^{10}\Omega\cdot cm$。在工业中经常遇到高于 $5\times10^{10}\Omega\cdot cm$ 的高电阻率粉尘。为了扩大电除尘器的应用范围，防止反电晕的发生，就必须解决高电阻率粉尘的收尘问题，对这个问题，国内外都非常重视，提出了各种处理措施，大致可归纳为两种。

1）提高粉尘的导电性，降低粉尘的电阻率。

a. 喷雾增湿。喷雾增湿一方面可以降低气体温度，在一定条件下可使电阻率处于较为有利的收尘范围；另一方面，更为重要的是可以增加粉尘的表面导电，从而降低电阻率值。图 6-36 是水泥粉尘在不同温度和含湿量下电阻率变化曲线。从该图可以看出，粉尘的电阻率随着烟气含湿量的增加而减少。

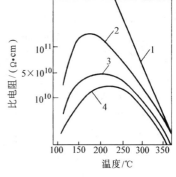

图 6-36　水泥粉尘电阻率在不同温度和含湿量下的变化曲线
1—干空气　2—含湿量为 6.6%
3—含湿量为 13.5%　4—含湿量为 20%

喷雾增湿方法比较简单，可以在通常的喷雾增湿塔中进行。对增湿塔的要求是喷入烟气的水全部蒸发不使水滴带入除尘器内，以免粉尘在塔内及除尘器内造成堵塞。喷雾的形式可以用高压水喷雾，也可以用压缩空气喷雾，采用高压水时，水压要求达到 $(40\sim60)\times10^5$Pa。

b. 降低或提高气体温度。粉尘电阻率通常是随着温度升高而增加，当达到某一极限（约200℃左右）后又随着温度升高而逐渐降低（图6-36）。为了使电除尘器有效地工作，通常采用增湿的办法来降低气体的温度，使电阻率降低，在某些情况下也可以采取加热的办法提高气体的温度，使电阻率下降，以改善收尘效果。

对电站锅炉可将电除尘器设置在省煤器与空气预热器之间，在 300～400℃下运行，这种除尘器称为高温电除尘器，由于烟气温度高，体积流量大，电除尘器的体积也要相应增加。

c. 在烟气中加入导电添加剂。对于各种导电添加剂降低粉尘电阻率的作用已经有很多研究。研究表明，在烟气中加入三氧化硫（SO_3）、氨（NH_3）、三乙胺 $[N(C_2H_5)_3]$ 等添加剂对提高粉尘的导电性，降低粉尘的电阻率均有明显效果。奥地利乌恩奇电站，煤的含硫量为 0.5%（质量分数），在烟气中喷入 10×10^{-4}% SO_3 后，除尘效率由原来的 65% 提高到 98%。

2）改变供电方式，采用新型结构的电除尘器。为了提高电除尘器的效率，解决高电阻率粉尘的收尘问题，出现了许多新型结构的电除尘器，如超高压宽间距电除尘器、原式电除尘器、三电极预荷电除尘器、双区电除尘器、高温电除尘器等，这些内容将在新型电除尘器部分介绍。

（2）气体含尘浓度　在电除尘器的电场空间中，不仅有许多气体离子，而且还有许多极性与之相同的荷电尘粒。荷电尘粒的运动速度比气体离子的运动速度低得多。因此，含尘气体通过电除尘器时，单位时间转移的电荷量要比通过清洁空气时少，即电晕电流小。含尘浓度越高，电场内与电晕极极性相同的尘粒就越多。如果含尘浓度很高，电晕电场就会受到抑制，使电晕电流显著减少，甚至几乎完全消失，以致尘粒不能正常荷电，这种现象称为电晕闭塞。目前，对造成电晕闭塞的含尘浓度极限值尚无准确数据，一般认为气体含尘浓度在 $40 \sim 60g/m^3$ 以下不会造成电晕闭塞。

防止电晕闭塞的措施主要有：

1）提高电除尘器的工作电压，以加快电风速度。

2）用放电强度高的电晕极（如芒刺形电极），以增强电风。

3）增设预净化设备，当进口含尘浓度超过 $40g/m^3$ 时，采用其他除尘器（如旋风除尘器）进行初净化，然后再进入电除尘器。

4. 新型电除尘器

近年来，为了进一步提高电除尘器的效率，适应捕集高电阻率粉尘的需要，出现了许多新型结构的电除尘器，下面介绍其中几种：

（1）超高压宽间距电除尘器　传统的板式电除尘器电压为 $50 \sim 70kV$，极板间距为 $200 \sim 350mm$。超高压宽间距电除尘器与传统的结构类似，不同的是将电压提高到 $80 \sim 200kV$ 以上，并将间距加宽到 $400 \sim 1000mm$。在超高压宽间距电除尘器中，荷电尘粒除了受库仑力外，更多的是受高电压下产生的电风的作用。当电压升到 $100kV$ 以上时，在电晕极附近的电风速度达 $9 \sim 16m/s$，而到达极板处降到 $0.8 \sim 1.8m/s$。在传统的电除尘器中，电晕极附近的电风速度仅 $5 \sim 8m/s$，而到达极板处只降到 $2 \sim 3m/s$。由此可以看出，超高压宽间距电除尘器在电晕极附近产生的电风速度比传统的电除尘器高，而在收尘极附近的电风速度比传统的低。前者可以提高尘粒的有效驱进速度，减轻反电晕造成的影响，后者可以减少二次扬尘，使除尘效率得到提高。

（2）原式电除尘器　这是日本提出的一种结构新颖的电除尘器（图 6-37）。收尘极由一系列圆管排列组成，电晕极为鱼骨形，同时在电晕极轴线上设辅助电极，采用与收尘极同样的圆管 $3 \sim 5$ 根和电晕极交替布置。对辅助电极施加与电晕极极性相同的电压，可以产生高电场强度和低电流密度，这既有利于防止反电晕，又可捕集由于反电晕而产生的荷正电的粉尘，从而提高对高电阻率粉尘的捕集效率。此外，由于采用圆管状收尘极，使收尘表面积（包括辅助电极的收尘面积）大为增加，约为传统电除尘器的

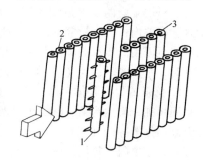

图 6-37　原式电除尘器图
1—鱼骨形电晕极（−）　2—收尘极（＋）
3—辅助电极（−）

1 倍以上，在水泥回转窑上试验表明，即使停留时间比传统电除尘器缩短 1/2，除尘器效率仍保持在 99.9% 左右。

（3）双区电除尘器　一般单区电除尘器，粉尘的荷电与沉积是在同一电场中进行，而双区电除尘器，则是分别在两个区段中进行，即粉尘在荷电区荷电后，在沉积区（收尘区）内被捕集。武钢从联邦德国引进的 YD−3 型双区电除尘器具有以下特点：①电晕极采用正电晕。②荷电区电压为 $14kV$，沉积区电压为 $7kV$，仅为单区电除尘器的 $1/4 \sim 1/5$。但由于极距仅 $8 \sim 10mm$，为单区的 $1/12 \sim 1/15$，所以电场强度可达 $8 \sim 10kV/cm$，约比单区大 1 倍。由于沉积区电场强度大，有效驱进速度高，驱进距离短，因而除尘效率高。③由于沉积区是由一系列平行

平板组成的均匀电场，在供电电压低于火花放电电压时，没有电晕电流，即使处理高电阻率粉尘，也不致产生反电晕。

（4）三极预荷电极　这种预荷电极是在简单的线 – 板式电极基础上，增设多孔屏极，屏极与极板平行，如图 6-38 所示。电晕极板放电时产生的电流一部分流到屏极，一部分流至极板，电流大小依各电极的相对电位而定。如果极板接地，屏极处于和电晕极相同极性的电位，那么，向极板运动的负离子被斥离屏极。如果屏极的电位足够大，则绝大部分负离子将通过屏极的孔眼流到极板。高电阻率粉尘进入预荷电极后，由于尘粒的带电荷的极性和屏极相同，故尘粒不会沉积在屏极上。如果有足够多的粉尘沉积在极板上，就可能发生反电晕。由于反电晕时产生的正离子极性和屏极相反，这些正离子在离开极板时将被屏极吸收而捕集，所以即使出现显著的反电晕现象，受屏极约束的空间内的离子基本上保持单一极性。

对三极预荷电极的试验研究表明，即使粉尘电阻率在 $10^{12} \sim 10^{18} \Omega \cdot cm$ 范围内，尘粒仍能达到良好的荷电。

这种预荷电极是与位于下游的以高电场强度和低电流密度运行的电收尘器结合使用的。

（5）横向极板电除尘器　通常的电除尘器，气流流动方向与收尘极板的设置是平行的，这样气流的流动方向与粉尘在电场力作用下的运动方向互相垂直，从而影响除尘效果。

横向极板电除尘器由一组多孔金属平板组成，如图 6-39 所示。这些多孔平板都与气流方向垂直，各片平板之间距离相等，互相平行，奇数板接地，偶数板与高压电流电源连接，板与板间造成静电场。

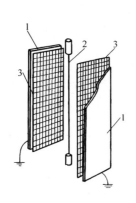

图 6-38　三极预荷电器
1—极板（＋）　2—电晕极　3—多孔屏极（－）

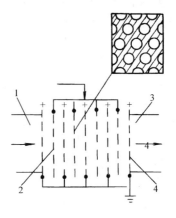

图 6-39　横向极板电除尘器
1—含尘气体进口　2—高压孔板
3—净气出口　4—接地孔板

由于这种除尘器采用了涡流增强静电沉降和静电截留机理，故能有效捕集普通电除尘器未能捕集的粉尘。美国文森特试验时，将这种除尘器串联在普通除尘器之后，使除尘效率由 97% 提高到 99.7%。

（6）电凝并除尘器　近几年，电凝并除尘器收集亚微级粉尘的研究在理论和实验方面取得了进展，电凝并分为四类：直流电场中异极性荷电粉尘的凝并；直流电场中同极性荷电粉尘的凝并；交变电场中同极性荷电粉尘的凝并以及交变电场中异极性荷电粉尘的凝并。粉尘在预荷电区荷以异极性电荷后，引入加有高压电场的凝并区中，荷电尘粒在交变电场力作用下产生往复振动，由于颗粒间的相对运动或速度差以及异性电荷的相互吸力使得粒子相互碰撞，吸收凝并，最后在收尘区被捕集下来，这种电除尘方式具有更高的除尘效率，能够高效捕集亚微颗粒，有广阔的发展前景。

（7）透镜式电除尘器（ELSP） 透镜式电除尘器有 3 个电极激励，粉尘受到库仑力、感应力和电风 3 种收尘力的作用，其有效驱进速度比传统线板式电除尘器高，除尘效率也较高，由于透镜极的自我反馈调节作用，ELSP 聚焦效应稳定，使 ELSP 具有良好的运行电气特性。试验证明，透镜式电除尘处理烟气无须烟气调质，无须脉冲供电，可高效收集高电阻率粉尘，可以收集低电阻率和微细粉尘。但由于投资大，加工困难，对供电要求相对较高，目前尚未投入规模化生产。

5. 电除尘器的理论公式和设计计算

（1）驱进速度 在电场作用下，荷电尘粒在电场内受到的静电力为

$$F = qE \tag{6-41}$$

式中 q——尘粒所带电荷（C）；

E——电场强度（V/m）。

尘粒在电场内做横向运动时，要受到空气的阻力。当 $Re \leqslant 1$ 时，空气阻力为

$$p = 3\pi\mu d_c\omega \tag{6-42}$$

式中 μ——空气的动力黏度（Pa·s）；

d_c——尘粒直径（m）；

ω——尘粒与气流在横向的相对运动速度（m/s）。

当静电力等于空气阻力时（$F = P$），作用在尘粒上的外力之和等于零，尘粒向电极方向做等速运动，这时的尘粒运动速度称为驱进速度，可用下式表示

$$\omega = \frac{qE}{3\pi\mu d_c} \tag{6-43}$$

（2）除尘效率方程式（多依奇公式） 电除尘器的除尘效率与很多因素有关，严格地从理论上推导是困难的，必须做一定的假定。多依奇（Deutsch）在推导方程中所做的假定主要是：①电除尘器中的气流为湍流状态，通过除尘器任一横断面的粉尘浓度和气流分布是均匀的；②进入除尘器的尘粒立刻达到了饱和荷电；③忽略电风、二次扬尘等因素的影响。在此基础上，可以进行如下的推导。

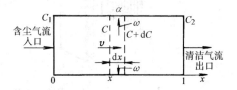

图 6-40 除尘效率方程式推导示意图

如图 6-40 所示，设气体的流向为 x，气体和尘粒的流速皆为 v(m/s)，气体流量为 q_V(m³/s)，粉尘浓度为 C(g/m³)，流动方向上每单位长度的收尘极面积为 α(m²/m)，总收尘极面积为 A(m²)，电场长度为 l(m)，流动方向上横断面积为 F(m²)，尘粒驱进速度为 ω(m/s)，则在 dt 时间内于 dx 空间捕集的粉尘质量为

$$dm = \alpha(dx)\omega C(dt) = -F(dx)(dC)$$

由于 $dx = vdt$，代入上式得

$$-\frac{\alpha\omega}{Fv}dx = \frac{dC}{C}$$

对上式积分，代入边界条件，除尘器入口含尘浓度为 C_1，出口含尘浓度为 C_2，并考虑到 $Fv = q_V$，$\alpha l = A$，即得到计算电除尘器效率的理论公式（即多依奇公式）

$$\eta = 1 - \frac{C_2}{C_1} = 1 - \exp\left(-\frac{\omega A}{q_V}\right) \tag{6-44}$$

式中　ω——驱进速度（m/s）；

　　A——收尘极面积（m²）；

　　q_V——除尘器处理风量（m³/s）。

多依奇公式概括地描述了除尘效率与收尘极面积、处理风量和驱进速度之间的关系，指出了提高除尘效率的途径，因而，广泛用于电除尘器的性能分析和设计中。

（3）收尘极和电场断面积的确定　按式（6-44）设计电除尘器，关键是求驱进速度。由于在电除尘器内影响驱进速度的因素很多，用理论方法计算得到的驱进速度值，要比实际测得的大 2～10 倍，因此在工程设计中，一般都采用实测得到的驱进速度值，即所谓有效驱进速度作为依据。有效驱进速度可根据对同类生产工艺及接近于同种类型的电除尘器所测得的结果（包括除尘效率 η、处理风量 q_V、收尘极面积 A），按式（6-44）反算得出。综合有关资料，将某些生产工艺中粉尘的有效驱进速度值列于表 6-5 中。

如果缺乏所设计对象的有效驱进速度值，又没有相似的除尘器可供测定，往往需要进行小型试验，即设计一小比例的电除尘器，引出一小股实际烟气通过该除尘器，然后计算其有效驱进速度。但必须指出，由于小型试验设备的结构及使用条件不同于工业大型电除尘器，因而，所得结果往往偏高。根据在同等条件下对小型试验设备与工业电除尘器进行对比的结果表明，小型设备测得的有效驱进速度应除以系数 2～3 才能用于工业电除尘器的设计。

表 6-5　粉尘的有效驱进速度　　　　　　　　　（单位：cm/s）

粉尘种类	有效驱进速度	粉尘种类	有效驱进速度
锅炉飞灰	4～20	氧化铝	6.4
水泥（湿法）	9～12	石膏	16～20
水泥（干法）	6～7	冲天炉	3～4
铁矿烧结粉尘	6～20	高炉	6～14
氧化亚铁	6～22	熔炼炉	2
氧化锌、氧化铅	4	平炉	5～6

已知有效驱进速度后，可以根据设计对象所要求达到的除尘效率和处理风量，按下式算出必需的收尘面积 $A(\text{m}^2)$，然后对除尘器进行布置和设计（或选型）。

$$A = -\frac{q_V}{\omega}\ln(1-\eta) \tag{6-45}$$

电场断面积 $F(\text{m}^2)$ 可按下式计算

$$F = \frac{q_V}{3600v} \tag{6-46}$$

式中　q_V——除尘器处理风量（m³/h）；

　　v——电场风速（m/s）。

电场风速（电除尘器内气体的运动速度）的大小对电除尘器的造价和效率都有很大影响。风速低，除尘效率高，但除尘器体积大，造价增加；风速过大容易产生二次扬尘，使除尘效率降低。根据经验，电场风速最高不宜超过 1.5～2.0m/s，除尘效率要求高的电除尘器不宜超过 1.0～1.5m/s。

【例 6-3】　测得某单通道板式电除尘器的处理风量为 6000m³/h，除尘效率为 96.5%，该除尘器的通道高 5m，长 6m。计算有效驱进速度。

【解】 处理风量

$$q_V = \frac{6000\text{m}^3/\text{h}}{3600\text{s/h}} = 1.67\text{m}^3/\text{s}$$

收尘极面积

$$A = 2 \times 5\text{m} \times 6\text{m} = 60\text{m}^2$$

有效驱进速度

$$\omega = -\frac{q_V}{A}\ln(1-\eta) = -\frac{1.67}{60}\ln(1-0.965)\text{m/s}$$

$$= 0.094\text{m/s} = 9.4\text{cm/s}$$

【例6-4】 设计一处理石膏粉尘的电除尘器。处理风量为129600m³/h，入口含尘浓度为30g/m³，要求出口含尘浓度降150mg/m³，试计算该除尘器所需极板面积、电场断面积、通道数和电场长度。

【解】 由表6-5查得石膏粉尘的有效驱进速度为0.18m/s（平均）。

处理风量

$$q_V = \frac{129600}{3600}\text{m}^3/\text{s} = 36\text{m}^3/\text{s}$$

要求达到的除尘效率

$$\eta = 1 - \frac{C_2}{C_1} = 1 - \frac{0.15}{30} = 0.995 = 99.5\%$$

极板面积

$$A = -\frac{q_V}{\omega}\ln(1-\eta) = -\frac{36}{0.18}\ln(1-0.995)\text{m}^2 = 1060\text{m}^2$$

若取电场风速 $v = 1.0\text{m/s}$，则电场断面积为

$$F = \frac{q_V}{v} = \frac{36}{1.0}\text{m}^2 = 36\text{m}^2$$

取通道宽 $B = 300\text{mm}$，高 $H = 6\text{m}$，则所需通道数为

$$N = \frac{F}{BH} = \frac{36}{0.3 \times 6}\text{个} = 20\text{个}$$

电场长度 l 由下式确定

$$l = \frac{A}{2NH} = \frac{1060}{2 \times 20 \times 6}\text{m} = 4.42\text{m}$$

6. 静电强化复合式除尘器

在通常的除尘器中加入电的作用以提高其性能的除尘器为静电强化复合式除尘器。实践表明，在同一除尘器中利用互相促进的不同机理是提高除尘器性能的有效措施，特别是在通常的除尘器中加入电的作用，通过静电强化，可以提高其捕集微细粉尘的效率。几乎各种除尘器都可以用静电强化，组成各种类型的静电强化复合式除尘器。下面介绍其中有代表性的几种。

(1) 静电强化旋风除尘器 图6-41所示为用作分离汽车排气中微细尘粒的静电强化旋风除尘器，它是在筒径为50mm的小型旋风除尘器内设置直径为0.3mm的镍铬丝作电晕线，以12V蓄电池作电源，利用油浸感应线圈产生高电压，形成电晕放电。用粒径小于1μm的氯化铵粉尘做试验表明：仅用普通旋风除尘器几乎不能分离，但在静电强化旋风除尘器中却可以100%地

捕集。

（2）静电强化袋式除尘器　静电强化袋式除尘器有多种形式，图 6-42 所示为美国精密工业公司设计的称作阿皮特朗（Apitron）的静电强化袋式除尘器。这种除尘器的滤筒由三部分组成。上部为织物制成的滤袋，其中心设一根压缩空气喷吹管，一直向下延伸到靠近滤袋下端；下部为一金属圆管（收尘极），中心悬挂一根作为电晕线（放电极）的金属线；中部为文氏管。实际上它们就相当于普通的管式电除尘器和袋式除尘器的二级串联。含尘气体从金属圆管底部进入，向上平行流过电晕线，在电场作用下使尘粒荷电并沉积在管壁上。未被捕集的粉尘随气流通过滤袋而过滤。清灰时，压缩空气从喷吹管喷出（一次空气），通过文氏管从滤袋外部诱导数倍二次空气流入滤袋，使滤袋突然收缩，再加上气流的反向作用，将积附在滤袋内表面上的粉尘清除下来。一次和二次混合的气流又把沉积在圆管内壁的粉尘除掉。全部清灰过程约 0.5s。阿皮特朗除尘器对 1.6 ~ 4.0μm 的粉尘有 99.99% 的除尘效率。组合后处理风量可达 85000 ~ 170000m³/h，在同样过滤风速下，阻力由常规袋式除尘器的 1000Pa 降到约 100Pa，如果保持同样的阻力，则处理风量可增加 3 倍。

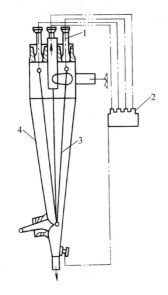

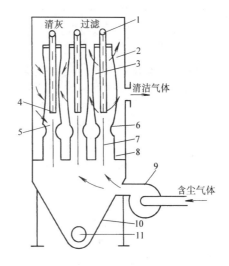

图 6-41　静电强化旋风除尘器
1—绝缘子　2—高压直流电源
3—电晕极　4—旋风除尘器

图 6-42　静电强化袋式除尘器
1—压缩空气阀　2—滤袋　3—粉尘层　4—清灰喷吹管
5—二次空气吹扫　6—文氏管　7—电晕极（-）　8—收尘极（+）
9—风机　10—灰斗　11—排灰装置

国内已研制出多种形式的静电强化袋式除尘器。如辽宁省劳动保护科学研究所研制的电焊烟尘净化机组，就在袋滤器前增设了线-板式预荷电装置。试验表明，增设预荷电装置后，除尘效率比单一袋滤器提高了 0.52%，滤袋阻力降低了 1/2 左右。而东北大学研制的除尘除氡子体复合净化器，则在过滤器（两级过滤，前级为滤袋，后级为滤纸）前设置双区电除尘器。测定结果表明，当电除尘器工作时，该净化器捕集氡子体的效率可达 98%，若电除尘器不工作，捕集氡子体的效率则明显下降，只有 80% ~ 90%。

（3）静电强化湿式除尘器　静电强化湿式除尘器有各种不同的结构形式，图 6-43 所示为华盛顿大学提出的一种。这种除尘器由荷电区、洗涤器和脱水器三部分组成，在洗涤区内有两排喷淋管。含尘气体进入洗涤器前，先通过荷电区，在荷电区中，由于负电晕放电使尘粒荷负电。

在洗涤器内的喷嘴处于高压正电位，由于静电感应使雾滴荷正电。进入洗涤器的尘粒因与雾滴所带电荷的极性相反而加强了相互间凝并，并为雾滴所捕集。脱水器为正电晕放电，于是气流中荷正电的雾滴最终被捕集到带负电的极板表面上。

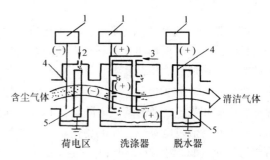

图 6-43　静电强化湿式除尘器
1—供电电源　2—冲洗　3—循环水
4—电晕极　5—极板

用 DOP 做试验的结果表明，雾滴和尘粒都不荷电时，除尘效率为 24.98%，仅雾滴荷电时的效率为 49.75%，雾滴和尘粒都荷电时为 89% ~ 99.68%。可见荷电结果可使除尘效率大为提高。

湿式电除尘器对粉尘的适应能力强，能达到很高的除尘效率，同时也适用于处理高温、高湿的烟气；没有二次扬尘；没有锤击设备等易损部件，可靠性高；能有效去除亚微米级颗粒、SO_3 气溶胶和石膏微液滴，对控制 PM2.5、蓝烟和石膏雨效果良好。由于在电除尘器内电场气流速度较高，灰斗的倾斜角减小，设备的布置紧凑。湿式电除尘器的排烟温度须低于冲刷液的绝热饱和温度，在高粉尘浓度和高 SO_2 浓度时不宜采用湿式电除尘器。湿式电除尘器必须要有良好的防腐蚀措施，多处部件需要用耐腐蚀材料，因此成本较高。

7. 电除尘器的应用

从以上的讨论可以看出，电除尘器与其他类除尘器的根本不同在于，实现气溶胶粒子与气流分离所需的力是直接作用在荷电粒子上的库仑力。而在其他各种除尘器中，粒子与气流往往同时受到外力的作用，且多为机械力。因此，与其他类型除尘器相比，电除尘器的能耗小，压力损失一般为 200 ~ 500Pa，除尘效率高，最高可达 99.99%，且能分离粒径为 1 μm 左右的细粒子，但从经济方面考虑，一般控制除尘效率在 95% ~ 99% 的范围内。电除尘器处理气体量大，适用于高温、高压的场合，能连续运行，并可完全实现自动化。电除尘器的主要缺点是设备庞大，初期投资大，制造、安装和管理的技术水平较高。

由于电除尘器具有高效、低阻等特点，所以广泛地应用在各种工业部门中，特别是火电厂、冶金、建材、化工及造纸等工业部门。随着工业企业的日益大型化和自动化，对环境质量控制日益严格，电除尘器的应用数量仍不断增长，新型高性能的电除尘器仍在不断地研究、制造并投入使用，其应用范围不断扩大。

6.2.7　除尘器的选择

1. 选择除尘器需要考虑的三个方面

选择除尘器主要从技术、经济及排放标准三个方面来考虑。

（1）常用除尘器的种类　按照除尘器除尘机理的不同，目前常用的有重力沉降室、惯性除尘器、旋风除尘器、袋式除尘器、静电除尘器、湿式除尘器等。这几种类型除尘器的性能、优缺点以及应用范围详见表 6-6。

由表可以看出，虽然目前在工业生产中可以选用的除尘器类型不少，但在实际的除尘应用中它们都有一些不足之处，例如，旋风除尘器只适合于去除粒径较大的尘粒，而对于粒径较小的细粉尘，其除尘效率偏低，不能满足细微颗粒物粉尘的排放标准；而袋式除尘器的运行阻力较大，并且由于受到滤料的影响，其使用条件将受到很大的限制，且不能用于处理黏结性强、吸湿性强以及有腐蚀性的粉尘，而且其烟气温度不能低于露点温度，否则会产生结露现象，使滤袋堵塞；静电除尘器的除尘效率比较高，运行的阻力也较小，但其占地较大、一次性的投入较大，且不能用于处理高电阻率粉尘以及易燃易爆粉尘。湿式除尘器结构紧凑且简单、占地面积小、性能稳定、运行维护方便、造价低，对工业粉尘有比较高的除尘效率，特别是对于其他类型的除尘器无法有效处理的高温高湿粉尘、高电阻率粉尘以及易燃易爆粉尘，除尘效率高，故湿式除尘器目前已经广泛应用于矿山、电力、煤炭以及冶金等多个行业，但它也存在耗水量大以及对于憎水性粉尘和水硬性粉尘的除尘效果不够理想等缺点。

表6-6　各类除尘器比较

除尘器名称	除尘机理	所处理粉尘的粒径范围/μm	除尘效率（%）	除尘器的阻力/Pa	除尘器的主要特点	除尘器的应用场合
重力沉降室	含尘气体，由于惯性和重力而使尘气分离	50～100	40～60	50～130	结构简单、阻力小、除尘效率低、占地面积大	很少单独使用，一般用作多级除尘的第一级
惯性除尘器	含尘气体依靠惯性碰撞的作用使尘气分离	50～100	50～70	300～800	结构简单、除尘效率较低、阻力较小	很少单独使用，一般用作多级除尘的第一级
旋风除尘器	含尘气体依靠惯性离心力的作用使尘气分离	5～20	60～85	80～1500	结构简单、运行稳定、除尘效率较高、阻力中等	使用广泛，多用于处理矿物性粉尘，或作为初级除尘器
袋式除尘器	尘粒由于惯性碰撞、滞留、扩散等综合作用而被捕集	0.5～20	95～99	1000～1500	结构简单、除尘效率高、滤料耗量大、清灰结构复杂	广泛应用于冶金、水泥、陶瓷等多个行业，不适于处理黏结性强和吸湿性强的粉尘
静电除尘器	尘粒由于静电吸引力的作用而被捕集	0.5～20	95～99	50～130	除尘效率高、阻力小、一次投资高、占地面积大、设备复杂	广泛应用于火力发电、冶金、建材、纺织等多个行业，不适于处理高电阻率粉尘和易燃易爆粉尘
湿式除尘器	尘粒由于惯性碰撞、截留、扩散、凝并等作用而被捕集	1～10	80～85	800～1200	除尘效率高、结构简单、占地面积小、造价低、耗水量大	广泛应用于矿山、电力、煤炭、冶金等多个行业，不适于处理含有憎水性和水硬性粉尘的气体

（2）袋式除尘器与电除尘器比较　由于环保要求以及综合利用的不断提高，干式除尘已成为锅炉尾部除尘的主流配置。干式除尘主要有静电除尘和布袋除尘两种，袋式除尘器优点主要有：①除尘效率高，可达99.9%以上；②附属设备少，投资省，技术要求没有电除尘器高；③能捕集电阻率高、电除尘难以回收的粉尘；④性能稳定可靠，对负荷变化适应性好，运行管理简便，特别适宜捕集细微而干燥的粉尘，所捕集的干尘便于处理和回收利用。袋式除尘器也有许多限制，主要体现在：①用于处理相对湿度高的含尘气体时，应采取保温措施，以免因结露而造成"糊袋"；②用于净化有腐蚀性的气体时，应选用适宜的耐腐蚀滤料，用于处理高温烟气应采取降

温措施并将烟温降到滤袋长期运转所能承受的温度以下，并尽可能采用耐高温的滤料；③阻力较大，一般压力损失为 $1000 \sim 1500 Pa$。

电除尘器的优点主要有：①能捕集 $1 \mu m$ 以下的细微粉尘，并有较高的除尘效率；②处理烟气量大，可用于高温（可高达 $500 ℃$）、高压和高湿的场合，且能连续运转；③具有高效低阻的特点，其压力损失仅 $100 \sim 200 Pa$。电除尘器也有许多不足，在选用时应该引起重视：①设备庞大，耗钢多，需高压变电和整流设备，通常高压供电设备的输出峰值电压为 $70 \sim 100 kV$，故投资高；②制造、安装和管理的技术水平要求较高；③除尘效率受粉尘电阻率影响大，一般对电阻率小于 $104 \sim 105 \Omega/cm$ 或大于 $1012 \sim 1015 \Omega/cm$ 的粉尘，除尘效率将受到影响；④此外，对初始浓度大于 $30 g/cm^3$ 的含尘气体须设置预处理装置。

（3）袋式除尘器与旋风除尘器的比较　从表 6-7 中可以看出，相对于袋式除尘器，旋风除尘器对于捕集分离 $5 \mu m$ 以下的粉尘颗粒收集效率不高，但对含尘气体的浓度要求相对不严，入口浓度小于 $100 g/m^3$ 即能满足要求，而出于经济性考虑，袋式除尘器对入口浓度的要求限制在 $3 \sim 10 g/m^3$。

由于袋式除尘器的滤料材质受温度的影响较大，过高的温度会影响滤料对颗粒的捕集能力，严重的情况还可能发生"烧袋"现象，所以一般的袋式除尘器要求入口含尘气体的温度小于 $300 ℃$。如果要处理高温含尘气体，则必须提前对含尘气体采取降温措施或者采用特殊的耐高温滤料，这样无疑会增加成本。旋风除尘器对含尘气体温度的要求没有袋式除尘器苛刻，中效的旋风除尘器含尘气体的温度可达 $400 ℃$，而高效的旋风除尘器在这方面更具有优势，其含尘气体温度可达 $1100 ℃$，所以一般在处理高温含尘气体时应多考虑选用旋风除尘器。此外，袋式除尘器的初投资和年运行维护成本比旋风除尘器高很多，而旋风除尘器由于对含尘气体的浓度、温度限制小，对于粉尘的物理性质无特殊要求，压力损失中等，动力消耗不大，故其初投资、运行和维护费用较低。

表 6-7　袋式除尘器和旋风除尘器的适用范围

种类		适用范围				不同粒径除尘效率（%）			投资比	
		粒径/μm	浓度/(g/m^3)	温度/℃	阻力/mmH_2O	$50 \mu m$	$5 \mu m$	$1 \mu m$	初投资	年成本
旋风除尘器	中效	>5	<100	<400	$40 \sim 200$	94	27	8	1	1.5
	高效	>5	<100	<1100	$40 \sim 200$	96	73	27	2	4.2
袋式除尘器	振打清灰	>0.1	$3 \sim 10$	<300	$80 \sim 200$	>99	>99	99	6.6	4.2
	气环清灰	>0.1	$3 \sim 10$	<300	$80 \sim 200$	100	>99	99	9.4	6.9
	脉冲清灰	>0.1	$3 \sim 10$	<300	$80 \sim 200$	100	>99	99	6.8	5.0
	高压反吹清灰	>0.1	$3 \sim 10$	<300	$80 \sim 200$	100	>99	99	6.0	4.0

2. 选择除尘器时应特别考虑处理废气及粉尘的性质

（1）所选择的除尘器必须满足排放标准要求　工况不稳定的系统，要考虑风量的变化对除尘器的效率和阻力的影响。例如，旋风除尘器的效率和阻力是随着风量的增加而增加，电除尘器的效率是随风量的增加而下降的。

（2）粉尘的性质对除尘器有较大的影响　黏性大的粉尘容易黏结在除尘器表面，所以不宜采用干式除尘，电阻率过大或过小的粉尘不宜用静电除尘，水硬性或疏水性强的粉尘不宜采用湿式除尘，处理磨琢性粉尘时，旋风除尘器内壁应衬垫耐磨性材料，袋式除尘应选用耐磨滤料。

（3）粉尘粒径对除尘器的影响　除尘器对不同粒径的粉尘除尘效率不同，所以选择除尘器时必须了解粉尘粒径分布及除尘器的分布效率，以便于发挥各种除尘器的优势。

（4）气体的含尘浓度高低对除尘器的影响　气体的含尘浓度较高时，电或袋式除尘器前应设置低阻力的初净化设备，先去除粗大尘粒。例如，降低除尘器入口浓度，可以提高袋式除尘器的过滤风速，可以阻止电除尘器产生电晕闭塞，湿式除尘器可以减少泥浆的处理量等。

（5）气体的温度和性质　对于高温高湿的气体不宜采用袋式除尘器，如果粉尘的粒径小，电阻率大，又要求干式除尘时，可以采用颗粒层除尘器。如果气体中含有有害气体时，可以考虑湿式除尘，但要注意防腐。

3. 考虑粉尘的后处理问题

选择除尘器时，必须考虑除尘器除下粉尘的后处理问题。如对于可回收利用粉尘，一般采用干法除尘，回收粉尘可以设计直接进入生产工艺系统。如选矿厂，生产工艺本身设有泥浆废水处理工艺，所以这种情况下可以考虑采用湿式除尘。不能纳入生产工艺系统的粉尘和泥浆也必须有处理措施，以免造成粉尘二次飞扬或泥浆废水二次污染。

综上所述，选择除尘器时必须结合实际情况和污染物化学成分、容许排放浓度以及除尘器本身效率和阻力、使用寿命、占地面积、初投资、运行费用、维护是否方便等多种因素综合分析。

6.3　有害气体的净化

6.3.1　概述

气体状态污染物是以分子状态存在的污染物，在我国主要存在"煤烟污染""光化学烟雾型污染"和"室内空气污染"三种形式。为了防止大气环境质量恶化，降低大气环境中气态污染物的浓度，达到环境空气质量标准，必须对排入大气中的气体状态污染物进行净化处理，在对某些有害气体暂时还缺乏经济有效的处理方法情况下，要采用高烟囱排放，利用大气进行稀释，使地面附近有害气体浓度不超过相关标准要求。

我国早期室内空气污染物以厨房燃烧烟气、油烟、香烟、烟雾以及人体呼出的二氧化碳，携带的微尘、微生物、细菌等为主，近年来，随着居住环境的舒适化、高档化和智能化，带动了装饰、装修热潮和室内设施现代化的兴起，使得室内空气成分更加复杂，气态污染物甲醛、苯系物、氨气、臭氧和氡气等污染物浓度，远远高于室外大气环境。最新的研究表明，室内空气的污染程度超过室外 5～20 倍，"病态建筑综合征"（SBS）、化学物质过敏症受到了人们的关注。为了保证人体健康，必须研究室内空气污染物的控制技术，推广室内空气净化产品。

排入大气的有害气体净化方法主要有燃烧法、冷凝法、吸收法和吸附法。

室内空气污染物的净化方法主要有吸附法、光催化法、非平衡等离子体法。

（1）燃烧法　燃烧法是利用废气中某些污染物可以氧化燃烧的特性，将其燃烧变成无害物的方法。燃烧净化仅能处理那些可燃的或在高温下能分解的气态污染物，其化学作用主要是燃烧氧化，个别情况下是热分解。燃烧法只是将气态污染物烧掉，一般不能回收原有物质，但有时可回收利用燃烧产物。燃烧法可分为直接燃烧和催化燃烧两种。直接燃烧就是利用可燃的气态污染物作燃料来燃烧的方式；催化燃烧则是利用催化剂的作用，使可燃的气态污染物在一定温度下氧化分解的净化方法。燃烧法主要用于净化有机气体及恶臭物质。

（2）冷凝法　冷凝法是利用物质在不同温度下具有不同饱和蒸汽压的性质，通过冷却使处于蒸气状态的污染物质冷凝成液体，从而达到分离净化目的。这种方法的净化效率低，一般多用于回收体积分数在 $1000 \times 10^{-4}\%$ 以上的有机蒸气，或用于预先回收某些可利用的纯物质，有时也用作吸附、燃烧等净化流程的预处理，以减轻操作负荷或除去影响操作、腐蚀设备的有害组分。冷凝法的常用设备为接触式冷凝器、表面冷凝器等。

（3）吸收法　吸收法是利用废气中不同组分在液体中具有不同溶解度的性质来分离分子状态污染物的一种净化方法。吸收法常用于净化含量为百万分之几百到几千的无机污染物，吸收法净化效率高，应用范围广，是气态污染物净化的常用方法。

（4）吸附法　吸附法是利用多孔性固体吸附剂对废气中各组分的吸附能力不同，选择性地吸附一种或几种组分，从而达到分离净化目的。吸附法适用范围很广，可以分离回收绝大多数有机气体和大多数无机气体，尤其在净化有机溶剂蒸气时，具有较高的效率。吸附法也是气态污染物净化的常用方法。

（5）催化转化法　催化转化法是利用催化剂的催化作用将废气中的气态污染物转化成无害的或比原状态更易去除的化合物，以达到分离净化气体的目的。根据在催化转化过程中所发生的反应，催化转化法可分为催化氧化法和催化还原法两类。催化氧化法是在催化剂的作用下，使废气中的气态污染物被氧化为无害的或更易去除的其他物质。催化还原法则是在催化剂的作用下，利用一些还原性气体，将废气中的气态污染物还原为无害物质。催化转化法常在各类催化反应器中进行。

（6）光催化转化法　光催化转化是基于光催化剂在紫外线照射下具有的氧化还原能力而净化污染物。由于光催化剂氧化分解挥发性有机物可利用空气中的 O_2 作氧化剂，而且反应能在常温、常压下进行，在分解有机物的同时还能杀菌和除臭，特别适合于室内挥发性有机物的净化。

（7）非平衡等离子体法　非平衡等离子体法采用气体放电法形成非平衡等离子体，可以分解气态污染物，并从气流中分离出微粒。净化过程分为预荷电集尘、催化净化和负离子发生等作用。其催化净化机理包括两个方面：一是在产生等离子体过程中，放电产生的瞬间，高能量打开某些有害气体分子化学键，使其分解成单质原子或无害分子；二是离子体中包含大量的高能电子、离子、激发态粒子和具有强氧化性的自由基，这些活性粒子的平均能量高于气体分子的键能，它们和有害气体分子发生频繁碰撞，打开气体分子的化学键，同时还产生大量 $^\bullet-OH$、$^\bullet HO_2^-$、O 等自由基和氧化性极强的 O_3，它们与有害气体分子发生化学反应生成无害产物。

本章主要介绍吸收和吸附的机理以及有关的设备。

6.3.2　吸收与吸附原理

1. 吸收过程的理论基础

吸收一般用适当的液体与混合气体接触，以去除其中一种或几种成分。吸收操作是有害气体净化的一种主要方法，在工程上应用很广。

吸收过程分为物理吸收和化学吸收两种。物理吸收一般没有明显的化学反应，可以看作是单纯的物理溶解过程，例如用水吸收氨。化学吸收是伴有明显化学反应的过程，例如用碱溶液吸收二氧化硫。

$$SO_2 + 2NaOH = Na_2SO_3 + H_2O$$

化学吸收的机理较物理吸收复杂，本节主要分析物理吸收中的某些机理，有关化学吸收的机理可参考有关资料。

（1）摩尔比　在吸收操作中，被吸收气体称为吸收质，气相中不被吸收的气体称为惰气，吸收用的液体称为吸收剂。由于惰气量和吸收剂量在吸收过程中基本上是不变的，以它们表示含量，对今后的计算比较方便。

摩尔比

对于液相

$$X_A = \frac{n_A}{n_B} = \frac{液相中某一组分的物质的量}{吸收剂的物质的量} \tag{6-47}$$

$$X_A = \frac{x_A}{1 - x_A}$$

对于气相

$$Y_A = \frac{n_A}{n_B} = \frac{气相中某一组分的物质的量}{惰气的物质的量} \tag{6-48}$$

$$Y_A = \frac{y_A}{1 - y_A}$$

（2）气体在液体中的溶解度（气液平衡关系）　任何气体与液体接触后，都会产生溶解，容易溶解的称为易溶气体，不易溶解的称为难溶气体，易溶和难溶都是相对同一种吸收剂而言的。如果气液两相长时间接触，最后，单位时间吸收剂所吸收的气体量，会等于通过扩散从液相返回气相的气体量。这时气液达到平衡，吸收（溶解）过程终止。气液达到平衡时，吸收剂吸收的气体量已达到最大限度，我们把每 1m³ 吸收剂所能吸收的极限气体量（即平衡状态下液相吸收质浓度）称为溶解度。例如，在 $t = 20℃$，气相吸收质分压力为 1atm（101.325kPa）时，1m³ 水约能吸收 0.028m³ 氧和 442m³ 氯化氢。

某一种气体的溶解度除了与气体和吸收剂本身的性质有关外，还与吸收剂的温度、气相中吸收质分压力有关。在一般情况下，某种气体的溶解度是随温度的下降和分压力的提高而增大的。

吸收剂吸收了某种气体后，在液面上会造成一定的分压力，使吸收质可以通过扩散从液相返回气相。当液面的分压力与气相吸收质分压力相等时，气液达到平衡。因此，某一种气体的溶解度不但与气相吸收质分压力有关，而且与液相中吸收质在液面上的分压力有关。例如，在 $t = 20℃$，气相中 NH_3 的分压力为 9.35kPa 时，在平衡状态下每千克水可以吸收 100g NH_3，这就是说，1kg 水吸收了 100g NH_3 后，液面上的分压力为 9.35kPa，这时气液达到平衡。如果要使吸收继续进行，必须提高气相中 NH_3 的分压力，使它高于 9.35kPa。我们把 9.35kPa 称为溶解度为 100g（NH_3）/kg 水时的平衡分压力。在不同的温度和不同的溶解度下液相吸收质所造成的平衡分压力可以通过实验求得。图 6-44 和图 6-45 所示是氨和氧在水中的溶解度与平衡分压力之间的关系曲线。已知吸收质在吸收剂中的溶解度，可以利用该图查得溶解度。从图上可以看出，在同样的温度和溶解度下，NH_3 的平衡分压力低，O_2 的平衡分压力高，平衡分压力越高，说明这种气体越难吸收。

综上所述，气体能否被液体吸收，关键在于气相中吸收质分压力和液相中吸收质的平衡分压力。只要气相中吸收质分压力大于平衡分压力，吸收就可以进行。平衡分压力是随液相中吸收质浓度的增加而提高的，当平衡分压力增大到等于气相吸收质分压力时，气液达到平衡。气体的溶解度与平衡分压力之间依存关系称为气液平衡关系。

对于稀溶液和气相中吸收质分压力不太高的情况，气液之间的平衡关系可用下式表示

$$C = Hp^* \tag{6-49}$$

式中　C——气体的溶解度（kmol/m³）；

　　　p^*——液相中吸收质的平衡分压力（atm 或 kPa）；

　　　H——溶解度系数［kmol/(m³·atm) 或 kmol/(m³·kPa)］。

溶解度系数 H 与吸收质和吸收剂的性质有关，它是随吸收剂温度的升高而下降的。它的物理意义是气相中吸收质的分压力为 1atm（或 101.325kPa）时，液相中吸收质所能达到的最大浓度。对于易溶气体（如 NH_3、HCl 等）H 值较大，对于难溶气体（如 O_2、H_2）H 值较小。

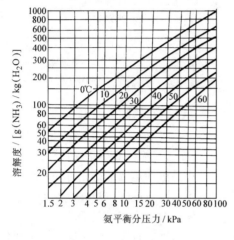

图 6-44　氨的溶解度

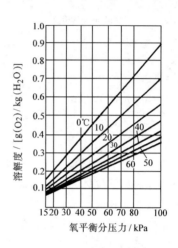

图 6-45　氧的溶解度

式（6-49）称为亨利定律，当气相中吸收质分压力小于 1atm（101.325kPa）时，亨利定律可以近似使用，在通风工程中有害气体的浓度是较低的，因此亨利定律完全适用。

为了今后计算方便，式（6-49）要用物质的量浓度表示。

每 $1m^3$ 溶液中吸收剂的物质的量

$$n' = \frac{\rho - CM}{M_o} \tag{6-50}$$

式中　ρ——溶液的密度（kg/m^3）；

M——吸收质的摩尔质量（$kg/kmol$）；

M_o——吸收剂的摩尔质量（$kg/kmol$）。

每 $1m^3$ 溶液的物质的量

$$n = n' + C = \frac{\rho - CM}{M_o} + C = \frac{\rho - CM + CM_o}{M_o}$$

溶液中吸收质的摩尔分数

$$x = \frac{C}{n} = \frac{C}{\dfrac{\rho - CM + CM_o}{M_o}}$$

$$C = \frac{\rho x}{M_o + (M - M_o)x}$$

对于稀溶液 x 值较小，上式中分母的第二项可以忽略不计，因此，上式可改写为

$$C = \frac{\rho}{M_o} x \tag{6-51}$$

将式（6-51）代入式（6-49）

$$\frac{\rho}{M_o} x = H p^*$$

$$p^* = \frac{\rho}{M_o H} x$$

$$E = \frac{\rho}{M_o H} \qquad (6\text{-}52)$$

$$p^* = Ex \qquad (6\text{-}53)$$

式中 E——亨利常数（atm）。

某些工业上常见气体被水吸收时亨利常数列于表6-8。

表 6-8 某些气体在不同温度上被水吸收的亨利常数 E （单位：atm）

温度/℃（气体）	10	20	30	40	50
CO	44000	53600	62000	69000	75000
O_2	33000	40000	47500	52000	58000
NO	22000	26400	31000	35000	39000
CO_2	1000	1450	1900	2300	2900
Cl_2	394	530	660	7690	890
H_2S	370	480	610	730	890
SO_2	27	38	50	65	80

注：1atm = 101.325kPa。

平衡分压力 p^* 就是平衡状态下气相中吸收质分压力，根据道尔顿气体分压力定律

$$p = p_z y \qquad (6\text{-}54)$$

式中 p——混合气体中吸收质分压力（atm 或 kPa）；

p_z——混合气体总压力（atm 或 kPa）；

y——混合气体中吸收质摩尔分数。

将式（6-54）代入式（6-53）

$$p_x y = Ex$$

$$y^* = \frac{E}{p_z} x$$

令

$$m = \frac{E}{p_z} = \frac{\rho}{M_o H} \cdot \frac{1}{p_z} \qquad (6\text{-}55)$$

$$y^* = mx \qquad (6\text{-}56)$$

式中 m——相平衡系数。

在通风工程中 p_z 近似等于当地的大气压力，对于稀溶液，m 值近似为常数。

从式（6-55）可以看出，m 值与溶解度系数 H 成反比，易溶气体的 $m(E)$ 值小，难溶气体的 $m(E)$ 值大。

根据式

$$x = \frac{X}{1 + X}$$

$$y = \frac{Y}{1 + Y}$$

将上列公式代入式（6-56）

$$\frac{Y^*}{1 + Y^x} = m \left[\frac{X}{1 + y^*} \right]$$

$$Y^* = \frac{mX}{1 + (1 - m) X} \tag{6-57}$$

式中　Y^*——与液相含量（摩尔比）相对应的气相中吸收质平衡含量（摩尔比）[（kmol（吸收质）/kmol(惰气)]；

　　　　X——液相中吸收质含量（摩尔比）[kmol（吸收质）/kmol（吸收剂）]。

对于稀溶液，液相中吸收质含量（摩尔比）较低（即 X 值较小），式（6-57）可以简化为

$$Y^* = mX \tag{6-58}$$

如果把式（6-58）反映的关系画在图上，这条直（曲）线称为平衡线（图6-46）。已知气相中吸收质含量（摩尔比）Y_A，可以利用该图查得对应的液相中吸收质平衡含量（摩尔比）X_A^*，已知液相中吸收质含量（摩尔比）X_A，可以由该图查对应的气相吸收质平衡含量（摩尔比）Y_A^*。

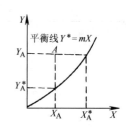

图 6-46　气液平衡关系

掌握了气液平衡关系，可以帮助解决以下两方面问题：

1）在设计过程中判断吸收的难易程度。吸收剂选定以后，液相中吸收质起始含量（摩尔比）X 是已知的，从平衡线可以查得与 X 相对应的气相平衡含量（摩尔比）Y^*，如果气相中吸收含量（摩尔比）（即被吸收气体的起始浓度）$Y > Y^*$，说明吸收可以进行，$\Delta Y = (Y - Y^*)$ 越大，吸收越容易进行，把 ΔY 称为吸收推动力，吸收推动力小，吸收难以进行，必须重新选择吸收剂。

2）可在运行过程中判断吸收进行的程度。在吸收过程中，随液相中吸收质浓度的增加，气相平衡含量（摩尔比）Y^* 也会增加，如果发现 Y^* 已接近气相吸收质含量（摩尔比）Y，说明吸收推动力 ΔY 很小，吸收将难以继续进行，必须更换吸收剂，降低 Y^*，吸收才能继续下去。

【例 6-5】　某排气系统中 SO_2 的浓度 $Y_{SO_2} = 50 g/m^3$，在吸收塔内用水吸收 SO_2，吸收塔在 $t = 20℃$、$p_z = 1 atm$ 的工况下工作，求水中可能达到的 SO_2 最大浓度。

【解】　SO_2 的摩尔质量 $M_{SO_2} = 64 kg/kmol$

每 $1 m^3$ 混合气体中 SO_2 所占体积

$$V_{SO_2} = \left(50 \times 10^{-3} \times \frac{22.4}{64} \right) m^3 = 0.0175 m^3$$

SO_2 的摩尔比

$$Y_{SO_2} = \frac{0.0175}{1 - 0.0175} kmol(SO_2)/kmol(空气) = 0.0178 kmol(SO_2)/kmol(空气)$$

平衡状态下的液相含量（摩尔比）即为最大含量（摩尔比）。

查表6-8得，$E = 38$，因为 $p_z = 1 atm$，所以 $m = 38$

液相中 SO_2 最大含量（摩尔比）

$$X_{SO_2}^* = \frac{Y_{SO_2}}{m} = \frac{0.0178}{38} kmol(SO_2)/kmol(H_2O) = 0.00047 kmol(SO_2)/kmol(H_2O)$$

2. 吸收过程的机理

研究吸收过程的机理是为了掌握吸收过程的规律，利用这些规律去强化和改进吸收操作。由于吸收过程涉及的因素较为复杂，到目前为止还缺乏比较系统的吸收理论，下面对目前应用较广，简明易懂的双膜理论做简要介绍。

（1）双膜理论　双膜理论对于一般的吸收操作和具有固定界面的吸收设备（如湿壁塔、填

料塔等）基本上是适用的，但是不完全适用于气液湍动程度比较剧烈的吸收过程。双膜理论的基本要点如下：

1）气液两相接触时，其分界面叫作相界面。在相界面两侧分别存在一层很薄的气膜和液膜（图 6-47），膜层中的流体均处于滞流（层流）状态，膜层的厚度是随气液两相流速的增加而减小的。吸收质以分子扩散方式通过这两个膜层，从气相扩散到液相。

2）两膜以外的气液两相称为气相主体和液相主体。主体中的流体都处于湍流状态，吸收质浓度是均匀分布的，因此传质阻力很小，可忽略不计。吸收过程的阻力主要是吸收质通过气膜和液膜时的分子扩散阻力，对不同的吸收过程气膜和液膜的阻力是不同的。

3）在相界面上气液两相总是处于平衡状态，吸收质通过相界面时的传质阻力可以略而不计，这种情况叫作界面平衡，界面平衡并不等于气相主体已达到平衡。

根据以上假设，复杂的吸收过程被简化为气体以分子扩散方式通过气液两膜层的过程。通过两膜层时的分子扩散阻力就是吸收过程的基本阻力，吸收质必须要有一定的浓度差，才能克服这个阻力进行传质。这和传热过程必须要有一定的温度差，才能克服热阻进行传热是相似的。

图 6-48 是双膜理论的吸收过程示意图，Y_A、X_A 分别表示气相和液相主体的含量（摩尔比），Y_i^*、X_i^* 表示相界面上气相和液相的含量（摩尔比）。因为在相界面上气液两相处于平衡状态，Y_i^*、X_i^* 都是平衡含量（摩尔比），即 $Y_i^* = mX_i^*$。当气相主体含量（摩尔比）$Y_A > Y_i^*$ 时，以 $Y_A - Y_i^*$ 为吸收推动力克服气膜阻力，从 a 到 b，在相界面上气液两相达到平衡，然后以 $X_i^* - X_A$ 为吸收推动力克服液膜阻力，从 b' 到 c，最后扩散到液相主体，整个吸收过程完成。

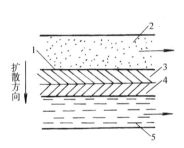

图 6-47 双膜理论示意图
1—相界面 2—气相主体 3—气膜
4—液膜 5—液相主体

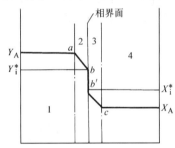

图 6-48 双膜理论的吸收过程
1—气相主体 2—气膜 3—液膜 4—液相主体

（2）吸收速率方程式 前面所述的气液平衡关系，指气液两相长时间接触后，吸收剂所能吸收的最大气体量。在实际的吸收设备中，气液的接触时间是有限的，因此不能直接用式（6-58）进行计算。在单位时间内吸收剂所吸收的气体量称为吸收速率，吸收速率方程式是计算吸收设备的基本方程式。

由于传质过程的机理和传热过程是相似的，因此吸收速率方程式在形式上和传热方程式是相似的。

单位时间通过气膜的气体量

$$G_q = k_g F(Y_A - Y_i^*) \tag{6-59}$$

式中　F——气液的接触面积（m^2）；

　Y_A——气相主体中吸收质含量（摩尔比）[kmol（吸收质）/kmol（惰气）]；

　Y_i^*——相界面上气相的平衡含量（摩尔比）[kmol（吸收质）/kmol（惰气）]；

　k_g——气膜吸收系数 [kmol/($m^2 \cdot s$)]。

单位时间内通过液膜的气体量（kmol/s）

$$G_y = k_1 F(X_i^* - X_A) \tag{6-60}$$

式中　X_A——液相主体中吸收质含量（摩尔比）[kmol（吸收质）/kmol（吸收剂）]；

　　　X_i^*——相界面上液相的平衡含量（摩尔比）[kmol（吸收质）/kmol（吸收剂）]；

　　　k_1——液膜吸收系数 [kmol/（m² · s）]。

在稳定的吸收过程中，通过气膜的气体量应等于通过液膜的气体量，即 $G = G_q = G_y$。要利用式（6-59）或式（6-60）进行计算，必须预先确定 k_g 或 k_1 以及相界面上的 X_i^* 或 Y_i^*。实际上相界面上的 X_i^* 和 Y_i^* 都是难以确定的，为了方便以后的计算，下面提出总吸收系数的概念。

$$G = k_g F(Y_A - Y_i^*) = k_1 F(X_i^* - X_A) \tag{6-61}$$

根据双膜理论，$Y_i^* = m X_i^*$，因此

$$X_i^* = \frac{Y_i^*}{m} \tag{6-62}$$

由于 $Y_A^* = m X_A$，所以

$$X_A = \frac{Y_A^*}{m} \tag{6-63}$$

式中　Y_A^*——与气相主体含量（摩尔比）X_A 相对应的气相平衡含量（摩尔比）[kmol（吸收质）/kmol（惰气）]；

　　　m——相平衡系数。

将式（6-62）和式（6-63）代入式（6-61）

$$G = k_g F(Y_A - Y_i^*) = k_1 F\left(\frac{Y_i^*}{m} - \frac{Y_A^*}{m}\right)$$

所以

$$Y_A - Y_i^* = \frac{G}{F k_g} \tag{6-64}$$

$$Y_i^* - Y_A^* = \frac{G}{F \dfrac{k_1}{m}} \tag{6-65}$$

将上面两式相加

$$Y_A - Y_A^* = \frac{G}{F}\left(\frac{1}{k_g} + \frac{m}{k_1}\right)$$

$$\frac{G}{F} = N_A = \frac{1}{\dfrac{1}{k_g} + \dfrac{m}{k_1}}(Y_A - Y_A^*)$$

令

$$\frac{1}{\dfrac{1}{k_g} + \dfrac{m}{k_1}} = K_g \tag{6-66}$$

$$N_A = K_g(Y_A - Y_A^*) \tag{6-67}$$

式中　N_A——单位时间单位接触面积所吸收的气体量[kmol/（m² · s）]；

　　　K_g——以（$Y_A - Y_A^*$）为吸收推动力的气相总吸收系数 [kmol/（m² · s）]。

同理，可以推导出以下公式

$$K_1 = \frac{1}{\dfrac{1}{m k_g} + \dfrac{1}{k_1}} \tag{6-68}$$

$$N_A = K_1(X_A^* - X_A) \tag{6-69}$$

式中　X_A^* ——与气相主体含量（摩尔比）Y_A 相对应的液相平衡含量（摩尔比）[kmol（吸收质）/kmol（吸收剂）]；

K_1 ——以（$X_A^* - X_A$）为吸收推动力的液相总吸收系数 [kmol/($m^2 \cdot s$)]。

式（6-67）和式（6-69）就是吸收速率方程式，这两个公式算出的结果是相同的。类似于传热过程的热阻，吸收系数的倒数称作吸收阻力。

$$\frac{1}{K_g} = \frac{1}{k_g} + \frac{m}{k_1} \tag{6-70}$$

$$\frac{1}{K_1} = \frac{1}{m k_g} + \frac{1}{k_1} \tag{6-71}$$

式中，$1/k_g$（或 $1/k_1$）称为总吸收阻力，$1/k_g$ 称为气膜吸收阻力，$1/k_1$ 称作液膜吸收阻力。通过上式可以看出，气体的溶解度系数较大时（即 m 较小时），m/k_1 很小可以略而不计，此时 $K_g \approx k_g$，这说明吸收过程阻力主要是气膜阻力，计算时用式（6-67）较为方便。

当 H 值较小（即 m 较大）时，$1/mk_g$ 很小可以略而不计，此时 $K_1 \approx k_1$，这说明吸收过程的阻力主要是液膜阻力，计算时用式（6-69）较为方便。

在设计和运行过程中，如能判别吸收过程的阻力主要在哪一方面，会给设备的选型、设计和改进带来便利。某些吸收过程的经验判断见表 6-9，可供参考。

表 6-9　吸收过程主要阻力举例

气 膜 阻 力	液 膜 阻 力	气液同时控制
水或氨水→NH_3	水或弱碱→CO_2	水→SO_2
水或稀盐酸→HCl	水→O_2	水→丙酮
碱液或氨水→SO_2	水→H_2	碱液→H_2S
NaOH 水溶液→H_2S	水→Cl_2	硫酸→NO_2

从式（6-67）和式（6-69）可以看出，吸收速率主要取决于气膜和液膜的吸收阻力、气液接触面积和吸收推动力。要强化吸收过程可以通过以下的途径实现：

1）增加气液的接触面积。

2）增加气液的运动速度，减少气膜和液膜的厚度，降低吸收阻力。

3）采用溶解度系数高的吸收剂。

4）增大供液量，降低液相主体含量 X_A，增大吸收动力。

3. 吸附原理和特性

在日常生活中，经常利用某些固体物质去吸附气体，例如在精密天平或其他的精密仪表中放上一袋硅胶可以去除空气中的水蒸气，这种现象称为吸附。具有较大吸附能力的固体物质称为吸附剂，被吸附的气体称为吸附质。下面简要介绍吸附的原理和吸附法的具体应用。

吸附过程是通过吸附剂表面的分子进行的。单位质量吸附剂具有的总表面积（m^2/kg）称为吸附剂的比表面积，比表面积愈大，吸附的气体量愈多。例如，工业上应用较多的吸附剂——活性炭，其比表面积为 $10^6 m^2/kg$。

吸附过程分为物理吸附和化学吸附两种。物理吸附是靠分子间的吸引力使气体分子吸附在吸附剂表面的，在吸附过程中会放出一定量的吸附热。物理吸附是一个可逆过程，只要提高温度、降低主气体中吸附质的分压力，吸附质会很快解析出来，解析的气体特性没有改变。因此，采用物理吸附时，吸附剂的再生，吸附质的回收比较容易。

吸附剂的物理吸附量是随气体温度的下降，比表面积的增加而增加的。由于分子间的吸引力是普遍存在的，一种吸附剂可以同时吸附多种气体。活性炭对不同气体的吸附量见表6-10。

从表6-10可以看出，同一种吸附剂对不同气体的吸附量与该气体的沸点成正比，即气体的沸点愈高愈容易吸附，掌握这一规律，有利于确定有害气体的吸附净化方案。

化学吸附是由于吸附剂和吸附质之间发生化学反应，使它们牢固联系在一起的，它是一种选择性吸附，一种吸附剂只对特定的几种物质有吸附作用。化学吸附比较稳定，不易解析，必须在高温下才会解析出来，解析的气体往往改变了原来的特性。

表6-10　$t=15℃$、$p=1atm$[①]时活性炭对各种单一气体的吸附量

气　　体	吸附量/(cm³/g)	沸点/℃	气　　体	吸附量/(cm³/g)	沸点/℃
SO_2	380	-10	CO_2	48	-78
NH_3	181	-33	CH_4	16	-164
H_2S	99	-62	CO	9	-190
HCl	72	-83	O_2	8	-182
N_2O	54	-90	N_2	8	-195
C_2H_2	49	-84	H_2	5	-252

①1atm = 101.325kPa。

活性炭是目前应用较多的一种吸附剂，用于气体净化的活性炭是以煤粉等为原料，煤焦油作调和剂，成型后经干燥、炭化、活化等工序制成。活化后的活性炭经过筛就成了 $\phi=1.5mm$、$l=2\sim4mm$ 的圆柱形粒状炭。这种炭能有效吸附各种有害气体，例如苯、二甲苯、汽油、氯气以及二硫化碳等。

吸附剂吸附一定量的气体后，会达到饱和，达到饱和时单位质量吸附剂所吸附的气体量称为吸附剂的静活性。气体流过固定的吸附层时，从开始吸附，到气体出口处出现吸附质时为止，单位质量吸附剂平均吸附的气体量称为吸附剂的动活性。

在固定的吸附器内，吸附质浓度沿吸附层的变化如图6-49所示。该图的纵坐标是气体中吸附质浓度，横坐标是吸附层厚度 l。开始时，吸附质浓度按曲线 A 变化，在 b 点吸附质浓度已降到零，只有 Ob 这一层吸附剂在进行工作。经过一段时间后，Oa 内的吸附剂已全部饱和，吸附质浓度曲线向前移动，按 B 变化。再经过一段时间，浓度曲线由 B 移到 C，在吸附器出口开始出现吸附质，这种现象称为穿透。从开始工作到出现穿透，每千克吸附剂平均吸附的气体量称为吸附剂的动活性。从图6-49可以看出，当吸附器出口处出现吸附质时，吸附剂内总会有部分吸附剂尚未达到饱和（如 cf 层），因此，吸附器内吸附剂的动活性总要比静活性小。

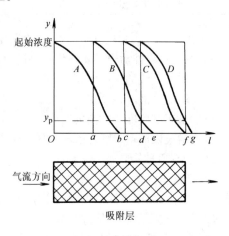

图6-49　吸附器内吸附质浓度变化曲线

吸附器穿透后，出口处的吸附质浓度会迅速增加，但是，只要不超过排放标准，吸附剂仍可继续使用。当浓度曲线移到 D 时，出口处吸附质浓度已等于规定的容许排空浓度 Y_p，这时吸附器应停止工作，吸附剂进行更换或再生。

吸附器内气体的平均流速以及吸附器断面上的速度分布对浓度曲线的变化有很大影响。气体的流速低，有害气体在吸附器内停留的时间长，吸附剂可以充分进行吸附，因此，吸附质浓度曲线比较陡直。气体的流速高，有害气体在吸附器内停留的时间短，吸附剂没有充分发挥作

用,因此,浓度曲线比较平缓。如果吸附器断面上的流速分布不均匀,流速高的局部地点会很快出现穿透,影响整个吸附器的继续使用。浓度曲线平缓说明吸附器穿透时,还有较多的吸附剂没有达到饱和。设计吸附器时,希望浓度曲线尽量陡直,其动活性应不小于静活性75% ~ 80% 。

6.3.3 吸收与吸附装置

1. 吸收设备

为了强化吸收过程,提高吸收效率,降低设备的投资和运行费用,吸收设备必须达到以下基本要求:

1)气液之间有较大的接触面积和一定的接触时间。

2)气液之间扰动强烈,吸收阻力低,吸收速率高。

3)气液逆流操作,增大吸收推动力。

4)气体通过时阻力小。

5)耐磨、耐腐蚀、运行安全可靠。

6)构造简单,便于制作和检修。

用于气体净化的吸收设备种类很多,下面介绍几种常用的设备。

(1)喷淋塔 喷淋塔的结构如图6-50所示,有害气体从下部进入,吸收剂从上向下分层喷淋。喷淋塔上部设有液滴分离器,喷淋的液滴应控制在一定范围内,液滴直径过小,容易被气流携走,液滴直径过大,气液的接触面积过小,接触时间短,使吸收速率降低。

气体在吸收塔横断面上的平均流速为空塔速度,喷淋塔的空塔速度一般为0.5 ~ 1.5m/s。喷淋塔的优点是阻力小,结构简单,塔体内无运动部件,但是它的吸收效率低,仅适用于有害气体浓度低,处理气体量不大的情况。近年来发展了大流量的高速喷淋塔,改善提高了喷淋塔的吸收效率。

(2)填料塔 填料塔的结构如图6-51所示,在喷淋塔内填充适当的填料就成了填料塔,放置填料后,主要是增大气液接触面积。当吸收剂自塔顶向下喷淋,沿填料表面下降,润湿填料,气体沿填料的间隙向上运动,在填料表面产生气液接触吸收口。

常用填料有拉西环(普通的钢质或瓷质小环)、鲍尔环(图6-52)、鞍形和波纹填料等。对

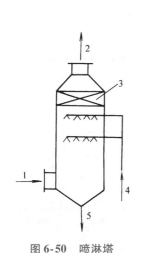

图 6-50 喷淋塔
1—有害气体入口 2—净化气体出口
3—液滴分离器 4—吸收剂入口 5—吸收剂出口

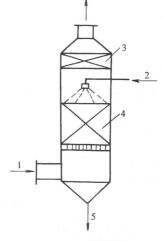

图 6-51 填料塔
1—有害气体入口 2—吸收剂入口
3—液滴分离器 4—填料 5—吸收剂出口

图 6-52 鲍尔环

填料的基本要求是，单位体积填料所具有的表面积大，气体通过填料时的阻力低。

液体流过填料层时，有向塔壁汇集的倾向，中心的填料不能充分加湿。因此，当填料层的高度较大时，常将填料层分成若干层，使所有的填料都能充分加湿。填料塔的空塔速度一般为 $0.5 \sim 1.5 \mathrm{m/s}$，每米填料层的阻力 $\Delta p/Z$ 一般为 $400 \sim 600 \mathrm{Pa/m}$。

填料塔结构简单，阻力小，是目前应用较多的一种气体净化设备。填料塔直径不宜超过 800mm，直径过大会使效率下降。

（3）湍球塔　湍球塔是近年来新发展的一种吸收设备，它是填料塔的特殊情况，使塔内的填料处于运动状态中，以强化吸收过程。图 6-53 是湍球塔的结构示意图，塔内设有筛板，筛板上放置一定数量的轻质小球。气流通过筛板时，小球在其中湍动旋转，相互碰撞运动，吸收剂自上向下喷淋，润湿小球表面，产生吸收作用。由于气、液、固三相接触，小球表面的液膜在不断更新，增大了吸收推动力，吸收效率高。

小球应耐磨、耐腐、耐温，通常用聚乙烯和聚丙烯制作，当塔的直径大于 200mm 时，可以选用 $\phi 25 \mathrm{mm}$、$\phi 30 \mathrm{mm}$、$\phi 38 \mathrm{mm}$ 的小球。

湍球塔的空塔速度一般为 $2 \sim 6 \mathrm{m/s}$，小球之间不断碰撞，球面上的结晶体能够不断被清除，塔内的结晶作用不会造成堵塞，在一般情况下，每段塔的阻力约为 $400 \sim 1200 \mathrm{Pa}$，在同样的工况条件下，湍球塔的阻力要比填料塔小。

湍球塔的特点是空流速度大，处理能力大，体积小，吸收效率高。但是，随小球的运动，有一定程度的返混，段数多时阻力较高，塑料小球不能耐高温，使用寿命短，更换频繁。

（4）吸收法净化有害气体实例

1）氯化氢的净化。氯化氢易溶于水，在 $t = 20℃$ 时，其溶解度为 $442 \mathrm{m^3(HCl)/m^3(H_2O)}$，是氨的 8 倍，二氧化硫的 10 倍。处理低浓度 HCl 的系统如图 6-54 所示。该系统以水为吸收剂，净化效率可达 90% 以上，在工艺条件允许情况下，可采用废碱液为吸收剂。

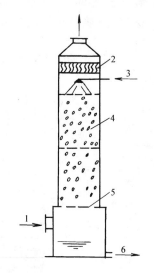

图 6-53　湍球塔
1—有害气体入口　2—液滴分离器
3—吸收剂入口　4—轻质小球
5—筛板　6—吸收剂出口

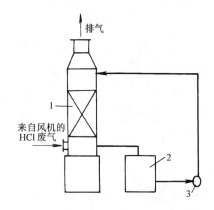

图 6-54　低浓度 HCl 废气处理工艺流程
1—波纹填料塔　2—循环槽　3—塑料泵

2）NO_x 的净化。在电镀生产中，铝制品的化学抛光，铜、镍的退镀等都要在硝酸溶液内进行。在此操作中会产生大量的氮氧化物（NO_2、NO），排出的废气带有深黄色，必须净化处理。下面介绍氨—碱溶液两相吸收法。

第一级氨在气相中和 NO_x、水蒸气反应

$$2NH_3 + NO + NO_2 + H_2O = 2NH_4NO_2$$
$$2NH_3 + 2NO_2 + H_2O = NH_4NO_3 + NH_4NO_2$$
$$NH_4NO_2 = N_2 + 2H_2O$$

第二级采用碱液吸收

$$2NaOH + 2NO_2 = NaNO_3 + NaNO_2 + H_2O$$
$$2NaOH + NO + NO_2 = 2NaNO_2 + H_2O$$

图 6-55 所示是 NO_x 净化系统流程图。含 NO_x 废气在管道中与氨气混合，进入第一级反应，经缓冲器和风机进入吸收塔，采用碱液吸收，净化效率可达 95% 以上，若单独采用碱液吸收，净化效率只有 70% 左右。

装置的吸收效率与下列因素有关：①进口处 NO_x 浓度高，吸收效率高；②增大喷淋密度有利于吸收，通常取 $8 \sim 10 m^3 / (m^2 \cdot h)$；③氧化度为 50% 时吸收效率最高；④氨气加入量控制在 $50 \sim 200 L/h$ 为宜。

从上面的分析可以看出，一种有害气体常有多种吸收剂可供选择，设计时必须综合各方面因素，全面进行分析，需要考虑的因素有净化设备价格、运行费用、净化效果、吸收剂价格及来源、副产品出路等。另外，还要考虑废水处理二次污染的问题，防止把大气污染变成水质污染。

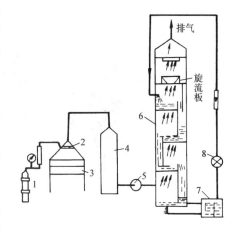

图 6-55　NO_x 净化系统流程图

1—液氨钢瓶　2—氨分布器　3—通风柜　4—缓冲器
5—风机　6—吸收塔　7—碱液循环槽　8—碱泵

2. 吸附装置

（1）固定床吸附装置　处理通风排气用的吸附装置大多采用固定的吸附层（固定床），其结构如图 6-56 所示，吸附层穿透后要更换吸附剂，在有害气体浓度较低的情况下，可以不考虑吸附剂再生，在保证安全的条件下把吸附剂和吸附质一起丢掉。

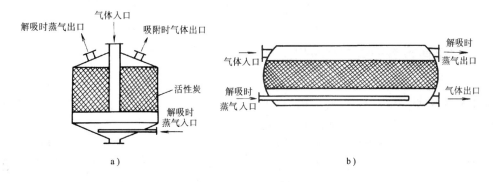

图 6-56　固定床吸附装置
a）立式　b）卧式

工艺要求连续工作的，必须设两台吸附器，1台工作，1台再生备用。

（2）蜂轮式吸附装置　蜂轮式吸附装置是一种新型的有害气体净化装置，适用于低浓度、大风量，具有体积小、质量轻、操作简便等优点。图6-57是蜂轮式吸附装置示意图。蜂轮用活性炭素纤维加工成0.2mm厚的纸，再压制成蜂窝状卷绕而成。蜂轮的端面分隔为吸附区和解吸区，使用时，废气通过吸附区，有害气体被吸附。然后把100~140℃的热空气通过解吸区，使有害气体解吸，活性炭素纤维再生。随蜂轮缓慢转动，吸附区和解吸区不断更新，可连续工作。浓缩的有害气体再用燃烧、吸收等方法进一步处理。图6-58所示是实际应用的工艺流程图，该装置的工艺参数为：废气中HC浓度不大于1000mg/m³；废气中油烟、粉尘含量不大于0.5mg/m³；吸附温度不大于50℃；蜂轮空塔速度2m/s左右；蜂轮转速1~6r/h；再生热风温度100~140℃；浓缩倍数10~30倍。

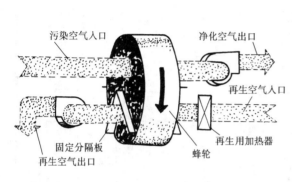

图6-57　蜂轮式吸附装置

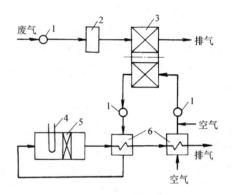

图6-58　浓缩燃烧工艺流程
1—风机　2—过滤器　3—蜂轮
4—预热器　5—催化层　6—换热器

6.4　净化新方法

在空气中，净化气体状态污染物比净化溶胶状态污染物复杂，净化机理呈现多样化。吸附方法已广泛应用于清除低浓度的有害气体，其吸附剂的选择性高，能分开其他方法难以分开的化合物，适用于室内空气中的挥发性有机化合物、氨、H_2S、NO_x和氡气等气态污染物的净化。20世纪70年代，在空气污染控制领域国内外开展了非平衡等离子体净化方法、光催化净化方法、负离子净化方法、臭氧净化方法研究，取得了一系列成果，在此做一些介绍。

6.4.1　非平衡等离子体空气净化

1. 非平衡等离子体空气净化原理

将非平衡等离子体应用于空气净化，不但可分解气态污染物，还可从气流中分离出微粒，整个净化过程涉及预荷电集尘、催化净化和负离子发生等作用。

（1）预荷电集尘　预荷电集尘是利用极不均匀的电场，形成电晕放电，产生等离子体，其中包含的大量电子和正负离子在电场梯度的作用下，与空气中的微粒发生非弹性碰撞，从而附着在上面，使之成为荷电粒子；在外加电场力作用下，荷电粒子向集尘极迁移，最终沉积在集尘极上。

（2）催化净化　无论采用何种放电方法产生等离子体，它们的催化作用原理是一致的，都是以高能电子与气体分子碰撞反应为基础。其催化净化机理包括两个方面：①在产生等离子体的过程中，高频放电产生瞬间高能量，打开某些有害气体分子的化学键，使其分解成单质原子或无害分子；②等离子体中包含大量的高能电子、离子、激发态粒子和具有强氧化性的自由基，这些活性粒子的平均能量高于气体分子的键能，它们和有害气体分子发生频繁的碰撞，打开分子的化学键时还同时会产生大量的 $^{\bullet}OH$、$^{\bullet}HO_2$、$^{\bullet}O$ 等自由基和氧化性极强的 O_3，它们与有害气体分子发生化学反应生成无害产物。在化学反应过程中，添加适当的催化剂，能使分子化学键松动或削弱，降低气体分子的活化能从而加速化学反应。

总的来说，放电作用下，有机物的降解是一个复杂的等离子体化学反应过程，由于自由基存在的时间短，反应速度也相当快，要具体确定某一个反应过程是十分困难的。但随着对这类问题研究的逐步深入，人们将会对此有进一步的了解。

（3）负离子发生　在产生等离子体的同时，也产生大量负离子，若将这些负离子释放到室内空间，则一方面能调节空气离子平衡；另一方面，还能有效地清除空气中的污染物。高浓度的负离子同空气中的有毒化学物质和病菌悬浮颗粒物相碰撞使其带负电。这些带负电的颗粒物会吸引其周围带正电的颗粒物（包括空气中的细菌、病毒、孢子等），从而积聚增大。这种积聚过程一直持续到颗粒物的质量足以使它降落到地面为止。

非平衡等离子体降解污染物是一个十分复杂的过程，而且影响这一过程的因素很多。虽然目前已有大量非平衡等离子体降解污染物机理的研究，但还未形成能指导实践的理论体系，因而深入研究非平衡等离子体降解污染物的机理是其应用研究方向之一。

2. 非平衡等离子体空气净化反应器

为了使等离子体技术向实际应用转化，近年来，人们在等离子体反应器设计和研究方面做了大量的工作，根据等离子体区是否填充了颗粒物，可将等离子体反应器分为空腔式和填充式两种类型。

（1）空腔式反应器　在空腔式反应器中，被处理气体通过相对较宽的等离子体区，中间没有绝缘介质。根据电极结构形式，又可分为线－筒式和线－板式，如图6-59所示。这些反应器都是从电除尘器发展而来的，不同之处是电除尘器供电方式大多采用直流负电，其主要目的是脱除颗粒物。脱除有害气体的非平衡等离子体反应器则大多采用高压纳秒级脉冲或者高压纳秒级脉冲叠加直流供电，以便提供高浓度的等离子体。

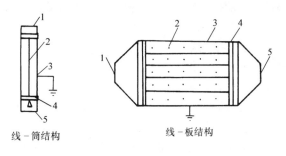

图 6-59　常见的空腔式等离子体反应器
1—气体入（出）口　2—电晕极
3—外筒或壳体（接地极）　4—绝缘子　5—气体出（入）口

（2）填充式反应器　填充式反应器是一种以不同绝缘介质为填充物的放电反应器，所用填充介质主要是 $BaTiO_3$、$SrTiO_3$ 和 Al_2O_3 等，其中 TiO_2 和 Al_2O_3 在一定的反应条件下还可充当催化剂的作用。在这种反应器中，被处理气体通过相对较窄的等离子体区，图6-60给出了线－筒结构和平行板结构的填充式等离子体反应器。当在反应器上施加高压脉冲或交变电压时，颗粒会被部分极化，在颗粒与颗粒的接触点附近将形成强电场，导致该处附近的气体发生局部放电而形成非平衡等离子体空间，当有机物分子通过此空间时很容易被氧化降解。与空腔式等离子体反应器相比，填充式反应器的能耗高、气体阻力比较大。

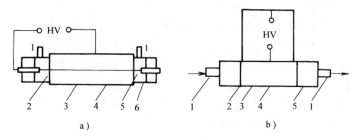

图 6-60　填充式等离子体反应器
a）线 - 筒结构
1—气体进（出）口　2—多孔挡板　3—接地极　4—Al_2O_3颗粒　5—电晕极　6—筒体
b）平行板结构
1—气体进（出）口　2—低压电极　3—Al_2O_3颗粒　4—高压电极　5—筒体

6.4.2　光催化净化方法

光催化净化是基于光催化剂在紫外线照射下具有的氧化还原能力而净化污染物，自 1972 年 Fujishima 和 Honda 发现在受辐照的 TiO_2 上可以持续发生小的氧化还原反应，并产生 H_2 以来，人们对这一催化反应过程进行了大量的研究，结果表明，这一技术不但在废水净化处理方面具有巨大潜能，在净化空气中存在的挥发性有机物方面也具有广阔的应用前景。由于光催化氧化分解挥发性有机物可利用空气中的 O_2 作氧化剂，而且反应能在常温常压下进行，在分解有机物的同时还能杀菌和除臭，所以特别适合于室内挥发性有机物的净化。

光催化剂属半导体材料，包括 TiO_2、ZnO、Fe_2O_3，CdS 和 WO_3 等。其中 TiO_2 具有良好抗光腐蚀性和催化活性，而且性能稳定，价廉易得，无毒无害，是目前公认的最佳光催化剂。

1. TiO_2 光催化作用机理

"光催化"这一术语的本身就意味着光化学与催化剂二者的结合，因此，光和催化剂是引发和促进光催化氧化反应的必要条件。TiO_2 作为一种半导体材料之所以能够作为催化剂，是由其自身的光电特性所决定的。根据定义，超细半导体粒子含有能带结构且能带是不连续的，其能级可用"带隙理论"描述，即物质价电子轨道通过交叠形成不同的带隙，由低到高依次是充满电子的价带、禁带和空的导带。TiO_2 禁带宽度为 3.2eV，对应的光吸收波长阈值为 387.5nm。当受到波长小于或等于 387.5nm 光照射时，价带上的电子会被激发，越过禁带进入导带，同时在价带上产生相应的空穴。与金属导体不同，半导体的能带间缺少连续区域，受光激发产生的导带电子和价带空穴（也称光致电子和光致空穴）在复合之前有足够的寿命。

实际光催化反应过程中，反应能力取决于半导体的能带状况，以及被吸附物质的氧化还原电势。迁移到表面上的光致电子和空穴，如果没有与适当的电子和空穴俘获剂作用，则储备的能量在几个毫微秒之内就会通过复合而消耗掉。因此，电子结构、吸光特性、电荷迁移、载流子寿命及载流子复合速率的最佳组合对于提高光催化活性至关重要。

2. 光催化在空气净化中的应用

近年来，光催化净化空气技术越来越受到重视，成为各国研究和开发的热点，其原因是该法具有以下优点：①广谱性，迄今为止的研究表明光催化对几乎所有的污染物都具有净化能力；②经济性，光催化在常温下进行，直接利用空气中的 O_2 作氧化剂，气相光催化可利用低能量的紫外灯，甚至直接利用太阳光；③灭菌消毒，利用紫外光控制微生物的繁殖已在生活中广泛使用，光催化灭菌消毒不仅仅是单独的紫外光作用，而是紫外光和催化的共同作用，无论从降低微生物数目的效率，还是从杀灭微生物的彻底性，从而使其失去繁殖能力的角度考虑，其效果都是单独采用紫外光技术或过滤技术所无法比拟的。光催化净化空气技术在发达国家已有各种应用商品。这些商品大致可分为以下三类：①结构材料：直接将光催化剂复合到各种结构材料上，得到具有光催化功能的新型材料。如在墙砖、墙纸、顶棚、家具贴面材料中复合光催化剂材料就可制成具有光催化功能的新型材料。②洁净灯：将光催化剂直接复合到灯的外壁制成各种灯具。洁净灯具有两层含义，一是能使空气净化，使环境洁净；二是灯的表面自洁。③绿色健康产品：在传统的器件上（如空调器、加湿器、暖风机、空气净化器等）附加光催化净化功能开发而成的新一代高效绿色健康产品。

　　总之，由于光催化空气净化技术具有反应条件温和、经济和对污染物全面净化的特点，因而有望广泛应用于家庭居室、宾馆客房、医院病房、学校、办公室、地下商场、购物大楼、饭店、室内娱乐场所、交通工具、隧道等场所空气净化。

3. 光催化方法与其他净化方法的联用

　　由于单一污染物在室内空气中浓度很低，低浓度下污染物的光催化降解速率较慢，并且光催化氧化分解污染物要经过许多中间步骤，生成有害中间产物。为了克服这些不足，可采用光催化与吸附或臭氧氧化分解组合方法。如采用光催化与吸附组合方法处理挥发性有机物，可利用活性炭的吸附能力使 VOCs 浓集到一特定环境，从而提高了光催化氧化反应速率，而且可以吸附中间副产物使其进一步被光催化氧化，达到完全净化。另一方面，由于被吸附的污染物在光催化剂的作用下参与氧化反应，因此有可能通过光催化剂与活性炭的结合，使活性炭经光催化氧化而去除吸附的污染物后得以再生，从而延长使用周期。目前此项技术尚处于探索阶段，有关活性炭与光催化剂的组合方式以及吸附光催化机理还不是十分清楚。光催化氧化与臭氧氧化组合是使臭氧装置产生的臭氧进入光催化反应装置，臭氧作为一种强氧化剂与紫外光激发的光催化氧化协同作用，具有分解有机污染物、灭菌和除臭等高效率的净化作用。臭氧—光催化的联合作用可以减少臭氧用量，可以增加羟基自由基的产生量，从而提高光催化效率，还可以去除一些单独一种方法无法分解的有机物。目前，臭氧—光催化技术的研究还主要集中在液相中有机物的去除，对空气中污染物的去除报道还少见。此技术还有很多未明之处，并且由于臭氧本身也是一种污染物，它会产生臭味，会腐蚀所接触到的物体，过高的浓度还会对人体健康带来危害，因此臭氧投加量的控制也非常重要。

6.4.3　负离子净化方法

1. 空气中离子的来源、类型和特性

　　（1）空气中离子的来源　空气中离子是指浮游在空气中的带电细微粒子。其形成是由于处于中性状态的气体分子受到外力的作用，失去或得到了电子，失去电子的为正离子，得到电子的为负离子。自然界中空气中离子的主要来源如下：

　　1）放射性物质的作用。土壤中存在放射性物质，几乎在地球的全部土壤中都存在微量的铀及其裂解产物。这些放射性物质在衰减过程中，会放出 α 射线和 γ 射线。能量大的 α 射线能使空气离子化，一个 α 质点能在 1cm 的路程中产生 50000 个离子。另外，土壤中的放射性物质也可通过穿透力强的 γ 射线使空气离子化。

　　2）宇宙射线的照射作用。宇宙射线的照射也能使空气离子化，但它的作用只有在离地面几千米以上才较显著。

　　3）紫外线辐射及光电效应。短波紫外线能直接使空气离子化，臭氧的形成就是在小于

200nm 的紫外线辐射下氧分离的结果。如遇到光电敏感物质（包括金属、水、冰、植物等），即使不是短波紫外线也通过光电效应使这些物质放出电子，与空气中的气体分子结合形成负离子。

4）电荷分离结果。在水滴的剪切等作用下，空气也能离子化。通常在瀑布、喷泉附近或者海边，或者风沙天，发现空气中的负离子或正离子大量增加，这就是电荷的分离结果。

自然界从各种来源不断产生离子，但空气中离子不会无限地增多，这是因为离子在产生的同时伴随着自行消失的过程，其主要表现为：①离子互相结合，呈现不同电性的正、负离子相互吸引，结合成中性分子；②离子被吸附，离子与固体或液体活性体表面相接触时被吸附而变成中性分子。

总之，自然界的空气中离子形成是一个既不断产生，又不断消失的动态平衡过程。其浓度及其分布取决于环境条件，图 6-61 给出了空气中大小离子在一天内的浓度变化趋势。

（2）空气中离子的类型和特性　空气中离子按体积大小可分为轻、中、重离子三种。一部分正、负空气中离子将周围 10 ~ 15 个中性气体分子吸附在一起形成轻离子。轻离子的直径为 10^{-7} cm，在电场中运动较快，其运动速度为 1 ~ 2（cm/s）/（V/cm）。中、重离子多为灰尘、烟雾等结合而形成的。重离子的直径约为 10^{-5} cm，在电场中运动较慢，运动速度仅为 0.0005（cm/s）/（V/cm）。中

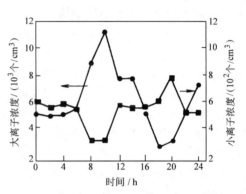

图 6-61　空气中大小离子
在一天内的浓度变化趋势

离子的大小及活动性介于轻、重离子之间；通常用 "N^+" 和 "N^-" 分别表示正、负重离子，以 "n^+" "n^-" 分别表示正、负轻离子。空气中离子的带电量为 4.8×10^{-10} C。

空气中离子的浓度通常以 1mL 空气中离子的个数来标定。由于空气中离子荷电的极性不同，对人体的生理效应也不同，所以在实际应用上还必须分别测定正、负离子的浓度。以 N^+/N^- 或 $n^+/n^- = q$（单极系数）表示正、负离子之比。

通常在大气低层（接近地面）中，每毫升空气约含离子 500 ~ 3000 个。对大气电离层形成的静电场来说，地面是负极，大气为正极。由于空气中负离子受地面排斥，而正离子受地面吸引，所以在近地层大气中，正离子多于负离子，轻离子单极系数（n^+/n^-）平均为 1.2，重离子单极系数（N^+/N^-）平均为 1.1。空气中离子的数量和单极系数可因各种条件而发生变化。例如，Deleanu 测定室外较清洁空气中正、负轻离子浓度，$n^+ = 651 \pm 187$，$n^- = 566 \pm 139$，$q = 1.15$。在关闭的室内，即使每人占用空间达 75 ~ 100m³，轻离子浓度仍显著下降，而且单极系数升高，$n^+ = 91 \pm 36$，$n^- = 70 \pm 25$，$q = 1.30$。在瀑布、喷泉、激流和海滨等地区，空气离子浓度较高，而且单极系数较小，而在影剧院等人多且通风不良的公共场所，空气中离子浓度显著降低，而且单极系数升高。

2. 空气中负离子的净化作用

空气中负离子能降低空气污染物浓度，起到净化空气的作用。其原理是借助凝结和吸附作用，它能附着在固相或液相污染物微粒上，从而形成大离子并沉降下来。与此同时，空气中负离子数目也大量地损失。图 6-62 所示为空气中负离子浓度随空气污染程度和相对湿度的变化关系。

在污染物浓度高的环境里，若清除污染物所损失的负离子得不到及时补偿，则会出现正负离子浓度不平衡状态，存在高浓度的空气中正离子现象，结果使人产生不适感。正因为如此，

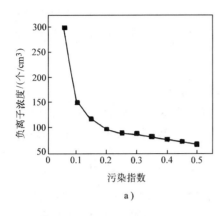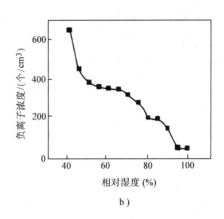

图 6-62　空气中负离子浓度与空气污染程度、相对湿度的关系

a）空气中负离子浓度与空气污染程度的关系　b）空气中负离子浓度与相对湿度的关系

在此类环境中，以人造负离子来补偿不断被污染物消耗掉的负离子，一方面能维持正负离子的平衡；另一方面可以不断地清除污染物，从而达到改善空气质量的目的。这就是空气负离子净化空气的机理。

3. 空气中负离子产生技术

空气中负离子对于人体健康和室内空气环境均会带来有利的作用，所以空气中负离子产生技术成为人们为之努力的方向。自从 1932 年美国 RCA 公司汉姆逊发明了世界上第一台医用空气负离子发生器以来，空气负离子发生器经历了漫长的发展过程。在这期间，负离子的发生技术得到不断完善和发展，到目前为止，空气中负离子的发生技术主要有：电晕放电、水动力和放射发生三种。

电晕放电是将充分高的电压施加于一对电极上，其中高压负极连接在一根极细的针状导线或具有很小曲率半径的其他导电体上，在放电极附近的强电场区域内，气体中原有的少量自由电子被加速产生进一步的碰撞电离。这个过程在极短的瞬间重演了无数次，于是形成被称为"电子雪崩"的积累过程，在放电极附近的电晕区内产生大量的自由电子和正离子，其中正离子被加速引向负极，释放电荷。而在电晕外区，则形成大量的气体负离子。

电晕放电虽然能够产生大量的负离子，但同时也产生较多的臭氧和一氧化氮。臭氧和一氧化氮属于氧化剂，浓度高时会重新污染空气而达不到改善空气质量的目的。因此，基于电晕放电的空气负离子发生器的功能离有效改善空气质量的要求还有一定的距离。

近年来，随着科学技术的不断进步，出现了以导电纤维和加热式电晕极作为电极的负离子发生技术。导电纤维发生技术使用导电纤维代替针状电极，可使起晕电压降低，从而提高负离子的发生浓度，同时由于使用电压较低，减少了臭氧的产生，避免了高电压电场对人体的干扰。加热式电晕极的使用，一方面因加热而大幅度地提高了负离子的发生浓度，并分解部分放电产生的臭氧；另一方面也降低了起晕电压。

水动力型负离子发生技术的原理是，利用动力设备和高压喷头将水从容器中雾化喷出，雾化后的水滴以气溶胶形式带负电而成为负离子，其发生负离子的浓度取决于水的雾化状况，一般可达 $10^4 \sim 10^5$ 个/cm^3。水滴带电机理是：通过外加力剥离水滴形成水雾（细小水雾），水雾从水滴表面脱离时带上负电荷，与此同时，剩余水滴则带上等量的正电荷。

水动力型负离子发生器具有不产生有害气体的优点，但设备结构较为复杂，成本高，使用环境的湿度大，因此，具有一定的局限性。

放射型负离子发生技术的原理是：利用放射物质或紫外线电离空气产生负离子，其特点是设备简单，产生负离子浓度高，但需要有特殊的防辐射措施，使用不当会对人体产生极大的危害，因此，在一般情况下不宜使用。

4. 空气中负离子净化空气的局限性

不可否认，负离子发生器作为净化室内空气的产品对人体的生理功能具有某些促进作用，但是单纯依靠发生器产生的负离子净化空气是有限的。因为空气中的负离子极易与空气中的尘埃结合，成为具有一定极性的污染粒子，即"重离子"。而悬浮的重离子在降落过程中，依然附着在室内家具、电视机屏幕等物品上，人一活动又会使其再次飞扬到空气中，所以负离子发生器只是附着灰尘，并不能清除空气污染物，或将其排到室外。

当室内负离子浓度过高时，还会对人体产生不良影响，如引起头晕、心慌、恶心等。另外，长久使用高浓度负离子会导致墙壁、顶棚等蒙上一层污垢。为避免出现这种情况，真正达到净化空气的目的，人们正在考虑将负离子功能与净化功能有机结合，使原先仅能调节室内负离子浓度的空气清新设备兼具分解污染物的功能。

6.4.4 臭氧净化方法

自从发现臭氧以来，科学家对其进行了大量的研究。作为已知的最强氧化剂之一，臭氧具有奇特的强氧化、高效消毒和催化作用。100多年来，各国在开发利用臭氧技术方面做了大量研究，臭氧已为保护人类健康做出了积极的贡献。

（1）臭氧的性质   人类通过对臭氧的研究发现，臭氧具有不稳定特性和很强的氧化能力。臭氧是由一个氧分子（O_2）携带一个氧原子（O）组成，所以它是氧气的同素异形体。但是如表6-11所示，臭氧与氧性质存在显著的差异。与氧气相比，臭氧密度大、有味、有色、易溶于水、易分解，由于臭氧（O_3）是由氧分子携带一个氧原子组成，决定了它只是一种暂存形态，携带的氧原子除氧化用掉外，剩余的又组合为氧气（O_2）进入稳定状态。

表6-11   氧和臭氧的主要性质

项 目	氧 气	臭 氧	项 目	氧 气	臭 氧
分子式	O_2	O_3	颜色	无	淡蓝色
相对分子质量	32	48	101.325kPa，0℃时水中溶解度/（mL/L）	49.1	640
气味	无	草腥味	稳定性	稳定	易分解

臭氧的应用主要是灭菌消毒。这主要是臭氧有很强的氧化能力，氧原子可以氧化细菌的细胞壁，直至穿透细胞壁与其体内的不饱和键化合而夺取细菌生命，它的作用是即刻完成的。臭氧的强灭菌能力缘于其高还原电位，表6-12列出了常用的灭菌消毒物质的氧化还原电位，可见臭氧具有最高的还原电位。

表6-12   氧化还原电位比较

名称	分子式	标准电极电位/V	名称	分子式	标准电极电位/V
臭氧	O_3	2.07	二氧化氯	ClO_2	1.50
过氧化氢	H_2O_2	1.78	氯	Cl_2	1.36
高锰酸离子	MnO_4^{-1}	1.67			

（2）臭氧在室内空气中的应用   臭氧的应用基础是其极强的氧化能力与灭菌性能。臭氧在

污染治理、消毒、灭菌过程中，还原成氧和水，故在环境中不存在残留物。臭氧对有害物质可进行分解，使其转化为无毒的副产物，有效地避免残留而造成的二次污染。对于臭氧产品的开发，已使其在众多领域中得到了广泛的应用，取得很好的效益。

臭氧应用型产品品种繁多，按用途可分为水处理、化学氧化、仪器加工和医疗等四个领域。按应用场合，大致可分为两大类，一类是在空气中的应用，另一类是在水中的应用。这里主要讨论了其在室内空气中的应用。

臭氧在室内空气中的应用是借助将臭氧直接与室内空气混合或将臭氧直接释放到室内空气中，利用臭氧极强的氧化作用，达到灭菌消毒的目的。由于将臭氧直接释放到空气中，整个室内空间及该空间的所有物品周围，都充满了臭氧气体，因而消毒灭菌范围广，其工作量也比消毒水喷洒和擦洗消毒小得多，因而应用非常方便。

臭氧除了具有灭菌消毒作用外，其强氧化性可快速分解带有臭味及其他气味的有机或无机物质，可以氧化分解果蔬生理代谢作用呼出的催熟剂——乙烯气体 C_2H_4，所以它还具有消除异味、防止老化和保鲜的作用。臭氧用于食品、果品、蔬菜等保鲜已是欧美、日本等国家和地区非常普及的事，已经渗透到生产、储存、运输的各个环节。

习　题

1. 为什么某一粒径的尘粒，在沉降室、旋风除尘器和电除尘中其分级效率不同？

2. 沉降速度和悬浮速度的物理意义有何不同？各有什么用处？

3. 在湿式除尘器中，影响惯性碰撞除尘效率的主要因素是什么？

4. 袋式除尘器的过滤风速和阻力主要受哪些因素影响？

5. 说明理论驱进速度和有效驱进速度的物理意义。

6. 布袋除尘器阻力由哪几部分组成？过滤风速与阻力的关系如何？绘出阻力与时间关系曲线。

7. 分析电阻率对电除尘器除尘效率的影响方式。

8. 布袋除尘器和电除尘器为什么入口浓度要控制？

9. 有一两级除尘系统，系统风量为 $2.22\text{m}^3/\text{s}$，工艺设备产尘量为 22.2g/s，除尘器的除尘效率分别为 80% 和 95%，计算该系统的总效率和排空浓度。

10. 有一两级除尘系统，第一级为旋风除尘器，第二级为电除尘器，处理一般的工业粉尘。已知起始的含尘浓度为 15g/m^3，旋风除尘器效率为 85%，为了达到排放标准的要求，电除尘器的效率最少应是多少？

11. 在现场对某除尘器进行测定，测得数据如下：

除尘器进口含尘浓度 $y_1 = 2800\text{mg/m}^3$

除尘器出口含尘浓度 $y_2 = 200\text{mg/m}^3$

除尘器进口和出口的管道内粉尘的粒径分布见下表。

粒径/μm	0~5	5~10	10~20	20~40	>40
除尘器前（%）	20	10	15	20	35
除尘器后（%）	78	14	7.4	0.6	0

计算该除尘器的全效率和分级效率。

12. 有一重力沉降室长 6m、高 3m，在常温常压下工作，已知含尘气流的流速为 0.5m/s，尘粒的真密度 $\rho_c = 2000\text{kg/m}^3$，计算除尘效率为 100% 时的最小捕集粒径。如果除尘器处理风量不变，高度改为 2m，除尘器的最小捕集粒径是否发生变化？为什么？

13. 某除尘系统采用两个型号相同的高效长锥体旋风除尘器串联运行。已知该除尘器进口处含尘浓度 $y_1 = 5g/m^3$，粒径分布和分级效率见下表。计算该除尘器的排空浓度。

粒径范围/μm	0~5	5~10	10~20	20~44	>44
$d\phi_1$（%）	20	10	15	20	35
η_d（%）	40	79	92.5	99.6	100

14. 已知某旋风除尘器特性系数 $m = 0.8$，在进口风速 $v = 15m/s$，粉尘真密度 $\rho_c = 2000kg/m^3$ 时，测得该除尘器分割粒径 $d_{c50} = 3\mu m$。现在该除尘器处理 $\rho_c = 2700kg/m^3$ 的滑石粉，滑石粉的粒径分布如下：

粒径范围/μm	0~5	5~10	10~20	20~30	30~40	>44
粒径分布 dφ（%）	7	18	36	17	9	10

若进口风速保持不变，计算该除尘器的全效率。

15. 某脉冲袋式除尘器用于耐火材料厂破碎机除尘，耐火黏土粉尘的粒径大多在 $5\mu m$ 左右，气体温度为常温，除尘器进口处空气含尘浓度低于 $20g/m^3$，确定该除尘器的过滤风速。

16. 已知某电除尘器处理风量 $q_V = 12.2 \times 10^4 m^3/h$，集尘极板集尘面积 $A = 648m^2$，除尘器进口处粒径分布如下：

粒径范围/μm	0~5	5~10	10~20	20~30	30~40	>44
粒径分布 dφ（%）	3	10	30	35	15	7

根据计算和测定：

理论驱进速度 $\omega = 3.95 \times 10^4 d_c$ cm/s（d_c 为粒径，m）；

有效驱进速度 $\omega_c = \dfrac{1}{2}\omega$ 计算该电除尘器的除尘效率。

17. 某水泥厂 1 台电除尘器经过测定后，已知进入除尘器的风管直径 $D = 1400mm$，风量为 $150000m^3/h$，入口处浓度为 $11.3g/m^3$，入口管径上静压为 $-800Pa$，集尘板总面积为 $225m^2$，出除尘器风管管径与进出口相同，测得排出管静压值为 $-950Pa$，出口含尘浓度为 $0.12g/m^3$，试计算该除尘器的效率、阻力和尘粒有效驱进速度。

18. 摩尔比的物理意义是什么？为什么在吸收操作计算中常用摩尔比？

19. 画出吸收过程的操作线和平衡线，且利用该图简述吸收过程的特点。

20. 为什么下列公式都是亨利定律表达式？它们之间有何联系？

$$\begin{cases} C = Hp^* \\ p^* = Ex \\ Y^* = mX \end{cases}$$

21. 什么是吸收推动力？吸收推动力有几种表示方法？如何计算吸收塔的吸收推动力？

22. 在 $p = 101.3kPa$、$t = 20℃$ 时，氨在水中的溶解度见下表。

NH_3 的分压力/kPa	0	0.4	0.8	1.2	1.6	2.0
溶液浓度/[kg(NH₃)/100kg(H₂O)]	0	0.5	1	1.5	2.0	2.5

把上述关系换算成 Y^* 和 X 的关系，并在 $Y-X$ 图上绘出平衡图，求出相平衡系数 m。

23. 双膜理论的基本点是什么？根据双膜理论分析提高吸收率及吸收速率的方法。

24. 吸附层的静活性和动活性是什么？提高动活性有何意义？

25. 某排气净化系统中含 SO_2，如果用大量的初含量（摩尔比）为 $0.0000263kmol(SO_2)/kmol(H_2O)$ 的水去吸收气，问排气中可达到的 SO_2 最低浓度是多少 mg/m^3（水吸收 SO_2 和相平衡系统 $m = 38$）。

26. 吸收法和吸附法各有什么特点？它们各适用于什么场合？

27. SO_2 空气混合体在 $p=1atm$、$t=20℃$ 时与水接触，当水溶液中 SO_2 含量达到 2.5%（质量分数），气液两相达到平衡，求这时气相中 SO_2 分压力（kPa）。

28. 某油漆车间利用固定床活性炭吸附器净化通风排气中的甲苯蒸气。已知排风量 $q_V=2000m^3/h$、$t=20℃$、空气中甲苯蒸气含量 $100×10^{-4}\%$。要求的净化效率为 100%。活性炭不进行再生，每 90 天更换一次吸附剂。通风排气系统每天工作 4h。活性炭的容积密度为 $600kg/m^3$，气流通过吸附层的流速 $v=0.4m/s$，吸附层动活性与静活性之比为 0.8。计算该吸附器的活性炭装载量（kg）及吸附层总厚度。

29. 非平衡等离子体空气净化的过程影响净化效果的因素有哪些？

30. 空腔式反应器、填充式反应器的性能特点和适用条件有哪些？

31. 影响光催化净化的主要因素是什么？提高光催化作用能力的方法是什么？

32. 空气负离子的净化原理与作用是什么？

二维码形式客观题

扫描二维码可自行做题，提交后可查看答案。

参 考 文 献

[1] 孙一坚. 简明通风设计手册 [M]. 北京：中国建筑工业出版社，1997.

[2] 严兴忠. 工业防尘手册 [M]. 北京：劳动人事出版社，1987.

[3] 刘后启，林宏. 电收尘器 [M]. 北京：中国建筑工业出版社，1987.

[4] 台炳华. 工业烟气净化 [M]. 北京：冶金工业出版社，1999.

[5] 黄西谋. 除尘装置与运行管理 [M]. 北京：冶金工业出版社，1999.

[6] 蔡杰. 空气过滤 ABC [M]. 北京：中国建筑工业出版社，2002.

[7] 朱天乐. 室内空气污染控制 [M]. 北京：化学工业出版社，2003.

[8] 罗鑫，胡志光，杜昭. 电除尘器的新技术及其展望 [J]. 工业安全与环保，2004，30（2）：8-10.

[9] 陈旺生，向晓东，幸福堂. 交变电场中偶极荷电粒子电凝并的理论研究 [J]. 工业安全与防尘，2001，27（2）：3-5.

[10] 黄继红，茅清希，黄斌香. 覆膜滤料性能的综合评价及优化选择 [J]. 建筑热能通风空调，2001，20（5）：1-3.

[11] 耿世彬，周永红. 室内空气可挥发性有机化合物的研究 [J]. 建筑热能通风空调，2002，21（6）：26-28.

[12] 曹叔维，周孝清，李峥嵘. 通风与空气调节 [M]. 北京：中国建筑工业出版社，1998.

[13] 陈清，余刚，张彭义. 室内空气中挥发性有机物的污染及其控制 [J]. 上海环境科学，2001，20（12）：616-620.

[14] 陈殿英. 低温等离子体及其在废气处理中的应用 [J]. 化工环保，2001，21（3）：31-32.

[15] 杨武，荣命哲. 低温等离子体空气净化原理及应用 [J]. 电工技术杂志，2000（3）：31-32.

[16] 杨四荣，李建沛，李兴芳，等. 旁插回转切换扁袋除尘技术的研究与应用 [J]. 工业安全与环保，

2003, 29 (10): 10-11.

[17] 肖劲松, 紫学红, 尹雪云, 等. 纳米 TiS_2 涂料光催化清除空气中主要污染物的研究 [J]. 暖通空调, 2002, 32 (5): 23-25.

[18] 侯祺棕, 廖洁, 田劲松. 大气环境的光触媒净化技术 [J]. 工业安全环保, 2003, 29 (6): 31-32.

[19] 谭天佑, 梁凤珍. 工业通风除尘技术 [M]. 北京: 中国建筑工业出版社, 1984.

[20] 童志权. 大气污染控制工程 [M]. 北京: 机械工业出版社, 2006.

[21] 李明涛, 刘国荣, 杨胜. 文丘里除尘器除尘性能试验研究 [J]. 化工装备技术, 2008 (5): 21-23.

[22] 刘鹤忠, 陶秋根. 湿式电除尘器在工程中的应用 [J]. 电力勘测设计, 2012 (3): 43-47.

[23] 黄三明. 电除尘技术的发展与展望 [J]. 环境保护, 2005 (7): 59-63.

[24] Altman R, Buckley W, Ray I. Wet electrostatic precipitation: demonstration promise for fine particulate control part II [J]. Journal of Power Engineering, 2001, 105 (1): 42-44.

[25] 薛建明, 纵宁生. 湿法电除尘器的特性及其发展方向 [J]. 电力环境保护, 1997, 13 (3): 40-44.

[26] 尹连庆, 唐志鹏, 刘佳. 湿式电除尘器技术分析 [J]. 电力科技与环保, 2015 (3): 18-20.

[27] 程文峰. 布袋式除尘器的应用 [J]. 江西能源, 2008 (2): 42-44.

[28] 宋凤敏. 袋式除尘器和旋风除尘器的性能及其应用的比较 [J]. 环境科学与管理, 2012 (8): 90-92, 119.

[29] 杨希. 工业除尘器应如何选择 [J]. 资源节约与环保, 2015 (1): 119-123.

[30] 杨有亮. DW 型高效湿式除尘器的性能研究与应用 [D]. 赣州: 江西理工大学, 2011.

[31] 贾文广. 聚丙烯酰胺颗粒—空气混合物流动及阻力特性研究 [D] 青岛: 青岛科技大学, 2009.

[32] 郝晓琳. 气力输送系统中粉料流动机理及实验研究 [D]. 青岛: 青岛科技大学, 2006.

第7章
防烟排烟通风

7.1 概述

建筑火灾会给人们的生命财产造成极大的危害。火灾产生的烟气易使人窒息死亡，直接危及人身安全，对疏散和扑救也造成很大的威胁。国内外大量火灾实例统计数据表明，因火灾造成的伤亡者中，受烟害直接致死的约占 1/3～2/3，因火烧死的约占 1/3～1/2。而在被火烧死的受害者中，多数也是因烟害晕倒后被烧死的。由于火灾烟气具有极大的危害性，使得建筑物的防排烟成为建筑设计和消防工作人员十分关注的问题，建筑防排烟设计已成为暖通空调设计中的一项重要内容。

根据《建筑设计防火规范》（GB 50016—2014）的要求，对于新建、扩建和改建的高层民用建筑及其相连的附属建筑都要具有防火、防烟、排烟系统。在纵向联动控制系统中，消防控制中心要设置防排烟控制装置，由该装置集中控制全楼的防火门、防火阀、防火卷帘、排烟机、正压送风机及其通风、空调设施。

7.1.1 作用与功能

火灾时产生的烟气的主要成分为一氧化碳，人在这种气体的作用下，死亡率很高，约达 50%～70%。另外，烟气遮挡人的视线，使人们在疏散时难以辨别方向。尤其是高层建筑，因其自身的"烟囱效应"，使烟上升速率极快，如不及时排除，很快会垂直扩散到各处。因此，当发生火灾后，应立即使防排烟系统投入工作，将烟气迅速排出，并防止烟气窜入防烟楼梯、消防电梯及非火灾区内。防排烟设施的作用如下：

（1）便于安全疏散　防排烟设计与安全疏散和消防扑救关系密切，是综合防火设计的一个组成部分，在进行建筑平面布置和室内装修材料以及防排烟方式的选择时，应综合加以考虑。

建筑物发生火灾时，其室内可燃物燃烧时产生大量烟气。这些烟气如不及时排除，则烟的粒子就有遮光作用，能见度会下降，人们在火灾时如看不到疏散方向，不能辨认疏散通路，就会给安全疏散造成混乱和困难，造成不应有的损失和伤亡事故。凡设有完善的排烟设施和自动喷水灭火系统的建筑物，对疏散方向、路线的标示都较为清楚，从而为安全疏散创造了有利的条件。

（2）便于灭火　火场实际情况表明，如消防人员在建筑物处于熏烧阶段，房间充满烟雾，门窗关闭的情况下进入火场区，由于浓烟和热气的作用，使消防人员睁不开眼，看不清着火区情况，从而不能迅速准确地找到起火点，大大影响了灭火工作。如果采取了排烟措施，则情况就有很大不同，消防人员进入火场时，火场区的情况看得比较清楚，可较迅速而准确地确定起火点，判断出火势蔓延方向，能有效地控制火势，减少火灾造成的损失。

（3）可控制火势蔓延扩大　试验情况表明，设有完善排烟设施的高层建筑（采用正压送风的防烟系统、防烟方式除外），发生火灾时既可排除大量烟气，又能排除一场火灾的70%～80%的热量，起到控制火势蔓延的作用。

7.1.2 防排烟系统适用范围

1. 排烟设施的形式及设置要求

（1）自然排烟 除建筑高度超过50m的一类公共建筑和建筑高度超过100m的居住建筑外，对靠外墙的防烟楼梯间及其前室、消防电梯间前室和防烟楼梯间合用前室，有条件时应尽量采用自然排烟。

（2）机械排烟 根据《建筑设计防火规范》（GB 50016—2014）的规定，对一类高层建筑和建筑高度超过32m的二类高层建筑的下列部位，应设置机械排烟设施。

1）无直接自然通风，长度超过20m的内走道或虽有直接自然通风，但长度超过60m的内走道。

2）面积超过100m²，且经常有人停留或可燃物较多的地上无窗房间或设固定窗的房间。

3）不具备自然排烟条件或净高度超过12m的中庭。

4）除利用窗井等开窗进行自然排烟的房间外，各房间总面积超过200m²或一个房间面积超过50m²，且经常有人停留或可燃物较多的且无自然排烟条件地下室。

根据《人民防空工程设计防火规范》（GB 50098—2009）的规定，人防工程中要求在下列部位设置机械排烟设施：

1）建筑面积超过50m²，且经常有人停留或可燃物较多的地下各种房间、大厅或丙丁类生产车间。

2）总长度超过20m的疏散走道。

3）电影放映厅、舞台等。

2. 防烟设施的设置

高层建筑的下列部位要求设置独立的机械加压送风防烟设施：

1）不具备自然排烟条件的防烟楼梯间，消防电梯前室或合用前室。

2）采用自然排烟措施的防烟楼梯间，其不具备自然排烟条件的前室。

3）封闭避难层（间）。

人防工程要求设机械加压送风防烟设施的部位有：

1）防烟楼梯间及其前室（或合用前室）。

2）避难走道及其前室。

设在高层建筑内的汽车停车库，其防排烟设计应符合《汽车库、修车库、停车场设计防火规范》（GB 50067—2014）的规定。

歌舞、娱乐、放映、游艺场所应设置防烟、排烟设施。对于地下房间、无窗房间或有固定窗扇的地上房间，以及超过20m且无自然排烟的疏散走道或有直接自然通风，但长度超过40m的疏散内走道，应设机械排烟设施。

其他普通工业与民用建筑从规范的角度，尚未做出强制性的规定，但一些公共建筑和建筑设计必须遵循《建筑设计防火规范》（GB 50016—2014）的规定。

一部分厂房内也应根据需要设计防排烟设施。

3. 密闭防烟

除了以上三种主要防排烟方式以外，对于面积小，且其墙体、楼体耐火性能较好、密闭性好并采用防火门的房间，可以采取关闭房门使火灾房间与周围隔绝，让火势由于缺氧而熄灭的防烟方式。

前述三种主要防排烟方式的目的都是保持楼梯间内无烟，以便于人员的安全疏散，但为达到此目的的途径却有所不同。前室的自然排烟与机械排烟方式都是着眼于将进入前室的烟气及时排出，以此来保护楼梯间；而加压送风方式却是着眼于拒烟气于前室之外，以此来保护楼梯间。

本章主要介绍机械排烟系统和防烟加压送风系统。

7.1.3　防火和防烟分区

1. 防火分区

建筑物一旦发生火灾，为了防止火势蔓延，需要将火灾控制在一定的范围内进行扑灭，尽量减轻火灾造成的损失。在建筑设计中，利用各种防火分隔设施，将建筑物的平面和空间分成若干个分区，称为防火分区。《建筑设计防火规范》（GB 50016—2014）规定一类建筑、二类建筑和地下室，每个防火分区允许最大建筑面积分别为 $1500m^2$、$1000m^2$ 和 $500m^2$；当设置自动灭火系统时，上述面积可增加 1 倍；一类建筑的电信楼，其防火分区允许最大建筑面积可按上述面积增加 50%。

竖向防火分隔设施主要有楼板、避难层、防火挑檐、功能转换层等，对于建筑物中的电缆井、管道井等竖向管井，除井壁材料和检查门有防火要求外，对于建筑高度不超过 100m 的高层建筑，其井内每隔 2 ~ 3 层在楼板处用相当于楼板耐火极限的不燃烧体作防火分隔；建筑高度超过 100m 的高层建筑，应在每层楼板处作相应的防火分隔。

水平防火分隔设施主要有防火墙、防火门、防火窗、防火卷帘、防火幕和防火水幕等，建筑墙体客观上也发挥防火分隔作用。

2. 防烟分区

为了将烟气控制在一定的范围内，利用防烟隔断将一个防火分区划分成多个小区，称为防烟分区。防烟分区是对防火分区的细分，防烟分区的作用是有效地控制火灾产生的烟气流动，它无法防止火灾的扩散。

根据《建筑设计防火规范》（GB 50016—2014）的规定，设置排烟设施的走道及净高不超过 6m 的房间，要求划分防烟分区。不设排烟设施的房间（包括地下室）和走道，不划分防烟分区。防烟分区可通过挡烟垂壁、隔墙或从顶棚下突出不小于 0.5m 的梁来划分。挡烟垂壁是用不燃材料制成，从顶棚下垂不小于 500mm 的固定或活动挡烟设施。活动挡烟垂壁在火灾时因感温、感烟或其他控制设备的作用，能自动下垂。

一般每个防烟分区采用独立的排烟系统或垂直排烟道（竖井）进行排烟。如果防烟分区的面积过小，会使排烟系统或垂直烟道数量增多，提高系统和建筑造价；如果防烟分区面积过大，使高温的烟气波及面积加大，受灾面积增加，不利于安全疏散和扑救。因此，规定每个防烟分区的建筑面积不宜超过 $500m^2$，且不应跨越防火分区。

7.1.4　安全疏散

建筑物发生火灾后，受灾人员需及时疏散到安全区域。疏散路线一般分为 4 个阶段：第 1 阶段为室内任一点到房间门口；第 2 阶段为从房间门口至进入楼梯间的路程，即走廊内的疏散；第 3 阶段为楼梯间内疏散；第 4 阶段为出楼梯间进入安全区。沿着疏散路线，各个阶段的安全性应当依次提高。

楼梯是建筑物中的主要垂直交通通道，根据防火要求可分为敞开楼梯间、封闭楼梯间、防烟楼梯间及室外楼梯等几种形式。

（1）敞开楼梯间 一般指建筑物室内由墙体等围护构件构成的无封闭防烟功能，且与其他使用空间直接相通的楼梯间，如图7-1所示。敞开楼梯间在低层建筑中应用广泛，它可充分利用自然采光和自然通风，人员疏散直接，但却是烟火蔓延的通道，故在高层建筑和地下建筑中禁止采用。

（2）封闭楼梯间 封闭楼梯间是指设有阻挡烟气的双向弹簧门及外开门的楼梯间（图7-2）。高层建筑封闭楼梯间的门应为乙级防火门。

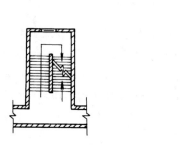
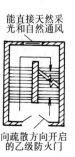

图 7-1 普通敞开式楼梯间　　　　图 7-2 封闭式楼梯间

（3）防烟楼梯间 防烟楼梯间是指能够防止烟气侵入的楼梯间。为了阻挡烟气直接进入楼梯间，在楼梯间出入口与走道间设有面积不小于规定数值的封闭空间，称作前室，并设有防烟设施；也可在楼梯间出入口处设专供防烟用的阳台、凹廊等，通向楼梯间及前室的门均为乙级防火门。防烟楼梯间的主要形式如图7-3所示。另外，根据《建筑设计防火规范》（GB 50016—2014）的要求，有些建筑需要设置两座封闭或防烟楼梯间，当其平面布置十分困难时，允许设置防烟剪刀楼梯间。剪刀楼梯是在同一楼梯间内设置两个楼梯，要求楼梯之间设墙体分隔，形成两个互不相通的独立空间。

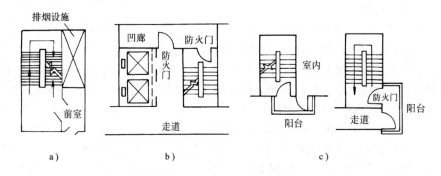

图 7-3 防烟楼梯间形式示意图

a）带封闭前室的防烟楼梯间　b）带凹廊的防烟楼梯间　c）带阳台的防烟楼梯间

7.1.5　建筑物烟气流动特性

1. 烟气的扩散机理

物质燃烧产生烟气，同时受热作用产生浮力，向上升起。升到平顶后改变方向，向水平方向扩散。这时，烟气的温度如果不下降，高温烟气与周围空气就明显地形成分离的层流，即形成两个层流流动。但一般情况是，烟气与周围壁接触而冷却，加上冷空气的混入，促成烟气温度下降和扩散而使其稀释，同时向水平方向移动。

特别是在建筑物内，由于设有空调和机械通风，或由于室外风力引起种种气流时，就会使火灾中产生的烟气随着建筑物内的这些气流进行流动。例如，寒冷地区的冬季，高层建筑在供暖时，室内外温差可达 25～45℃，当火灾处于酿成中，未发生由温度上升而形成的上升气流之前，建筑物本身已具有热压，这是引起上升气流的重要因素。

如上所述，烟气的扩散与周围条件有关，其扩散速度大致如下：

1）水平方向扩散速度。火灾初期，熏烧阶段为自然扩散，速度为 0.1m/s 左右。起火阶段为对流扩散，速度为 0.3m/s 左右。火灾中期，高温火灾为对流扩散，速度为 0.5～0.8m/s。

2）楼梯等垂直部分流动速度为 3～4m/s。

2. 烟气速度在走廊流动过程中的下降

烟气在走廊或细长通道中流动时，可以看到，火源附近的顶棚面附近流动的烟气速度逐步下降的现象。这是由于烟气接触顶棚面和墙面被冷却后逐渐失去浮力所致。失去浮力的烟气首先沿周壁开始下降，最后在走廊断面的中部留下一个圆形的空间（参见图 7-4 和图 7-5）。

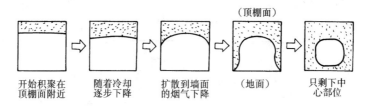

图 7-4　烟气在走廊流动过程中的下降状态

3. 建筑物内烟气的流动状态与压力分布

由于火灾发生的烟气在建筑物内扩散，必然会侵入非火灾房间与疏散通道，造成非火灾房间中居住人员因烟气窒息而死亡，或是找不到疏散通道，以及迟迟脱离不了危险区等。防烟设计的目的，就是防止这样的烟害，而对烟气扩散进行控制。因此，在建筑物的各主要部位应设置防火门或防烟阀，同时局部设置一些

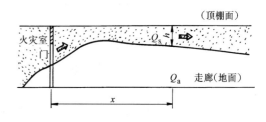

图 7-5　烟气在走廊流动中的下降

排烟装置。为了取得更好的效果，必须掌握烟气的流动特性。

烟气流动是因烟气受热引起的，即由火灾发生的高温烟气，由于浮力而上升，进而传送到上一层楼内。此时烟气的流动情况，很大程度上受建筑物的平面组成和开口状态（门窗），以及室外的气象条件等的影响。在确定烟气的流动状态时，从火灾房间流出的烟气可以看作同温度的空气，即通过分析建筑物内的空气流动，即可大致掌握烟气的流动现象。

在进行气流分布分析时，对以下各部分的气流状态有必要加以探讨：

1）通过窗户的气流。

2）各室之间的气流。

3）火灾层及其上下层的气流。

4）楼梯、电梯等竖井的气流。

图 7-6 和图 7-7 所示是冬季室内气流分布的典型例子。建筑物有外墙面开口、地面开口，

以及竖井与房间的开口等，通过这些开口而产生气流。竖井与房间的开口与建筑物外墙开口相比较，气密性较差，其压力分布如图 7-8a 所示。该压力分布是以室外气压为基准的相对压力，竖井内压力分布为 p_s，各层压力分布为 p_i。室外基准气压为 ±0 线，在建筑物下部，压力关系为 $p_s < p_i <$ 室外气压，产生的气流是由室外向竖井方向。而在建筑物上部，压力关系为 $p_s > p_i >$ 室外气压，产生的气流是由竖井向室外方向。此外，由于 p_i 在各层间均存在差别，故引起气流从低层向高层流动。

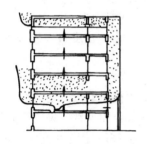

图 7-6　建筑物内的烟气流动

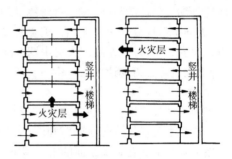

图 7-7　建筑物内的气流

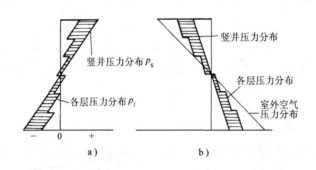

图 7-8　建筑物内压力分布

a）相对于室外空气的相对压力分布　b）绝对压力分布

这种情况下，在低层发生火灾时，烟气向上层流动，所以最顶层比火灾层的上层还危险。图 7-8b 是以绝对压力为基准的各层压力分布图。

图 7-9 为火灾温度比其他各层温度高时的压力分布图。因压力梯度随温度升高而增大，所以在外墙面没有大的开口情况下，低层与上层之间的压力差则增大，因而向火灾层的上层流动的烟气量也将增加。

建筑物烟气流动与建筑结构等室内外气流状态相关，可以通过气体状态方程式、流体运动方程式与连续方程式，温度差产生的浮力压力差产生的通风作为基础进行换气计算。

在计算这种烟气的流量时，也可通过以开口电阻的连接来表示各开口部连接状态的模拟电路来求得。图 7-10 是以电路表示的图 7-7 中建筑物的换气网。节点代表各房间或竖井，电表代表开口，用该图可求解由各开口阻力、流量、节点压力所组成的联立方程。

7.1.6　防排烟设计程序

在进行防排烟系统设计时，应首先分析建筑物的类型、功能特性和防火要求，了解清楚建筑物的防火分区，并会同建筑设计专业共同研究合理的防排烟方案，确定防烟分区。设计程序

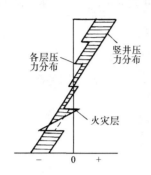

图 7-9 有火灾层时建筑物内压力

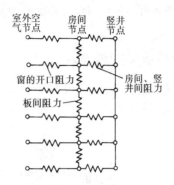

图 7-10 换气网的模拟电路分布
（相对于室外空气的相对压力）

可依下列步骤进行：

1）分析建筑方案，了解防火分区。

2）确定防排烟对象场所。

3）研究确定防排烟方式。

4）划分防烟分区，计算防烟区面积。

5）确定补风方式，计算补风量。

对于自然排烟方式，需要校核有效排烟孔口面积；对于机械排烟，还需完成以下步骤：

1）计算排烟量。

2）布置管道、排烟口。

3）选定管道、排烟口尺寸。

4）绘制管道系统布置图。

5）计算管路阻力，选择排烟风机。

7.2 防烟通风设计

设置楼梯间防烟加压系统的目的在于保持疏散通路安全无烟，特别是防烟楼梯间及其前室。在设计中给楼梯间（或楼梯间及其前室）加压送风，使得楼梯间的压力大于或等于前室的压力，前室的压力又大于走道的压力，并且在着火层的人员打开通往前室及楼梯间的防火门时，在门洞断面上保持足够大的气流速度，以便能有效地阻止烟气进入前室和楼梯间，保证人员通往安全通路进行疏散。

7.2.1 机械防烟加压送风系统的风量

防烟加压系统送风量有三个部分：

（1）对加压空间的送风　通常是依靠通风机通过风道分配给加压空间中必要的地方。这种空气必须吸自室外，并不应受到烟气污染。加压送风的空气不需做过滤、加热和冷却等处理。

（2）加压空间的漏风　任何建筑空间的围护物，都不可避免地存在着不严密的漏风途径，如门缝、窗缝等。因此，加压空间和相邻空间之间的压力差必然会造成从高压侧到低压侧的渗漏。加压空间与相邻空间之间的严密程度将决定渗漏风量的大小。

（3）非正压部分的排风　空气由加压空间渗入相邻的非加压部分后，必须使空气与烟气顺利地流至建筑物外。如没有设置必要的渗漏出路，则加压空间和相邻部分之间将难以建立正常的压力差。

7.2.2 加压送风防烟系统设计

采用机械加压送风的防烟楼梯间及其前室、消防电梯前室和合用前室，应保持正压，且楼梯间的压力应等于或略高于前室，如图7-11所示。

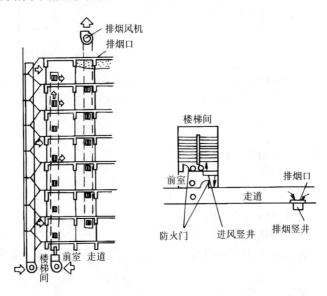

图 7-11 防烟楼梯间保持正压，走道排烟（机械或自然排烟）

防烟楼梯间及其前室，消防电梯间前室，防烟楼梯间与消防电梯间合用前室，应进行机械加压送风防烟方案分析及选择，结合建筑设计选择防烟效果好的布置方式。

1. 加压送风系统风压的确定

防烟楼梯间及前室或合用前室要求具有一定的正压值，以防止烟气的扩散。在设计中，楼梯间的压力应大于前室或合用前室的压力，前室和合用前室的压力又要大于走道的压力。同时，为了使人员疏散时不致造成开门困难，这些部位的压差值需要控制在一定范围内。上述各部位的正压值为：

1）防烟楼梯间为 40～50Pa。

2）前室、合用前室、消防电梯间前室、封闭避难层（间）为 25～30Pa。

机械加压送风机的全压除计算最不利环路管道压头损失外，尚应有符合上述要求的余压值。

在疏散过程中，当着火层前室或楼梯间的防火门打开时，为了能有效地阻止烟气进入前室和楼梯间，在该门洞断面处应该形成一股与烟气扩散方向相反，且有足够大流速的气流。为保证防烟效果，门的开启风速不应小于 0.7m/s。

2. 加压送风量的确定

加压送风系统的送风量是综合考虑维持楼梯间及前室等要求的正压值、维持门的开启风速不小于 0.7m/s 以及门缝漏风量等因素确定的。加压送风量通过计算或按《建筑设计防火规范》（GB 50016—2014）中给出的值确定。加压送风量的计算通常采用压差或流速法。

（1）压差法　压差法是当防烟楼梯间及前室等疏散通道门关闭时，按保持疏散通道合理的

正压值来确定加压送风量，计算式如下

$$q_{V,y} = 0.827 f \Delta p^{1/m} \times 3600 \times 1.25 \tag{7-1}$$

式中　$q_{V,y}$——保持正压要求所需加压送风量（m^3/h）；

Δp——门、窗两侧的压差值（Pa）；

m——指数，对于门缝及较大漏风面积取 2，对于窗缝取 1.6；

f——门窗缝隙的计算漏风总面积（m^2）；

0.827——计算常数；

1.25——不严密处附加系数。

（2）风速法　风速法是按开启失火层疏散门时应保持该门洞处一定的风速来计算加压送风量，计算式如下

$$q_{V,v} = \frac{nFv(1+b)}{a} \times 3600 \tag{7-2}$$

式中　$q_{V,v}$——保持一定风速所需加压送风量（m^3/h）；

F——每个门的开启面积（m^2）；

v——开启门洞处的平均风速（m/s），取 0.7 ~ 1.2m/s；

a——背压系数，根据加压间密封程度取 0.6 ~ 1.0；

b——漏风附加率，取 0.1 ~ 0.2；

n——同时开启门的计算数量。20 层以下建筑物取 2，20 层及以上时取 3。

当按上述方法所得计算值与规范中给出的值不一致时，应取其中较大值。

当剪刀楼梯间合用一个风道时，风量按 2 个楼梯间风量计算，送风口分别设置。

封闭避难层（间）的机械加压送风量按避难层净面积每 $1m^2$ 不小于 $30m^3/h$ 计算。

层数超过 32 层的高层建筑，其送风系统和送风量应分段设计。

3. 加压送风口的设置

防烟楼梯间的加压送风口每隔 2 ~ 3 层设一个，风口应采用自垂式百叶风口或常开百叶式风口；当采用后者时，加压风机的压出管上应设置止回阀。

前室的送风口应每层设置。每个风口的有效面积按 1/3 系统总风量确定。当设计为常闭型时，发生火灾时开启着火层及相邻层的风口。风口应设手动和自动开启装置，并应与加压送风机的起动装置连锁。每层风口也可选常开百叶式风口，此时应在加压送风机的压出管上设置止回阀。

4. 加压送风系统的风速

机械加压送风系统因不是常开，对噪声影响可不予考虑，故允许比一般通风的风速稍大些。对于金属风道，风速不大于 20m/s，一般控制在 14m/s 左右；对于内表面光滑的混凝土等非金属材料风道，风速不大于 15m/s，一般建筑风道风速控制在 12m/s 左右。

加压送风口的风速不宜大于 7m/s。

5. 防烟加压送风的设计注意事项

1）机械加压送风的防烟楼梯间、前室及其与消防电梯合用的前室，宜分别独立设置送风系统。在同一个防火分区内，所有前室允许设计一个送风系统。

当防烟楼梯间、前室及其与消防电梯合用的前室的送风系统必须共用一个系统时，应在通向前室或合用前室的支风管上设置压差自动调节装置。

2）剪刀楼梯间加压送风系统可合用一个风道，其风量应按两个楼梯间风量计算，送风口应分别设置。

3）超过32层的高层建筑，其送风系统及送风量应分段设计。

4）防烟楼梯间的加压送风口，宜每隔2～3层设一个，地下部分宜每层设一个。

风口宜采用自垂百叶式或常开百叶式风口，当采用常开百叶式风口时，应在加压送风机的压出管上设置止回阀，以防平时空气自然对流。

5）前室的送风口应每层设置一个。每个送风口的有效面积，应按系统总风量除以火灾时的开启门的数量，并按风口风速≤7m/s确定，火灾时门开启数量，20层以下为2个；20层以上为3个（火灾层及上、下层）。

前室宜设置常闭型加压送风口，才容易保证前室的正压值，常闭型加压风口应设置手动和在消防控制室遥控的自动开启装置，并与加压送风机的启动装置连锁，前室与走道之间应设限压装置，手动开启装置宜设在距地面0.8～1.5m处。

6）设有带自垂百叶的送风口时，加压送风系统可不设止回阀。

7）加压送风系统的管道上不应装设防火阀。

8）加压送风系统应采用金属风道，不应采用砖砌土建风道，以避免漏风。有条件时可采用钢筋混凝土风道（人能进入竖井风道内操作的较大型风道），内表面应平整光滑，无突出物或构件。

9）金属风道风速不应大于20m/s；当采用表面光滑的风道时，风速不应大于15m/s，漏风量应小于10%左右，金属风道应设在土建管道井内。

10）加压送风机应设置在不受建筑物内火灾影响的送风机房内，机房位置可根据供电条件，风量分配均衡和新风入口不受火、烟威胁等因素确定。

7.3　排烟通风设计

7.3.1　机械排烟系统的组成

机械排烟就是使用排烟风机进行强制排烟。它由挡烟壁（活动式或固定式挡烟壁）、排烟口（或带有排烟阀的排烟口）、防火排烟阀、排烟风机和排烟出口组成，如图7-12所示。

为了确保系统在火灾时能有效地工作，设计时应对系统的划分、分区的确定、排烟口的位置、风道设计等进行认真的考虑。下面将排烟系统的设计要点分述如下：

（1）排烟方式　机械排烟可分为局部排烟和集中排烟两种。局部排烟方式是在每个房间内设置风机直接进行排烟；集中排烟方式是将建筑物划分为若干个区，在每个区内设置排烟风机，通过风道排出各房间的烟气。

（2）机械排烟的排烟量　机械排烟系统的排烟量按建筑防烟分区面积进行计算，而建筑中庭的机械排烟量则按中庭体积进行计算。

对于系统担负一个防烟分区排烟或净空高度大于6m的，不划分防烟分区的房间排烟时，机械排烟量应按每$1m^2$不小于$60m^3/h$计算，且单台风机最小排烟量不应小于$7200m^3/h$；当系统担负两个或两个以上防烟分区排烟时，机械排烟系统的排烟量应按最大防烟分区面积每$1m^2$不小于$120m^3/h$计算（对每个防烟分区的排烟量仍然按防烟分区面积每平方米面积不小于$60m^3/h$计算）。

中庭体积小于$17000m^3$时，排烟量按其体积的6次/h换气计算；中庭体积大于$17000m^3$时，排烟量按其体积的4次/h换气计算，但最小排烟量不应小于$102000m^3/h$。

按《汽车库、修车库、停车场设计防火规范》（GB 50067—2014）的规定，车库的排烟量

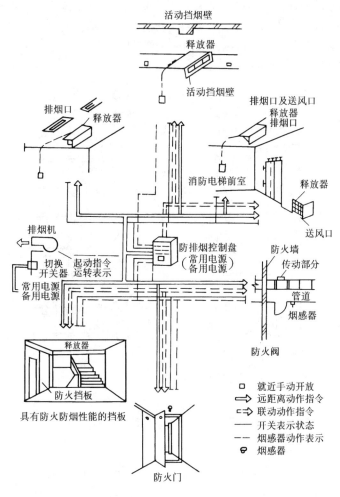

图 7-12　排烟系统组成

应按换气次数不小于 6 次/h 计算确定。

（3）机械排烟系统的补风　机械排烟设计应考虑补风的途径。当补风通路阻力不大于 50Pa 时，可自然补风；当补风通路的空气阻力大于 50Pa 时，应设置火灾时可转换成补风的机械送风系统或单独的机械补风系统，补风量不宜小于排烟量的 50%。

（4）机械排烟系统的布置　走道的机械排烟系统宜竖向设置，房间的机械排烟系统宜按防烟分区设置。

每个防烟分区内必须设置排烟口，排烟口应设在顶棚上或靠近顶棚的墙面上，且与附近安全出口沿走道方向相邻边缘之间的最小水平距离不应小于 1.5m。设在顶棚上的排烟口，距可燃物件或可燃物的距离不应小于 1m。

在水平方向上，排烟口宜设置于防烟分区的居中位置。排烟口与疏散出口的水平距离应在 2m 以上，排烟口至该防烟分区最远点的水平距离不应大于 30m。

当机械排烟系统与通风、空调系统共用时，可采用变速风机或并联风机；当排风量与排烟量相差较大时，应分别设置风机，火灾时能自动切换。

单独设置的排烟口，平时应处于关闭状态，其控制方式可采用自动或手动开启方式。手动开启装置的位置应便于操作；排烟口与排风口合并设置时，应在排风口或排风口所在支管设置具有防火功能的自动阀门，该阀门应与火灾自动报警系统联动；火灾时，着火防烟分区内的阀门仍应处于开启状态，其他防烟分区内的阀门应全部关闭。

图7-13所示为设置排烟设备的示例。

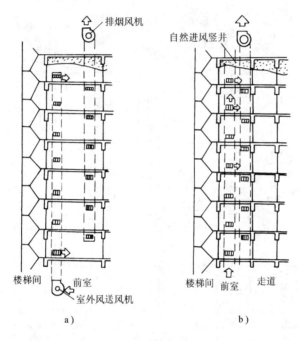

图7-13　设置排烟设备的示例
a) 示例1　b) 示例2

（5）机械排烟系统的风速　机械排烟系统的风速与前述加压送风系统的要求相同。机械排烟系统的排烟口风速不宜大于10m/s。

7.3.2　排烟系统的设计

房间和走道的排烟系统与防烟楼梯间、消防电梯前室以及合用前室的排烟系统应分开设置。

每个排烟系统，排烟口的数量不宜多于30个。

机械排烟系统与通风和空气调节系统，一般应分开设置，当有条件利用通风和空气调节系统进行排烟时，则也可以综合利用，但是，必须采取相应的安全措施。例如，设有在火灾时能将通风和空气调节系统自动切换为排烟系统的装置，如图7-14所示。

排烟口、排烟阀、排烟风道等与烟气接触的部件，必须采用非燃材料制作，并与可燃物保持不小于150mm的距离。

在高层建筑排烟设计中，选择和布置排烟口、进风口、排烟道和进风道的位置时，应以保证人员安全疏散和气流组织合理为前提，务必使进入前室的烟气能顺利排出，避免受进风气流的干扰。从图7-15可以看出，由于进、排风道的位置不同，排烟的效果是不相同的。所以要重视排烟口和进风口的相对位置的分布。排烟设备的布置应遵循下述原则：

（1）排烟口　安装排烟口时，必须注意下列几点：

1）当用隔墙或挡烟壁划分防烟分区时，每个防烟分区应分别设置排烟口。

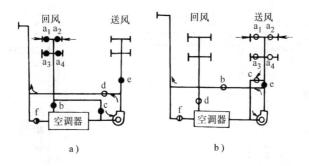

图 7-14　利用通风和空气调节系统代替排烟系统

a)（回风口作为排烟口）正常运转时的阀门：开 $a_1 \sim a_4$、e、b、f；
闭 c、d 排烟时的阀门：开 a_1、a_2、c、d；闭 a_3、a_4、e、b、f

b)（送风口作为排烟口）正常运行时的阀门：开 $a_1 \sim a_4$、e、b、f；
闭 c、d 排烟时的阀门：开 a_1、a_2、c、d；闭 a_3、a_4、e、b、f

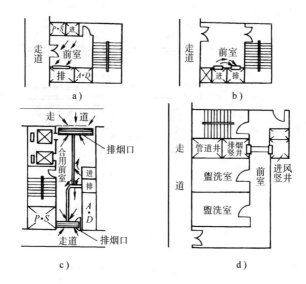

图 7-15　排烟口、进风口、前室入口、楼梯间入口的相对位置

a)、c) 排烟效果好前室内烟气少　b)、d) 排烟效果差前室内烟气多

2）排烟口应尽可能设在防烟区的中心部位，排烟口至该防烟区最远点的水平距离不应超过 30m。

3）排烟口必须设置在距顶棚 800mm 以内的高度上。对于顶棚高度超过 3m 的建筑物排烟口可设在距地面 2.1m 以上的高度上，如图 7-16 所示。

4）防烟楼梯间及其前室排烟口与进风口设置高度位置，如图 7-17 所示。

5）为防止顶部排烟口处的烟气外溢，需在排烟口一侧的上部安设防烟幕墙，如图 7-18 所示。

6）排烟口的尺寸，可根据烟气通过排烟口有效断面时的速度不大于 10m/s 来进行计算。排风速度愈高，排出气体中空气所占的比率愈大。排烟口的最小面积一般不应小于 0.04m^2。

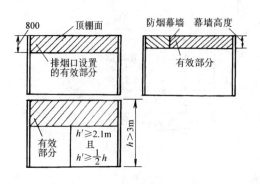

图 7-16 排烟口设置的有效高度

图 7-17 排烟口与进风口设置高度

7) 同一分区内设置数个排烟口时，要求做到所有排烟口能同时开启，排烟量则等于各排烟口排烟量的总和。

8) 在排烟通道中，条缝形排烟口对于整个通道都是有效的，而方形排烟口则不容易排掉通道两侧的烟气，如图 7-19 所示。

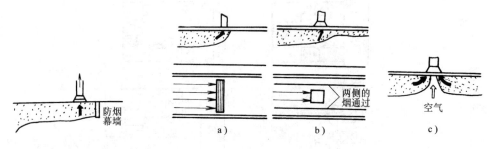

图 7-18 防烟幕墙和排烟口位置   图 7-19 排烟口的吸入状态

(2) 排烟风道 设计排烟风道应注意以下几点：

1) 风道不应穿越防火分区。垂直穿越各层的竖井风道应用耐火材料构成的专用或合用管道井或采用混凝土风道。

2) 在排烟时，风道不应变形或脱落。风道材料宜采用镀锌钢板或冷轧钢板，也可采用混凝土制品，风道应具有良好的气密性。其配件应采用钢板制作。

3) 当采用钢板风道时，风速不应大于 20m/s；采用内表面光滑的建筑风道（宜采用混凝土风道）时，不应大于 15m/s。

4) 与防火阀门连接的排烟风道，穿过防火楼板或防火墙时，风道应采用厚度不小于 1.5mm 的钢板制作。

5) 排烟风道应采用非燃材料进行保温，采用玻璃纤维材料时，保温层厚度不应小于 25mm。

当排烟风机的设置地点为耐火结构，且其热量向周围传递，不至于发生事故时，机壳外可不保温。

6) 排烟风道在穿越排烟机房楼板或防火墙处，应设置温度达到 280℃时即关闭的排烟防火阀，在便于检查阀门的部位，应设置检查口，应符合排烟防火阀的动作，宜通过烟感器、温感器或温度熔断器来控制，其中以熔断器最为可靠。

7) 烟气排出口的设置，应根据建筑物所在地的条件（风向，风速，周围的建筑物以及道路状况等）来考虑，既不能将排出的烟气直接吹在其他建筑上，也不能妨碍人员避难和灭火活动的进行，还不能让排出烟气再被通风或空调设备吸入，此外，必须避开有燃烧危险的部位。

当烟气排出口设在室外时，应考虑有防止雨水、虫鸟等侵入的措施，并要求排烟出口坚固而不脱落。

7.3.3　高层建筑地下汽车库的机械排烟设计

随着现代城市高层建筑与超高层建筑的迅速发展，解决汽车存放与城市用地日益紧张的矛盾受到了人们的普遍重视。从工程实践中认识到，地下汽车库是当前高层建筑与超高层建筑设计中极其重要的组成部分。

在高层建筑设计中，为了防止和减少火灾的危害，保障国家财产和人身安全，在地下小汽车库中加强防火排烟设计有其特殊的现实意义。

1. 地下车库送排风、排烟系统的设计原则

现代地下车库机械送排风、消防排烟系统的设计原则，在《建筑设计防火规范》（GB 50016—2014）及《人民防空工程设计防火规范》（GB 50098—2009）中已做出相应的规定。

1）对地下车库应设消防排烟的规定：一类建筑和高度超过32m的二类建筑在地下车库下列部位设置机械排烟设施：面积超过 $100m^2$ ，且常有人停留或可燃物较多的无窗或固定窗房间。

2）规定的地下汽车库排烟量的计算法：担负一个防烟分区时，应按该防烟分区面积每 $1m^2 > 60m^3/h$ 计算；担负两个或两个以上防烟分区时，应按最大防烟分区面积 $1m^2 > 120m^3/h$ 计算。

3）对机械排烟系统风管和排烟口风速的取值：机械排烟采用金属风道时风速不应大于 $20m/s$ ；采用内表面光滑的混凝土等非金属风道时风速不应大于 $15m/s$ ；排风口的风速不宜超过 $10m/s$ ；送风口的风速不宜大于 $7m/s$ 。

4）对机械排烟系统设置防火阀的规定：在排烟支管上应有当烟气温度超过280℃时能自动关闭的排烟防火阀；并应在排烟风机入口处设置当烟气温度超过280℃时能自动关闭的排烟防火阀；排烟风机应在烟气280℃时能连续运转30min，同时当发生火灾时，当任何一个排烟口开启排烟时，也能随之开启的连锁装置均由消控中心控制。

5）对机械排烟系统与通风系统合用的条件规定：机械排烟系统与通风、空调系统宜分开设置，若合用时，必须采取可靠的防火安全措施，系统应符合排烟系统的要求。

6）汽车库内无直接通向室外的汽车疏散出口的防火分区，当设置机械排烟系统时，应同时设置补风系统，其补风量不宜小于排风量的50%。在设计中，应尽量做到送风口在下，排烟口在上，这样能使火灾发生时产生的浓烟和热气顺利排除。

7）在满足排风量的基础上，送、排风口的布置对车库内有害物的排除有很大的影响，按规范要求，必须从车库上部排除1/3的总风量，从下部排除2/3的总风量，同时排风口应均匀布置，并应尽可能地靠近车体。

8）地下汽车库防火分区的划分原则是：主要考虑汽车的流通与停放的合理性，且要兼顾到建筑平面分割的恰当性；防烟分区划分的原则是，主要考虑机械排烟系统的配置和排烟量计算的合理性；送风机、排烟机可采用轴流风机或离心风机，其电动机应选用防爆型。

2. 地下车库机械送风，消防排烟设计方式

1）系统的设计和布置以机械排风为主，只考虑系统能够作用的最大范围及保证上、下部1/3和2/3排气量的要求，不考虑防火分区与排烟分区的要求，使用机械排风系统可代替排烟系统，平时排气，火灾时排烟。

2）系统的设计方式与上面相同，不同的是考虑了防火分区，将系统布置控制在防火分区内。

3）系统设计方式与前面相同，但考虑了机械排风量与排烟量的不同，排风量按排气次数每小时6~8次计算；排烟量按防火分区面积60m³/（h·m²）计算。这样两风量不同，系统设计两台风机并联，平时轮流开动一台机械排风，火灾时根据烟感报警通过消防控制中心连锁开动另一台，两台风机一起排烟。

4）系统设计既满足排风功能，又满足排烟功能，在消防要求上既能满足防火分区，又能满足防烟分区；若在防火分区内只有一个防烟分区，则按60m³/（h·m²）计算排烟量，若有多个防烟分区，则用最大分区面积乘以120m³/（h·m²）进行计算。系统布置以一个防火分区一个或两个机械排烟系统，系统的分支按防烟分区设置并兼顾机械排风功能。风机则考虑两台并联设置，并在风机入口处设280℃时自闭防火阀。

5）设计原则和功能因素同上条，但在上排风支管与下排风支管上均设置防烟、排烟防火阀和防烟、防火阀进行排烟范围的控制，这样防火阀太多，造成电气专业消防控制设计复杂和困难，并增加了投资，易出现失控误控，致使系统失灵，贻误排烟。为此，只有取消所有上部排风口上的防烟、排烟防火阀，而在伸向每一个排烟分区的支管上（在总管连接处的附近）设常开排烟防火阀，进行分支管系统总控制，简化了控制系统，保证了控制的可靠性。平时能通畅排除废气；火灾时，着火点所在分区防火阀仍然开着，而随烟感信号，消防控制中心指令其他分支管上的防火阀关闭，这样就保证了起火点所在的防烟分区顺利地排烟。

6）设计原则基本上同上条，但进一步改善了以下两个问题：一是往往排烟量都比排风量大，同时火灾时排烟量都集中到一个防烟分区，如只利用支管上部的排风口排烟，风速势必超过了规定，另外，风管截面设计如只考虑机械排风量，则排烟时也会因为排烟量增大，而使排烟风速大大超过了规定。这样，为了解决排风口的风速问题，在上部排烟支管上多设2~3个截面大些的排烟口，并在其上设常闭排烟防火阀，火灾时随起火点所在防烟分区的消防报警连锁开启排烟，保证了排烟口的风速不大于10m/s。排烟风管的风速问题，只要风管断面按排烟量计算就行；二是由于排烟量的增加带来的风机选型问题，按4）的设计方式，并联设置两台风机，在技术上是可行的，但由于排烟风机用电量超过排风风机几倍，这样不经济，因此，为了在技术上和经济上都合理，就应先根据排风和排烟量运行的变化，优先选用变速风机，平时机械排风按第一档转速运转；火灾时用第二档转速运转，以增大风量排烟。

7）这是一种经常应用在地下小型库中的设计方案：即在地下车库中设计了排风与排烟兼用系统，方法与以上相同，采用双速轴流排烟风机，而利用车道进行自然送（补）风。这种设计方式符合"节能"的原则，但车道补风要注意车道断面风速必然要小于0.5m/s，以保证进出车道不受影响。

8）在上条的设计原则基础上，如果车道较长，且弯道较多或采用车道补风风速超过0.5m/s时，则应采用机械送风系统，为保证地下车库内保持微负压，一般机械送风量按机械排风量的85%~95%计算。

上述八种设计方式，供设计时参考选用。

3. 地下车库机械通风与机械排烟量的简明计算方法

地下车库按换气次数计算排风量有时满足不了要求，现提出新的更切合实际的计算方法：即按质量平衡法计算。

（1）汽车尾气排放量 地下车库内有害物发生源为汽车尾气，其排放量与车种、车型等有直接关系。地下车库停放的大都为小轿车、面包车和吉普车及小型工具车等。汽车进入地下车库时均以慢速行驶，据有关资料统计，尾气量见表7-1。

表 7-1 汽车排气量

车类	车牌	车型	产地	排气量 /(mL/min)	平均排气量 /(mL/min)	CO 平均浓度 /(mg/m³)
国产小轿车	别克	BUICK GLB	中国	550	526	64208
	奥迪	A6	中国	502	526	64208
进口小轿车	奔驰	SL500	德国	621	419	45625
	宝马	520i	德国	403	419	45625
	凌志	ES300	日本	360	419	45625
	丰田	丰田佳美 2.4	日本	492	419	45625
国产面包车	福田	BJ1099 VEPED	中国	550	550	55000
	金杯	SY6480A2F	中国	550	550	55000
进口面包车	三菱	2400GLX	日本	419	456	50000
	丰田	Previa 大霸王	日本	492	456	50000

（2）有害物源计算 为了简化计算可将车型分成四类：即国产小轿车、国产面包车、进口小轿车、进口面包车。各类车的平均排气量见表 7-1。有害物源强度与停车车位、车位利用率、单位时间排气量和汽车在停车库内工作时间成正比，由此可得出汽车排放有害物源强度的公式。在表 7-1 中，汽车尾气排气量：国产车是在排气温度为 550℃时；进口车为 500℃时。而检测汽车排放有害物浓度时尾部气温为常温 20℃左右。为使数据一致，应对有害物源强度计算公式进行温度修正，其计算公式如下

$$q_{Vn} = \frac{T_2}{T_1} WSB_n D_n t \times 10^{-3} \tag{7-3}$$

则

$$q_V = \sum_{n=1}^{4} q_{Vn} \tag{7-4}$$

式中　q_V——停车场内汽车排气总量（m³/h）；

　　　q_{Vn}——n 类汽车排气总量（m³/h）；

　　　W——停车总车位数（台）；

　　　D_n——n 类车停车总量的百分比；

　　　S——车库的停车车位利用系数，即单位时间内停车辆数与库内车位数的比值；

　　　B_n——n 类车单位时间的排气量 [L/(min·台)]（表 7-1）；

　　　t——每辆车在车库内发动机工作时间（min），一般取 $t = 6$min；

　　　T_1——汽车的排烟温度（K）（国产车 $T_1 = 823$K，进口车：$T_1 = 773$K）；

　　　T_2——常温（地下室车库温度）（K）。

（3）地下车库的排风计算

1）地下车库内有害物的排放量：汽车尾气成分有 CO、NO_2、CO_2 等，通过有关资料及实测数据分析，只要按 CO 浓度要求计算车库的排风量，其他有害物亦能满足要求，CO 排放量可按下式计算

$$q_m = \sum_{n=1}^{4} q_{Vn} C_n \tag{7-5}$$

式中　q_m——地下车库排放 CO 量（mg/h）；

C_n——n 类汽车排放 CO 的平均质量浓度（mg/m^3）（表 7-1）；

q_{Vn}——n 类汽车排放 CO 气体总量（m^3/h）。

2）地下车库的排风量计算方法

$$q_V = \frac{q_m}{C - C_0} = \frac{\sum\limits_{n=1}^{4} \frac{T_2}{T_1} WSB_n D_n t C_n \times 10^{-3}}{C - C_0} \tag{7-6}$$

式中　q_V——地下车库的排风量（m^3/h）；

C——地下车库内 CO 的允许质量浓度（mg/m^3），据《工业企业设计卫生标准》（GBZ 1—2010），取 $C = 100mg/m^3$；

C_0——地下车库的送风中 CO 的质量浓度值（mg/m^3），近似为大气浓度值，一般取 2.5 ~ 3.5mg/m^3。

4. 设计注意事项

1）应划分好防火分区与防烟分区，这是地下汽车库机械排烟系统设计的依据条件。排烟量的计算、系统的配备大小及风机的选择与此有关，防烟分区的划分原则，要使系统的配备和排烟量计算合理。

2）要处理好防烟分区的面积和机械排烟量的关系。

3）系统布置既要满足机械排风功能，又要满足机械排烟功能，后者更为重要。

4）在能满足排烟控制的条件下，系统排烟防火阀的设置越少越好。

5）系统风机的选择以优先选用变速风机为好。

6）要特别注意地下车库内气流的组织：既要满足机械通风，又要满足机械排烟的要求。在满足排风和排烟量的基础上，送排风风口的布置，对车库内有害物能否排除有很关键的影响。根据工程实例，车库排风必须从车库上部排除 1/3 的总风量，下部排除 2/3 的总风量，排风口应均匀布置，并尽可能靠近车体，送风口可集中在主要车的上部，送风速度不宜太大，以防止送排风短路。

7.4　防排烟系统设施与控制

7.4.1　防排烟设施

1. 送风口（排烟口）

送风口（排烟口）种类很多，但其使用功能基本相同，以下介绍多叶排烟口（送风口）。

多叶排烟口（送风口）外形示意图及电路图如图 7-20 所示，排烟口安装示意图如图 7-21 所示。其内部为阀门，外部为百叶窗。

工作原理：平时是关闭的，火灾时，自动开启，装置接到感烟（温）探测器通过控制盘或远距离操控系统输入的电气信号（DC24V）后，电磁铁线圈通电，多叶排烟口（送风口）打开；手动开启为拉动手动拉绳使阀门开启。阀门打开后，其联动开关接通信号回路，可向控制室返回阀门已开启的信号或联动控制其他装置。在执行机构的电路中，当烟气温度达 280℃时，熔断器动作，排烟口（送风口）立即关闭。当温度熔断器更换后，阀门可手动复位。

2. 排烟防火阀与防烟防火阀

随着消防业的发展，各种不同的防烟防火阀在不断出现，目前已有防烟防火阀、防烟防火调节阀、排烟防火阀、防火调节阀、排烟阀、防烟阀等。下面仅以两种常用的排烟防火阀和防烟防火阀为例说明之。

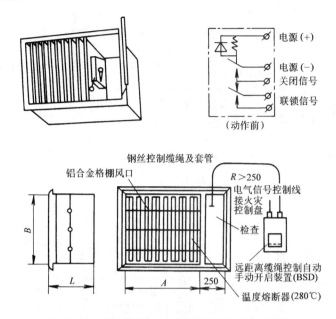

图 7-20 多叶排烟口（多叶送风口）及电路图

（1）排烟防火阀

1）排烟防火阀的构造。排烟防火阀由阀体和操作机构组成，如图 7-22 和图 7-23 所示。

2）工作原理。

a. 自动开启：当联动的烟（温）探测器将火灾信号输送到消防控制中心的控制盘上后，由控制盘再将火灾信号输入到自动开启装置的 A 线端 CD（24V），当 A 线端接受火灾信号后，电磁铁线圈通电，动铁心吸合，使动铁心挂钩与阀门叶片旋转轴挂钩脱开，阀门叶片受弹簧力作用迅速开启，同时微动开关动作，切断电磁铁电源，并接通阀门关闭显示线接点，将阀门开启信号返回控制盘；联动通风、空调机停止运行，排烟风机启动。

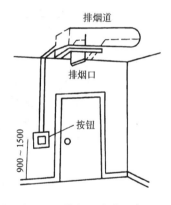

图 7-21 排烟口安装示意图

b. 手动控制：手动操作装置上的拉绳使阀门叶片开启。控制操作装置上的复位把手可使阀门叶片手动复位。

c. 温度熔断器的关闭动作：温度熔断器安装在阀体的另一侧，熔断片设在阀门叶片的迎风侧，当管道内空气温度上升到 280℃时，温度熔断片熔断，阀门叶片受弹簧力作用而迅速关闭，同时微动开关动作，显示线同样发出关闭信号，可联动通风、空调风机关闭。

3）适用场所及作用。用于排烟系统的管道上和排烟风机的吸入口，平时处于常闭状态，发生火灾时，自动或手动开启，进行排烟，当排烟温度达 280℃时，温度熔断器动作，再将阀门关闭，隔断气流。

（2）防烟防火阀

1）防烟防火阀构造。如图 7-24 所示为防烟防火阀外形示意及电路图。一般有两种类型，一种为矩形，一种为圆形，其内部由阀体和操作装置组成。图 7-25 为矩形阀门，图 7-26 为圆形阀门。

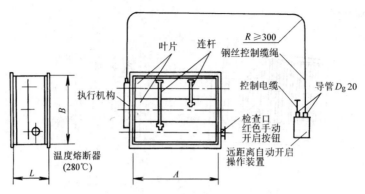

图7-22 排烟防火阀（一）

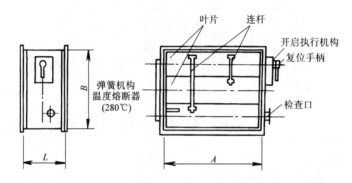

图7-23 排烟防火阀（二）

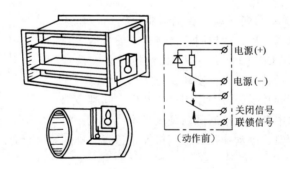

图7-24 防烟防火阀外形示意及电路图

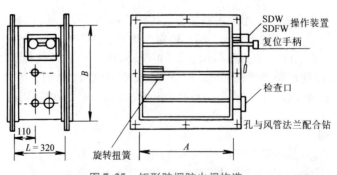

图7-25 矩形防烟防火阀构造

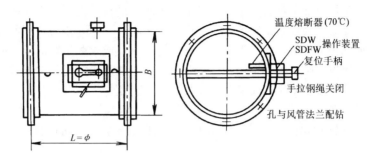

图7-26 圆形防烟防火阀构造

2）工作原理。

a. 自动关闭：当发生火灾时，由探测器向消防中心发出火警信号，控制中心将信号送至自动开启装置DC24，阀门关闭。

b. 手动关闭：就地操作拉绳使阀门关闭。

c. 温度熔断器动作自动关闭：当温度达到70℃±3℃时，熔断器动作，使阀门关闭。

阀门可通过手柄调节开启程度，以调节风量。阀门关闭后其联动接点闭合，接通信号电路，可向控制室返回阀门已关闭的信号或对其他装置进行联动控制。

d. 手动复位：在执行电路中，熔断器更换后，阀门可手动复位。

电动防火阀、防烟阀接线如图7-24所示。

3）适用范围及作用。用于有防烟防火要求的通风、空调系统的风管上，平时处于开启状态，当火灾时，通过探测器向消防中心发出信号，接通阀门上DC24V电源或温度熔断阀关闭，或人工将阀门关闭，切断火焰和烟气沿管道蔓延的通道。

3. 防烟垂壁（或称挡烟垂壁）

（1）构造 防烟垂壁由钢丝玻璃、铝合金、薄不锈钢板等配以电控装置组合而成，其外形如图7-27所示。挡烟垂壁下垂不小于50cm。

（2）工作原理 由DC24V、0.9A电磁线圈及弹簧锁等组成的防烟垂壁锁，平时用它将

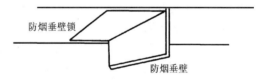

图7-27 防烟垂壁示意图

防烟垂壁锁住。火灾时可通过自动控制或手柄操作使垂壁降下。自动控制时，从感烟探测器或联动控制盘发来指令信号，电磁线圈通电把弹簧锁的销子拉进去，开锁后防烟垂壁由于重力的

作用靠滚珠的滑动而落下，下垂到90°；手动控制时操作手动杆也可使弹簧锁的销子拉回开锁，防烟垂壁落下。把防烟垂壁升回原来的位置即可复原。

（3）适用场所及作用 用于高层建筑防火分区的走道（包括地下建筑）和净高不超过6m的公共活动用房等，起隔烟作用。

4. 防火门

（1）防火门的构造及原理 防火门由防火门锁、手动及自动控制装置组成，如图7-28所示。

防火门锁按门的固定方式可分为两种：一种是

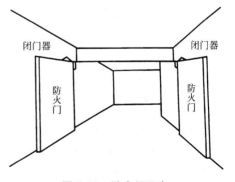

图7-28 防火门示意

防火门被永久磁铁吸住，处于开启状态，当发生火灾时通过自动控制或手动关闭防火门。自动控制是由感烟探测器或联动控制盘发来指令信号，使DC24V、0.6A电磁线圈的吸力克服永久磁铁的吸着力，从而靠弹簧将门关闭。手动操作只要把防火门或永久磁铁的吸着板拉开，门即关闭。另一种是防火门被电磁锁的固定销扣住呈开启状态。发生火灾时，由感烟探测器或联动控制盘发出指令信号使电磁锁动作，或用手拉防火门使固定销掉下，门关闭。

（2）电动防火门的控制要求

1）重点保护建筑中的电动防火门应在现场自动关闭，不宜在消防控制室集中控制（包括手动或自动控制）。

2）防火门两侧应设专用感烟探测器组成控制电路。

3）防火门关闭后，应有关闭信号反馈到区控盘或消防中心控制室。

防火门设置示意如图7-29所示。图中 $S_1 \sim S_4$ 为感烟探测器，$FM_1 \sim FM_3$ 为防火门。当 S_1 动作后，FM_1 应自动关闭；当 S_1 或 S_3 联动后，FM_2 应自动关闭，当 S_4 动作后，FM_3 应自动关闭。

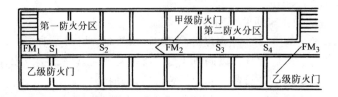

图7-29 防火门设置示意

5. 电动安全门

电动安全门的执行机构是由旋转弹簧锁及DC24V、0.3A电磁线圈和微动开关等组成。其电路如图7-30所示。电动安全门平时关闭，发生火灾后可以通过自动或手动控制将门打开。

自动控制：当火灾时，由感烟探测器或联动控制盘发来指令信号，接通电磁线圈使其动作，弹簧锁的固定锁打开，弹簧锁可以自由旋转将门打开。

手动控制：转动附在门上的弹簧锁按钮，可将门打开。

电磁铁附有微动开关，当门由开启变为关闭或由关闭变为开启时，触动微动开关使之接通信号电路，以向消防联动控制盘返回动作信号，电磁线圈的工作电压可适应较大的偏移。

6. 排烟窗

排烟窗由电磁线圈、弹簧锁等组成，如图7-31所示。排烟窗平时关闭，并用排烟窗锁（也可用于排烟门）锁住。当发生火灾时可自动或手动将窗打开。

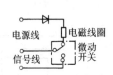

图7-30 防烟、防火门锁电路

图7-31 排烟窗示意图

自动控制：火灾时，感烟探测器或联动控制盘发来的指令信号将电磁线圈接通，弹簧锁的锁头偏移，利用排烟窗的重力（或排烟门的回转力）打开排烟窗（或排烟门）。

手动控制：火灾时，将操作手柄扳倒，弹簧锁的锁头偏移而打开排烟窗。

排烟窗安装在高层建筑靠外墙的防烟楼梯间前室、消防电梯前室和二者的合用前室。

排烟方式为自然排烟，排烟面积不小于 $2m^2$，公用前室不小于 $3m^2$。

7. 防火卷帘门

防火卷帘设置在建筑物中防火分区通道口处，可形成门帘或防火分隔。当发生火灾时，可根据消防控制室、探测器的指令或就地手动操作使卷帘下降至一定位置，水幕同步供水（复合型卷帘可不设水幕），接受降落信号后先一步下放，经延时后再第二步落地，以达到人员紧急疏散、灾区隔烟、隔火、控制火灾蔓延的目的。卷帘电动机的规格一般为三相 380V，$0.55 \sim 1.5kW$，视门体大小而定。控制电路为直流 24V。

防火卷帘分为中心控制方式和模块控制方式两种，控制过程为：感烟探测器报警→控制模块动作→电控箱发出卷帘门降一半信号→感温探测器报警→监视模块动作→通过电控箱发出卷帘二步降到底信号。

7.4.2 防排烟电气控制

（1）排烟机及送风机的电气控制 排烟机、送风机一般由三相异步电动机控制。其电气控制应按防排烟系统的要求进行设计，通常由消防控制中心、排烟口及就地控制组成。高层建筑中的送风机一般装在下技术层或 $2 \sim 3$ 层，排烟机均装在顶层或上技术层。

排烟系统的控制，任一个排烟口的排烟阀开启后，通过连锁接点的闭合，即可启动排烟风机。当排烟风道内温度超过 280℃ 时，排烟防火阀自动关闭，其连锁接点断开，使排烟风机停止。

（2）排烟设备的动作程序 对各种排烟装置的控制，应准确无误，其控制程序要求如下：

1）不设消防控制室的房间或建筑物机械排烟控制程序如图 7-32 所示。

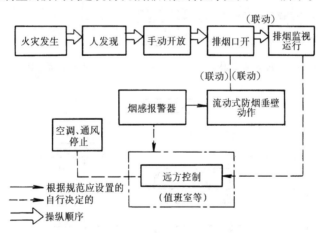

图 7-32 不设消防控制室的房间或建筑物机械排烟控制程序

2）设有消防控制室的房间或建筑物机械排烟控制程序如图 7-33 所示。

3）防烟楼梯间前室和消防电梯前室机械排烟较简单的控制程序如图 7-34 所示，较复杂的控制程序如图 7-35 所示。

（3）备用电源 为了保证建筑物防烟、排烟设备和其他消防设备（如消防水泵、消防电梯、应急照明、疏散指示标志等）的用电，应设可靠的备用电源。

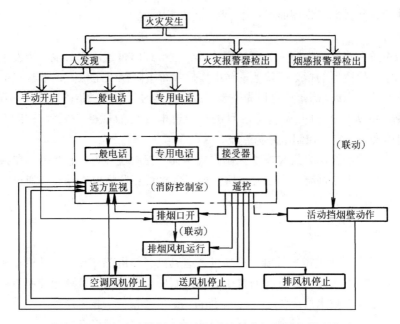

图 7-33　设有消防控制室的房间或建筑物机械排烟控制程序

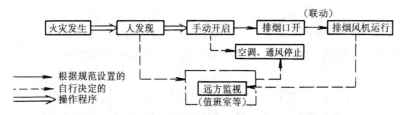

图 7-34　防烟楼梯间前室和消防电梯前室机械排烟较简单的控制程序

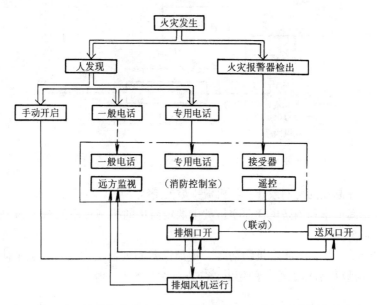

图 7-35　防烟楼梯间前室和消防电梯前室较复杂的机械排烟控制程序

7.5 人防地下室通风设计

7.5.1 概述

人防地下室建筑是为满足战时居民防空需要而建造的有一定的防护能力的建筑物。整个建筑是密闭的，其口部设计与通风设计，在战争空袭的条件下，能提供必要的生活条件，确保人员生命安全。

1）人防地下室通风设计，必须严格按《人民防空地下室设计规范》（GB 50038—2005）进行。应确保战时的防护要求，满足战时与平时使用功能所必需的空气环境与工作条件。设计中可采取平战功能转换的措施。

2）口部平面布置：如图7-36所示，进风消波装置、扩散室、滤毒室、风机房等，一般布置在靠近人员出入的口部，而且要在相同的一侧。风机房与滤毒室用墙分割开，滤毒室的门开在防护密闭门8与密闭门9之间，风机房的门开向清洁区。

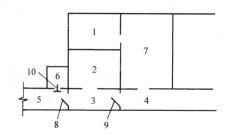

图7-36 口部平面布置
1—风机房 2—滤毒室 3—防毒通道 4—清洁区
5—染毒区 6—扩散区 7—掩蔽室
8—防护密闭门 9—密闭门 10—防爆活门

3）通风系统设计。平时宜结合防火分区设置，战时按防护单元分别设置，防火分区与防护单元协调一致，以减少转换工作，保证战时使用。

4）通风方式。平时采用自然通风或机械通风。采用机械通风时，应能满足清洁通风、过滤通风、隔绝通风。三种通风方式，在使用中由一种方式转换到另一种方式，是靠关闭和开启系统中某些密闭阀来实现的。

5）人员掩护所。按防护单元划分，掩蔽所面积不大于800m²，容纳的掩蔽人员可按每人应占掩蔽面积计算。掩蔽面积是指供人员掩蔽使用的有效面积，不含口部房间、通道面积，不含通风、给水排水、供电等设备房间面积，不含厕所盥洗、洗消间的面积与建筑墙体占用面积。一等人员掩蔽室1.3m²/人，二等人员掩蔽室1m²/人，防空专业队员掩蔽室3m²/人。一等人员掩蔽所系指地、局级以上机关人员掩蔽所，二等人员掩蔽所系指一般城市居民掩蔽所。

7.5.2 防护通风设计要点

1）清洁通风要求进风系统必须设有消波装置、粗效过滤器、密闭阀、通风机等。

2）滤毒通风要求防空地下室需保持正压30~40Pa，进风系统除清洁通风所必备的设备外，还须有过滤吸收器。

3）排风分两种情况：①不设洗消间或简易洗消间的人防地下室，在厕所设防爆超压自动排气活门排出，其排风量按平时厕所间的换气次数要求计算，选用防爆超压自动排气活门。②设洗消间或简易洗消间的人防地下室，在主要出入口设排风管排出，同时厕所设防爆超压自动排气活门排出。主要出入口排风管、密闭阀门的风量，按保证最小防毒通道的换气次数要求来计算。厕所间的防爆超压自动排气活门，按平时厕所间的换气次数要求计算风量，选用防爆超压自动排气活门的直径与数量。

4）战时主要出入口、二等人员掩蔽所的最小防毒通道保证30~40次/h换气。其他类型的防空地下室最小防毒通道应保证40~50次/h的换气。当滤毒通风的计算新风量不能满足最小防毒通道的换气次数要求时，应按规定的换气次数确定其新风量。厕所间的防爆超压自动排气活门，按平时厕所间的换气次数要求计算风量和选用防爆超压自动排气活门的直径与数量。在战时要同时保证最小防毒通道的换气次数的超压排风量和厕所的超压排风。如出现新风量小不能同时满足，只能在运行中调整以保证防毒通道换气。

5）隔绝通风要求与外界隔绝（即不进新风不排风），内部空气进行循环。风机入口处设置的插板阀打开，由风机循环室内空气。

7.5.3　防护通风的进风系统设置

1）清洁通风与滤毒通风合用的系统：进风口、粗效过滤器、送风管均应合用，如图7-37所示。

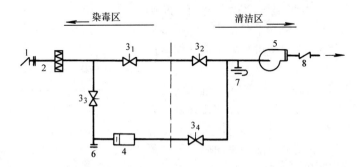

图7-37　清洁通风与滤毒通风合用系统

1—消波装置　2—粗效过滤器　3—密闭阀　4—过滤吸收器
5—通风机　6—换气堵头　7—插板阀　8—防火阀

通风方式转换、系统气流说明：

清洁通风系统气流：$1 \to 2 \to 3_1 \to 3_2 \to 5 \to 8 \to$ 关闭密闭阀 3_3，3_4。

滤毒通风系统气流：$1 \to 2 \to 3_3 \to 4 \to 3_4 \to 5 \to 8 \to$ 关闭密闭阀 3_1，3_2。

隔绝通风系统气流为内部循环，开 $7 \to 5 \to 8 \to$ 关闭密闭阀 3_2，3_4。

2）平时人防地下室所需通风量与战时滤毒通风风量相差悬殊，但使用一台手摇电动风机不能满足平时使用要求时，清洁通风与滤毒通风应分别设置通风机，其进风口、中高效过滤器、送风管路均合用，如图7-38所示。按最大的风量选用消波装置、粗效过滤器、防火阀及室内送风管道。

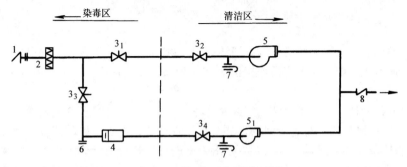

图7-38　平时与战时合用通风系统

1—消波装置　2—粗效过滤器　3—密闭阀　4—过滤吸收器　5—通风机　6—换气堵头　7—插板阀　8—防火阀

通风方式转换时，系统气流说明：

清洁通风系统气流：$1 \to 2 \to 3_1 \to 3_2 \to 5 \to 8 \to$ 关闭密闭阀 3_3，3_4，停风机 5_1。

滤毒通风系统气流：$1\rightarrow2\rightarrow3_3\rightarrow4\rightarrow3_4\rightarrow5_1\rightarrow8\rightarrow$关闭密闭阀$3_1$，$3_2$，停风机 5。

隔绝通风系统气流：开 $7\rightarrow5\rightarrow8\rightarrow$关闭密闭阀$3_2$，$3_4$，停风机 5。

3）无滤毒要求，有抗冲击波要求的人防地下室通风系统，战时采用隔绝式通风，平时为清洁通风，不设过滤吸收器，如图 7-39 所示。

4）测压装置。设有滤毒通风的防空地下室，在口部值班室或通风机房内设测压装置，设置方式如图 7-40 所示。

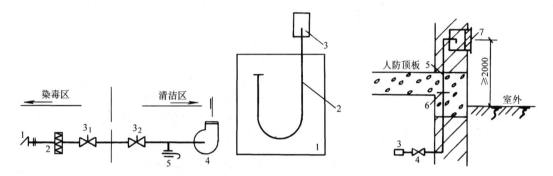

图 7-39　无滤毒隔绝式通风系统

1—消波装置　2—粗效过滤器　3—密闭阀
4—通风机　5—插板阀

图 7-40　测压装置

1—测压板　2—U 形管压差计或斜管压差计　3—连接软管
4—阀门　5—DN15 镀锌钢管　6—密闭阀　7—进风百叶

5）染毒区进风管采用 2 ~ 3mm 厚的钢板焊接制作，并有 5% 的坡度坡向室外。

7.5.4　防护通风排风系统设置

防空地下室排风系统由消波设施、密闭阀门、超压自动排气活门或防爆超压自动排气活门等防护通风设备组成。

（1）设防爆超压自动排气活门的排风系统　如图 7-41 所示，防爆超压自动排气活门可直接安装在墙上。穿越密闭墙的风管要采取密闭措施。

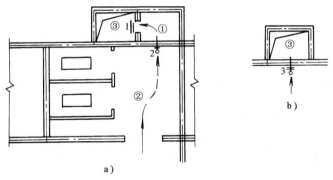

a）

图 7-41　防爆超压自动排风系统

1—防爆波活门（门式防爆悬板活门）　2—自动排气阀　3—排气阀
①—扩散室　②—厕所　③—排风竖井
注：滤毒式通风时气流由②→2→①→1→③或由②→3→③。

（2）设简易洗消间和自动排气阀门的排风系统　如图 7-42 所示。

（3）设洗消间的排风系统　如图 7-43 所示。

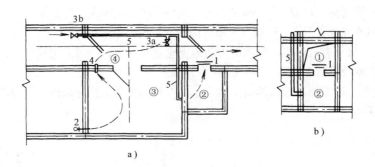

图 7-42　设简易洗消间和自动排气阀门的排风系统

1—防爆波活门（门式防爆悬板活门）　2—自动排气阀　3—密闭阀　4—短管　5—排风管

①—排风竖井　②—扩散室　③—简易洗消间　④—防毒通道

注：排风气流流向说明：清洁通风的排风，由室内过道→3b→②→1→通道或①排出（关闭3a密闭阀）。滤毒通风的
　　排风，由室内→2→③→④→④→3a→②→1→通道或①（关闭3b阀）。

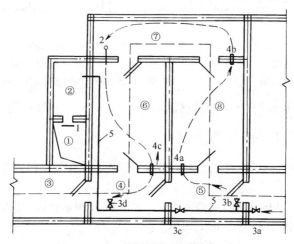

图 7-43　洗消间的排风系统

1—防爆波活门（门式防爆悬板活门）　2—自动排气阀　3—密闭阀　4—短管　5—风管

①—排风竖井　②—扩散室　③—染毒通道　④—第一防毒通道　⑤—第二防毒通道

⑥—脱衣室　⑦—淋浴室　⑧—穿衣室

注：排风气流流向说明：清洁通风的排风，由室内→3a→3c→②→1→①，关闭3b与3d。滤毒通风的排风，由室内
　　→3a→3b→4b→2→4c→3d→②→1→①，关闭3c。

（4）防护通风进排风系统部件的设计选用

1）消波装置根据清洁通风的风量及防护通风设备的允许压力确定门式防爆悬板活门，详见表7-2。

2）防护通风系统中，进排风设备抗冲击波的允许值，可参见表7-3。

表 7-2　门式防爆悬板活门

型　　号	门框尺寸/(mm×mm)	悬板开启风量/(m³/h)	门开启风量/(m³/h)	防核爆冲击波压力/Pa
MH900－1	500×800	900	11000	9.8×10^4
MH900－3	500×800	900	11000	2.94×10^5
MH1800－1	500×800	1800	11000	9.8×10^4
MH1800－3	500×800	1800	11000	2.94×10^5
MH3600－1	500×800	3600	11000	9.8×10^4
MH3600－3	500×800	3600	11000	2.94×10^5

表 7-3　防护通风设备抗冲击波的允许压力值　　　　　（单位：MPa）

设　备　名　称	允许压力
经过加固的油网粗效过滤器	0.05
密闭阀、离心风机、YF 型自动排气阀、柴油发电机自吸空气管	0.05
泡沫塑料过滤器	0.04
滤毒器、纸除尘器	0.03
非增压发电机排烟管	0.3
防爆超压排气活门	0.3 ~ 0.6

3）对扩散室的要求。扩散室可以用钢筋混凝土或厚度超过 3mm 的钢板制作，出风管位置设于 L/3 处，如图 7-44 所示。

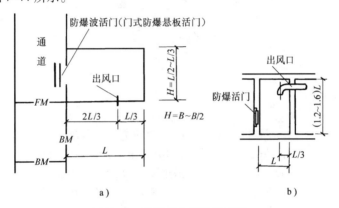

图 7-44　扩散室中出风口布置

a）出风口设在侧墙（平面）　　b）出风口设在后墙（剖面）

4）平时与战时合用的消波装置按最大风量选用，在染毒区的排风管采用 2 ~ 3mm 厚的钢板焊接成型，并有 0.5% 的坡度坡向室外。

5）室外的排风口尽可能采用竖井，但与进风分别设置时应设在进风主导风向的下风侧，风口距室外地面高不小于 0.5m。

6）过滤吸收器滤毒通风的新风量应满足战时人员新风量要求，且应满足最小防毒通道换气量要求。

7）手摇、电动两用风机的选用应根据风管系统压力损失和电源情况确定。如只供平时通风或滤毒通风，且有可靠电源时，应选择电动风机，如没有可靠的电源，应考虑手摇、电动两用风机。

习　题

1. 防排烟设置范围及其作用是什么？

2. 什么是防火分区和防烟分区？两者的区别是什么？系统布置与两个分区有什么关系？

3. 分析烟气在建筑走廊流动的过程，为什么说最顶层比火灾层的上层危险性大？

4. 防烟排烟有哪几种形式？其适用范围如何？

5. 压差法和风速法计算加压送风量的思路有何不同？

6. 机械排烟的排烟量确定方法和排烟口设置原则是什么？

7. 地下车库送排风系统形式及特点是什么？

8. 排烟防火阀和防烟防火阀的性能特点及区别是什么？

9. 防烟垂壁布置方式与作用是什么？

10. 人防地下室口部组成及其功能作用是什么？

11. 防护通风设计原则是什么？进排风系统的组成方式有几种？

12. 防烟排烟系统中风机的风量、风压如何确定？

二维码形式客观题

扫描二维码可自行做题，提交后可查看答案。

参考文献

[1] 孙一坚. 简明通风设计手册 [M]. 北京：中国建筑工业出版社，1997.

[2] 孙景之，韩永学. 电气消防 [M]. 3版. 北京：中国建筑工业出版社，2016.

[3] 蒋永琨. 高层建筑防火设计手册 [M]. 北京：中国建筑工业出版社，2000.

[4] 雷春浓. 高层建筑设计手册 [M]. 北京：中国建筑工业出版社，2002.

[5] 蒋永琨. 高层建筑防火设计手册 [M]. 北京：中国建筑工业出版社，2000.

[6] 黄业庆，毛永宁. 高层建筑地下室及地下停车库的防烟分区构成 [J]. 暖通空调，2004，34（3）：87-88.

[7] 黄中. 排烟排风共用系统的设计 [J]. 暖通空调，2003，33（3）：60-63.

[8] 杨盛旭. 平战结合的人防通风方式比较 [J]. 建筑热能通风空调，2002，21（3）：43-44.

[9] 陈刚，刘泽华. 地下车库通风量的确定与控制 [J]. 建筑热能通风空调，2001，20（5）：65-66.

[10] 张润良，梁珍. 对"高规"中防排烟有关问题的探讨 [J]. 建筑热能通风空调，2001，20（1）：66-69.

[11] 魏东杰，李清扬，黄海庚. 民用建筑人防地下室防护通风设计 [J]. 暖通空调，2004，34（5）：74-76.

[12] 徐明. 工程设计中的防火及防排烟问题 [J]. 暖通空调，2002，32（5）：34-36.

[13] 中华人民共和国住房和城乡建设部. 公共建筑节能设计标准：GB 50189—2015 [S]. 北京：中国建筑工业出版社，2015.

[14] 中华人民共和国住房和城乡建设部. 建筑设计防火规范：GB 50016—2014 [S]. 北京：中国计划出版社，2015.

[15] 中华人民共和国住房和城乡建设部. 汽车库、修车库、停车场设计防火规范：GB 50067—2014 [S]. 北京：中国计划出版社，2015.

[16] 中国建筑设计研究院. 人民防空地下室设计规范：GB 50038—2005 [S]. 北京：中国建筑标准设计研究院，2006.

[17] 总参工程兵第四设计研究院，等. 人民防空工程设计防火规范：GB 50098—2009 [S]. 北京：中国计划出版社，2009.

第 8 章
通风管道系统的设计计算

通风管道是把符合卫生标准的新鲜空气输送到室内各需要地点，把室内局部地区或设备散发的污浊、有害气体直接排送到室外或经净化处理后排送到室外的管道。通风管道系统包括通风除尘管道、空调管道等，是通风除尘和空气调节系统的重要组成部分，它把通风进风口，空气的热、湿及净化处理设备，送（排）风口，部件和风机连成一个整体，使之有效运转。

通风管道设计的主要内容包括：风管及其部件的布置，管径的确定，管内气体流动时能量损耗的计算以及风机和电动机功率的选择。在满足工艺设计要求和保证使用效果的前提下，合理地组织空气流动，使系统的初投资和日常运行维护费用最优是通风管道设计的最终目标。通风管道系统设计布置的合理与否，将直接影响到整个通风除尘、空调系统的使用效果和技术经济性能，为此，综合考虑通风管道系统设计中的各种问题尤其重要。

8.1 风管内气体流动的流态和阻力

8.1.1 两种流态及其判别分析

流体在管道内流动时，按其流动的状态，可以区分为层流与湍流两种。当呈层流状态时，流体是分层流动的，各流层间的流体质点互不混杂，迹线有条不紊地向前流动。当流体呈湍流状态时，各流层间的流体质点互相混杂，迹线极无规律地向前流动。

为了证实流体运动中确实存在着两种流态，1883 年英国物理学家雷诺（Osborne Reynolds）做了著名的雷诺试验，揭示了流体运动的两种流态——层流和湍流。用雷诺数即能判别流体在风道中流动时的流动状态。

在通风与空调工程中，雷诺数通常用下式表示

$$Re = \frac{vD}{\nu} \tag{8-1}$$

式中　　v——风速（m/s）；

　　D——风道直径或当量直径（m）；

　　ν——空气的运动黏度（m²/s）。

一般情况下，当 $Re < 2000$ 时，流体处于层流状态；$2000 < Re < 4000$ 时，流体处于临界区；当雷诺数大于 4000 时，根据相对粗糙度的不同，流体可能处于湍流光滑区、湍流过渡区或粗糙区。在光滑区内，摩擦阻力系数仅与雷诺数有关；而在过渡区内，摩擦阻力系数不但与雷诺数有关，还与粗糙度有关；在粗糙区内，摩擦阻力系数只与相对粗糙度有关。

在通风和空调管道系统中，雷诺数一般都大于 4000，因此，薄钢板风管的空气流动状态大多属于湍流光滑区到粗糙区之间的过渡区和湍流粗糙区。通常，高速风管的空气流动状态也处于过渡区。在风管的直径很小，表面粗糙度很大的砖、混凝土风管中空气流动状态才属于粗糙区。

8.1.2 风管内空气流动的阻力

当空气在通风管道中流动时，必然要损耗一定的能量来克服风管中的各种阻力。空气在风管内流动之所以产生阻力是因为空气是具有黏性的实际流体，在运动过程中要克服内部相对运动出现的摩擦阻力以及风管材料内表面的粗糙程度对气体的阻滞作用和扰动作用。风管内空气流动的阻力有两种，一种是由于空气本身的黏性及其与管壁间的摩擦而引起的沿程能量损失，称为摩擦阻力或沿程阻力；另外一种是空气在流经各种管件或设备时，由于速度大小或方向的变化以及由此产生的涡流造成的比较集中的能量损失，称为局部阻力。

1. 沿程阻力

气体本身的黏性及其与风管壁间的摩擦是产生摩擦阻力的原因。空气在任意横断面形状不变的管道中流动时，根据流体力学原理，它的沿程阻力可以按下式确定

$$\Delta p_{m} = \lambda \frac{1}{4 R_{s}} \cdot \frac{v^2 \rho}{2} l \tag{8-2}$$

式中　　λ——摩擦阻力系数；

　　　　l——风管长度（m）；

　　　　v——风管内空气的平均流动速度（m/s）；

　　　　ρ——空气密度（kg/m³）；

　　　　R_{s}——风管的水力半径（m）。

$$R_{s} = \frac{F}{X} \tag{8-3}$$

　　　　F——风管的截面积（m²）；

　　　　X——湿周，对于通风、空调系统即是其风管截面的周长（m）。

（1）圆形风管的沿程阻力计算　对于圆形截面风管，其阻力由下式计算

$$\Delta p_{m} = \lambda \frac{1}{D} \cdot \frac{v^2 \rho}{2} l \tag{8-4}$$

式中　　D——圆形风管直径（m）。

单位长度的摩擦阻力又称比摩阻。对于圆形风管，由上式可知其比摩阻为

$$R_{m} = \Delta p_{m} / l = \frac{\lambda}{D} \cdot \frac{v^2 \rho}{2} \tag{8-5}$$

摩擦阻力系数 λ 与管内流态和风管管壁的粗糙度 K/D 有关（图8-1）

$$\lambda = f(Re, K/D) \tag{8-6}$$

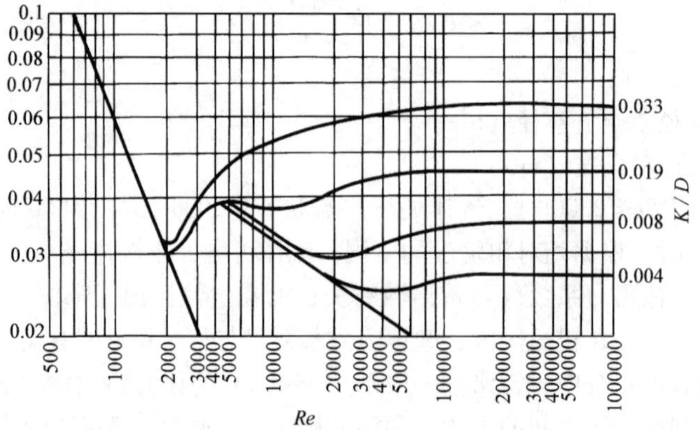

图8-1　摩擦阻力系数 λ 随雷诺数和相对粗糙度的变化

有关过渡区的摩擦阻力系数计算公式很多，一般采用适用三个区的柯氏公式来计算，它以一定的实验资料作为基础，美国、日本、德国的一些暖通手册中广泛采用。我国编制的《全国通用通风管道计算表》也采用该公式

$$\frac{1}{\sqrt{\lambda}} = -2\lg\left(\frac{K}{3.71D} + \frac{2.51}{Re\sqrt{\lambda}}\right) \qquad (8\text{-}7)$$

式中　K——风管内壁粗糙度（mm）；

　　　D——风管直径（mm）。

为了避免繁琐的计算，可根据式（8-5）和式（8-7）制成各种形式的表格或线算图。书后附录 4 所示的通风管道单位长度摩擦阻力线算图，可供计算管道阻力时使用。运用线算图或计算表，只要已知流量、管径、流速、阻力四个参数中的任意两个，即可求得其余两个参数。需要说明的是，附录 4 的线算图是按过渡区的 λ 值，在压力 $B_0 = 101.325\text{kPa}$、温度 $t_0 = 20\text{℃}$、空气密度 $\rho_0 = 1.204\text{kg/m}^3$、运动黏度 $\nu_0 = 15.06 \times 10^{-6}\text{m}^2/\text{s}$、管壁粗糙度 $K = 0.15\text{mm}$、圆形钢制风管等条件下得出的。如果实际使用条件与上述条件不相符合，则应进行修正。

1）密度和黏度的修正。如果空气的压力、温度以及风管管壁粗糙度与线算图或计算表一致，但空气的密度 ρ 和运动黏度 ν 不同，可以采用下式进行修正

$$R_m = R_{m0}(\rho/\rho_0)^{0.91}(\nu/\nu_0)^{0.1} \qquad (8\text{-}8)$$

式中　R_m——实际的单位长度摩擦阻力（Pa/m）；

　　　R_{m0}——图上查出的单位长度摩擦阻力（Pa/m）；

　　　ρ——实际的空气密度（kg/m³）；

　　　ν——实际的空气运动黏度（m²/s）。

2）空气温度和大气压力的修正。如果空气的压力、温度与线算图或计算表不一致，按下式修正

$$R_m = K_t K_B R_{m0} \qquad (8\text{-}9)$$

式中　K_t——温度修正系数；

　　　K_B——大气压力修正系数。

温度修正系数 K_t，大气压力修正系数 K_B 分别按式（8-10）和式（8-11）计算

$$K_t = \left(\frac{273 + 20}{273 + t}\right)^{0.825} \qquad (8\text{-}10)$$

$$K_B = (B/101.3)^{0.9} \qquad (8\text{-}11)$$

式中　t——实际的空气温度（℃）；

　　　B——实际的大气压力（kPa）。

K_t 和 K_B 也可直接由图 8-2 查得。

3）管壁粗糙度的修正。如果风管管壁的粗糙度 $K \neq 0.15\text{mm}$，可先由附录 4 查出 R_{m0}，再近似按下式修正

$$R_m = K_r R_{m0} \qquad (8\text{-}12)$$

式中　K_r——管壁粗糙度修正系数，见表 8-1。

在通风除尘、空调工程及气力输送系统中，常采用不同材料制作风管，这些材料的粗糙度各不相同，常用材料的粗糙度 K 见表 8-2。

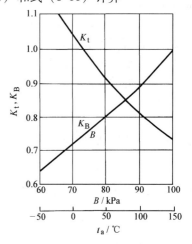

图 8-2　温度和大气压力的修正曲线

【例 8-1】　有一通风系统，采用薄钢板圆形风管（$K = 0.15\text{mm}$），已知风量 $q_V = 3600\text{m}^3/\text{h}$

$(1\mathrm{m}^3/\mathrm{s})$。管径 $D = 300\mathrm{mm}$，空气温度 $t = 30℃$。求风管管内空气流速和单位长度摩擦阻力。

【解】 查附录4，得 $v = 14\mathrm{m/s}$，$R_{m0} = 7.68\mathrm{Pa/m}$

查图 8-2 得，$K_t = 0.97$

$$R_m = K_t R_{m0} = 0.97 \times 7.68\mathrm{Pa/m} = 7.45\mathrm{Pa/m}$$

表8-1 风管内表面的粗糙度修正系数 K_r

粗糙程度	管壁材料	速度/(m/s)			
		5	10	15	20
特别粗糙	金属软管	1.7	1.8	1.85	1.9
中等粗糙	混凝土管	1.3	1.35	1.35	1.37
特别光	塑料管	0.92	0.85	0.83	0.80

表8-2 各种材料制作的风管内表面的粗糙度 K

风管材料	粗糙度/mm	风管材料	粗糙度/mm
薄钢板、镀锌薄钢板	0.15~0.18	地面沿墙砌造风道	3~6
塑料板	0.01~0.05	混凝土板	1~3
矿渣石膏板	1.0	表面光滑的砖风道	3~4
刚性玻璃纤维	0.9	墙内砖砌风道	5~10
钢丝网抹灰风道	10~15	矿渣混凝土板	1.5
木板	0.2~1.0	胶合板	1.0
铝板	0.03	竹风道	0.8~1.2

(2) 矩形风管的沿程阻力计算 《全国通用通风管道计算表》和附录4的线算图是按圆形风管得出的，在进行矩形风管的摩擦阻力计算时，需要把矩形风管断面尺寸折算成与之相当的圆形风管直径，即当量直径，再由此求得矩形风管的单位长度摩擦阻力。

"当量直径"就是与矩形风管有相同单位长度摩擦阻力的圆形风管直径，分为流速当量直径和流量当量直径两种。

1) 流速当量直径。如果某一圆形风管中的空气流速与矩形风管中的空气流速相等，同时两者的单位长度摩擦阻力也相等，则该圆形风管的直径就称为此矩形风管的流速当量直径，以 D_v 表示。根据这一定义，由式 (8-1) 可以得出，圆形风管和矩形风管的水力半径必须相等。

圆形风管的水力半径

$$R'_s = \frac{D}{4} \tag{8-13}$$

矩形风管的水力半径

$$R''_s = \frac{ab}{2(a+b)} \tag{8-14}$$

令 $R'_s = R''_s$，则

$$D = \frac{2ab}{a+b} = D_v \tag{8-15}$$

D_v 称为边长 $a \times b$ 的矩形风管的流速当量直径。二者速度相同时，因为矩形风管内的比摩阻等于直径为 D_v 的圆形风管的比摩阻，所以可以根据矩形风管的流速当量直径 D_v 和实际流速 v，由附录4查得的对应圆形风管的 R_m 即为矩形风管的单位长度摩擦阻力。

2）流量当量直径。如果某一圆形风管中的空气流量与矩形风管的空气流量相等，并且单位长度摩擦阻力也相等，则该圆形风管的直径就称为此矩形风管的流量当量直径，以 D_L 表示。通过计算推导流量当量直径可近似按下式计算

$$D_L = 1.3 \frac{(ab)^{0.625}}{(a+b)^{0.25}} \tag{8-16}$$

以流量当量直径 D_L 和对应的矩形风管的流量 L，查附录 4 所得的单位长度摩擦阻力 R_m 即为矩形风管的单位长度摩擦阻力。

值得注意的是，不管是采用流速当量直径还是流量当量直径，一定要注意其对应关系：采用流速当量直径时，必须用矩形风管中的空气流速去查出阻力；采用流量当量直径时，必须用矩形风管中的空气流量去查出阻力。用两种方法求得的矩形风管单位长度摩擦阻力应该是相等的。

【例 8-2】 有一薄钢板矩形风管，断面尺寸为 500mm × 320mm，流量 $q_V = 0.75\text{m}^3/\text{s}$ （2700m^3/h），求单位长度摩擦阻力。

【解】 1）用流速当量直径求矩形风管的单位长度摩擦阻力。

矩形风管内空气流速

$$v = \frac{0.75}{0.5 \times 0.32}\text{m/s} = 4.69\text{m/s}$$

矩形风管的流速当量直径

$$D_v = \frac{2ab}{a+b} = \frac{2 \times 500 \times 320}{500 + 320}\text{mm} = 390\text{mm}$$

根据 $v = 4.69\text{m/s}$、$D_v = 390\text{mm}$，由附录 4 查得矩形风管的单位长度摩擦阻力 $R_m = 0.63\text{Pa/m}$。

2）用流量当量直径求矩形风管的单位长度摩擦阻力。

$$D_L = 1.3 \frac{(ab)^{0.625}}{(a+b)^{0.25}} = 1.3 \times \frac{(0.5 \times 0.32)^{0.625}}{(0.5 + 0.32)^{0.25}}\text{m} = 0.434\text{m}$$

根据 $q_V = 0.75\text{m}^3/\text{s}$、$D_L = 434\text{mm}$，由附录 4 查得 $R_m = 0.63\text{Pa/m}$。

2. 局部阻力

一般情况下，通风除尘、空气调节和气力输送管道都要安装一些诸如断面变化的管件（如各种变径管、变形管、风管进出口、阀门）、流向变化的管件（弯头）和流量变化的管件（如三通，四通，风管的侧面送、排风口），用以控制和调节管内的气流流动。流体经过这些管件时，由于边壁或流量的变化，均匀流在这一局部地区遭到破坏，引起流速的大小、方向或分布的变化，或者气流的合流与分流，使得气流中出现涡流区，由此产生了局部损失。因为局部阻力的种类繁多，体形各异，其边壁的变化大多比较复杂，加上湍流本身的复杂性，多数局部阻力的计算还不能从理论上解决，必须借助于由实验得来的经验公式或系数。局部阻力一般按下面公式确定

$$p_z = \zeta \frac{v^2 \rho}{2} \tag{8-17}$$

式中 ζ——局部阻力系数。

局部阻力系数也不能从理论上求得，一般用实验方法确定。实验中局部阻力系数值是通过测出管件前后的全压差（即局部阻力 p_z）除以与速度 v 相应的动压得到的。部分常见管件的局

部阻力系数见附录5。计算局部阻力时，要注意 ζ 值所对应的气流速度。

根据流体力学原理，由于通风、空调系统中空气的流动都处于自模区，局部阻力系数 ζ 只取决于管件的形状，所以一般不考虑相对粗糙度和雷诺数的影响。

局部阻力在通风、空调系统阻力中占有较大的比例，在设计时应加以注意。减小局部阻力的着眼点在于防止或推迟气流与壁面的分离，避免漩涡区的产生或减小漩涡区的大小和强度。下面介绍几种常用的减小局部阻力的措施。

(1) 渐扩管和渐缩管　当气流流经断面面积变化的管件（如渐扩管和渐缩管），或断面形状变化的管件（如异形管）时，由于管道断面的突然变化使气流产生冲击，周围出现涡流区，造成局部阻力。扩散角大的渐扩管局部阻力系数也较大，因此尽量避免风管断面的突然变化，用渐缩或渐扩管代替突然缩小或突然扩大，中心角 α 最好在 $8° \sim 10°$，不要超过 $45°$。图 8-3 给出了渐扩和渐缩管件连接的优劣比较。

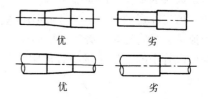

图 8-3　渐扩和渐缩管件连接的优劣比较

(2) 三通　三通内流速不同的两股气流汇合时的碰撞，以及气流速度改变时形成涡流是造成局部阻力的原因。两股气流在汇合过程中的能量损失一般是不相同的，它们的局部阻力应分别计算，对应两个阻力系数。

当合流三通内直管的气流速度大于支管的气流速度时，直管气流会引射支管气流，即流速大的直管气流失去能量，流速小的支管气流得到能量，因而支管的局部阻力系数有时出现负值。同理，直管的局部阻力系数有时也会出现负值。但是，直管和支管二者有得有失，能量总是处于平衡，不可能同时为负值。引射过程会有能量损失，为了减小三通的局部阻力，应尽量避免出现引射现象。

三通的局部阻力大小，取决于三通断面的形状、分支管中心夹角、支管与干管的截面积比、支管与干管的流量比（即流速比）以及三通的使用情况（用作分流还是合流）。分支管中心夹角宜取得小一些（一般不超过 $30°$，只是在受现场条件限制或者为了阻力平衡需要的情况下，才采用较大的夹角），或者将支管与干管连接处的折角改缓，以减小三通的局部阻力，如图 8-4 所示。三通支管常采用一定的曲率半径，同时还应尽量使支管和干管内的流速保持相等。

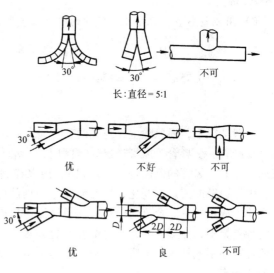

图 8-4　三通支管和干管的连接

(3) 弯管　管道布置时，应尽量采取直线，减少弯管，或者用弧弯代替直角弯。弯管的阻力系数在一定范围内随曲率半径的增大而减小，圆形风管弯管的曲率半径一般应大于 $1 \sim 2$ 倍管径（图 8-5）；矩形风管弯管断面的长宽比（B/A）愈大，阻力愈小（图 8-6），其曲率半径一般为当量直径的 $6 \sim 12$ 倍。对于断面大的弯管，可在弯管内部布置一组导流叶片（图 8-7），以减小漩涡区和二次流，降低弯管的阻力系数。

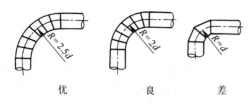

图 8-5 圆形风管弯头

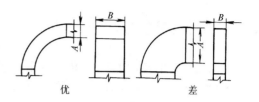

图 8-6 矩形风管弯头

（4）管道进出口 气流进入风管时，由于产生气流与管道内壁分离和涡流现象造成局部阻力。气流从风管出口排出时，其在排出前所具有的能量全都损失。当出口处无阻挡时，此能量损失在数值上等于出口动压，当有阻挡（如风帽、网格、百叶）时，能量损失将大于出口动压，就是说局部阻力系数会大于 1。因此，只有与局部阻力系数大于 1 的部分相对应的阻力才是出口局部阻力（即阻挡造成），等于 1 的部分是出口动压损失。为了降低出口动压损失，有时把出口制作成扩散角较小的渐扩管（图 8-8a），ζ 值会小于 1。应当说明，这是相对于扩展前的管内气流动压而言的。对于不同的进口形式，局部阻力相差较大，如图 8-8b、c、d 所示。图 8-8d 所示的进口形式，如果严格按照技术规定制作，其 $\zeta \approx 0$，可作为流量测量装置。

图 8-7 设有导流叶片的
直角弯头

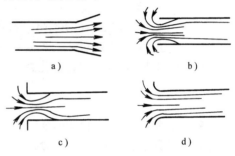

图 8-8 风管进出口阻力

a) $\zeta < 1$ b) $\zeta = 0.6$ c) $\zeta = 0.3$ d) $\zeta = 0.03$

（5）管道和风机的连接 管道与风机的连接应当保证气流在进出风机时均匀分布，避免发生流向和流速的突然变化，避免在接管处产生局部涡流。为了使风机正常运行，减少不必要的阻力，最好使连接风机的风管管径与风机的进、出口尺寸大致相同。如果在风机的吸入口安装多叶形或插板式阀门时，最好将其设置在离风机进口至少 5 倍于风管直径的地方，避免由于吸入口处气流的涡流影响风机效率。在风机的出口处避免安装阀门，连接风机出口的风管最好用一段直管。如果受到安装位置的限制，需要在风机出口处直接安装弯管时，弯管的转向应与风机叶轮的旋转方向一致。图 8-9 给出了风机进出口管道连接的优劣比较。

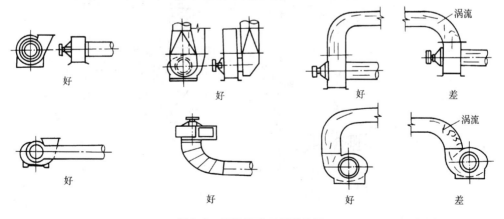

图 8-9 风机进出口管道连接

8.2 风管内的压力分布

空气在风管中流动时，空气沿程受阻力影响，同时由于流速变化，风管内各断面空气的压力是不断变化的。了解风管内压力的分布规律，有助于正确设计通风和空调系统并使之经济、合理、安全可靠地运行。

8.2.1 动压、静压和全压

根据能量守恒定律，可以写出空气在管道内流动时不同断面间的能量方程（伯努利方程）

$$p_{j1} + \frac{v_1^2 \rho}{2} + Z_1 \rho g = p_{j2} + \frac{v_2^2 \rho}{2} + Z_2 \rho g + \Delta p_{1-2} \qquad (8\text{-}18)$$

式中　p_{j1}、p_{j2}——断面 1、2 处的静压（Pa）；

$\dfrac{v_1^2 \rho}{2}$、$\dfrac{v_2^2 \rho}{2}$——断面 1、2 处的动压（Pa）；

Z_1、Z_2——管道中心线断面 1、2 处的高度（m）；

g——重力加速度（m/s²）；

Δp_{1-2}——断面 1、2 间摩擦阻力和局部阻力之和（Pa）。

由于空气密度小，由高程 Z_1、Z_2 的不同所引起的管内外位压变化很小，因此上式的第三项可以忽略，所以式（8-18）可以简化为

$$p_{j1} + \frac{v_1^2 \rho}{2} = p_{j2} + \frac{v_2^2 \rho}{2} + \Delta p_{1-2} \qquad (8\text{-}19)$$

即断面 1 的全压等于断面 2 的全压加上管段 1—2 之间的阻力损失。可以利用式（8-19）对任一通风空调系统的压力分布进行分析。

8.2.2 风管内空气压力的分布

把一个通风除尘系统内气流的动压、静压和全压的变化表示在以相对压力为纵坐标的坐标图上，就称为通风除尘系统的压力分布图。

设有图 8-10 所示的通风系统，空气进出口都有局部阻力。分析该系统风管内的压力分布。

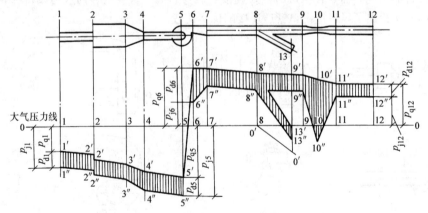

图 8-10　风管内的压力分布图

下面确定各断面的压力。

（1）吸入管段

断面 1：

列出空气入口外较远点和入口（点 1）断面的能量方程式

$$p_{q0} = p_{q1} + p_{z1}$$

因 $p_{q0} = $ 大气压力 $= 0$，故

$$p_{q1} = -p_{z1}$$

$$p_{d1} = \frac{v_1^2 \rho}{2}$$

$$p_{j1} = p_{q1} - p_{d1} = -\left(\frac{v_1^2 \rho}{2} + p_{z1} \right)$$

式中　p_{z1}——空气入口处的局部阻力；

　　　p_{d1}——管段面 1 处的动压，由于 1—2 管段管径不变，所以 $p_{d1} = p_{d2}$，其他均匀管段类同。

静压计算式表明，点 1 处的全压和静压均比大气压低。静压降 p_{j1} 的一部分转化为动压 p_{d1}，另一部分消耗在克服入口的局部阻力 p_{z1}。

断面 2：

$$p_{q2} = p_{q1} - (R_{m1-2} l_{1-2} + p_{z2})$$

$$p_{j2} = p_{q2} - p_{d1} = p_{j1} + p_{d1} - (R_{m1-2} l_{1-2} + p_{z2}) - p_{d1}$$

$$= p_{j1} - (R_{m1-2} l_{1-2} + p_{z2})$$

则　　　　　　　　$$p_{j1} - p_{j2} = R_{m1-2} l_{1-2} + p_{z2}$$

式中　R_{m1-2}——管段 1—2 的比摩阻；

　　　p_{z2}——突然扩大的局部阻力。

断面 3：

$$p_{q3} = p_{q2} - R_{m2-3} l_{2-3}$$

断面 4：

$$p_{q4} = p_{q3} - p_{z3-4}$$

式中　p_{z3-4}——渐缩管的局部阻力。

在图 8-10 断面 5 处，为了使压力图线表达清晰，没有画出局部阻力。

如果考虑局部阻力 p_{z5}，静压线和全压线相应降低 p_{z5}。

断面 5（风机进口）：

$$p_{q5} = p_{q4} - (R_{m4-5} l_{4-5} + p_{z5})$$

式中　p_{z5}——风机进口处弯头的局部阻力。

（2）压出管段

断面 12（风管出口）：

$$p_{q12} = \frac{v_{12}^2 \rho}{2} + p'_{z12} = \frac{v_{12}^2 \rho}{2} + \zeta'_{12} \frac{v_{12}^2 \rho}{2}$$

$$= (1 + \zeta''_{12}) \frac{v_{12}^2 \rho}{2} = \zeta_{12} \frac{v_{12}^2 \rho}{2} = p_{z12}$$

式中　v_{12}——风管出口处空气流速；

　　　p_{z12}——风管出口处局部阻力；

　　　ζ'_{12}——风管出口处局部阻力系数；

　　　ζ_{12}——包括出口动压损失在内的出口局部阻力系数，即一般所指的端点局部阻力系数，

$\zeta_{12} = 1 + \zeta'_{12}$。为简便计算，设计手册中一般直接给出 ζ 值而不是 ζ' 值。

断面 11：

$$p_{q11} = p_{q12} + R_{m11-12} l_{11-12}$$

断面 10：

$$p_{q10} = p_{q11} + p_{z10-11}$$

式中　p_{z10-11}——渐扩管的局部阻力。

断面 9：

$$p_{q9} = p_{q10} + p_{z9-10}$$

式中　p_{z9-10}——渐缩管的局部阻力。

断面 8：

$$p_{q8} = p_{q9} + p_{z8-9}$$

式中　p_{z8-9}——三通直管的局部阻力。

断面 7：

$$p_{q7} = p_{q8} + R_{m7-8} l_{7-8}$$

断面 6（风机出口）：

$$p_{q6} = p_{q7} + p_{z6-7}$$

式中　p_{z6-7}——风机出口渐扩管的局部阻力。

在断面 8 处有一三通分支管段，总气流有一部分分流到分支管内。为了表示分支管 8—13 的压力分布，过 O' 引平行于支管 8—13 轴线的 O'—O' 线作为基准线，用上述同样方法求出此支管的全压值。因为断面 8 是分支管与直通管的共同断面，它们的压力线必定要在此汇合，即压力的大小相等，所以作用在分支管上的压力就是断面 8 处直通管的全压值。

把上述各个断面全压值的标注点连接起来即为全压分布线。由全压分布线减去对应各点的动压即可得到静压线。从图 8-10 可看出空气在管内的流动规律为：

1）风机的风压 p_f 等于风机进、出口的全压差，或者说等于风管的阻力及出口动压损失之和，即等于风管总阻力。可用下式表示

$$p_f = p_{q6} - p_{q5} = \sum_{i=1}^{11} (R_m l + p_z) + R_{m11-12} l_{11-12} +$$

$$p'_{z12} + \frac{v_{12}^2 \rho}{2} = \sum_{i=1}^{12} (R_m l + p_z) i$$

2）各并联支路的阻力总是互相平衡的。如果管段 8—12 和管段 8—13 二者之间是并联的，其阻力实际上等于断面 8 处的全压值。如果在设计中没能使并联支路阻力平衡，则在系统实际运行时，各支路会按其阻力特性自动平衡，改变预定的风量分配，使各并联支管的实际风量达不到设计要求。

3）风机吸入段的全压和静压均为负值，在风机入口处负压最大；风机压出段的全压和静压一般情况下均是正值，在风机出口正压最大。因此，在管道系统中若某处有漏洞或风管连接不严密，就会有气体漏入或逸出，以致影响风量分配或造成粉尘和有害气体向外泄漏。

4）压出段上点 10 的静压出现负值是由于断面 10 收缩得很小，使流速迅速增大，当动压增大到大于全压时，该处的静压就会出现负值。如果风管在此处开孔，即使是压出管段也会将管外空气吸入。这种原理有时被工程所应用，如压送式气力输送系统的受料器进料和诱导式通风等。

8.3　通风管道的设计计算

8.3.1　风道设计的内容及原则

风道的计算分设计计算和校核计算两类。

（1）设计计算　通风、空调工程中，在已知系统和设备布置、通风量的情况下，设计计算的目的就是经济、合理地选择风管材料，确定各段风管的断面尺寸和阻力，在保证系统达到要求的风量分配的前提下选择合适的风机型号和电动机功率。

（2）校核计算　通风、空调工程中，当已知系统和风管断面尺寸，或者通风量发生变化时，校核风机是否能满足工艺要求，以及采用该风机时，其动力消耗是否合理。

风道设计时必须遵循以下的原则：

1）风道系统要简洁、灵活、可靠，要便于安装、调节、控制与维修。

2）风道断面尺寸要标准化。

3）风道的断面形状要与建筑结构相配合，使其完美统一。

8.3.2　风道设计的方法

风管设计计算方法有假定流速法、压损平均法和静压复得法等三种，常用的是假定流速法。

（1）压损平均法　这一方法是以单位长度风管具有相等的阻力为前提的。计算步骤是：将已知的总风压按干管长度平均分配给每一管段，再根据每一管段的风量和分配到的风压确定风管断面尺寸。在管网系统所用的风机风压已定时，采用等压损法是比较方便的。对于大的通风系统可利用压损平均法进行支管的压力平衡。

（2）静压复得法　静压复得法利用风管分支处复得的静压来克服该管段的阻力，根据这一原则确定风管的断面尺寸。此法一般适用于高速空调系统的计算。

（3）假定流速法　该方法的特点是：先按技术经济要求选定风管的流速，再根据风管的风量确定风管的断面尺寸和阻力，然后对各支路的压力损失进行调整，使其平衡。这是目前最常用的计算方法。

8.3.3　风道设计的步骤

下面以假定流速法为例介绍风管设计计算的步骤。

1）绘制通风或空调系统轴测图，标出设备和局部管件的位置，对各管段进行编号（以风量和风向不变为原则把通风系统分成若干个单独管段，一般从距离风机最远的一段管路由远而近顺序编号），标注各管段长度（一般按两管件间中心线长度计算，不扣除管件本身的长度）和风量。

2）确定合理的空气流速。风管内的空气流速与通风、空调系统的材料设备费用、运行动力消耗以及噪声都有很大关系。选用的气流速度高，可使风管断面小，材料耗量少，建造费用低，占用建筑的空间小。但是系统阻力大，即动力消耗增大，运行费用增加。此外，对气力输送系统和除尘系统来说，还会增加设备和管道的磨损；对空调系统会增加它的噪声。选用的流速低，系统阻力小，动力消耗减少。但是风管断面增大，材料耗量和建造费用提高，风管占用的空间也会增大。一般风管内的流速可参考表 8-3 和表 8-4 选取。此外，如果管内流速过低，对除尘系统和气力输送系统来说，还会造成粉尘沉积、管道堵塞，此类管道中风速可以按表 8-5 选取。

表 8-3　一般通风系统风道内常用空气流速　　　　（单位：m/s）

风管部位	工业建筑机械通风		工业辅助及民用建筑	
	薄钢板及塑料风管	砖及混凝土风管	自然通风	机械通风
干管	6～14	4～12	0.5～1.0	5～8
支管	2～8	2～6	0.5～0.7	2～5

表 8-4　空调系统管道内推荐风速值　　　　（单位：m/s）

风速　　部位	低速风管						高速风管	
	推荐风速			最大风速			推荐	最大
	居住	公共	工业	居住	公共	工业	一般建筑	
新风入口	2.5	2.5	2.5	4.0	4.5	6.0	3.0	5.0
风机入口	3.5	4.0	5.0	4.5	5.0	7.0	8.5	16.5
风机出口	5.0～8.0	6.5～10	8.0～12	8.5	7.5～11	8.5～14	12.5	25
主风道	3.5～4.5	5.0～6.5	6.0～9.0	4.0～6.0	5.5～8.0	6.5～11	12.5	30
水平支风道	3.0	3.0～4.5	4.0～5.0	3.5～4.0	4.0～6.5	5.0～9.0	10	22.5
垂直支风道	2.5	3.0～3.5	4.0	3.25～4.0	4.0～6.0	5.0～8.0	10	22.5
送风口	1.0～2.0	1.5～3.5	3.0～4.0	2.0～3.0	3.0～5.0	3.0～5.0	4.0	—

表 8-5　除尘系统风管最低风速　　　　（单位：m/s）

粉尘类别	粉尘名称	垂直管	水平管	粉尘类别	粉尘名称	垂直管	水平管
纤维粉尘	干锯末、小刨屑、纺织尘	10	12	矿物粉尘	重矿物粉尘	14	16
	木屑、刨花	12	14		轻矿物粉尘	12	14
	干燥粗刨花、大块干木屑	14	16		灰土、沙尘	16	18
	潮湿粗刨花、大块湿木屑	18	20		干细型砂	17	20
	棉絮	8	10		金刚砂、刚玉粉	15	19
	麻	11	13	金属粉尘	钢铁粉尘	13	15
	石棉粉尘	12	18		钢铁屑	19	23
矿物粉尘	耐火材料粉尘	14	17		铅尘	20	25
	黏土	13	16	其他粉尘	轻质干粉尘（木加工磨床粉尘、烟草灰）	8	10
	石灰石	14	16		煤尘	11	13
	水泥	12	18		焦炭粉尘	14	18
	湿土（含水2%以下）	15	18		谷物粉尘	10	12

3）根据各管段的风量和选择的流速确定各管段的断面尺寸，计算最不利环路（即阻力最大的环路，一般是管道最长且管件最多的环路）的摩擦阻力和局部阻力。

需要说明的是，当确定风管断面尺寸时，应采用附录6所列的通风管道统一规格，以利于批量的工业化加工制作。在风管断面尺寸确定后，应按管内实际流速计算最不利环路的摩擦阻力和局部阻力。

4）并联管路的阻力计算。按分支节点阻力平衡的原则确定并联管路（或支风管）的断面尺寸。要求两分支管的阻力不平衡率：对一般的通风系统，应小于15%；除尘系统应小于10%。当并联管路阻力差超过上述规定的要求时，可采取下列方法调整阻力使其平衡。

a. 调整支管管径。此方法通过改变支管管径来改变支管的阻力，达到阻力平衡。调整后的管径按下式计算

$$D' = D\left(\frac{\Delta p}{\Delta p'}\right)^{0.225} \tag{8-20}$$

式中　D'——调整后的管径（mm）；

　　　D——原设计的管径（mm）；

　　　Δp——原设计的支管阻力（Pa）；

　　　$\Delta p'$——要求达到的支管阻力（Pa）。

应当指出，采用本方法时不宜改变三通支管的管径，可以在三通支管上增设一段渐扩（缩）管，以免引起三通支管和直管局部阻力的变化。

b. 增大风量。当两支管的阻力相差不大时，例如，在 20% 以内，可不改变支管管径，将阻力小的那段支管的流量适当加大以达到阻力平衡。增大后的风量按下式计算

$$q'_V = q_V\left(\frac{\Delta p'}{\Delta p}\right)^{0.5} \tag{8-21}$$

式中　q'_V——调整后的支管风量（m³/h）；

　　　q_V——原设计的支管风量（m³/h）。

采用本方法会相应增大后面干管内的流量和阻力，因此风机的风量和风压也会相应增大。

c. 增加支管局部压力损失。通过改变阀门开度，或者增加阀门个数来调节管道阻力，是最常用的一种增加局部阻力的方法。这种方法虽然简单易行，不需严格计算，但是，对某一支管进行阀门调节，会影响整个系统的压力分布。要经过反复调节才能使各支管的风量分配达到设计要求。对于除尘系统还要防止在阀门附近积尘，引起管道阻塞。另外，还可以通过增设阻力圈等调整阻力的装置进行调节。

5）计算系统的总阻力。以最不利环路的阻力加上空气净化处理装置和其他可能的设备的阻力为系统的总阻力。

6）选择风机。风机的选择是一个十分重要的问题，它影响到整个系统的正常运行和经济性能，下面详细介绍风机的选取。

考虑到风管、设备的漏风及阻力计算的不精确，应按下式对风量、风压进行修正后选择风机

$$p_f = \Delta p K_p \tag{8-22}$$

$$q_{V,f} = K_q q_V \tag{8-23}$$

式中　p_f——风机的风压（Pa）；

　　　$q_{V,f}$——风机的风量（m³/h）；

　　　K_p——风压附加系数，一般的送排风系统 $K_p = 1.1 \sim 1.15$；除尘系统 $K_p = 1.15 \sim 1.20$；气力输送系统 $K_p = 1.20$；

　　　K_q——风量附加系数，一般的送排风系统 $K_q = 1.1$；除尘系统 $K_q = 1.1 \sim 1.15$；气力输送系统 $K_q = 1.15$；

　　　Δp——系统的总阻力（Pa）；

　　　q_V——系统的总风量（m³/h）。

风机选择时需要注意的有关问题：

a. 根据输送气体性质、系统的风量和阻力确定风机的类型。例如，输送清洁气体可以选用一般的通风换气机；输送有爆炸危险的气体或粉尘，选用防爆风机；输送腐蚀性气体需要选用

防腐风机。

b. 风机样本或设计手册上的性能参数是在标准状态（大气压力为 101.325kPa，温度为 20℃，相对湿度为 50%）下得出的。当实际使用情况不是标准状态时，风机的实际性能会发生变化。因此，对电动机的轴功率应进行验算，核对所配用的电动机能否满足非标准状态下的功率要求，其式如下：

$$N_z = \frac{q_{V,f} \, p_f}{3600 \times 1000 \; \eta_1 \eta_2} \tag{8-24}$$

式中　N_z——电动机的轴功率（kW）；

　　　$q_{V,f}$——通风机的风量（m³/h）；

　　　p_f——非标准状态下，风机所产生的风压（全压）（Pa）；

　　　η_1——通风机的内效率；

　　　η_2——通风机的机械传动效率。

风机样本所提供的性能曲线和数据，通常是按标准状态（即大气压力 101.3kPa、温度 20℃、相对湿度 50%、密度 1.2kg/m³）编制的。当输送的介质密度、电机转速等条件改变时，其性能应按风机相似工况参数各换算公式进行换算。当大气压力和空气温度为非标准状态时，可按下列公式计算，得出电机转速不变时，该风机在非标准状态下所产生的风压（全压）

$$p'_f = p_f \frac{p_b}{p_{b_0}} \cdot \frac{273 + t_0}{273 + t} \tag{8-25}$$

式中　p_b——标准状态下的大气压力（Pa）；

　　　p_{b_0}——非标准条件下的大气压力（Pa）；

　　　p_f——风机在标准状态或特性表状态下的风压（全压）（Pa）；

　　　p'_f——风机在非标准状态或特性表状态下的风压（全压）（Pa）；

　　　t_0——标准条件下的空气温度（℃）；

　　　t——非标准条件下的空气温度（℃）。

鉴于多年来有的设计人员在选择通风机时存在着随意增加负荷的现象，《民用建筑供暖通风与空气调节设计规范》（GB 50736—2012）中特加以规定，设计时应予以遵循。

随着对环境噪声控制的要求不断提高，对风机消声器的选择应遵循以下原则：

a. 消除高频噪声应采用阻性消声器和弯头消声器。

b. 消除中低频噪声应采用抗性消声器和消声静压箱。

c. 当要求提供较宽的消声频谱范围时，应采用阻抗复合消声器。

d. 高温、高湿、高速等环境应采用抗性消声器。

e. 消声器选择还应考虑其防火、防飘散、防霉等性能。

f. 消声器内空气流速宜小于 6m/s；确有困难时，不应超过 8m/s。

g. 对于噪声控制要求高的房间，应计算消声器的气流噪声，并尽量降低管道及风口的气流噪声。

有消声要求的通风与空调系统，其风管内的空气流速，宜按表 8-6 选用。

表 8-6　风管内的空气流速　　　　　　　　　　（单位：m/s）

室内允许噪声级/dB	主管风速/(m/s)	支管风速/(m/s)
25 ~ 35	3 ~ 4	≤2
35 ~ 50	4 ~ 7	2 ~ 3

注：通风机与消声装置之间的风管可适当增大，其风速可采用 8 ~ 10m/s。

通风空调风管的消声措施，应根据声源噪声及风管内空气气流的附加噪声，并考虑了噪声衰减后，与使用房间或周边环境允许噪声标准的差值，再结合其噪声的频谱特点，选择消声器型式和段数。

有消声要求的系统，在通风空调机组的进出口风管上，至少应设置一段消声器，以防止风管出机房后一些部件的隔声量不够所引起的传声。当机房外的风管有足够的直管长度时，其余的消声器宜设于此风管上（主管或支管）。当所有消声器均设于机房内时，从消声器至风管出机房围护结构之间的风管应做好隔声处理，防止机房噪声二次传入风管。

当一个风系统带有多个房间时，应尽量加大相邻房间风口的管路距离，当对噪声有较高要求时，宜在每个房间的送、回风及排风支管上进行消声处理，以防止房间串声。声学要求高的房间宜设置独立的空调通风管道系统。

【例 8-3】 图 8-11 所示为某车间的振动筛除尘系统。采用矩形伞形排风罩排尘，风管用钢板制作（粗糙度 $K = 0.15$mm），输送含有铁矿粉尘的含尘气体，气体温度为 20℃。该系统采用 CLSϕ800 型水膜除尘器，除尘器含尘气流进口尺寸为 318mm×552mm，除尘器阻力 $\Delta p_c = 900$Pa。对该系统进行计算，确定该系统的风管断面尺寸和阻力并选择风机。

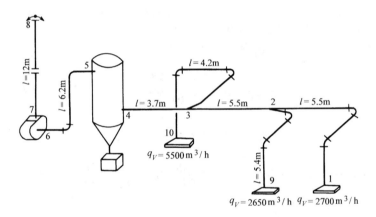

图 8-11 某通风除尘系统的系统图

【解】 （1）绘制系统轴测图（工程上管道常用单线表示），对各管段进行编号，标出管段长度和各排风点的排风量。

（2）选定最不利环路，本系统选择 1—2—3—4—除尘器—5—6—风机—7—8 为最不利环路。

（3）根据各管段的风量及选定的流速，确定各管段的断面尺寸和单位长度摩擦阻力。

根据表 8-5，输送含有重矿物粉尘的气体时，风管内最小风速为：垂直风管 14m/s、水平风管 16m/s。

管段 1—2：

根据 $q_{V,1-2} = 2700$m³/h（0.75m³/s）、$v_1 = 16$m/s，求出管径。所选管径应尽量符合附录 6 的通风管道统一规格。

$$D_{1-2} = \sqrt{\frac{q_V}{3600 \times \frac{\pi}{4} v}} = \sqrt{\frac{2700}{3600 \times \frac{\pi}{4} \times 16}}\,\text{m} = 244\text{mm}$$

管径取整，令 $D_{1-2}=240\text{mm}$，由附录4查得管内实际流速 $v_{1-2}=16.59\text{m/s}$，单位长度摩擦阻力 $R_{\text{m},1-2}=14\text{Pa/m}$。

同理可查得管段2—3，3—4，5—6，7—8，9—2和10—3的管径及 R_m，见表8-7。

（4）计算各管段的摩擦阻力和局部阻力（参见图8-12和图8-13）。

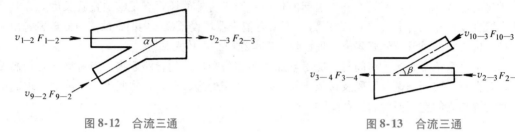

图8-12　合流三通　　　　　　　　　　　图8-13　合流三通

1）管段1—2：

摩擦阻力

$$\Delta p_{\text{m},1-2}=R_{\text{m},1-2}l_{1-2}=14\times5.5\text{Pa}=77\text{Pa}$$

局部阻力

矩形伞形罩 $\alpha=30°$，查附录5，$\zeta=0.10$

90°弯头（$R/D=1$）2个，$\zeta=0.25\times2=0.50$

直流三通（1→2）

当 $\alpha=30°$时，$F_{1-2}=F_{9-2}=\dfrac{\pi}{4}\times0.24^2\text{m}^2=0.045\text{m}^2$

$$F_{2-3}=\frac{\pi}{4}\times0.34^2\text{m}^2=0.091\text{m}^2$$

根据 $F_{1-2}+F_{9-2}\approx F_{2-3}$，$\alpha=30°$，$\dfrac{F_{9-2}}{F_{2-3}}=\dfrac{0.045}{0.091}\approx0.5$，$\dfrac{L_{9-2}}{L_{2-3}}=\dfrac{2650}{5350}\approx0.5$

查得 $\zeta_{1-2}=0.53$，$\zeta_{9-2}=0.14$

$$\sum\zeta=0.10+0.50+0.53=1.13$$

管内动压

$$p_{\text{d},1-2}=\frac{\rho}{2}v_{1-2}^2=\frac{1.2}{2}\times16.59^2\text{Pa}=165.14\text{Pa}$$

$$\Delta p_{\text{z},1-2}=\sum\zeta p_{\text{d},1-2}=1.13\times165.07\text{Pa}=186.61\text{Pa}$$

管段1—2的阻力

$$\Delta p_{1-2}=\Delta p_{\text{m},1-2}+\Delta p_{\text{z},1-2}=(77+186.53)\text{Pa}=263.61\text{Pa}$$

2）管段9—2：

摩擦阻力

$$\Delta p_{\text{m},9-2}=R_{\text{m},9-2}l_{9-2}$$
$$=14\times5.4\text{Pa}=75.6\text{Pa}$$

局部阻力

矩形伞形罩 $\alpha=30°$，查附录5，$\zeta=0.10$

90°弯头（$R/D=1$）2个，$\zeta=0.25\times2=0.50$

直流三通（9→2）$\zeta_{9-2}=0.14$

$$\sum \zeta = 0.\,10 + 0.\,50 + 0.\,14 = 0.\,74$$
$$\Delta p_{z,9-2} = \sum \zeta \, p_{d,9-2} = 0.\,74 \times 158.\,82\text{Pa} = 117.\,53\text{Pa}$$

管段 9—2 的阻力
$$\Delta p_{9-2} = \Delta p_{m,9-2} + \Delta p_{z,9-2} = (75.\,6 + 117.\,53)\text{Pa} = 193.\,13\text{Pa}$$

3）管段 2—3：

摩擦阻力
$$\Delta p_{m,2-3} = R_{m,2-3}l_{2-3} = 8.\,5 \times 5.\,5\text{Pa} = 46.\,75\text{Pa}$$

局部阻力

直流三通（2→3）

根据 $F_{2-3} + F_{10-3} \approx F_{3-4}$，$\alpha = 45°$，$\dfrac{F_{10-3}}{F_{3-4}} \approx 0.\,5$，$\dfrac{F_{2-3}}{F_{3-4}} \approx 0.\,5$，$\dfrac{F_{10-3}}{F_{2-3}} \approx 1.\,04$

查得 $\zeta_{2-3} = 0.\,18$，$\zeta_{10-3} = 0.\,924$

$$\sum \zeta = 0.\,18$$
$$\Delta p_{z,2-3} = \sum \zeta \, p_{d,2-3} = 0.\,18 \times 160.\,78\text{Pa} = 28.\,94\text{Pa}$$

管段 2—3 的阻力
$$\Delta p_{2-3} = \Delta p_{m,2-3} + \Delta p_{z,2-3} = (46.\,75 + 28.\,94)\text{Pa} = 75.\,69\text{Pa}$$

4）管段 10—3：

摩擦阻力
$$\Delta p_{m,10-3} = R_{m,10-3}l_{10-3} = 8.\,5 \times 4.\,2\text{Pa} = 35.\,7\text{Pa}$$

局部阻力

矩形伞形罩 $\alpha = 30°$，查附录5，$\zeta = 0.\,10$

90°弯头（$R/D = 1$）2 个，$\zeta = 0.\,25 \times 2 = 0.\,50$

直流三通（10→3）$\zeta_{10-3} = 0.\,924$

$$\sum \zeta = 0.\,10 + 0.\,50 + 0.\,924 = 1.\,524$$
$$\Delta p_{z,10-3} = \sum \zeta \, p_{d,10-3} = 1.\,524 \times 170.\,15\text{Pa} = 259.\,31\text{Pa}$$

管段 10—3 的阻力
$$\Delta p_{10-3} = \Delta p_{m,10-3} + \Delta p_{z,10-3} = (35.\,7 + 259.\,31)\text{Pa} = 295.\,01\text{Pa}$$

5）管段 3—4：

摩擦阻力
$$\Delta p_{m,3-4} = R_{m,3-4}l_{3-4}$$
$$= 5.\,8 \times 3.\,7\text{Pa} = 21.\,46\text{Pa}$$

局部阻力

除尘器进口变径管（渐扩管）

除尘器进口尺寸 318mm × 552mm，变径管长度 360mm，$\tan\alpha = \dfrac{1}{2} \times \dfrac{(552 - 318)}{360} = 0.\,325$，$\alpha \approx 18°$，$\zeta = 0.\,04$

$$\sum \zeta = 0.\,04$$
$$\Delta p_{z,3-4} = \sum \zeta \, p_{d,3-4} = 0.\,04 \times 166.\,61\text{Pa} = 6.\,66\text{Pa}$$

管段 3—4 的阻力

$$\Delta p_{3-4} = \Delta p_{m,3-4} + \Delta p_{z,3-4} = (21.46 + 6.66)\,\mathrm{Pa} = 28.12\,\mathrm{Pa}$$

6）管段 5—6：

摩擦阻力

$$\Delta p_{m,5-6} = R_{m,5-6} l_{5-6} = 1.5 \times 6.2\,\mathrm{Pa} = 9.3\,\mathrm{Pa}$$

局部阻力

90°弯头（$R/D = 1$）2 个，$\zeta = 2 \times 0.25 = 0.50$

除尘器出口变径管（渐缩管）

除尘器出口尺寸 318mm×552mm，变径管长度 300mm，$\tan\alpha = \dfrac{1}{2} \times \dfrac{(552 - 318)}{300} = 0.39$，$\alpha \approx$ 21.3°，$\zeta = 0.10$。

$$\sum \zeta = 0.50 + 0.10 = 0.60$$
$$\Delta p_{z,5-6} = \sum \zeta\, p_{d,5-6} = 0.60 \times 68.24\,\mathrm{Pa} = 40.94\,\mathrm{Pa}$$

管段 5—6 的阻力

$$\Delta p_{5-6} = \Delta p_{m,5-6} + \Delta p_{z,5-6} = (9.3 + 40.94)\,\mathrm{Pa} = 50.24\,\mathrm{Pa}$$

7）管段 7—8：

摩擦阻力

$$\Delta p_{m,7-8} = R_{m,7-8} l_{7-8} = 1.5 \times 12\,\mathrm{Pa} = 18\,\mathrm{Pa}$$

局部阻力

根据设计经验，初步选择 4 – 68 – No.6.3C 风机，风机出口尺寸 420mm×480mm，$\dfrac{F_{7-8}}{F_{\text{出}}} = $

$\dfrac{\frac{\pi}{4} \times 0.6^2}{0.42 \times 0.48} = 1.4$，扩散角度按设计定为 10°，$\zeta = 0.10$ 带扩散管的伞形风帽（$h/D_0 = 0.5$），$\zeta = 0.60$。

$$\sum \zeta = 0.60 + 0.10 = 0.70$$
$$\Delta p_{z,7-8} = \sum \zeta\, p_{d,7-8} = 0.70 \times 68.24\,\mathrm{Pa} = 47.77\,\mathrm{Pa}$$

管段 7—8 的阻力

$$\Delta p_{7-8} = \Delta p_{m,7-8} + \Delta p_{z,7-8} = (18 + 47.77)\,\mathrm{Pa} = 65.77\,\mathrm{Pa}$$

（5）校核节点处各支管的阻力平衡。

1）节点 2：

$$\Delta p_{1-2} = 263.61\,\mathrm{Pa} \qquad \Delta p_{9-2} = 193.13\,\mathrm{Pa}$$

$$\frac{\Delta p_{1-2} - \Delta p_{9-2}}{\Delta p_{1-2}} = \frac{263.61 - 193.13}{263.61} = 26.7\% > 10\%$$

为使管段 1—2、9—2 达到阻力平衡，要修改原设计管径，重新计算管段阻力。

根据式（8-20），改变管段 1—2 的管径

$$D'_{1-2} = D_{1-2} \left(\frac{\Delta p_{1-2}}{\Delta p_{9-2}} \right)^{0.225} = 240 \left(\frac{263.53}{193.13} \right)^{0.225}\,\mathrm{mm} = 257\,\mathrm{mm}$$

根据通风管道统一规格，取 $D'_{1-2} = 260\,\mathrm{mm}$。

根据 $q_{V,1-2} = 2700\,\mathrm{m^3/h}$（$0.75\,\mathrm{m^3/s}$）、$D'_{1-2} = 260\,\mathrm{mm}$，由附录 4 查得管内实际流速 $v'_{1-2} =$ 14.13m/s，管内动压 $p'_{d,1-2} = 119.85\,\mathrm{Pa}$。

表 8-7 管道水力计算表

管段编号	空气流量 q_V /(m³/h)	管长 l /m	管径 D /mm	管内风速 v /(m/s)	动压 p_d /Pa	局部阻力系数 $\Sigma\xi$	局部阻力 Δp_z /Pa	单位长度摩擦阻力 R_m /(Pa/m)	摩擦阻力 $R_m l$ /Pa	管段阻力 $R_m l + Z$ /Pa	备注
1	2	3	4	5	6	7	8	9	10	11	12
最不利环路											
1—2	2700	5.5	240	16.59	165.07	1.13	186.53	14	77	263.53	不采用此值
2—3	5350	5.5	340	16.37	160.78	0.18	28.94	8.5	46.75	75.69	
3—4	10850	3.7	480	16.66	166.61	0.04	6.66	5.8	21.46	28.12	
5—6	10850	6.2	600	10.66	68.24	0.60	40.94	1.5	9.3	50.24	
7—8	10850	12	600	10.66	68.24	0.70	47.77	1.5	18	65.77	
(1—2)	2700	5.5	260	14.13	119.85	1.13	135.43	8.2	45.1	180.53	
支　管											
9—2	2650	5.4	240	16.27	158.82	0.74	117.53	14	75.6	193.13	阻力不平衡
10—3	5500	4.2	340	16.84	170.15	1.524	259.23	8.5	35.7	294.93	
除尘器										900	

查附录 4，$R'_{m,1-2} = 8.2\text{Pa}$

摩擦阻力 $\Delta p'_{m,1-2} = R'_{m,1-2}l_{1-2} = 8.2 \times 5.5\text{Pa} = 45.1\text{Pa}$

局部阻力

直流三通（1→2）部分

当 $\alpha = 30°$ 时，$F'_{1-2} = \dfrac{\pi}{4} \times 0.26^2\text{m}^2 = 0.053\text{m}^2$，$F_{9-2} = \dfrac{\pi}{4} \times 0.24^2\text{m}^2 = 0.045\text{m}^2$，$F_{2-3} = \dfrac{\pi}{4} \times 0.34^2\text{m}^2 = 0.091\text{m}^2$

根据 $F_{1-2} + F_{9-2} \approx F_{2-3}$，$\alpha = 30°$，$\dfrac{F_{9-2}}{F_{2-3}} = \dfrac{0.045}{0.091} \approx 0.5$，$\dfrac{L_{9-2}}{L_{2-3}} = \dfrac{2650}{5350} \approx 0.5$

查得三通局部阻力系数大致不变，其余管件局部阻力系数亦不变，则 $\Sigma\zeta = 1.13$。管内动压 $p'_{d,1-2} = 119.85\text{Pa}$。

$$\Delta p_{z,1-2} = \Sigma\zeta p'_{d,1-2} = 1.13 \times 119.85\text{Pa} = 135.43\text{Pa}$$

$$\Delta p'_{1-2} = \Delta p'_{m,1-2} + \Delta p'_{z,1-2} = (45.1 + 135.43)\text{Pa} = 180.53\text{Pa}$$

重新校核阻力平衡

$$\frac{\Delta p_{9-2} - \Delta p'_{1-2}}{\Delta p_{9-2}} = \frac{193.13 - 180.53}{193.13} = 6.5\% < 10\%$$

此时认为节点 2 已处于平衡状态。在有些时候，如果调节管径仍达不到支路平衡的要求，可以通过调节风管上设置的阀门和调节风管长度等手段调节管内气流阻力。

2）节点3：

$$\Delta p_{2-3} = 75.69\text{Pa} \qquad \Delta p_{10-3} = 295.01\text{Pa}$$

$$\frac{\Delta p_{10-3} - \Delta p_{9-2-3}}{\Delta p_{10-3}} = \frac{295.01 - (193.13 + 75.69)}{295.01} = 8.9\% < 10\%$$

符合要求。

（6）计算系统的总阻力。因为风管10—3的阻力大于风管（1—3）'的阻力，所以核定为管道10—3—4—除尘器—5—6—风机—7—8为主管线。该系统的总阻力

$$\Delta p = \sum(R_{\mathrm{m}}l + p_{\mathrm{z}}) = \Delta p_{10-3} + \Delta p_{3-4} + \Delta p_{\text{除尘器}} + \Delta p_{5-6} + \Delta p_{7-8}$$
$$= (295.01 + 28.12 + 900 + 50.24 + 65.77)\text{Pa} = 1339\text{Pa}$$

（7）选择风机。

由式（8-22），风机风压：$p_{\mathrm{f}} = K_{\mathrm{p}}\Delta p = 1.20 \times 1339\text{Pa} = 1847\text{Pa}$

由式（8-23），风机风量：$q_{V,\mathrm{f}} = K_{\mathrm{q}}q_{V} = 1.15 \times 10850\text{m}^3/\text{h} = 12478\text{m}^3/\text{h}$

选用4-68 No.6.3C风机，其性能为

$$q_{V,\mathrm{f}} = 12993\text{m}^3/\text{h} \qquad p_{\mathrm{f}} = 1606.8\text{Pa}$$

风机转速：$n = 1800\text{r/min}$。

配用$Y160M_1 - 2$型电动机，电动机功率$N = 11\text{kW}$。

8.4　均匀送风管道设计计算

在通风、空调、冷库、烘房及气幕装置中，常常要求把等量的空气经由风道侧壁（开有条缝、孔口或短管）均匀地输送到各个空间，以达到空间内均匀的空气分布，这种送风方式称为均匀送风。这种系统风管的制作简单、节约材料，因而在车间、会场、交通工程等工业和民用建筑中广泛应用。

均匀送风管道通常有以下几种形式：

1）条缝宽度或孔口面积变化，风道断面不变，如图8-14所示。

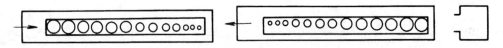

图8-14　风道断面F及孔口流量系数μ不变，孔口面积f_0变化的均匀吸送风

2）风道断面变化，条缝宽度或孔口面积不变，如图8-15所示。

3）风道断面、条缝宽度或孔口面积都不变，如图8-16所示。

风道断面F及孔口面积f_0不变时，管内静压会不断增大，可以根据静压变化，在孔口上设置不同的阻体来改变流量系数μ。

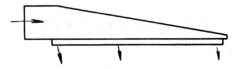

图8-15　风道断面F变化，孔口流量系数μ及孔口面积f_0不变的均匀送风

其中第一种形式不仅可以保证均匀送风，而且沿着条缝长度或每个孔口的出风速度也相等，应用范围较广。

图 8-16　风道断面 F 及孔口面积 f_0 不变，孔口流量系数 μ 变化的均匀吸送风

8.4.1　均匀送风管道的设计原理

风管内流动的空气，在管壁的垂直方向受到气流静压作用，如果在管的侧壁开孔，由于孔口内外静压差的作用，空气会在垂直管壁方向从孔口流出。但由于受到原有管内轴向流速的影响，其孔口出流方向并非垂直于管壁，而是以合成速度沿风管轴线成 α 角的方向流出，如图 8-17 所示。

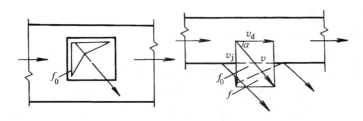

图 8-17　孔口出流状态图

1. 出流的实际流速和流向

静压差产生的流速为

$$v_{\mathrm{j}} = \sqrt{\frac{2p_{\mathrm{j}}}{\rho}} \tag{8-26}$$

空气在风管内的轴向流速为

$$v_{\mathrm{d}} = \sqrt{\frac{2p_{\mathrm{d}}}{\rho}} \tag{8-27}$$

式中　p_{j}、p_{d}——风管内空气流动的静压和动压（Pa）。

空气从孔口出流时，它的实际流速和出流方向既受静压产生的流速大小和方向影响，还受管内流速的影响。因此，孔口出流的实际速度 v 为 v_{j} 和 v_{d} 二者的合成速度。速度的大小为

$$v = \sqrt{v_{\mathrm{j}}^2 + v_{\mathrm{d}}^2} \tag{8-28}$$

上式也可以表示成

$$v = \sqrt{\frac{2}{\rho}(p_{\mathrm{j}} + p_{\mathrm{d}})} = \sqrt{\frac{2}{\rho} p_{\mathrm{q}}} \tag{8-29}$$

利用速度四边形对角线法则，实际流速 v 的方向与风道轴线方向的夹角 α（出流角）为

$$\tan\alpha = \frac{v_{\mathrm{j}}}{v_{\mathrm{d}}} = \sqrt{\frac{p_{\mathrm{j}}}{p_{\mathrm{d}}}} \tag{8-30}$$

2. 孔口出流的风量

对于孔口出流，流量可表示成

$$q_{V0} = 3600\mu fv \tag{8-31}$$

式中 q_{V0}——孔口出流的风量（m^3/h）；

　　μ——流量系数；

　　f——孔口在气流垂直方向上的投影面积，即孔口倾斜出流的有效面积（m^2）。

由图 8-18 可以得出

$$f = f_0 \sin\alpha = f_0 \frac{v_j}{v} \tag{8-32}$$

式中 f_0——孔口面积（m^2）；

　　式（8-32）可以改写成

$$q_{V0} = 3600\mu f_0 v_j = 3600\mu f_0 \sqrt{\frac{2p_j}{\rho}} \tag{8-33}$$

孔口处平均流速

$$v_0 = \frac{q_{V0}}{3600 f_0} = \mu v_j \tag{8-34}$$

3. 实现均匀送风的条件

要实现均匀送风需要满足下面两个基本要求：

1）各侧孔或短管的出流风量相等。

2）出口气流尽量垂直于管道侧壁，否则尽管风量相等也不会均匀。

从式（8-33）可以看出，对侧孔面积 f_0 保持不变的均匀送风管道，要使各侧孔的送风量保持相等，必须保证各侧孔的静压 p_j 和流量系数 μ 相等；要使出口气流尽量保持垂直，要求出流角 α 接近 90°。下面具体分析各项措施。

（1）保持各侧孔静压相等　如图 8-18 所示有两个侧孔，根据流体力学原理可知，断面 1 处的全压 p_{q1} 应等于断面 2 处的全压 p_{q2} 加上断面 1—2 间的阻力，即

$$p_{q1} = p_{q2} + (R_m l + p_z)_{1-2}$$
$$p_{j1} + p_{d1} = p_{j2} + p_{d2} + (R_m l + p_z)_{1-2} \tag{8-35}$$

由此说明，欲使两个侧孔静压相等，就必须有

$$p_{d1} - p_{d2} = (R_m l + p_z)_{1-2} \tag{8-36}$$

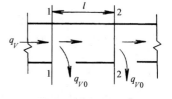

图 8-18　侧孔出流状态图

也就是说，若能使两个侧孔的动压降等于两侧孔间的风管阻力，两侧孔处的静压就保持相等。

（2）保持各侧孔流量系数相等　流量系数 μ 值与孔口的形状、出口气流夹角 α 以及孔口流量比 $\overline{q}_V = q_{V0}/q_V$（某孔口的流量 q_{V0} 与该孔口前风管中的流量 q_V 之比）等因素有关，它是由实验确定的。如图 8-19 所示，对于锐边孔口，在 $\alpha \geq 60°$、$\overline{q}_V = 0.1 \sim 0.5$ 范围内，可近似取 $\mu = 0.6$。

（3）增大出流角度 α　由式（8-30）可知，风管中静压与动压的比值愈大，气流在侧孔的出流角度 α 也愈

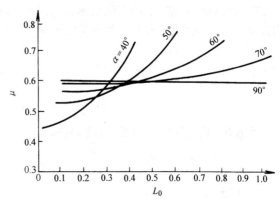

图 8-19　锐边孔口的 μ 值

大，即出流方向与管壁侧面愈接近垂直，如图 8-20a 所示。比值愈小，出流就会向风管末端偏斜，难以达到均匀送风的目的，如图 8-20b 所示。国内外的文献均认为，最好使第一个侧孔的出流角度 $\alpha \geqslant 60°$，这样可以使出流角 α 向着风道末端逐渐增大。为了保持气流夹角 $\alpha \geqslant 60°$，由式（8-30）可知，只要使 $v_j > 1.73 v_d$，也就是使 $p_j > 3 p_d$ 就可以满足要求。为了使出流方向尽可能垂直于管道侧壁，工程上常采取一些行之有效的措施，如在侧孔处加设导向叶片或送风格栅，或在孔口处装置垂直于侧壁的挡板，还可以把孔口改成短管。

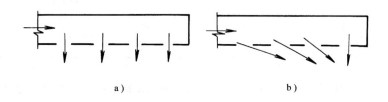

图 8-20　侧孔气流出流方向与送风均匀性

8.4.2　均匀送风管道的计算

均匀送风管道计算的目的是确定侧孔的个数、间距、面积及出风量，风管断面尺寸和均匀送风管段的阻力。

均匀送风管道计算和一般送风管道计算相似，只是在计算侧孔送风时的局部阻力系数时需要注意，侧孔送风管道可以认为是支管长度为零的三通。当空气从侧孔出流时产生两种局部阻力，即直通部分的局部阻力和侧孔局部阻力。

直通部分的局部阻力系数 ζ 可以按布达柯夫提出的公式确定

$$\zeta = 0.35 \, \overline{q_V} \tag{8-37}$$

直通部分的局部阻力系数 ζ 也可以由表 8-8 查出。

表 8-8　空气流过侧孔直通部分的局部阻力系数 ζ

	q_{V0}/q_V	0	0.1	0.2	0.3	0.4	0.5	0.6	0.7	0.8	0.9	1
	ζ	0.15	0.05	0.02	0.01	0.03	0.07	0.12	0.17	0.23	0.29	0.35

侧孔的局部阻力系数 ζ_0 可以由塔利耶夫的试验数据（表 8-9）确定，也可以按下式计算

$$\zeta_0 = \left(\frac{\overline{q_V}}{\varepsilon \overline{f_0}} \right)^2 + (1 - 0.33 q_{V0})^2 \tag{8-38}$$

式中　$\overline{f_0}$——侧孔面积的相对值，$\overline{f_0} = f_0 / f$；

　　　f——风口断面面积（m^2）；

　　　f_0——侧孔面积（m^2）；

　　　ε——气流的收缩系数，取 $\varepsilon = 0.62$。

表8-9 空气流过侧孔的局部阻力系数 ζ_0 的实验值

$\overline{q_v}$ ＼ $\overline{f_0}$	侧孔局部阻力系数 ζ_0				
	0.147	0.313	0.841	1.23	1.94
0	1.0	1.0	1.0	1.0	1.0
0.2	6.5	2.55	1.22	1.10	1.04
0.4	19.5	5.60	1.70	1.28	1.10
0.6	39.0	10.3	2.43	1.55	1.20
0.8	65.0	17.2	3.45	1.96	1.34
1.0	90.7	23.8	4.66	2.46	1.57

【例8-4】 图8-21所示为某冷库总送风量 $12000\mathrm{m^3/h}$ 的矩形变截面钢制均匀送风管道，采用10个等面积的侧孔送风，孔间距为 $1.8\mathrm{m}$。试确定其孔口面积、各断面直径及总阻力。

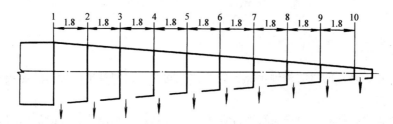

图8-21 矩形变截面等侧孔面积的均匀送风管道

【解】 (1) 根据室内对送风速度的要求，拟定孔口平均流速 v_0，计算出静压速度 v_j 和侧孔面积 f_0。

设侧孔的平均出流速度 $v_0 = 5.0\mathrm{m/s}$，则

侧孔面积

$$f_0 = \frac{q_{v0}}{3600\,v_0} = \frac{12000}{10 \times 3600 \times 5.0}\mathrm{m^2} = 0.067\mathrm{m^2}$$

侧孔静压流速

$$v_j = \frac{v_0}{\mu} = \frac{5.0}{0.6}\mathrm{m/s} = 8.33\mathrm{m/s}$$

侧孔应有的静压

$$p_j = \frac{v_j^2 \rho}{2} = \frac{8.33^2 \times 1.2}{2}\mathrm{Pa} = 41.63\mathrm{Pa}$$

(2) 按 $v_j/v_d \geqslant 1.73$ 的原则设定 v_{d1}，求出第一侧孔前管道断面1处直径 D_1（或断面尺寸）。

设断面1处管内空气流速 $v_{d1} = 4.5\mathrm{m/s}$，则 $\dfrac{v_{j1}}{v_{d1}} = \dfrac{8.33}{4.5} = 1.85 > 1.73$，出流角 $\alpha = 62°$。

断面1动压

$$p_{d1} = \frac{4.5^2 \times 1.2}{2}\mathrm{Pa} = 12.15\mathrm{Pa}$$

断面1直径

$$D_1 = \sqrt{\frac{12000}{3600 \times 4.5 \times 3.14/4}}\,\mathrm{m} = 0.97\mathrm{m}$$

断面 1 全压

$$p_{q1} = (41.67 + 12.15)\mathrm{Pa} = 53.82\mathrm{Pa}$$

（3）计算管段 1—2 的阻力 $(Rl + p_z)_{1-2}$，再求出断面 2 处的全压

$$p_{q2} = p_{q1} - (Rl + p_z)_{1-2} = p_{d1} + p_j - (Rl + p_z)_{1-2}$$

管段 1—2 的摩擦阻力：

已知风量 $q_v = 10800\mathrm{m}^3/\mathrm{h}$，管径应取断面 1、2 的平均直径，但 D_2 未知，近似以 $D_1 = 970\mathrm{m}$ 作为平均直径。查附录 4 得：$R_{m1} = 0.17\mathrm{Pa/m}$。

摩擦阻力

$$\Delta p_{m1} = R_{m1} l_1 = 0.17 \times 1.8\mathrm{Pa} = 0.31\mathrm{Pa}$$

管段 1—2 的局部阻力

空气流过侧孔直通部分的局部阻力系数由表 8-8 查得：

当 $\dfrac{q_{v0}}{q_V} = \dfrac{1200}{12000} = 0.1$ 时，用插入法得 $\zeta = 0.05$。

局部阻力

$$p_{z1} = 0.05 \times 12.15\mathrm{Pa} = 0.61\mathrm{Pa}$$

管段 1—2 的阻力

$$\Delta p_1 = R_{m1} l_1 + p_z = (0.31 + 0.61)\mathrm{Pa} = 0.92\mathrm{Pa}$$

断面 2 全压

$$p_{q2} = p_{q1} - (R_{m1} l_1 + p_z) = (53.82 - 0.92)\mathrm{Pa} = 52.9\mathrm{Pa}$$

（4）根据 p_{q2} 得到 p_{d2}，从而计算出断面 2 处直径。

管道中各断面的静压相等（均为 p_j），故断面 2 的动压为

$$p_{d2} = p_{q2} - p_j = (52.9 - 41.67)\mathrm{Pa} = 11.23\mathrm{Pa}$$

断面 2 流速

$$v_{d2} = \sqrt{\frac{2 \times 11.23}{1.2}}\,\mathrm{m/s} = 4.33\mathrm{m/s}$$

断面 2 直径

$$D_2 = \sqrt{\frac{10800}{3600 \times 4.33 \times 3.14/4}}\,\mathrm{m} = 0.94\mathrm{m}$$

（5）计算管段 2—3 的阻力 $(Rl + Z)_{2-3}$ 后，可求出断面 3 直径 D_3。

管段 2—3 的摩擦阻力：

以风量 $q_v = 9600\mathrm{m}^3/\mathrm{h}$、断面直径 $D_2 = 930\mathrm{mm}$ 查附录 4 得：$R_{m2} = 0.155\mathrm{Pa/m}$。

摩擦阻力

$$\Delta p_{m2} = R_{m2} l_2 = 0.155 \times 1.8\mathrm{Pa} = 0.28\mathrm{Pa}$$

管段 2—3 的局部阻力

$$p_{z2} = 0.042 \times 11.23\mathrm{Pa} = 0.47\mathrm{Pa}$$

管段 2—3 的阻力

$$\Delta p_2 = R_{m2} l_2 + p_{z2} = (0.28 + 0.47)\mathrm{Pa} = 0.75\mathrm{Pa}$$

断面 3 的全压

$$p_{q3} = p_{q2} - (R_{m2} l_2 + p_{z2}) = (52.9 - 0.75)\mathrm{Pa} = 52.15\mathrm{Pa}$$

断面 3 的动压

$$p_{d3} = p_{q3} - p_j = (52.15 - 41.67)\,\text{Pa} = 10.48\,\text{Pa}$$

断面 3 的流速

$$v_{d3} = \sqrt{\frac{2 \times 10.48}{1.2}}\,\text{m/s} = 4.2\,\text{m/s}$$

断面 3 的直径

$$D_3 = \sqrt{\frac{9600}{3600 \times 4.2 \times 3.14/4}}\,\text{m} = 0.9\,\text{m}$$

依次类推，继续计算各管段阻力 $(R_m l + p_z)_{3-4}$, $\cdots$, $(R_m l + p_z)_{(n-1)-n}$，可求得其余各断面直径 D_1, $\cdots$, D_{n-1}, D_n。最后把各断面连接起来，成为一条锥形风管。

断面 1 应具有的全压 53.82Pa，即为此均匀送风管道的总阻力。

必须指出，在计算均匀送风管道时，为了简化计算，可以把每一管段起始断面的动压作为该管段的平均动压，并假定侧孔流量系数 μ 和摩擦阻力系数 λ 为常数。

8.5　通风管道设计中的常见问题及其处理措施

设计通风系统不仅要经过大量的复杂计算，而且要与生产实际相结合。既要考虑设计的合理性，又要符合生产工艺条件。

8.5.1　系统划分

当通风系统所处的工作场所（如车间、建筑物等）内不同地点有不同的送、排风使用要求时，或通风区域面积较大，送、排风点数量较多时，为便于系统的运行管理，常分设多个送、排风系统。除个别情况外，通常是由 1 台风机和与其联系在一起的管道及设备构成一个系统。划分排风系统时，应当考虑生产流程、排风设备使用情况、排风点的数量以及排出有害物的物理化学性质等因素。通风系统的具体划分原则如下：

1）不同的生产流程及不同时使用的生产设备，根据设备的数量及管线的长短，确定是否组合成一个系统或设单独系统。

2）对于下列情况可以考虑划为同一系统：

a. 空气处理要求相同、室内参数要求相同的，可划为同一个系统。

b. 同时运转、生产流程相同、粉尘性质相同而且相互距离不大的扬尘设备的吸风点可以合为一个系统；对于同时工作，但粉尘种类不同的扬尘点，当工艺允许不同粉尘混合回收或粉尘无回收价值时，也可合设一个系统。

c. 凡只含有大量热、蒸汽、无爆炸性危险的有害物质的空气及含有一般粉尘空气，可合并为一个排风系统。

3）对于下列情况应单独设置排风系统。

a. 凡散发剧毒性或易燃、易爆气体的设备和场所的排风均应设立单独系统。

b. 对于排除易凝结的蒸汽、高温气体与颗粒状粉尘，为防止风管堵塞或两种不同有害物相混合时，可能引起爆炸、燃烧、结聚凝块或形成毒性较强的有害物的，均不能合并为一个排风系统。

c. 对于散发有腐蚀性气体的车间或有腐蚀性气体散发的设备排风，属腐蚀性排风系统。不同腐蚀性气体的系统应分别设置，不准合并为一个系统。

d. 温度高于80℃的气体、蒸汽和相对湿度在85%以上的气体，属于高温高湿性气体，此类排风系统应单独设置，不允许与排除一般性气体的排风系统合并。

e. 有消声要求的房间不宜和有噪声源的房间划为同一个系统。

4）如排风量大的排风点位于风机附近，不宜和远处排风量小的排风点合为同一个系统。因为增设该排风点后会增大系统总阻力。

5）对于多尘源房间，可以采用多个单独除尘系统的分散布置；也可以采用几个联合起来，形成集中的除尘系统，这要根据系统的技术经济性和工作条件决定。

6）为了便于管理和运行调节，系统不宜过大。同一个系统有多个分支管道时，可将这些分支管道分组控制。

8.5.2　风管的布置、选型及保温与防腐

1. 风管布置

通风管道的合理布置，不仅对通风、空调工程本身有重要意义，而且对建筑、生产工艺的总体布置也很重要，它与工艺、土建、电气、给排水等专业关系密切，应相互配合，协调一致。

1）在布置风管时，首先要选定进风、送风、排风口和空气处理设备、风机的位置，同时对风管安装的可能条件做出估计；其次要求主风道走向要短，支风道要少，力求少占有空间，与室内布置密切配合，不影响工艺操作；还要便于安装、调节和维修。

2）排气、除尘系统的吸气（尘）点不宜过多，一般不宜超过10个，以利各支管间阻力平衡。吸气（尘）点较多时，可采用大断面的集合管连接各个支管、集合管内流速不宜超过3m/s。由于集合管内流速低，气流中的部分粉尘容易沉聚下来，因此在管底要有清除积灰的装置。

3）除尘风管应尽可能垂直或倾斜敷设，倾斜敷设时与水平面夹角最好大于45°。如必需水平敷设或倾角小于30°时，应采取措施，如加大流速、设清扫口等，而且支管应从主管的上面或侧面连接，以防止管道被积尘堵塞。

4）输送含有蒸汽、雾滴的气体时，如表面处理车间的排风管道，应布设不小于0.005的坡度，以排除积液，并应在风管的最低点和风机底部装设水封泄液管。

5）在除尘系统中，为防止风管堵塞，风管直径不宜过小。一般要求不能小于下列数值：排送细小粉尘：80mm；排送较粗粉尘（如木屑）：100mm；排送粗粉尘（有小块物体）：130mm。

6）排除含有剧毒物质的正压风管，不应穿过其他房间。

7）风管上应设置必要的调节和测量装置（如阀门、压力表、温度计、风量测定孔和采样孔等）或预留安装测量装置的接口，且应便于操作和观察。

8）风管的布置应力求顺直，局部管件避免复杂，避免突然扩大或突然缩小，要保持扩大角在20°以内，缩小角在60°以内。弯头、三通等管件要安排得当，与风管的连接要合理，以减少阻力和噪声。

2. 风管选型

风管选型包括断面形状的选取，材料的选择和管道规格。

（1）风管断面形状的选择　风管断面形状主要有圆形和矩形两种。断面积相同时，圆形风管的阻力最小、强度大、材料省、保温亦方便。一般通风除尘系统宜采用圆形风管。但是圆形风管管件的制作较矩形风管困难，布置时与建筑、结构配合比较困难，明装时不易布置得美观。如果输送不含粉尘的空气，一般使用矩形风管，其长短边之比不宜大于4。风管的截面尺寸应按现行国家标准《通风与空调工程施工质量验收规范》（GB 50243—2016）的有关规定执行。

对于公共、民用建筑，为了充分利用建筑空间，降低建筑高度，使建筑空间既协调美观又有明快之感，通常采用矩形断面。

矩形风管与相同断面积圆形风管的阻力比值为

$$\frac{R_j}{R_y} = \frac{0.49(a+b)^{1.25}}{(a+b)^{0.625}} \quad (8\text{-}39)$$

式中　R_j——矩形风管的比摩阻（Pa/m）；

　　　R_y——圆形风管的比摩阻（Pa/m）；

　　　a、b——矩形风管的两个边长（m）。当风管断面积不变，宽高比 a/b 的值越大，R_j/R_y 的比值也越大，所以宽高比 a/b 要设计合理，不能太大。

矩形风管的宽高比一般可达 8:1，但自 1:1 至 8:1 表面积要增加 60%。因此，设计风管时，宽高比愈接近 1 愈好，可以节省动力及制造和安装费用。适宜的宽高比在 3.0 以下。

（2）管道定型比　随着我国国民经济的持续发展和人民生活水平的不断提高，通风、空调工程量迅速增长。根据我国的材料规格，为了能最大限度地利用板材，风管制作和安装必须尽可能实现机械化和工业化，保证规模效益。1975 年，我国确定了《通风管道统一规格》，这是我国自己制定的第一个通风管道统一规格，对通风管道设计、制作和施工的标准化、机械化和工厂化起了推动和促进的作用。

《通风管道统一规格》中规定，风管有圆形和矩形两类（见附录6）。这里必须指出：

1）《通风管道统一规格》中，圆管的直径是指外径，矩形的断面尺寸是指外边长，即尺寸中都已计入了相应的材料厚度。

2）为了满足阻力平衡的需要，除尘风管和气密性风管的管径规格比较多。

3）管道的断面尺寸（直径或边长）是以 $\sqrt[m]{10} \approx 1.12$ 的倍数编制的。

（3）风管材料的选定　制作风管的材料有薄钢板、硬聚氯乙烯塑料板、玻璃钢、胶合板、纤维板，以及铝板和不锈钢板。利用建筑空间兼作风道的，有混凝土、砖砌风道。需要经常移动的风管，则大多用柔性材料制成各种软管，如塑料软管、橡胶管和金属软管。

最常用的风管材料是薄钢板，它有普通薄钢板和镀锌薄钢板两种。两者的优点是易于工业化制作、安装方便、能承受较高的温度。镀锌钢板还具有一定的防腐性能，适用于空气湿度较高或室内比较潮湿的通风、空调系统。除尘系统风管磨损较大，采用壁厚为 1.5～3.0mm 的钢板，一般通风系统的风管采用厚度为 0.5～1.5mm 的钢板。

玻璃钢、硬聚氯乙烯塑料风管适用于有酸性腐蚀作用的通风、空调系统。它们表面光滑，制作也比较方便，因而得到了较广泛的应用。但是它们不耐高温，经辐射热容易脆裂，也不能耐严寒，温度适用于 −10～+60℃。

砖、混凝土等材料制作的风管主要用于需要与建筑、结构配合的场合。它节省钢材，经久耐用，但阻力较大。在体育馆、影剧院等公共建筑和纺织厂的空调工程中，常利用建筑空间组合成通风管道。这种管道的断面较大，使之降低流速，减小阻力。还可以往风管内壁衬贴吸声材料，降低噪声。

3. 风管保温

当风管在输送空气过程中冷、热量损耗大，在空气温度保持恒定，或者要防止风管穿越房间时对室内空气参数产生影响及低温风管表面结露等情况下，需要对风管进行保温。

保温材料主要有聚苯乙烯泡沫塑料、超细玻璃棉、玻璃纤维保温板、聚氨酯泡沫塑料和蛭石板等，它们的热导率大多在 0.12W/(m·℃) 以内，管壁保温层的热导率一般控制在 1.84 W/(m·℃) 以内。保温材料一般要求做防火处理。

保温层厚度经过技术经济比较确定，即按照保温要求计算出经济厚度，再按其他要求进行校核。

保温层结构在国家标准图集中均有规定，有特殊需要的则需另行设计计算。保温层结构通常有四层：①防护层涂刷防腐漆或沥青；②保温层填贴保温材料；③防潮层包油毛毡、塑料布或涂刷沥青，用以防止潮湿空气或水分渗入保温层内；④保护层室内管道可用玻璃丝布、塑料布或胶合板等做成，室外管道应当用钢丝网水泥或薄钢板做保护层；对于要求高的工程采用铝合金薄板或镀锌薄钢板裹护。

4. 风道的防腐

通风和空调系统的风管一般都用钢板制作，它们处于湿空气环境，空调送风管道和排送潮湿空气的通风管道中的空气，有时会接近或达到饱和状态，会使风管锈蚀。风道、风道配件及输送设备等，应根据其所处的环境和输送的气体、蒸气或粉尘的腐蚀性程度，采取相应的防腐措施。

（1）防腐油漆　在金属表面涂刷油漆是工程上常用的防腐方法。防腐漆、樟丹、铅油、银粉、耐热漆及耐酸漆等适用于一般性腐蚀的风道。一般防腐漆应刷四道以上。选用的油漆种类根据用途及风管的材质而定。薄钢板风管的防锈漆及底漆用红丹油性防腐漆，具有很好的防锈效果；此外，还有铁红酚醛底漆，铝粉铁红酚醛防锈漆也有良好的防锈效果。至于选用具体的油漆种类、油漆遍数，可以参考有关手册确定。

（2）硬聚氯乙烯塑料板、玻璃钢板　适用于输送含有较强酸碱性、腐蚀性气体的风道。

（3）防腐地沟风道　适用于表面处理车间的酸、碱气体的排风道。

（4）其他耐腐蚀风道　诸如耐酸陶瓷风道、塑料复合钢板风道、不锈钢风道等，可以根据腐蚀气体的性质、风道造价及因地制宜的原则来选择。

8.5.3　进排风口布置

（1）进风口　进风口位置应满足下列要求：

1）应设在室外空气较清洁的地点。进风口处室外空气中有害物质浓度不应大于室内作业地点最高允许浓度的 30%。

2）应尽量设在排风口的上风侧，并且不应低于排风口。

3）进风口应设在距离排风口 20m 以上处，如不能满足要求时，排风口应高出进风口 6m。

4）进风口的底部距室外地坪不宜低于 2m，当布置在绿化地带时不宜低于 1m。

5）降温用的进风口宜设在建筑物的背阴处。

6）在天窗的排放有害物处，不应设置进风口。

（2）排风口　机械排风系统排风口位置应符合下列要求：

1）经净化后达到排放标准的排风口至少应高出屋面 1m。

2）通风排气中的有害物质必须经大气扩散稀释时，排风口应位于建筑物空气动力阴影区和正压区以上。

3）要求在大气中扩散稀释的通风排气，其排风口上不应设风帽。

4）车间地面有卫生要求时，排风口应设置在地面上。

5）车间允许采用再循环袋式除尘机组时，排风口可设在车间内。

6）事故排风口不应设在人员密集处，应设置在有害气体或爆炸危险物质散发量可能最大的地方。

8.5.4　防爆及防火

空气中含有的可燃物质，在一定条件下能与氧气进行剧烈的氧化反应，可能发生爆炸。某些可燃物质如糖、粮食粉尘、面粉、煤粉、植物纤维尘在常态下是不易爆炸的，但是，当它们以粉尘状态悬浮在空气中与氧充分接触，如果在局部地点形成了可燃物质与氧发生氧化反应所需的温度，在此地点会立刻发生氧化反应。氧化反应生成的热量向周围空间传播，若能使周围的可燃物与空气的混合物很快达到氧化反应所必需的温度，由于连锁反应，能在极短的时间内使整个空间的可燃混合物均发生剧烈的氧化反应，产生大量的热量和燃烧产物，形成急剧增高的压力波，即产生爆炸。

空气中的可燃物含量是能否形成爆炸的决定性因素。如果含量过小，空气中可燃物质点之间的距离大，一个质点氧化反应所生成的热量还没有传递到另一个质点，就被周围空气所吸收，致使混合物达不到氧化反应的温度。如果可燃物质含量太高，混合物中氧气的含量相对不足，同样不会形成爆炸。由此可见，可燃物发生爆炸有一个范围，这个范围称为爆炸极限。

上述分析说明，通风系统发生爆炸的必要条件是：首先，空气中的可燃物质含量进入了爆炸极限；同时，遇到了火花或其他火源。因此，在设计有爆炸危险的通风系统时，应注意以下几点：

1）系统风量除满足一般的通风要求，还应校核其中可燃物的含量。如果可燃物的含量在爆炸极限的范围内，则应按照下式增加风量

$$q_V \geqslant \frac{x}{0.5y} \tag{8-40}$$

式中　x——在局部排风罩内每秒排出的可燃物量或每秒产生的可燃物量（g/s）；

　　　y——可燃物爆炸极限下限（g/m³）。

2）防止可燃物在通风系统的局部地点（死角）积聚。

3）选用防爆风机，并采用直联或联轴器传动方式。采用 V 带传动时，为防止静电火花，应妥善接地。

4）有爆炸危险的通风系统，应设防爆门。在发生意外情况，系统内压力急剧升高时，依靠防爆门自动开启泄压。

5）对某些火灾危险大的和重要的建筑物、高层建筑和多层建筑，在风管系统中的适当位置应当装设防火阀。

6）在有火灾危险的车间中，送、排风装置不应当设在同一通风机室内。

8.6　气力输送系统的管道设计计算

管道物料输送技术是典型的物流技术之一，是现代物流技术和装备中不可缺少的一个组成分支。输送物料的管道物流系统用有压气体或液体作为载体在密闭的管道中达到输送物料或容器车等成型物品的目的。表 8-10 是流体管道物料输送所属的各种类型及其应用领域。其中，管道气力输送是应用最为广泛、发展速度最为迅速的管道物料输送技术。气力输送装置是在管道内利用气体作为承载介质，将物料从一处输送到另一处的输送设备。它的优点如下：

1）输送效率较高。

2）整个输送过程完全密闭，受气候环境条件的影响小。

3）在输送的同时可进行混合、干燥、分级、冷却、粉碎、选粒等制备工艺过程，也可进行某些化学反应。

4）对不稳定的化学物品可用惰性气体输送，安全可靠。

5）设备简单，结构紧凑，占地面积较小，投资较省，选择布置输送管线较易。

6）易于对整个系统实现集中控制和程序自动化，减轻了人们的劳动强度。

表 8-10　流体管道物料输送所属的各种类型及其应用领域

类　型	应 用 领 域
单相流输送技术	输送水、石油、天然气等管道
气力输送 （气固两相流）	稀相悬浮输送：谷物卸船及化工、轻工及粮食加工过程中的输送
	密相栓流输送：石化、化工、机械、建材生产中的物料输送
	流态化输送：各种粉料的输送
水力输送 （固液两相流）	土砂的输送、浆体输送、煤炭和矿石
	油煤浆、水煤浆等煤油、煤水节能输送技术应用
	海底锰结瘤采集等海洋开发技术应用
集装容器车 管道输送	气力式：垃圾、废弃物处理
	再生输送系统及建材工业中的输送
	水力式：煤棒输送
	磁悬浮式：企业内部
气液两相流输送技术	应用于原子能电站、工业锅炉技术生产中
三相流输送技术	应用于煤炭气化技术生产中和海洋开发技术

7）管道密闭输送，除尘效果好，改善了劳动卫生条件。

它的缺点如下：

1）与其他输送设备相比较，能耗较高。

2）输送物料的粒度、黏性与湿度受一定的限制。

3）管道磨损较快。

除一些易破碎、黏附性强、磨损性大、有腐蚀性和易引起化学变化的物料需特殊考虑外，一般松散的颗粒状、粉状物料均可采用气力输送。

本节对气力输送系统做简要介绍，并重点阐述气力输送管道的设计计算。

8.6.1　气力输送系统的分类和特点

气力输送系统由受料器（喉管或吸嘴）、输料管和风管、分离器、防尘器和风机（或者其他动力设备，如水环泵）等组成。采用高压风机时，系统还装置消声器，或把风机置于消声小室内。气力输送系统有多种分类方法，一般按照在管道中形成的气流，可以将气力输送系统分为吸送式和压送式两大类。除了以上两种主要类型外，还有兼具吸送和压送的混合式气力输送装置系统以及循环式气力输送系统。根据系统的工作压力不同，吸送式分为低真空（真空度小于 20kPa）和高真空（真空度 20～50kPa）两种；压送式分为高压（压力在 100～700kPa）和低压（压力在 50kPa 以下）两种。

（1）吸送式系统　吸送式气力输送装置如图 8-22 所示。气源设备装在系统的末端。当安装在系统尾部的高压风机运转时，整个系统形成负压，这时，在管道内外存在压差，空气被吸入受料器（吸嘴）。与此同时，物料（如型砂、陶土等）也被空气带入受料器，并经由输料管被输送到分离器（位于卸料目的地）。在分离器中，物料与空气分离，被分离出来的物料由分离器底部的旋转卸料器卸出，空气被送到除尘器净化，净化后的空气经风机排入大气，必要时

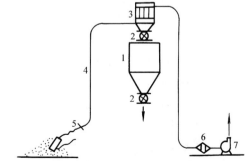

图 8-22　吸送式气力输送装置

1—储料罐　2—旋转供料器　3—分离收尘器　4—输料管
5—吸嘴　6—紧急粉尘过滤器　7—罗茨鼓风机

还需装设消声器。

低压吸送式系统结构简单、使用维修方便，应用广泛。由于输送能量小，其输送距离和输料量有一定限制。

吸送式气力输送系统特点如下：

1）能在数处进料，向一处输送物料；或从低处向高处输送物料。

2）吸尘点无粉尘飞扬。系统处于负压状态，管道和设备的不严密处也不会冒灰。

3）受料器结构简单，进料方便。

4）风机或真空泵的润滑油不会污损物料。

5）对系统及分离器、除尘器下部的卸料器均有较高的密闭要求。

（2）压送式系统 压送式气力输送装置如图8-23所示。气源设备设在系统的进料端前面。由于风机装在系统的前端，因而物料便不能自由进入输料管，必须使用有密封压力的供料装置。当风机开动之后，管道中的压力高于大气压力。这时，物料从料斗经供料器加入管道中，随即被压缩空气输送到分离器中。在分离器中，物料与空气分离并由旋转卸料器卸出。

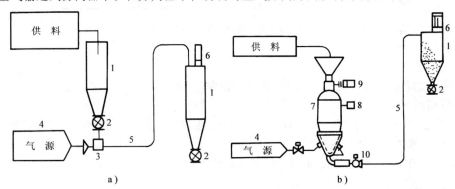

图 8-23 压送式气力输送装置
a) 低压压送式 b) 高压压送式
1—储料罐 2—旋转供料器 3—喷射供料器 4—气源 5—输料管 6—排放过滤器
7—发送罐 8—料位计 9—进料阀 10—出料阀

压送式气力输送系统的优点是：

1）能将集中的物料分向几处输送，可以向高于大气压力的容器输送物料。

2）生产率高，料气比 $\mu \geqslant 50$kg（料）/kg（空气）；输料量大，并且易于调节。

3）卸料器结构简单。

4）管内输送风速较低，管壁磨损较轻，输送距离长，目前可达200m以上；稍有黏性的物料也可以输送。

5）由于工作压力高，输料用的气体量小，输料管的管径较小。

压送式气力输送系统的缺点是：

1）受料器结构复杂。

2）物料中可能沾染风机或压缩机出来的油和水滴。

8.6.2 气力输送系统设计计算

1. 气力输送系统设计主要参数

（1）混合比 混合比 m 亦称料气比，系单位时间内输送物料的质量与同一时间内通过输料管的空气量的比值，所以也称料气流浓度，根据混合比的定义

$$m = \frac{q_{m,s}}{q_{m,a}} = \frac{q_{m,s}}{q_{V,a}\rho_a} \qquad (8\text{-}41)$$

式中　$q_{m,s}$——输料量（kg/s）；

　　　$q_{m,a}$——空气的质量流量（kg/s）；

　　　$q_{V,a}$——空气的体积流量（m³/s）；

　　　ρ_a——空气的密度（kg/m³）。

混合比是气力输送装置的重要技术经济参数，它的大小关系到系统工作的经济性、可靠性和输料量的大小。混合比大，有利于增大输送能力，所需的空气量小，因而所用的管径、分离器、除尘设备均较小，单位能耗较低。但混合比过大，输料管易发生堵塞，管路中压损增大，要求高压气源设备。因此，设计气力输送系统时，在保证正常运行的前提下，应力求达到较高的混合比。但是，提高混合比要受供料装置形式和构造、气源设备的压力、物料特性、输送条件等因素的限制。设计时应参考已有的经验来选定合适的混合比，有时要反复计算后才能选定。一般选取标准参见表 8-11。

表 8-11　摩擦阻力附加系数 K_l 值

物　料　种　类	风速/(m/s)	料气比 μ_l	K_l
细粒状物料	25 ~ 35	3 ~ 5	0.5 ~ 1.0
粒状物料			
低压吸送	16 ~ 25	3 ~ 8	0.5 ~ 0.7
高真空吸送	20 ~ 30	15 ~ 25	0.3 ~ 0.5
粉状物料	16 ~ 32	1 ~ 4	0.5 ~ 1.5
纤维状物料	15 ~ 18	0.1 ~ 0.6	1.0 ~ 2.0

（2）输送风速　气力输送系统管路内的空气流速称为输送风速 v_a，或称输送气流速度，它是气力输送装置的另外一个重要技术经济参数。输送风速的大小对系统的正常运行和能量消耗有很大影响：输送风速太高，不但系统阻力大，管道磨损严重，而且还能使物料容易破碎；风速太低，系统工作不稳定，甚至造成堵塞。由于最合适的输送风速与物料的物性、温度、水分、浓度，输送空气的压力、温度、水分，输送管的内径、管内的速度分布、水平距离、垂直距离，倾斜管的角度与长度，弯管的个数及其配置有关，确切地说与系统装置的使用、性能密切相关，因此，在确定输送风速时要经过细微周密的考虑和详细的分析比较。从理论上说，输送风速只要大于物料颗粒的悬浮速度，物料就能悬浮输送。其实不然，由于物料颗粒群之间、物料与管壁之间的摩擦、碰撞和黏附等多种原因，只有比悬浮速度大几倍的输送风速，才能使物料颗粒完全悬浮输送。从理论分析，物料在临界风速下输送是最经济的，可是系统工作很不稳定。设计时要考虑到料气比、物料等各种条件，输送风速必须大于临界风速。输送风速主要根据经验数据确定，一般物料的输送风速为悬浮速度的 2.4 ~ 4.0 倍，大密度、黏结性物料则为 5 ~ 10 倍，有时甚至还要高。输送的物料粒径、密度、含湿量、黏性较大时，或系统的规模大、管路复杂时，应采用较大的输送风速。表 8-12 给出的数据可供参考选用。

2. 气力输送系统的流动阻力

粉粒状物料的气力输送是气-固两相流理论的一种实际应用。在研究两相流运动时，把固体物料和气相介质的混合体视为一种特殊的流体，其流动阻力的计算比单相气流要复杂。

在气力输送系统中，由气流带动粉（粒）状物料一起流动，这种气流称为气固两相流。由于存在物料的运动，两相流的流动阻力要比单相气流大，为简化计算，进行气力输送系统的管道阻力计算时，可以近似把两相流的流动阻力看作是单相气流的阻力与物料颗粒运动引起的附

加阻力之和，即

$$\Delta p_1 = \Delta p_g + \Delta p_s = (1 + k)\Delta p_g \tag{8-42}$$

式中 Δp_1——气固两相流阻力（Pa）；

Δp_g——单相气流阻力（Pa）；

Δp_s——固体颗粒引起的附加阻力（Pa）；

k——附加系数，且

$$k = \frac{\Delta p_s}{\Delta p_g} \tag{8-43}$$

系统设计时，各部分压力损失的计算比较繁琐。对于低真空吸送式和低压压送式系统，其压力损失一般由进气口、空气过滤器、风管、吸嘴、输送管、分离除尘器、排气管和排气口等的压力损失组成。

表8-12 各种输送物料的主要物理特性与常用的输送气流速度

物料名称	平均粒度 /mm	密度 /(kg/m³)	堆密度 /(kg/m³)	悬浮速度 /(m/s)	输送气流速度 /(m/s)
稻谷	3.58	1020	550	7.5	16~25
小麦	4~4.5	1270~1490	650~810	9.8~11.0	18~24
大麦	3.5~4.2	1230~1300	600~700	9.0~10.5	15~25
糙米	长径5.0~6.9	1120~1220	820	7.7~9.0	15~25
玉米	9×8×6	1240~1350	708	9.8~13.5	18~30
大豆	长径3.5×10	1180~1220	500~750	10	18~30
花生	21×12	1020	620~640	12~14	16
棉籽		1020~1060	400~600	9.5	23
砂糖	0.51~1.5	1580	790~900	8.7~12	15~20
细粒盐	5			12.8~14	27~30
茶叶		1360	400	6.9	13~15
锯屑		7300~7800		6.5~7.0	15~25
磷矿粉	<3.2	2580	1467	6.9~10.1	24~32
钢丸	1~3	7800			30~40
砂		2600	1410	6.8	25~35
型砂				8.1~10	23~30
潮模旧砂（含水量3%~5%）		2500~2800			22~28
干模旧砂、干新砂					17~25
煤屑					20~30
煤灰	0.01~0.03				20~30
煤粉		1400~1600			15~22
炭黑			360	3.4	18~24
陶土、黏土		2300~2700			16~23
硫酸铵	1.5	1770	955	10.1~13.1	25
水泥		3200	1100	0.223	18~28

（1）进气口的压力损失

$$\Delta p_{ai} = \zeta_{ai}\frac{v_{ai}^2}{2}\rho_{ai} \tag{8-44}$$

式中 ζ_{ai}——气流的阻力系数,根据入口的形状选用相应的值, $\zeta_{ai} \approx 0.1 \sim 0.8$;

v_{ai}——进气口空气的速度(m/s);

ρ_{ai}——进气口空气的密度(kg/m³)。

(2)空气过滤的压力损失 Δp_{af},一般取 $\Delta p_{af} = 200 \sim 1000Pa$,可根据过滤器的种类和过滤速度来确定。

(3)风管的压力损失

$$\Delta p_{ad} = \lambda_{ad} \frac{L_{deq}}{D_d} \cdot \frac{v_{ad}^2}{2} \rho_{ad} \tag{8-45}$$

式中 λ_{ad}——管壁摩擦系数;

L_{deq}——风管的当量长度(m);

D_d——风管的内径(m);

v_{ad}——风管内空气的速度(m/s);

ρ_{ad}——风管内空气的密度(kg/m³)。

(4)供料装置的压力损失 这部分的压力损失是将物料从静止状态加速到定常的输送状态所产生的压力损失。

$$\Delta p_{ac} = (c + m) \frac{\rho_a}{2} v_a^2 \tag{8-46}$$

式中 c——与供料装置形式有关的系数,对于吸嘴 $c = 3.0 \sim 5.0$,对于旋转供料器 $c = 1 \sim 1.2$;

m——混合比。

(5)定常输送区间的压力损失 输送物料在定常输送状态产生的压力损失无疑要比纯气流在输送管中产生的压力损失大,其值与物料的物性和混合比有关。定常输送区间的压力损失为

$$\Delta p_m = \alpha \Delta p_a = (1 + \beta m) \Delta p_a \tag{8-47}$$

其中

$$\Delta p_a = \lambda_a \frac{L_{eq}}{D} \frac{v_a^2}{2} \rho_a \tag{8-48}$$

式中 α——压损比, $\alpha = \Delta p_m / \Delta p_a$ 是输送物料时的压损与同一管道中纯气流流动时的压损之比,称为压损比, α 随输送物料的物性而异,对同一物料则大致上与混合比 m 成正比;

λ_a——纯气流的管壁摩擦系数,根据 Re 和所用输送管的内径 D 和壁面粗糙度 ε 之比 D/ε 而定,如图 8-24 所示,也可以按下式计算

$$\lambda_a = 1.3 \left(0.0125 + \frac{0.0011}{D} \right) \tag{8-49}$$

式中 v_a——输送气流速度,图 8-25 所示为 v_a 与 Re 的关系图线,设计时可以简便计算;

L_{eq}——输送管的当量长度(m);

β——与物料物性相关的系数,通常由实验确定。

$$\beta = 1.25D \frac{\alpha'}{\alpha' - 1} \tag{8-50}$$

$$\alpha' = \frac{v_a}{v_t} \tag{8-51}$$

式中 v_a——输送速度(m/s);

v_t——悬浮速度(m/s)。

(6)分离除尘器压力损失

对离心式

$$\Delta p_{cy} = \zeta_{cy} \frac{v_{cy}^2}{2} \rho_a \tag{8-52}$$

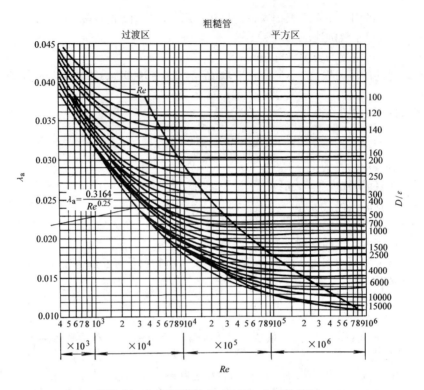

图 8-24 λ_a 与雷诺数 Re 和 D/ε 之间的关系

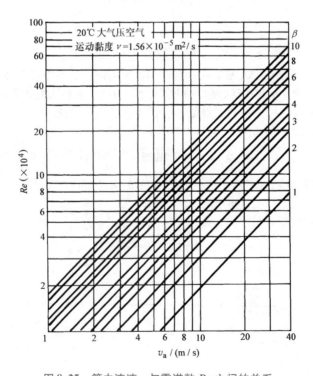

图 8-25 管内流速 v_a 与雷诺数 Re 之间的关系

式中　v_{cy}——离心除尘器的气流速度（m/s）。

对袋滤式

$$\Delta p_{bg} = \zeta_{bg} \frac{v_f^2}{2} \rho_a \tag{8-53}$$

式中　v_f——袋滤器的气流速度（m/s）。

具体可见企业提供的产品样本资料。一般 $\zeta_{cy} = (1 \sim 2) \times 10$；$\zeta_{bg} = (1.2 \sim 1.8) \times 10^5$。

（7）排气管压力损失

$$\Delta p_{ae} = \lambda_{ae} \frac{L_e}{D_e} \frac{v_{ae}^2}{2} \rho_{ae} \tag{8-54}$$

式中　λ_{ae}——排气管的管壁摩擦系数；

　　　v_{ae}——排气管内输送气流速度（m/s）；

　　　L_e——排气管的当量长度（m）；

　　　D_e——排气管内径（m）；

　　　ρ_{ae}——排气管内空气的密度（kg/m³）。

（8）排气口压力损失

$$\Delta p_{ex} = \zeta_{ex} \frac{v_{ex}^2}{2} \rho_{ex} \tag{8-55}$$

式中　ζ_{ex}——排气口气流的阻力系数；

　　　v_{ex}——排气口空气的速度（m/s）；

　　　ρ_{ex}——排气口空气的密度（kg/m³）。

气力输送系统总的压力损失为

$$\Delta p = \Delta p_{ai} + \Delta p_{af} + \Delta p_{ad} + \Delta p_{ac} + \Delta p_m + \Delta p_{cy}（或 \Delta p_{bg}）+ \Delta p_{ae} + \Delta p_{ex}$$

3. 气力输送系统设计流程

1）根据生产工艺要求确定系统输送效率。

2）由物料性质、经济性要求和输送条件确定气力输送方式和设备形式。

3）绘制系统布置草图。

4）确定输送风速和料气比，计算系统风量，确定输料管径。

输送风量 $q_{V,a}$（m³/min）按下式确定

$$q_{V,a} = \frac{q_{m,s}}{m \rho_a} = 60 \pi v_a \frac{D^2}{4} \tag{8-56}$$

式中　v_a——平均输送气流速度（m/s）；

　　　D——输送管内径（m）。

输送管内径按下式确定

$$D = \sqrt{\frac{4q_{m,s}}{60 \pi v_a}} = \sqrt{\frac{4q_{m,s}}{60 \pi m \rho_a v_a}} \tag{8-57}$$

5）根据管径标准整取再计算风量和料气比。

6）选定辅助设备的尺寸、型号。

7）确定输料管当量直径，计算压力损失。

8）计算系统总阻力。

9）确定气源功率，选择合适的抽气和供气设备。选择抽气和供气设备时其空气量和压力要有充分富裕系数，以适应系统空气的泄漏和管道烟尘的黏结等不利因素，保证气力输送系统的正常运行。

由于气力输送系统阻力计算繁琐，实际工程计算可以采用计算软件进行。

4. 气力输送系统主要设备的选择及管道布置

气力输送系统由气源设备、供料装置、输送管道和分离过滤设备四大部分组成。

（1）供料装置　供料装置是气力输送系统的重要部件之一，用以将要输送的物料连续或间歇地供入输送管道，在合适的料气比（或称混合比）下使物料起动、加速。供料装置的选定和合理设计，对气力输送系统的生产率（输料量）和动力消耗有很大的影响。一般在系统确定之后，供料装置的型式也可大致确定。通常，将吸送式系统的供料装置称为吸嘴；对于压送式系统，多采用一定构造的文丘里混料器、具有一定气密性的旋转供料器或喷射式混料器。

吸嘴是吸送式输送系统的取料部件，是确保装置系统的输送能力和改善输送性能的重要部件。吸嘴要满足以下的基本要求：在风量相同时，吸进的物料多，阻力小；进风量可以调节；操作方便，工作可靠。常用的吸嘴主要有以下几种：

1）直吸嘴。包括单筒型和双筒型两种基本类型，以及由此变化而来的角吸嘴、横型卧式吸嘴、扫舱吸嘴等多种形式。

2）松料、强制喂料吸嘴。

3）特种吸嘴。如诱导式三通接料器、喉管、清舱吸嘴等。其中喉管又有以下两种常见形式：①气力送砂系统用喉管：在铸造车间，新、旧砂的低压吸送式气力输送系统常用的喉管有L型和动力型两种。②调速供料喉管：调速供料型（Y型）喉管，适用于低压压送、低压吸送和循环式系统。

4）压送式吸嘴。

（2）物料分离和除尘装置　分离器的作用是将物料从气－固两相流中分离出来。在气力输送系统中，分离和除尘装置设置在输送管的末端，用以将被输送的物料从输送气流中分离下来。通过气固分离器后，绝大部分的物料被分离收集下来，但仍可能有极少部分的细粉料尘随空气从分离器出口带出。为了防止对大气的污染，收集有用粉料，应将这部分含尘气流引入除尘器进行第二次分离。因此，气力输送系统中的气固分离器和除尘器是串联使用的。按分离的作用力不同，气固分离器可分为容积式、惯性式和离心式。容积式和惯性式分离器的工作原理类似于除尘装置，主要用于分离粒度较大的物料，其特点是构造简单，制造方便，磨损较轻，运行管理容易，但体积较大，分离效率不高。除尘器主要有干式、湿式和过滤式。

（3）输料管道　气力输送系统的输料管是用来输送物料的管道，一般采用圆形截面管，以使空气在整个截面上均匀分布，这是保证物料被稳定输送的一个重要前提。此外，圆形截面管阻力较其他管形小，且制作简单，维护方便。

输料管系统由直管、弯管、伸缩管、软管和管道连接部件等组成。常用的输料管为内径50～400mm，壁厚3～8mm的无缝钢管、镀锌钢管。如输送食品、药品和化工原料，可以选用不锈钢管、铝管和硬质塑料管等。较大直径的管道，可采用厚1～3mm的钢板卷制，焊接处可采用焊接或咬合。由于系统的管道配置与气力输送系统的运管费、保养费等有密切的关系，为尽可能利用气力输送装置的优点，提高料气比，管道的设计、配置和施工应遵循以下原则：

1）输送距离要尽量短。

2）管道的弯头要尽可能少，并采用较大的曲率半径。

3）应充分考虑利用建筑物作支撑，同时不影响其他设备的维护保养和通道的畅通。

4）管道之间通常采用法兰连接；如用铝管，一般仍用钢制法兰。

5）输送高温物料或在高温的环境中工作时，系统应考虑预防热膨胀的措施。

6）根据被输送物料的物性和可能会混入异物等造成输料管道堵塞时，应考虑设置紧急处置用手孔和清理疏通口。

7）管路尽量简单，避免支路交叉；喉管后的输料管尽量采用直管，直管段的长度不应小于管径的 15～20 倍，以使物料顺利加速。

（4）气源设备 在气力输送系统中，气源设备处于核心的地位，是最为重要的设备。由于气力输送的方式、使用的场所、输送距离和所需输送的容量以及被输送物料的物性均不同，故可选作气力输送系统的气源设备的压缩机有多种类型，常用的有空气压缩机、罗茨鼓风机、罗茨真空泵、离心风机等。

作为气力输送系统的气源，在选用时应考虑以下几方面：

1）根据输送的条件，充分满足所需的风量、风压要求。

2）对灰尘的敏感性要小。

3）对压送用的气源设备，应尽可能减少排气中的油分和水分。

4）要持久耐用、运转可靠。

5）所使用输送介质的种类和性质、湿度、腐蚀性、吸入压力、润滑条件、毒性等。

6）安装的场所：地基的承载能力、面积、高度限制、周围温度、进出安装条件等。

7）电源的种类、柴油机的种类、电压、频率以及电压的波动率等。

8）运管控制和监视：全过程自动控制、监视和遥控。

9）冷却水条件：工业用水、清水、河水、循环水及其温度。

10）环保的要求，噪声的限制等。

习　题

1. 有一矩形镀锌薄钢板风管（$K = 0.15\text{mm}$），断面尺寸为 500mm × 400mm，流量 $q_V = 3000\text{m}^3/\text{h}$（$0.833\text{m}^3/\text{s}$），空气温度 $t = 20\text{℃}$，分别用流速当量直径和流量当量直径法求该风管的单位长度摩擦阻力。如果采用矿渣混凝土板（$K = 1.5\text{mm}$），再求该风管的单位长度摩擦阻力。如果空气温度 $t = 60\text{℃}$，其单位长度摩擦阻力有何变化？

2. 有一圆截面吸气三通如图 8-26 所示，$d_1 = d_2 = 210\text{mm}$，$d_3 = 280\text{mm}$，$q_{V1} = q_{V2} = 1900\text{m}^3/\text{h}$，$q_{V3} = 3800\text{m}^3/\text{h}$。试计算其局部阻力损失。

3. 绘出如图 8-27 所示的通风除尘系统压力分布图。

4. 有一如图 8-28 所示的直流式空调系统，已知每个风口的风量为 1500m³/h，空气处理装置的阻力（过滤器 50Pa，表冷器 150Pa，加热器 70Pa，空气进出口及箱体内附加阻力 35Pa）为 305Pa；空调房间内的正压为 10Pa，管道材料为镀锌钢板。设计风道尺寸并计算风机所需的风压。

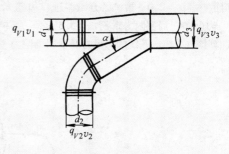

图 8-26 吸气三通

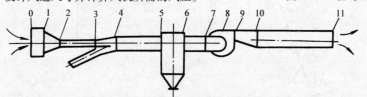

图 8-27 某通风除尘系统示意图
0—空气进口 1—密闭罩 2—抽风罩 3、5、7—吸入段 4—三通管
6—除尘器 8—弯管 9—风机 10—渐扩管 11—空气出口

5. 为什么在进行通风管道设计时，并联支管汇合点上的压力必须保持平衡（即阻力平衡）？如果设计时不平衡，运行时是否会保持平衡？对系统运行有何影响？要使其达到平衡应采取什么措施？

6. 根据均匀送风管道的设计原理，说明下列三种结构形式为什么能达到均匀送风？在设计原理上有何不同？

（1）风管断面尺寸改变，送风口面积保持不变。

（2）风管断面尺寸不变，送风口面积改变。

（3）风管断面尺寸和送风口面积都不变。

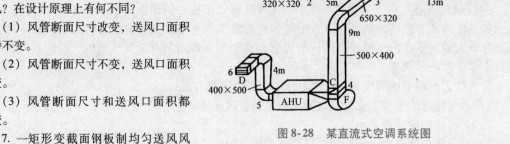

图 8-28　某直流式空调系统图

A、D—百叶风口　B、C—多叶调节阀　F—风机　AHU—空气处理箱

7. 一矩形变截面钢板制均匀送风风道，送风量为 $2400\text{m}^3/\text{h}$，风道长度为 3m，要求气流以 $v_0 = 4.5\text{m/s}$ 的速度从侧壁上开设的等宽度纵向条缝送出，如图 8-29 所示，试设计该均匀送风风道，并确定风道的总压力损失。

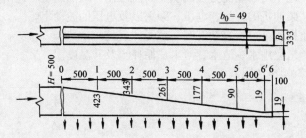

图 8-29　矩形变截面均匀送风系统

8. 某厂铸造车间采用低压吸送式系统，输送温度为 100℃ 的旧砂，如图 8-30 所示。要求输料量 $q_{m1} = 11000\text{kg/h}$（3.05kg/s），已知物料密度 $\rho_1 = 2650\text{kg/m}^3$，输料管倾斜角 70°，车间内空气温度 20℃，不计管道散热；$\mu_1 = 2.0$；第一级分离器进口风速 $v_1 = 18\text{m/s}$、局部阻力系数 $\zeta_1 = 3.0$；第二级分离器进口风速 $v_2 = 16\text{m/s}$、局部阻力系数 $\zeta_2 = 5.6$；第三级袋式除尘器阻力 $\Delta p = 1000\text{Pa}$，第一、二级分离器效率为 80%。计算该气力输送系统的总阻力（受料器阻力系数 $c = 1.5$）。

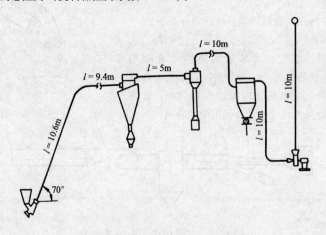

图 8-30　低压吸送式气力送砂系统

二维码形式客观题

扫描二维码可自行做题，提交后可查看答案。

参 考 文 献

[1] 建筑工程常用数据系列手册编写组．建筑工程常用数据系列手册［M］.2 版．北京：中国建筑工业出版社，2002.
[2] 孙一坚．简明通风设计手册［M］．北京：中国建筑工业出版社，1997.
[3] 孙一坚．工业通风［M］.4 版．北京：中国建筑工业出版社，2010.
[4] 冯永芳．实用通风空调风道计算法［M］．北京：中国建筑工业出版社，1995.
[5] 苏永森，刘锦良．工业厂房通风技术［M］．天津：天津科学技术出版社，1985.
[6] 赵荣义．简明空调设计手册［M］．北京：中国建筑工业出版社，1998.
[7] 苏汝维，郭爱清，郭建中，等．工业通风与防尘工程学［M］．北京：北京经济学院出版社，1991.
[8] 茅清希．工业通风［M］．上海：同济大学出版社，1998.
[9] 陈宏勋．管道物料输送与工程应用［M］．北京：化学工业出版社，2003.

第 9 章
通风系统的测量与调试

为了正确评价通风系统和车间的劳动卫生条件，研制和开发通风设备新产品，必须掌握通风系统的测试技术。通风系统的测试、检测、调整和运行管理是保证通风系统有效、经济运行的必不可少的措施。在设计新的通风系统时，为了掌握室内气流和有害物的散发情况，也需要进行现场测定，取得必需的原始资料和有关数据。

本章重点介绍工业通风主要参数，如风量、风速、风压；粉尘特性参数，如密度、粒径分布、电阻率；空气中含尘浓度、气体浓度和主要设备的性能参数等测试原理和方法。还将介绍矿井井下通风系统的阻力测定、通风系统调试和运行管理的基本知识。

9.1 通风系统风压、风速、风量的测定

在通风系统测定中，风速、风量和风压的测定是最基本、最常见的测定工作。本节主要介绍管内气流的测定。

9.1.1 测定断面和测点的确定

1. 测定断面的确定

通风管道内的风速及风量，大多通过测量压力后换算得到。要测得管道内气体的真实压力，除了正确选择和使用测压仪器外，还必须合理选择测量断面。测量断面应选择在气流平稳、扰动小的直管段上。当选在弯头、三通等局部构件或净化设备前面（按气流运动方向）时，测量断面与它们的距离要大于 2 倍管道直径；而设在这些部件或设备的后面时，则应为 4～5 倍管道直径（图 9-1）。离这些部件或设备的距离远，气流平稳，测量结果准确。但现场测定时往往很难满足这样的要求，这时只能根据上述原则，选择适当的测定断面，同时适当增加断面上的测点数，但是，距局部构件或设备的最小距离至少不小于管道直径的 1.5 倍。

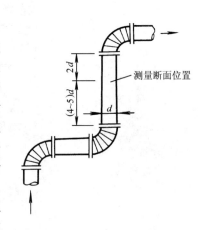

图 9-1 测定断面的确定

在实际测定中，有时会发现在气流不稳定断面上的动压读数为零，甚至是负值。这说明气流很不稳定，有涡流，这样的断面不宜作为测定断面。此外，如果气流方向偏出风管中心线 15°以上，这样的断面也不宜作测定断面。必须指出，还应从操作方便和安全角度考虑测定断面的选择。

2. 测点的选择

由于气流速度在管道断面上的分布是不均匀的，随之造成压力分布也是不均匀的。因此，

在测定断面上必须进行多点测量，然后求出断面上压力和速度的平均值。

（1）矩形风管　将管道断面划分为若干等面积的小矩形，测点布置在每个小矩形的中心，小矩形每边的长度为 200mm 左右，如图 9-2 所示。实测时测点数可按表 9-1 确定。

（2）圆形管道　在同一个测定断面上布置两个彼此垂直的测孔，并将管道断面分成一定数量、面积相等的同心圆环，同心环的分环数按表 9-2 确定。烟道的分环数参见表 9-3。

划分为三个同心环的风管上的测点布置如图 9-3 所示，其他同心环的测点布置可参照图 9-3。

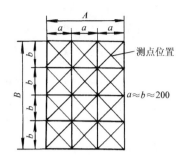

图 9-2　矩形风管测点布置图

表 9-1　矩形管道测定断面的测点数

管道断面积/m²	<1	1~4	4~9	9~16	16~20
测点数	4	9	12	16	20

表 9-2　圆形管道测定断面分环数

管道直径/mm	≤300	300~500	500~800	850~1100	>1150
分环数 n	2	3	4	5	6
测点数	8	12	16	20	24

表 9-3　烟道测定断面分环数

烟囱直径/m	<0.5	0.5~1	1~2	2~3	3~5
测定断面分环数	1	2	3	4	5
测点数	4	8	12	16	20

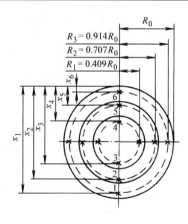

图 9-3　圆形风管测点布置图

同心圆环上各测点与圆心的距离可按下式确定

$$R_i = R_0 \sqrt{\frac{2i-1}{2n}}$$ (9-1)

式中　R_0——风管的半径（mm）；

　　　R_i——风管中心到第 i 点的距离（mm）；

　　　i——从风管中心算起的同心环顺序号；

　　　n——测定断面上划分的同心环数。

【例9-1】 已知圆形风管的直径 $D = 200\text{mm}$，确定测定断面上各测点的位置。

【解】 根据表9-2，划分两个同心环。

$$R_1 = R_0\sqrt{\frac{2i-1}{2n}} = 100\sqrt{\frac{2\times 1-1}{2\times 2}}\text{mm} = 50\text{mm}$$

$$R_2 = R_0\sqrt{\frac{2i-1}{2n}} = 100\sqrt{\frac{2\times 2-1}{2\times 2}}\text{mm} = 87\text{mm}$$

为了简化现场测定时的计算工作量，表9-4列出了用管径分数表示的各测点至管道内壁的距离。

对于本例的风管，各测点至管壁内壁的距离，可以查表9-4得到：

点1：$x_1 = 0.933D = 0.933\times 200\text{mm} = 187\text{mm}$

点2：$x_2 = 0.75D = 0.75\times 200\text{mm} = 150\text{mm}$

点3：$x_3 = 0.25D = 0.25\times 200\text{mm} = 50\text{mm}$

点4：$x_4 = 0.067D = 0.067\times 200\text{mm} = 13\text{mm}$

测点愈多，得到的测量精度愈高。但是，测定工作量增加。为了减少测定工作量，在保证测定精度的前提下，应当减少测点数。

表9-4　圆风管测点与管壁距离系数（以管径为基准）

测点序号	圆 环 数						
	2	3	4	5	6	7	8
1	0.067	0.044	0.032	0.025	0.021	0.018	0.016
2	0.250	0.147	0.105	0.081	0.067	0.057	0.050
3	0.750	0.296	0.194	0.147	0.118	0.099	0.086
4	0.933	0.704	0.323	0.226	0.178	0.147	0.125
5		0.853	0.677	0.342	0.250	0.201	0.170
6		0.956	0.806	0.658	0.356	0.269	0.221
7			0.895	0.774	0.645	0.387	0.284
8			0.968	0.853	0.750	0.600	0.375
9				0.919	0.822	0.731	0.625
10				0.975	0.882	0.799	0.717
11					0.933	0.853	0.780
12					0.979	0.901	0.831
13						0.943	0.875
14						0.982	0.915
15							0.951
16							0.984

9.1.2 管内压力的测量

通风管道内气体的压力（静压、动压和全压）可用测压管与微压计配合测得，根据测定要求，微压计可以采用倾斜式或补偿式。

测压管与微压计的连接方式，根据测定断面在风机的吸入侧还是压出侧而定，如图9-4所示。

在测定时，测压管的头部应迎向气流，保持轴线应与气流平行。

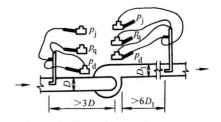

图9-4　测压管与微压计的连接方式

在通风系统测定中，一般采用倾斜式微压计。在靠近通风机的断面上，当压力值超过其量程时，采用 U 形压力计。当气流速度小于 5m/s 时，用测压管，微压计测量风速将有较大误差。如必须在小于 5m/s 的流速点测定时，使用精度较高的补偿式微压计。

在按上述取点方法测得管道断面上各点的压力值后，再按照下述公式确定该断面上的压力平均值。

平均动压

$$p_d = \frac{p_{d1} + p_{d2} + \cdots + p_{dn}}{n} = \frac{\sum\limits_{i=1}^{n} p_{di}}{n} \tag{9-2}$$

平均静压

$$p_j = \frac{p_{j1} + p_{j2} + \cdots + p_{jn}}{n} = \frac{\sum\limits_{i=1}^{n} p_{ji}}{n} \tag{9-3}$$

平均全压

$$p_q = \frac{p_{q1} + p_{q2} + \cdots + p_{qn}}{n} = \frac{\sum\limits_{i=1}^{n} p_{qi}}{n} \tag{9-4}$$

式中　p_{di}——各测点的动压值（Pa）；

　　　p_{ji}——各测点的静压值（Pa）；

　　　p_{qi}——各测点的全压值（Pa）。

由于全压等于动压与静压的代数和，测定压力时可以只测其中两个压力值，通过计算求得另一个值。

风管内的静压值在管道断面上分布比较均匀，除用皮托管测定管内静压外，也可直接在管壁上开凿小孔测得。只要不产生堵塞，静压孔的直径应尽可能小，一般不宜超过 2mm。钻孔严格与通风管壁垂直，在圆孔周围的管壁上不应有毛刺。

9.1.3　管内流速的计算

通风气流可认为是未压缩的。由流体力学可知，未压缩流在流管任意一个截面上的静压 p_j、动压 p_d 和全压 p_q 有如下关系

$$p_d = p_q - p_j \tag{9-5}$$

而

$$p_d = \frac{\rho v^2}{2} \tag{9-6}$$

式中　v——气流速度（m/s）；

　　　ρ——气体密度（kg/m³）。

由式（9-6）可以算得该点的流速

$$v = \sqrt{\frac{2p_d}{\rho}} \tag{9-7}$$

对于一般的测量，用上式计算得到的流速已足够准确。对于要求特殊的测量，由于皮托静压管结构因素等影响，其所感受的动压与测点实际动压存在差异；因此，必须引入对所测的动压进行修正的系数 α（可查产品标定曲线）

$$\alpha p_d = \frac{\rho v^2}{2}$$

由此可得

$$v = \sqrt{\frac{2\alpha p_d}{\rho}} \tag{9-8}$$

应当指出，α 可以小于1，也可以大于1。可查标定曲线得到。

管道内的气流平均速度 v_p 是管道断面上各测点流速的平均值

$$v_p = \frac{v_1 + v_2 + \cdots + v_n}{n} = \frac{\sum_{i=1}^{n} v_i}{n} \tag{9-9}$$

上式也可以表示为

$$v_p = \sqrt{\frac{2}{\rho}} \left[\frac{\sqrt{p_{d1}} + \sqrt{p_{d2}} + \cdots + \sqrt{p_{dn}}}{n} \right] \tag{9-10}$$

式中　v_i——各测点的流速（m/s）；

　　　n——测点数。

9.1.4　管内流量的计算

在确定平均流速后，可按下式计算管内流量 q_V

$$q_V = v_p F \tag{9-11}$$

式中　F——管道断面积（m^2）。

管道内气体的流速和流量与大气压力、管内的气流温度有关；在给出流速、流量的同时，也要给出气流温度和大气压力。

9.1.5　集气口测流量法

在实验室试验中，广泛采用集气口测定风管流量。

图9-5所示的集气口流量计是从大气采集气体并设于风管端面上的流量测量装置。与皮托管测速原理不同，它是根据静压降数值与流量成正比的原理，测量流量和速度的。

当空气从大气进入风管时，先通过具有渐缩形状的集气口，气流速度逐渐增加，静压 p_j 则逐渐降低。对断面 0—0 和 1—1 之间的能量方程

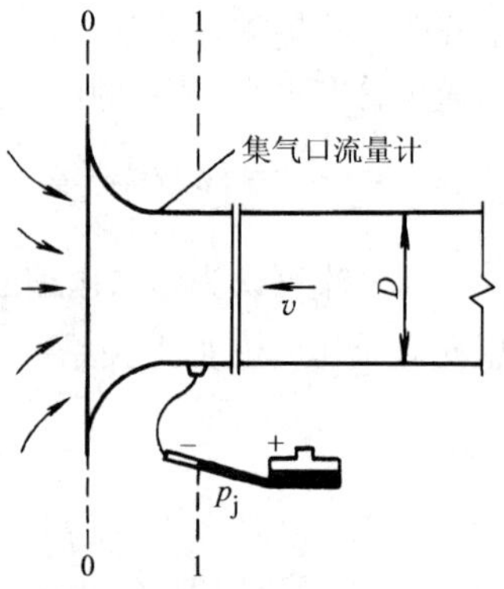

$$0 = p_j + \frac{\rho v^2}{2} + \zeta \frac{\rho v^2}{2} \tag{9-12}$$

$$p_j + (1 + \zeta)\frac{\rho v^2}{2} = 0$$

图9-5　集气口测流量

因此

$$1 + \zeta = \frac{p_j}{\dfrac{\rho v^2}{2}} = \frac{p_j}{p_d}$$

令

$$\mu = \frac{1}{\sqrt{1 + \zeta}} \tag{9-13}$$

则

$$\mu = \frac{\sqrt{p_d}}{\sqrt{|p_j|}} \tag{9-14}$$

由式（9-12）和式（9-13）得

$$v = \mu \sqrt{\frac{2|p_j|}{\rho}} \tag{9-15}$$

流量方程为

$$q_v = \mu \frac{\pi D^2}{4} \sqrt{\frac{2|p_j|}{\rho}} \tag{9-16}$$

式中　q_V——流量（m^3/s）；

　　　　p_j——连接管上断面 1—1 静压值（Pa）；

　　　　p_d——连接管上断面 1—1 动压值（Pa）；

　　　　v——断面 1—1 流速（m/s）；

　　　　ρ——空气密度（kg/m^3）；

　　　　ζ——集气口局部阻力系数；

　　　　μ——集气口流量系数。

从式（9-16）看出，用测定静压的方法，同样可以测得风管的风量；还可以看出，集气口的进风量与其静压值 p_j 的平方根成正比。

在用静压法测定流量时，准确确定流量系数值是十分重要的。

从式（9-14）看出，流量系数 μ 可由动压 p_d 与静压 p_j 数值之比确定。

如果局部阻力系数 ζ 已知，可以按式（9-13）确定流量系数。

流量系数 μ 随集气口的构造而异，还与以集气口喉部内径为定性尺寸的雷诺数 Re 有关。

图 9-6 所示的圆弧形集气口，适用于集气口喉部气流雷诺数 $Re \geqslant 5.5 \times 10^4$，其流量系数 $\mu = 0.99$。图 9-7 所示的圆锥形集气口，在喉部雷诺数 $Re = 2 \times 10^4 \sim 3 \times 10^5$ 时，$\mu = 1 - 0.5Re^{-0.2}$；$Re \geqslant 3 \times 10^5$ 时，$\mu = 0.96$。

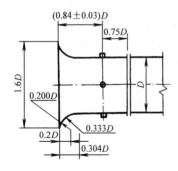

图 9-6　圆弧形集气口

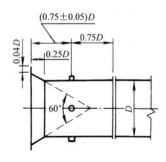

图 9-7　圆锥形集气口

集气口制作要求严格，加工尺寸和形状按有关标准确定。圆弧形集气口的弧面部分制作要用样板检查，弧面不得有肉眼可见的凹凸不平。圆锥形集气口也有严格的制作要求。

用集气口测流量的装置结构简单，阻力小，在实验、试验时，应用广泛。

在实验室测量管内流量时，还常用孔板流量计、喷嘴流量计、弯头流量计等固定的测量装置。这些装置的结构、测量原理和使用方法参见有关参考文献。

9.1.6　用于含尘气流的测压管

皮托管不能用于含尘气流的测量，若用于含尘气流，容易堵塞。因此，必须采用其他形式的测压管。S 形测压管就是其中的一种。

S 形测压管由两根同样的金属管组成，测端做成方向相反的两个开口（图 9-8）。测定时，一个开口面向气流，另一个则背向气流。由于背向气流的开口上有涡流影响，测得的动压值比实际值大。因此，S 形测压管在使用前必须校正，求出修正系数，不同的校正方法可以得到不同的修正系数。常用的修正系数有流速修正系数（k）和动压修正系数（k'）两种，使用时必须注意，不能混淆。

流速修正系数 $\qquad k = \dfrac{v_0}{v}$ $\qquad$ (9-17)

动压修正系数 $\qquad k' = \dfrac{p_{d0}}{p_d}$ $\qquad$ (9-18)

而 $\qquad\qquad\qquad k' = k^2$

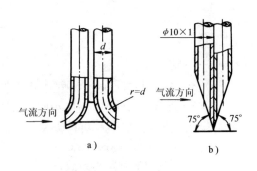

图9-8　S形测压管

式中　　v_0——标准皮托管测得的风速（m/s）；

$\qquad$ v——S形测压管测得的风速（m/s）；

$\qquad$ p_{d0}——标准皮托管测得的动压（Pa）；

$\qquad$ p_d——S形测压管测得的动压（Pa）。

S形测压管的修正系数不仅与测压管的结构形式有关，还与测速范围有关，同一根S形测压管在不同的流速范围内修正系数略有变化。一般在 5 ~ 30m/s 的流速范围内，对测压管进行校正。

S形测压管的优点是，测端开口大，管径粗，不易被粉尘堵塞；其缺点是，测量误差较大，在气流速度较低时尤其明显。S形测压管的测孔有方向性，两个开口的朝向与校正时的朝向必须一致，不能颠倒，在测定时必须注意。

【例9-2】　集气口连接管直径 $d = 200$mm，测得的静压平均值 $p_j = -50$Pa，在此连接管稳定气流的断面（断面直径为 200mm）用标准皮托管测得的动压值为49Pa，测定时空气温度 $t = 20$℃。确定此集气口流量系数 μ 及管内流量。

【解】　根据式（9-14）流量系数为

$$\mu = \sqrt{\frac{p_d}{|p_j|}} = \sqrt{\frac{49}{50}} = 0.99$$

由 $t = 20$℃，得空气密度 $\rho = 1.2$kg/m³

管内流量为

$$q_V = \mu F \sqrt{\frac{2|p_j|}{\rho}} = 0.99 \times \frac{\pi \times 0.2^2}{4} \times \sqrt{\frac{2 \times 50}{1.2}} \text{m}^3/\text{s}$$

$$= 0.284\text{m}^3/\text{s} = 1022\text{m}^3/\text{h}$$

或

$$q_V = F \sqrt{\frac{2p_d}{\rho}} = \frac{\pi \times 0.2^2}{4} \times \sqrt{\frac{2 \times 49}{1.2}} \text{m}^3/\text{s} = 0.284\text{m}^3/\text{s} = 1022\text{m}^3/\text{h}$$

两种方法计算得到的结果相当一致。

9.2　含尘浓度测定

本节主要介绍粉尘的真密度和粒径分布的测定，工作区含尘浓度和管道中粉尘浓度的测定原理和方法，以及管道中高温气体的含尘浓度的测定方法。

9.2.1　粉尘主要物理性质的测定

粉尘的物理性质和空气中的含尘浓度，是评价除尘器效率和车间内空气质量的重要依据。因此，对其测定是十分重要的。测定粉尘物理性质和空气含尘浓度的主要目的是：

1）评定车间工作区的含尘状况，检查含尘浓度是否在国家卫生标准范围以内，以此作为设置或改进通风除尘装置的依据。

2）掌握除尘系统中气流的含尘状况，作为评定除尘装置的依据，确定是否要改进或调整除尘装置。

3）分析研究各种除尘设备的实际效果。

1. 粉尘真密度的测定

粉尘在空气中的沉降或悬浮，粉尘在除尘设备中的分离，都与它的密度有关。确定粉尘的粒径分布时，也要首先知道它的真密度。下面介绍用液相置换法，即比重瓶法测定粉尘真密度。

为测得粉尘的真密度，首先要准确测出粉尘本身的体积，即应当准确扣除尘粒之间的空隙。

用比重瓶法测定粉尘真密度的步骤是：利用液相介质浸没全部尘样，在真空状态下排除粉尘内部的所有空气，求出粉尘在密实状态下的体积和质量，最后算得单位体积粉尘的质量，即真密度。

把试验粉尘放入装满水的比重瓶时，被粉尘排出水的体积应当和粉尘的真实体积相等（图9-9）。

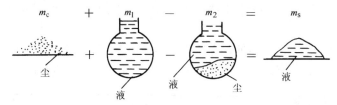

$$m_c \quad + \quad m_1 \quad - \quad m_2 \quad = \quad m_s$$

图 9-9　测定粉尘真密度示意图

从图 9-9 可以看出，粉尘从比重瓶中排出的水的体积为

$$V_s = \frac{m_s}{\rho_s} = \frac{m_1 + m_c - m_2}{\rho_s} \tag{9-19}$$

式中　m_s——被粉尘排出的水的质量（kg）；

　　　m_c——粉尘质量（kg）；

　　　m_1——比重瓶加水的总质量（kg）；

　　　m_2——比重瓶加水加粉尘的总质量（kg）；

　　　ρ_s——水的密度（kg/m³）。

由于 V_s 就是粉尘的体积，可见粉尘的真密度为

$$\rho_c = \frac{m_c}{V_c} = \frac{m_c}{m_1 + m_c - m_2} \rho_s \tag{9-20}$$

测出式（9-20）中的各项数值后，即可计算出粉尘的真密度 ρ_c。

测定的具体步骤是：先测得比重瓶加水的总质量 m_1；将烘干的尘样称重得 m_c，并装入空比重瓶中。为了排除粉尘内部的空气，先向装有尘样的比重瓶装入一定量的液体介质，并使尘样正好全部浸没。随后把装有尘样的比重瓶和装有备用液体的烧杯一起放在密闭容器内，用真空泵抽气。当容器内真空度接近 100kPa 后，使瓶中浸液呈沸腾状态，并且保持 30min，保证瓶中

的气体全部排走。然后，取出比重瓶静置30min，使其和室温相同，再将备用液体注满比重瓶，称重得 m_2，同时测量备用液体的温度，求得相应的密度 ρ_s，应用式（9-20）求出粉尘的真密度 ρ_p。测定时应同时测出 2~3 个样品，然后求平均值。每两个样品的相对误差不应超过 1%，否则应重新测定。

2. 粉尘粒径分布的测定

测定粉尘粒径分布的方法很多，每一种方法往往适合于一定的条件。例如，用显微镜法只能得到尘粒的计数粒径分布。此外，各种测定方法根据的基本原理不尽相同，因此所测得的粒径含义也不同。例如，用沉降天平法测得的是粉尘的斯托克斯径。

这里主要介绍移液管法、沉降天平法、离心沉降法、库尔特法、惯性冲击法、电导法等几种在我国通风工程中常用的方法。

（1）移液管法 移液管法是利用粒径不同的粉尘在液体介质中沉降速度不同的原理来测得粒径分布的。移液管法和后面阐述的沉降天平法测得的尘粒粒径都是斯托克斯粒径。

1）工作原理。以前已指出，粉尘在气体中自由沉降时，其沉降速度为

$$v_s = \frac{d_p^2(\rho_p - \rho)g}{18\mu}$$

显然，这一公式也可用来计算尘粒在液体中的沉降速度，只是把 ρ 和 μ 改为相应液体的数值而已。

从上述公式可以看出，当液体介质温度一定（即 μ = 常数）时，同一种物料的沉降速度 v_s 是随粒径 d_p 的增大而增加的。因此，上述公式表示的 v_s 与 d_p 之间的关系为测定粉尘粒径分布提供了理论基础。

将不同粒径的粉尘均匀分散在液体介质中，并且让它静止下来，则尘粒将在液体中自由沉降，如图 9-10 所示。现在来分析在某一高度 A—A' 以上范围内所发生的现象。

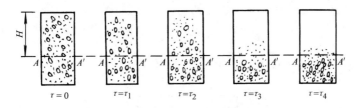

图9-10 尘粒沉降示意图

在停止搅拌，尘粒开始沉降前，沉降瓶内尘粒是均匀分布的。沉降瓶静止放置以后，不同粒径的尘粒以不同的速度同时开始沉降。如果粒径为 d_1 的尘粒，其沉降速度为 v_{s1}，则经过 $\tau_1(\tau_1 = H/v_{s1})$ 后，粒径大于 d_1 的尘粒会全部沉到 A—A' 线以下。粒径大于 d_2 的尘粒，经过 $\tau_2(\tau_2 = H/v_{s2})$ 后全部沉到 A—A' 线以下。同理可推算到粒径为 d_3，$\cdots$，d_n 的尘粒，在经过 τ_3，$\cdots$，τ_n 后全部沉降到 A—A' 线以下。如果预先计算好 τ_1，τ_2，$\cdots$，τ_n，然后按照规定的相应时间，在 A—A' 断面上吸取一定量的悬浮液（通常取 10mL）。那么，第一次取出的悬浮液中已没有粒径大于 d_1 的尘粒，第二次取出的悬浮液中已没有粒径大于 d_2 的尘粒，可见两次悬浮液中所含粉尘的质量差就是在 d_1~d_2 这个粒径范围内的尘粒质量。根据悬浮液中原始的含尘质量，即可算出不同粒径尘粒的质量分数。

2）仪器构造。移液管装置的形式很多，图 9-11 所示是我国用得较多的三管移液管瓶。仪器全部用玻璃制作。移液瓶的内径为6cm，高28cm，吸管内径0.15cm。每根移液管带有三通活

塞和 10mL 的定量球。借助三通活塞，改变开启位置，从定量球中取出沉降液。沉降瓶上刻有表示液体体积的刻度线。三根移液管的高度不同，可供测定不同粒径的尘粒时选用，以缩短测定时间。

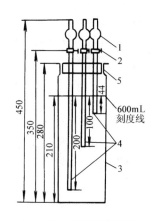

图 9-11　三管移液管瓶
1—定量球（10mL）　2—三通活塞
3—沉降瓶　4—移液管
5—磨口瓶塞

3）测定前的准备。测定前的准备工作有：准备尘样，准备沉降液，计算不同粒径的尘粒沉降所需的时间。

尘样的准备：试验用的尘样必须具有代表性，一般采用圆锥四分法取样。先将准备取样的粉尘通过漏斗连续落入圆盘中央，使尘样堆积成圆锥状，然后将圆锥部分压平，通过圆盘中心将尘样四等分，任取对角线方向的两个部分，进行下一步分割。一般依次分割 2 ~ 4 次。试验用的粉尘量根据悬浮液中粉尘的质量分数为 0.6% ~ 1% 确定。

沉降液的准备：通常用蒸馏水作为沉降液，如果试验粉尘溶解于水或能与水发生化学反应，则应当采用其他的液体作为沉降液。为了不使尘粒之间发生凝聚，保持固有的尘粒状态，可在悬浮液中加入分散剂。最常用的分散剂有六偏磷酸钠（$NaPO_3)_6$，对于不同尘样和沉降液，采用的分散剂是不同的。

计算不同粒径的尘粒沉降时间：尘粒从液面沉降到 $A—A'$ 断面所需的时间

$$\tau = \frac{H}{v_s} = \frac{H}{\dfrac{d_p^2(\rho_p - \rho)g}{18\mu}} = \frac{H}{d_p^2} \cdot \frac{18\mu}{(\rho_p - \rho)g} \tag{9-21}$$

式中　H——从液面到移液管管口的距离（m）；

μ——试验温度下液体介质的动力黏度（Pa·s）；

ρ——液体介质的密度（kg/m^3）。

对于一定的沉降液，如果试验温度一定，则

$$\frac{18\mu}{(\rho_p - \rho)g} = 常数 = K$$

式（9-21）可以改写成

$$\tau = K \frac{H}{d_p^2} \tag{9-22}$$

或

$$d_p = \sqrt{\frac{KH}{\tau}} \tag{9-23}$$

4）试验方法。烘干的尘样和分散剂用万分之一的天平称量，放入沉降瓶内。沉降瓶内先加入适量的沉降液（蒸馏水），用机械方法或人工搅拌 30min。然后把沉降液加到额定高度，并将瓶上下摇动，使尘样均匀分布。在停止摇动，沉降瓶处于静止状态时，开始计时。根据预先计算得到的沉降时间，按时用移液管吸取 10mL 悬浮液并放入称量瓶中，经烘干称重。应当注意，吸取悬浮液时要使液面恰好到达定量球刻度线，否则会使测定造成误差。

5）试验结果的计算。计算某一粒径间隔的尘粒所占的质量分数

$$d\phi_i = \frac{G_n - G_{n+1}}{G_0} \times 100\% \tag{9-24}$$

式中　G_n——第 n 次吸出的悬浮液中所含尘粒质量（g）；

G_{n+1}——第 $n+1$ 次吸出的悬浮液中所含尘粒质量（g）；

G_0——在 10mL 悬浮液中原始的尘粒质量（g）。

在试验时，每一个尘样重复进行 2~3 次，取其平均值。对于质量分数最大的一组，实际数值与平均值的差值最大不超过 10%。

移液管法适用于粒径较大的粉尘（d_p 在 5~60μm 范围），使用的仪器简单，重现性好；但测定时间长，操作工序繁杂。

6）试验举例。

尘样：滑石粉，密度 $\rho_p = 2730 \text{kg/m}^3$；

沉降介质：水，密度 $\rho_s = 999.8 \text{kg/m}^3$；

分散剂：$(NaPO_3)_6$，浓度为 30mg/10mL；

液体介质体积：600mL；

试样质量：6g；

试验温度：8℃；

水的动力黏度：$\mu_g = 0.0014 \text{Pa·s}$。

用 250 目筛除去 60μm 以上的尘粒，筛下的尘样作测定用。测定结果为：筛上剩余量 0.7%，筛下通过量为 99.3%。

计算沉降时间。按式（9-21）计算得到的结果列于表 9-5。

表 9-5　沉降时间

尘粒直径 d_p/μm	40	20	10	5
沉降高度 H/m	0.2046	0.2006	0.1056	0.0436
沉降时间 τ/s	176	678	1430	2360

计算尘样某一粒径间隔的质量分数。

按式（9-24）计算某一粒径间隔的粉尘在筛下尘样中所占的质量分数 $d\phi_i$。计算结果列于表 9-6。

把表 9-6 中的计算结果，换算到在原始的滑石粉尘样中所占的质量分数 $d\phi_i'$，且

$$d\phi_i' = d\phi_i \times 99.3\%$$

根据计算，某一粒径间隔的粉尘滑石粉原始样中所占的质量分数为

>60μm　　　$d\phi_1' = 0.7\%$

40~60μm　　$d\phi_2' = 16.9\% \times 99.3\% = 16.78\%$

20~40μm　　$d\phi_3' = 41.25\% \times 99.3\% = 40.97\%$

10~20μm　　$d\phi_4' = 31.26\% \times 99.3\% = 31.05\%$

5~10μm　　$d\phi_5' = 16.9\% \times 99.3\% = 16.78\%$

<5μm　　　$d\phi_6' = 3.13\% \times 99.3\% = 3.1\%$

表 9-6　移液管法测定结果

粒径 d_p/μm	瓶号	称量瓶质量/g	总质量/g	净重/mg	净重－分散剂/mg	$G_n - G_{n+1} = R_n$/mg	$\frac{R_n}{G_0}$（%）
10mL 中原始含尘量					100		
40~60	5	38.78088	38.8940	113.1	83.1	16.9	16.9
20~40	4	32.58787	32.65972	71.85	41.85	41.25	41.25
10~20	12	36.18591	36.2265	40.59	10.59	31.26	31.26
5~10	1	35.56827	35.6014	33.13	3.13	7.46	7.46
<5						3.13	3.13

注：1. 表中净重 =（称量瓶+10mL悬浮液中的物料量）－称量瓶重 = 10mL悬浮液中的物料量。

　　2. 10mL悬浮液中的物料量－10mL悬浮液中所含分散剂量 = 10mL悬浮液中滑石粉的质量。

（2）沉降天平法　沉降天平法运用的原理和移液管法基本相同。它们都是利用粒径不同的粉尘在液体介质中沉降速度不同，使粉尘颗粒分级的。

沉降天平的测定原理如图 9-12 所示。测定时，把同一粒径的粉尘均匀地分散在沉降液中。由于粉尘粒径相同，其沉降速度也相同，因此，沉降到测定平面以下的粉尘质量（沉降累计质量）G 与沉降时间 τ 成正比。在以沉降累计质量 G 为纵坐标，以沉降时间 τ 为横坐标的图中，沉降曲线是通过坐标原点的一条直线。这条直线的斜率就是该粉尘的沉降率。

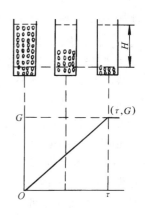

图 9-12　沉降天平测定原理简图

如果沉降液中含有不同粒径（d_1，d_2，d_3，…）的尘粒，沉降距离为 H 时，所需的沉降时间分别为 τ_1，τ_2，τ_3，…，由于不同粒径尘粒的沉降速度是不同的，它们的沉降线也是不同的，在图 9-13 中分别用直线 I，II，III，…表示。将粒径不同的尘粒沉降线叠加，所得到的折线 $OABCD$ 就是全部尘粒的合成沉降曲线。在图 9-13 所示的 A 点处，粒径为 d_1 的尘粒已全部沉降。不难证明，直线 OA 和 AB 的斜率差，就是粒径为 d_1 的尘粒的沉降率 $\mathrm{d}G_1/\mathrm{d}\tau$。此沉降率乘以沉降时间 τ_1 的积，就是 d_1 尘粒的沉降总质量，在纵轴上用 G_1O 表示；直线 AB 和 BC 的斜率差 $\mathrm{d}G_2/\mathrm{d}\tau$ 与沉降时间 τ_2 的积，就是 d_2 尘粒的沉降总质量，在纵轴上用 G_2G_1 表示。同样，粒径为 d_3 的尘粒在沉降时间 τ_3 内沉降的总质量在纵轴上用 G_3G_2 表示，依次类推，可得到粒径为 d_n 的尘粒在沉降时间 τ_n 内沉降的总质量。所以，沉降曲线上各点 A、B、C、D 的切线与纵轴交点 G_1，G_2…的间隔，就表示不同粒径（d_1，d_2，…）粉尘的沉降质量 ΔG_1，ΔG_2，…。而纵轴上的各点 G_1，G_2，…则分别为 $\geqslant d_1$，$\geqslant d_2$，…粒径的粉尘的累计质量。由图 9-14 得出的某一粒径尘粒的沉降质量 ΔG_i 除以试验粉尘的总质量 G，即可得到该粒径间隔的尘粒所占的质量分数；将累计质量 G_1 除以试验粉尘的总质量，即可得到大于和等于该粒径的沉降粉尘的累计质量分数。

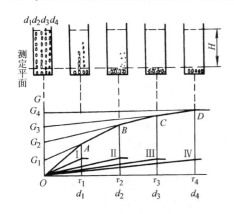

图 9-13　沉降曲线解释原理图

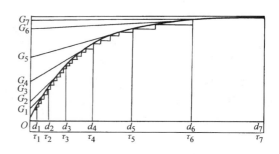

图 9-14　沉降曲线

由于生产粉尘的粒径分布大多是连续的，所以得出的沉降曲线是一条平滑的曲线，如图 9-14 所示。该曲线的顶点即坐标原点是粉尘开始沉降的点。横轴为粉尘沉降所需的时间（或相应的粉尘粒径），纵轴为沉降粉尘的累计质量。

沉降天平的结构如图 9-15 所示，天平称量盘直接放在盛有悬浮液的沉降瓶 2 内（称量盘不应与沉降瓶底部接触），随着粉尘的沉降，称量盘上的粉尘量逐渐增加，天平逐渐产生倾斜。当累计量达到 10 ～ 20mg 时，天平横梁 3 产生最大倾斜（其实从称量盘上方加到称量盘上的力，不论尘粒沉降与否都是一样的，称量盘之所以感受到力的变化，是因称量盘下方液体中粉尘的沉降，使作用在称量盘背面的压力减少的缘故），此时光路接通。光源4发出的光信号经聚光器聚光放大，并由反射镜5反射到光敏二极管6。光敏二极管接受反射光信号产生的电流，经电流放大器11放大，通过时间继电器并经由步进电机（驱动装置）8，使记录装置9和加载装置10产生动作，记录笔向右划出一小格，同时加载链条下降一定的高度，使横梁恢复平衡。横梁平衡时，光路遮断，信号因此中断。在第二次再沉降 10～20mg 时，循环同样的过程。这样，能记录下整个沉降过

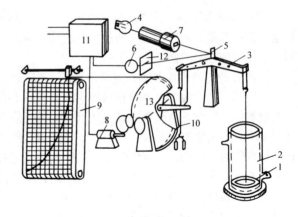

图 9-15　沉降天平结构简图

1—称量盘　2—沉降瓶　3—天平横梁　4—光源　5—反射镜
6—光敏二极管　7—聚光器　8—步进电机　9—记录装置
10—加载装置　11—电流放大器　12—光源　13—制动圆盘

程。记录下的曲线为阶梯状，稍作处理，即能连接成一条光滑的曲线，此条曲线就是粉尘的沉降曲线。根据这条沉降曲线，即能算出粉尘的粒径分布。现在比较先进的沉降天平都可直接给出粉尘的粒径分布。

为了适应测定不同粒径的尘粒需要，仪器配有的记录纸具有分档速度。粒径大，沉降快的尘粒用较快的走纸速度，以把曲线拉开；粒径小，沉降慢的尘粒用较慢的走纸速度，以避免曲线过于平坦，引切线时造成过大的误差。测定时，开始可用快速，经过相当于 10～15μm 尘粒的沉降时间后，改用慢速，以得到比较准确的曲线。

沉降天平装有自动记录装置，简化了操作程序，使分析时间大为缩短。

上述用移液管法或沉降天平法测出的尘粒粒径为斯托克斯粒径。非球形尘粒的斯托克斯粒径与其沉降速度相同的球形尘粒的粒径大小相等。

（3）离心沉降法　离心沉降法的原理是，不同粒径的尘粒在高速旋转时，受到不同的惯性离心力，从而实现尘粒的分级。与上述移液管法和沉降天平法相比，用离心沉降法实现粉尘分级有不少优点，因此应用较广。在离心分级中，巴寇分级机应用最广。下面对其做简要介绍。

图 9-16 是离心分级机的结构简图，它由两大部分组成，第Ⅰ部分固定在电动机轴上，随着电动机旋转；第Ⅱ部分是可拆卸的。用于测定的粉尘在容器 1 中由金属筛除去400μm 以上的粗大颗粒后，均匀进入供料漏斗 3，并经小孔 4 落入旋转通道 5，在电动机 11 带动下，旋

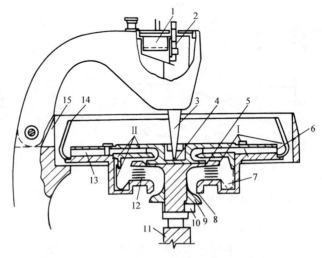

图 9-16　离心分级机结构简图

1—带金属筛的实验容器　2—带调节螺旋的垂直遮板　3—供料漏斗
4—小孔　5—旋转通道　6—气流出口　7—分级室　8—环缝
9—调节螺母　10—节流片　11—电动机　12—均流片
13—辐射叶片　14—上部边缘　15—保护圈

转通道以 3500r/min 的高速旋转。位于旋转通道内的尘粒在惯性离心力的作用下，向外侧移动。电动机 11 同时带动辐射叶片 13 旋转，在叶片旋转作用下，空气从仪器下部环缝 8 吸入，经节流装置、均流片 12、分级室 7、气流出口 6 后，由上部边缘 14 排出。因此，尘粒由旋转通道 5 到达分级室 7 时，既受到惯性离心力的作用，又受到向心气流的阻力作用。

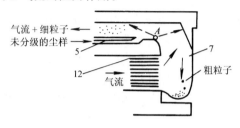

图 9-17 是分级室内气流和尘粒运动的示意图。从该图上可以看出，当作用在尘粒 A 上的惯性离心力大于气流的阻力时，尘粒 A 沿点画线向外壁移动，最后进入分级室内。如果惯性离心力大于气流的阻力作用，尘粒 A 沿虚线移动，与气流一起向中心运动，最后被吹出离心分级机。当旋转速度、尘粒密度和通过分级室的风量一定时，被气流吹出分级机的尘粒粒径也是一样的。

图 9-17　尘粒在分级室内运动示意图

通过环缝 8 进入仪器的风量是可调的。通过调整调节螺母 9 的位置来调节环缝 8 的宽度，利用节流片 10 来调整调节螺母 9 的位置，从而调整进入仪器的空气量。在操作时，由最小的风量开始，逐渐加大风量，就可以由小到大逐级把粉尘由分级机吹出，使粉尘由细到粗逐渐分级，每分级一次应把分级室内残留的粉尘仔细刷清、称重，两次分级的质量差就是被吹出的尘粒质量，也就是两次分级相对应的尘粒粒径间隔之间的粉尘质量。

根据巴寇分级机的工作原理，当进入仪器的空气量一定时，可以按某一粒径大小将粉尘分成两部分，这一粒径称为分离直径，由尘粒所受的离心力和空气阻力的平衡关系求得。在 $Re \leqslant 1$（即在斯托克斯阻力区）时，可得出下述关系式

$$\frac{\pi d_p^3}{6}(\rho_p - \rho)\frac{v_{pt}^2}{R} = 3\pi\mu d_p v$$

由此得

$$d_p = \sqrt{\frac{18\mu vR}{(\rho_p - \rho)v_{pt}^2}} \tag{9-25}$$

式中　R——分离室的半径（m）；

v_{pt}——粉尘在分级室的切向速度（m/s）；

v——空气的汇流速度（m/s）。

v 由下式确定

$$v = \frac{q_V}{2\pi Rh} \tag{9-26}$$

式中　q_V——空气量（m³/s）；

h——分级室的高度（m）。

将式（9-26）代入式（9-25），简化后得

$$d_p = \frac{1}{v_{pt}}\sqrt{\frac{9\mu q_V}{\pi(\rho_p - \rho)h}} \tag{9-27}$$

由于这种仪器不可能准确测出粉尘的切线速度 v_{pt} 及空气量 L，因此，不能直接用式（9-27）计算出各级的分离直径。实际工作中需要通过改变空气量 L 对仪器进行标定。为此，离心分级机带有一套节流片（共 7 片），制造厂先用标准粉尘进行试验，确定每一个节流片（即每一种风量）所对应的粉尘粒径。国内仪表厂生产的 YFG 离心式粉尘分级仪的节流片号为 18，17，16，14，12，8，4，（0），相应于密度为 1g/cm³ 的粉尘理论分离直径为 3.4μm，6.1μm，9.5μm，

15.9μm，20.4μm，25.8μm，56.5μm，69.0μm。试验用粉尘的密度如与标准粉尘不同（即不等于1kg/L）时，实际的分离直径按下式修正

$$d_{\mathrm{p}} = d_{\mathrm{p}}' \sqrt{\frac{\rho_{\mathrm{p}}'}{\rho_{\mathrm{p}}}} = \frac{d_{\mathrm{p}}'}{\sqrt{\rho_{\mathrm{p}}}} \tag{9-28}$$

式中　d_{p}——某一节流片对应的实际粉尘的分离直径（μm）；

d_{p}'——某一节流片对应的标准粉尘的分离直径（μm）；

ρ_{p}——实际粉尘的真密度（kg/L）；

ρ_{p}'——标准粉尘的真密度（kg/L），一般取$\rho_{\mathrm{p}}' = 1\mathrm{kg/L}$。

为了便于计算，有的厂家随产品提供换算表，根据尘粒真密度和节流片规格，即可查得分级粒径。

每次试验所需的尘样为10~20g，采用万分之一天平称重。每一次分级所需时间为20~30min。在每次分级后，应将分级室内残留的粉尘刷清并称重；然后，再放入分级机中在新的风量（即新的节流片）下进行下一次分级，依次类推，直到分级完毕。

经第i级分离后的残留物，即粒径$> d_{\mathrm{p}i}$的尘粒，在尘样中所占的质量分数按下式计算

$$\phi_{\mathrm{p}i \sim \mathrm{po}} = \frac{G_i + G_0}{G} \times 100\% \tag{9-29}$$

式中　$\phi_{\mathrm{p}i \sim \mathrm{po}}$——第$i$级分离后，粒径$> d_{\mathrm{p}i}$的尘粒所占的质量分数；

G_i——第i级分离后在分级室内残留的尘粒质量（g）；

G_0——第一级分离时残留在试样容器金属筛网上的尘粒质量（g）；

G——试验粉尘的质量（g）。

某一粒径间隔内的尘粒所占质量分数按下式确定

$$\mathrm{d}\phi_i = \frac{(G_{i-1} + G_0) - (G_1 + G_0)}{G} \times 100\% = \frac{G_{i-1} - G_i}{G} \times 100\% \tag{9-30}$$

式中　$\mathrm{d}\phi_i$——在$d_{\mathrm{p}i-1} \sim d_{\mathrm{p}i}$的粒径间隔内的尘粒所占的质量分数；

G_{i-1}——第$i-1$次分级后在分级室内残留的尘粒质量（g）。

巴寇分级机构造并不复杂，重现性好，操作比较方便，操作时间较短（分析一个样品约2h）。由于用它分级是在气体中进行，粉尘运动接近于除尘器（特别是旋风除尘器）的工作状况。因此，目前在工业上应用较广。美国机械工程师协会（AMSE）推荐采用这种方法。

巴寇分级机的缺点是：电动机转速、分级室内的空气温度和压力波动等因素都会影响测定精度；此外，粒径较小的粉尘作布朗扩散，湿度和电荷引起的凝聚作用等因素也会影响测定精度。

这种仪器适用于松散性的粉尘，如滑石粉、石英粉、煤粉等，不适用于黏性粉尘或粒径≤1μm的粉尘。

【例9-3】　巴寇分级机应用18号、17号节流片分离粉尘，已知18号节流片对应的标准粉尘的分离粒径$d_{\mathrm{p}1}' = 3.1\mu\mathrm{m}$，17号节流片对应的为$d_{\mathrm{p}2}' = 5\mu\mathrm{m}$，标准粉尘真密度$\rho_{\mathrm{p}}' = 1\mathrm{kg/L}$；试验粉尘质量$G = 10\mathrm{g}$，密度$\rho_{\mathrm{p}} = 2.815\mathrm{kg/L}$，第一级分离（使用18号节流片）后，金属筛网上剩余的粗颗粒质量$G_0 = 0.0251\mathrm{g}$，分离后分级室内残留的尘粒质量$G_1 = 9.4753\mathrm{g}$，第二级分离（使用17号节流片）后，分级室内残留的尘粒质量为8.8703g。求：（1）对应18号、17号节流片的实际粉尘分级粒径；（2）第一级分离后残留尘粒的质量分数；（3）两次分级之间粉尘质量分数。

【解】　对应18号节流片的实际粉尘分级粒径为

$$d_{p1} = d_{p1}' \sqrt{\frac{\rho_p'}{\rho_p}} = 3.1 \times \sqrt{\frac{1}{2.815}} \mu m = 1.848 \mu m$$

对应 17 号节流片的实际粉尘分级粒径为

$$d_{p2} = d_{p2}' \sqrt{\frac{\rho_p'}{\rho_p}} = 5.0 \times \sqrt{\frac{1}{2.815}} \mu m = 2.98 \mu m$$

第一级分离后残留尘粒（即粒径 $>1.848 \mu m$ 的尘粒）累计质量分数为

$$\phi_{71.848} = \frac{G_1 + G_0}{G} \times 100\% = \frac{9.4753 + 0.0251}{10} \times 100\% = 95.004\%$$

两次分级之间（即粒径为 $1.848 \sim 2.98 \mu m$ 之间）的粉尘质量分数为

$$d\phi_2 = \frac{9.4753 - 8.8703}{10} \times 100\% = 6.05\%$$

（4）惯性冲击法　惯性冲击法是利用惯性冲击原理对粉尘粒径进行分级。图 9-18 所示是其示意图，含尘气流被迫通过喷嘴（圆孔或条缝），形成高速的射流，直接冲向位于其前方的冲击板表面。含尘气流中惯性大的尘粒会脱离气流，碰撞到冲击板上；由于黏性力、静电力等作用，尘粒间互相粘聚并沉积到冲击板表面上。而惯性力较小的尘粒随气流改变自身的流动方向，进行绕流并进入到下一级，在此以更高的射流速度冲向下一级的冲击板。如果把几个喷嘴依次串联，逐渐减小喷嘴直径（即加大喷嘴出口流速），并由上而下依次减小喷嘴与冲击板的距离，则从气流中分离出来的尘粒也逐渐减小。对于每一级冲击板，有一特征粉尘粒径，并称为有效分割径，它表示这种粒径的粉尘有 50% 被冲击板捕集（即捕集效率为 50%），而 50% 的粉尘随气流进入下一级。有效分割径可按有关公式计算。

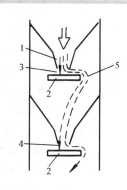

图 9-18　用惯性冲击法进行尘粒分级示意图
1—喷嘴　2—冲击板　3—粗大尘粒
4—细小尘粒　5—气流

用上述原理测定粉尘粒径分布的仪器称为串联冲击器，它通常由两级以上的喷嘴串联而成。串联冲击器的形式很多，我国生产的有 CGC－Ⅰ 型（图 9-19），国外常用的有美国制造的安得森Ⅲ型冲击器采用 8级冲击板，气流出口处还设置终过滤器，对 $0.05 \mu m$ 尘粒的捕集效率可达 98%。由于冲击板的衬垫采用玻璃纤维板，采样可在 800℃ 的高温条件下进行。安得森冲击器在我国应用也较多。

图 9-19 所示的装置可用于现场测定。这种仪器能直接测定管道内粉尘的浓度和粒径分布，与其他测定仪器相比，采用串联冲击器能大大简化操作程序，缩短测定时间。用其他方法测定粉尘粒径分布时，至少需要 $5 \sim 10g$ 尘样，这对于高效除尘器的出口来说，要取得这样多的尘样是很困难的，有时甚至是不可能的。因此，

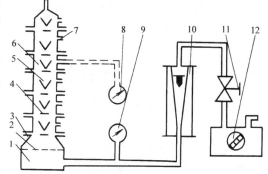

图 9-19　CGC－Ⅰ 型冲击器
1—底座　2—滤膜　3—底座上盖　4—挡板　5—喷嘴
6—串联冲击器本体　7—真空测孔　8、9—真空压力表
10—浮子流量计　11—针状阀　12—真空泵

用串联冲击器测定高效除尘器出口处的粉尘粒径分布，其优越性尤其突出。

（5）电导法　库尔特粒径测定仪（计数器）是用电导法使粉尘分级的一种仪器。其基本原理是根据尘粒在电解液中通过小孔时，小孔处电阻发生变化，由此引起电压波动，其脉冲值与尘粒的体积成正比，从而使粉尘颗粒分级。由库尔特在1949年研制成功的这种仪器，最早用于检查血球数，随后即广泛用于测定粉尘的粒度，即进行粉尘颗粒的分级。

图9-20所示是库尔特粒径测定仪的原理简图。在抽样管1和玻璃杯2中放入待测粉尘的悬浊液，关闭旋塞5。由于虹吸管7中水银柱的压差作用，使悬浊液（电解质）由玻璃杯2，经抽样管壁小孔，陆续流入抽样管1。虹吸管中水银液面的移动，通过触点a、b使开关6开闭。由开关6控制计数器的运转。当小孔处没有尘粒穿越时，该处电阻值为悬浊液的电阻；当有尘粒穿越时，其电阻值为尘粒电阻与悬浊液电阻的并联值。因此，有尘粒穿越小孔时，孔口处的电阻即发生变化，尘粒体积越大，引起的电阻值变化也越

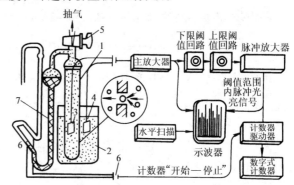

图9-20　库尔特粒径测定仪
1—抽样管　2—玻璃杯　3、4—电极　5—旋塞
6—开关　7—虹吸管

大；孔口处电阻的变化，使孔口内外两极板间的电压波动，即产生一个电压脉冲。由此可见，电压脉冲幅值与电阻值成正比，而电阻值与粉尘颗粒的体积近似成正比。把电压脉冲值放大、计数后，即可给出不同体积范围的尘粒个数以及粉尘颗粒的总数。利用这些数据便可得出粉尘的计数粒径分布。目前，这种仪器大都配有计算机，因而可直接给出粉尘的质量粒径分布。

一般通过小孔的尘粒直径为采样管孔直径的2%～30%。当尘粒粒径与采样管孔径比超过1:20时，最好能预先沉淀分级，更换合适的抽样管分别进行分级测定，以防堵塞。

这种仪器所需的试样量少（仅需12mg），测定时间短（只用20s），重现性好，可以自动记录。其缺点主要是，一个规格的小孔管所测粒径范围有限，其上限受到孔径的限制；而下限则由于细粉尘与小孔的大小相比很小，使脉冲的分辨率急剧降低。

库尔特计数器已由不少国家生产。我国湘西天平仪器厂出产的KF-9型颗粒分析仪，测定的粒径范围为1～80μm，小孔管孔径规格为50μm，100μm，200μm，采样体积为0.5mL，5mL。选用200μm小孔管时，采样体积取2mL；选用50μm、100μm小孔管时，采样体积取0.5mL或2mL。

9.2.2　空气中粉尘浓度的测定

空气中粉尘浓度的测定，对评价除尘系统性能，评定车间空气环境质量，改进和研制除尘设备十分重要。

1. 工作区含尘浓度的测定

测定工作区含尘浓度的方法较多，如滤膜法、β射线法、压电天平法、光散射法等。近年来，根据粉尘的一些特性研制了多种快速测尘仪，β射线测尘仪和压电天平测尘仪都是快速测尘仪。β射线测尘仪是利用低能β射线通过粉尘层时，射线的强度因粉尘层的吸收而减弱，减弱的程度则与粉尘层厚度有关的原理，经换算可得到工作区含尘浓度。压电天平测尘仪是运用石英晶体片上的尘粒质量改变引起电磁振荡频率的变化，其变化量最终与空气中的粉尘浓度呈

线性关系的原理测得粉尘浓度。这些方法中，以滤膜法测尘最为常用，本节将详细介绍。但是，滤膜法测尘不能立即获得测定结果，操作比较繁杂。

（1）测定原理　在测定地点用抽气设备抽吸一定体积的含尘空气，当它通过滤膜采样器中的滤膜时，粉尘被滤膜阻留。根据采样前后滤膜的增重（即集尘量）和总抽气量，就能算出单位体积空气中的质量含尘浓度（mg/m³）

$$y = \frac{G_2 - G_1}{V_0} \times 10^3 \tag{9-31}$$

式中　G_1——采样前滤膜的质量（mg）；

　　　G_2——采样后滤膜的质量（mg）；

　　　V_0——换算到标准状态后的抽气量（L）。

（2）采样系统和设备　图 9-21 是测定工作区含尘浓度的采样装置示意图，采样系统所用的主要仪器有滤膜采样器、压力计、温度计、流量计和抽气机等。温度计、转子流量计在相关课程中已有介绍，这里仅介绍滤膜采样器等设备。

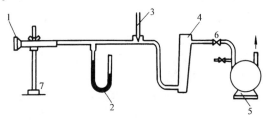

图 9-21　测定工作区空气含尘浓度的采样系统
1—滤膜采样器　2—压力计　3—温度计
4—流量计　5—抽气机　6—调节阀　7—支架

滤膜采样器的构造如图 9-22 所示，其由顶盖Ⅰ、滤膜夹Ⅱ和漏斗Ⅲ组成。装在滤膜夹中的滤膜 1 被固定盖 2 紧压在锥形环 3 和螺纹底座 4 中间。滤膜是由一种直径为 1.2~1.5μm 带有电荷的超细纤维（高分子聚合物）构成。在一般的温、湿度下（温度在 60℃ 以下，相对湿度为 25%~90%），滤膜的质量不受温、湿度影响。其过滤效率达 99% 以上。采用滤膜测尘可以简化操作手续，缩短准备和分析时间，空气通过滤膜时的阻力约为 190~470Pa（抽气量为 15L/min），当然，阻力与积尘量大小有关。滤膜有平面形和锥形两种。平面滤膜的直径为 40mm，容尘量小，适用于空气的含尘浓度小于 200mg/m³ 的场合。锥形滤膜是用直径为 75mm 的平面滤膜折叠而成，其容尘量大，适用于含尘浓度大于 200mg/m³ 的场合。

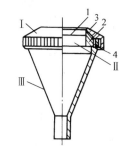

图 9-22　滤膜采样器
Ⅰ—顶盖　Ⅱ—滤膜夹　Ⅲ—漏斗
1—滤膜　2—固定盖　3—锥形环
4—螺纹底座

抽气机是采样装置的动力设备，目前应用较多的有刮板泵、电动离心式吸尘机等。在没有电源，有防火、防爆要求，不能使用电动设备的场合，可采用压缩空气喷射器作为动力设备。

为了便于携带，生产厂已将如图 9-21 所示的采样装置中的各种仪器组装在一起，构成一个测试箱，供现场测试使用。几种便携式测尘仪的性能列于表 9-7 中。

表 9-7　便携式测尘仪的性能

型号	电源	电压/V	电流/A	额定功率/W	负压/Pa	流量/(L/min)	重力/N
武安-76	交直流	24~30	0.5~0.7	8	750~1400	20~40	55
鞍劳 D-4	交直流	220, 36	0.91, 5	90	3800~7200	2×50（平行样）	35
DCH 轻便式	蓄电池	6	3	10	1400~1800	25~30	40

（3）测定步骤

1）滤膜的准备。用感量为万分之一克的天平称重滤膜，记录质量并编号后，将其固定在滤膜夹上（不应有折皱及缝隙，否则应重装），放入样品盒中备用。

2）现场采样。将粉尘采样装置架设在测尘地点，并检查采样装置是否严密。开动抽气机后，用螺旋夹将采样流量调整到所需数值（通常为15～30L/min），同时计时。在整个采样过程中应保持流量稳定。

必须注意，采集的尘样必须具有代表性。为此，在选择采样地点前，应详细了解和观察生产操作情况，粉尘发生情况和除尘设备使用状态。例如，为了评价工作区的卫生条件，应在距地面1.5m左右，工人进行操作和经常停留的地点采样，必要时还应在同一种操作的不同阶段分别进行采样。

为了减少天平称量的相对误差，应当根据空气含尘浓度的大小确定采样时间的长短。空气的含尘浓度高，采样时间可短一些；含尘浓度低，采样时间应长一些。使平面滤膜采集的最大粉尘质量不大于20mg（锥形滤膜不受此限制）。为了减少测定误差，应保证滤膜的增重（即采集的粉尘质量）不小于1mg。

3）含尘浓度的计算。采样流量 L_j' 由流量计测出。目前通用的转子流量计是在 $t = 20℃$，$p = 101.3kPa$ 的状况下标定的。当流量计前采样气体的状态与标定时的气体状态相差较大时，应对流量计读数进行修正，以得到测定状态下的实际流量值。实际流量按下式确定

$$q_{V,j} = q'_{V,j}\sqrt{\frac{101.3 \times (273 + t)}{(B + p) \times (273 + 20)}} \tag{9-32}$$

式中　$q_{V,j}$——实际流量（L/min）；

　　　$q'_{V,j}$——流量计读数（L/min）；

　　　B——当地大气压力（kPa）；

　　　p——流量计前压力计读数（kPa）；

　　　t——流量计前温度计读数（℃）。

由实际采样流量 $q_{V,j}$（L/min）乘以采样时间（min）即得到实际抽气量 V_t（L）

$$V_t = q_{V,j}\tau$$

式中　τ——采样时间（min）。

为将 V_t 换算成标准状态下的空气体积，需运用下式

$$V_0 = V_t\frac{273}{273 + t} \cdot \frac{B + p}{101.3} \tag{9-33}$$

空气的含尘浓度按式（9-32）确定

$$y = \frac{G_2 - G_1}{V_0} \times 10^3$$

如果两个平行样品测得的含尘浓度偏差小于20%，则可认为样品是有效的，并取其平均值作为该采样点的含尘浓度。否则，应重新采样测定。

滤膜法测尘的优点是精度高，费用低，易于在工厂企业推广。其缺点是要进行现场采样，又要在试验室对滤膜称重，不能立即得出测定结果。滤膜法采样在工矿企业得到了广泛应用。

为了准确地反映室内空气环境粉尘污染情况，操作工人实际接触的粉尘浓度和评价作业环境粉尘对人体的危害，近年来研制了一种小型个体粉尘采样器。其体积小、质量轻，使用时将装滤膜的采样头直接固定在工人胸前至锁骨附近的呼吸带上。工人进入岗位时，即打开仪器开始测定，离开岗位时关闭仪器停止测定。记下测定时间，滤膜增重及流量，可求出整个工作时间内工人所接触的空气平均含尘浓度。

光散射法粉尘浓度测量仪可以解决现有的粉尘浓度测试仪的测量精度低、仪器复杂的问题。

其工作原理是由红外激光器产生的激光信号入射至光学元件，经光学元件转换后发射至光电转换器进行浓度测量。其优点是可及时测出粉尘的浓度，操作过程没有滤膜法那么复杂。

【例 9-4】　已知采样地点的空气温度为 28℃，大气压为 95.7kPa。现以 15L/min 的流量采样。流量计前压力计读数为 – 3.3kPa，采样时间为 60min。滤膜在采样前的质量为 36.5mg，采样后的质量为 41.2mg。求空气的含尘浓度。

【解】　通过流量计的实际流量，根据式（9-33），有

$$q_{V,j} = q'_{V,j}\sqrt{\frac{101.3(273+t)}{(B+p)(273+20)}} = 15 \times \sqrt{\frac{101.3 \times (273+28)}{(95.7-3.3) \times (273+20)}} L/min$$

$$= 15.9 L/min$$

实际抽气量 $V_t = q_{V,j}\tau = 15.9 \times 60 L = 954 L$

换算成标准状态下的体积为

$$V_0 = 954 \times \frac{273}{273+28} \times \frac{95.7-3.3}{101.3} L = 789 L$$

标准状态下的含尘浓度为

$$y = \frac{G_2-G_1}{V_0} \times 10^3 = \frac{41.2-36.5}{789} \times 10^3 mg/m^3$$

$$= 5.96 mg/m^3$$

---

2. 管道内气流含尘浓度的测定

图 9-23 所示的管道内气流含尘浓度的测定装置，与工作区采样装置的差别是在滤膜采样之前增设了采样管 2。含尘气流采样管进入采样装置，因此，采样管也称引尘管；采样管头部设置了可更换的尖嘴形采样头 1（图 9-24）。滤膜采样器的结构也略有不同，在滤膜夹前增设了圆锥形漏斗，如图 9-25 所示。

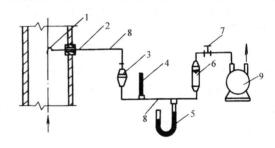

图 9-23　管道采样系统
1—采样头　2—采样管　3—滤膜采样器　4—温度计　5—压力计
6—流量计　7—螺旋夹　8—橡胶管　9—抽气设备

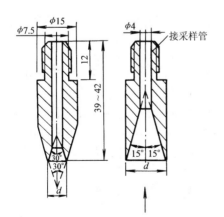

图 9-24　采样头

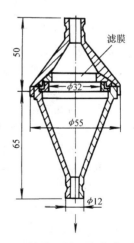

图 9-25　管道采样用的滤膜采样器

对于高浓度的含尘气流，为了增加滤料的容尘量，可以采用如图 9-26 所示的滤筒收集尘样。滤筒的集尘面积大，容尘量大，过滤效率高，对 $0.3 \sim 0.5 \mu m$ 的尘粒捕集效率接近 100%。国产的玻璃纤维滤筒分加胶合剂和不加胶合剂两种。加胶合剂的使用温度在 20℃ 以下，不加胶合剂的使用温度在 400℃ 以下，国产的刚玉滤筒使用温度在 850℃ 以下。有胶合

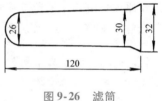

图 9-26 滤筒

剂的玻璃纤维滤筒，其中含有少量的有机黏合剂，在高温时使用，由于黏合剂蒸发，滤筒质量会略有减轻。为使滤筒质量保持稳定，在使用前后进行加热处理，除去有机物质。

按照集尘装置（滤膜或滤筒）放置的地方不同，采样方式分为管内采样和管外采样两种。如图 9-23 所示系统中的滤膜放在管外，称为管外采样。如果滤膜或滤筒和采样头一起直接插入管内，称为管内采样。管内采样能防止因高温烟气结露引起的采样管堵塞，主要用于含尘气体温度高、浓度大、有凝结水产生和管径较大的场合。

因为管道中气体的流速分布、粉尘浓度分布等因素与工作区有很大的差别，管道内粉尘浓度的测量比工作区的测量复杂。管道内含尘浓度的测定有两个显著特点：一是必须实现等速采样，即采样头进口处的采样速度应等于风管内该点的气流速度；二是在风管的测定断面上必须多点采样，以测得平均含尘浓度。

（1）等速采样 在风道内采样时，为了取得有代表性且符合实际情况的尘样，必须做到两点：首先，采样头进口正对含尘气流，其轴线与气流方向一致，偏斜的角度应小于 $\pm 5°$；否则，将有部分尘粒（直径大于 $4 \mu m$）因惯性作用不能进入采样头，使采集到的粉尘浓度低于实际值。第二，采样头进口处的采样速度应等于风管中该点的气流速度，即实现"等速采样"。图 9-27 所示是采样速度等于和不等于风管内气流速度时尘粒的运动情况。采样速度低于风管内该点的气流速度时，处于采样头边缘的较大尘粒（$d_p > 3 \sim 5 \mu m$），本应随气流一起绕过采样头，但是，由于其惯性作用，较粗的尘粒会继续按其原来方向前进，并进入采样头内，使测得的含尘浓度偏高。采样速度高于风管内原来的气流速度时，处于采样头边缘

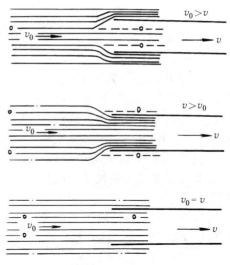

图 9-27 不同采样速度下的尘粒运动情况

的一些较粗尘粒，由于本身的惯性作用，不能随气流改变方向一起进入采样头内，而是继续沿着原来的方向前进，在采样头外通过，使测得的含尘浓度比实际的偏低。以上分析说明，只有采样速度等于风管内气流速度，测得的含尘浓度才是风管内气流的实际含尘浓度。

研究和实测表明，不等速采样造成的误差，与采样速度和实际速度的比值、尘粒的斯托克斯数有关。在实际测定时，要做到完全等速采样是很困难的。研究结果表明，当采样速度与风管中的气流速度相差在 $-5\% \sim +10\%$ 以内时，引起的误差可以忽略不计，采样速度高于气流速度时所造成的误差，比低于气流速度时小。

采样头与气流方向的偏斜角也是影响采样结果的一个因素。对于薄壁采样头，华脱森提出的因采样与气流方向偏斜造成的采样误差为

$$\varepsilon = \varepsilon_0 \cos\beta$$

式中 ε——采样头与气流方向偏离角度 β 时的采样误差；

ε_0——当 $\beta = 0°$ 的采样误差；

β——采样头与气流方向偏离角（°）。

当 $\beta = 10°$ 时，$\cos\beta = 0.985$，这对测定误差的影响不大。

对于厚壁采样头，在倾斜角小于10°时的误差小于一般形式的采样头。

实现等速采样的方法较多，常用的有预测流速法和差压平衡法。

1）预测流速法。这种方法是在测尘之前，先测出风管内测定断面上各采样点的气流速度，然后根据各测点（采样点）的气流速度和采样头进口直径计算出各点采样流量；或者根据管道内各采样点的流速和确定的采样流量计算出各测点所需要的采样头直径。前者操作较简便，经常使用。

为了适应不同的气流速度下采样需要，一般都准备一套进口内径为4mm、6mm、8mm、10mm、12mm、14mm的采样头。采样头一般做成渐缩锐边圆形，锐边的锥角以30°为宜，以避免产生涡流，影响测定结果，图9-24所示的是一种典型的采样头。与采样头相连的采样管不宜很粗，其内径通常为4～8mm，以避免风管中的含尘气流受到干扰，并防止采样管内积尘。采样头和采样管一般用不锈钢或铜制作。

下面介绍采样头进口直径和采样流量的确定方法。

为了防止采样管内积尘，采样管内的气流速度一般应大于25m/s。根据连续性方程，采样管内的空气流量等于采样头进口断面的空气流量，即

$$\frac{\pi d_0^2}{4} \times 25\mathrm{m/s} = \frac{\pi d^2}{4}v \tag{9-34}$$

式中 d_0——采样管内径（m）；

d——采样头进口内径（m）；

v——采样头的气流速度（m/s）。

为保证等速采样，v 即是风管内的流速。当采样管内径 d_0 为4mm、6mm、8mm、10mm 时，式（9-34）可以简化为

$$\left.\begin{array}{ll} d_0 = 4\mathrm{mm} & d = \dfrac{20}{\sqrt{v}} \\[2mm] d_0 = 6\mathrm{mm} & d = \dfrac{30}{\sqrt{v}} \\[2mm] d_0 = 8\mathrm{mm} & d = \dfrac{40}{\sqrt{v}} \\[2mm] d_0 = 10\mathrm{mm} & d = \dfrac{50}{\sqrt{v}} \end{array}\right\} \tag{9-35}$$

根据采样头进口直径 d_0（mm）和风管中采样点的气流速度 v（m/s）即可求得等速采样时的抽气量 q_V（L/min）

$$q_V = \frac{\pi}{4}\left(\frac{d}{1000}\right)^2 v \times 60 \times 1000 = 0.047d^2 v \tag{9-36}$$

若计算得到的抽气量 q_V 超出了流量计或抽气机的工作范围，应改换小号的采样头和采样管，然后再按上式重新计算抽气量。实际工作中，为简化计算，常将式（9-36）绘制成图9-28。

【例 9-5】 已知除尘管道的测定断面上某一点的气流速度为 15m/s，选用内径 $d_0 = 6mm$ 的采样管进行等速采样，确定采样头内径和所需的抽气量 L。

【解】 根据式 (9-35)，采样头内径为

$$d = \frac{30}{\sqrt{15}} mm = 7.75mm$$

选用 $d = 8mm$ 的采样头。查图 9-28，得抽气流量 $q_V = 46L/min$。

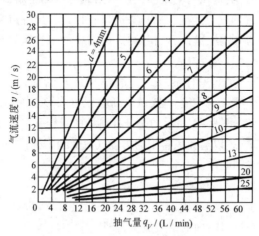

图 9-28　抽气量计算图

按照上述方法进行等速采样，操作繁杂，在管道内气流速度波动大时，难以取得准确的结果。采用下面介绍的差压平衡法比较简便。

2）平衡型等速采样法。为了实现等速采样，避免繁杂的操作，可以采用图 9-29 所示的等速采样头。这种采样头的内、外壁上各有一根静压管。对于采用锐角边缘，内外表面加工精密的等速采样头，可以近似地认为，气流通过采样头时的阻力与同一微小距离内采样头外气流阻力差为零。因此，只要采样头内外的静压值相等，采样头内的气流速度就等于风管内的气流速度（即采样头内和采样头外的动压相等）。采用这种方法的优点是：采样时不必预先测定测点的气流速度，只要在测定过程中调节采样流量，保证采样头内、外静压相等，就可以做

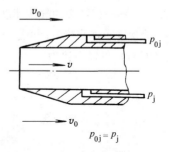

图 9-29　等速采样头示意图

到等速采样；从而使操作简化，测定时间缩短。由于管道内气流的湍流、摩擦以及采样头加工等因素的影响，实际上很难完全做到等速采样。等速采样头主要用于工况不太稳定的工业烟气的测定。

等速采样头是利用静压，而不是采样流量来指示等速情况的（图 9-30 为静压平衡型采样头）。而瞬时流量是波动的，所以记录采样流量不能用瞬时流量计，要用累计流量计。

除静压平衡采样头外，还有动压平衡型采样头，有关它的工作原理和使用方法，可参阅有关文献。

（2）采样点的布置　测定风管中气流的含尘浓度时，应当考虑到气流的运动状况和管道内粉尘浓度及粒径的分布情况。风管断面上含尘浓度的分布并不均匀：在垂直管中，含尘浓度由

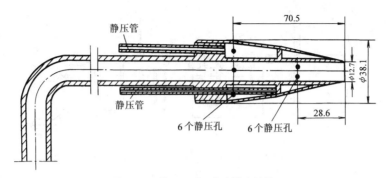

图 9-30　静压平衡型采样头结构

管中心向管壁逐渐增加；在水平管中，尘粒受重力影响，管道下部的含尘浓度比上部大，粒径也大。

　　由上可见，在垂直管段采样比在水平管段采样好。要取得风管中某一断面上的平均含尘浓度，必须在该断面上进行多点采样。对在断面上如何布点，才能准确测定平均含尘浓度，看法还不完全一致。常用的是按测量风量的方法布置测点。但是，当风管直径较大时，所需的测点多，测定时间长。如果管道系统工况不稳定，则很难取得准确的结果。也有其他布点方法，例如，英国的《烟道测尘简化方法》（BS3405）规定，管内测点的多少，应根据断面上动压的变化确定。测定断面上的动压变化不超过 4∶1 时，每条取样线上各取两点（图 9-31），动压变化超过 4∶1 时，则各条线上取 4 点（图 9-32）。

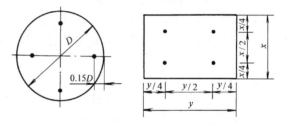

图 9-31　采样点的布置（动压变化小于 4:1）

　　在测定断面上进行多点采样时，可以按已确定的每个采样点采集一个尘样，以了解管道内的尘粒分布情况。实际采样时，常用同一采样系统，在已确定的各个采样点上，以相同的时间移动采样头连续采样。由于各测点的气流速度是不同的，要做到等速采样，每移动一个测点，必须迅速调整采样流量。在测定过程中，随滤膜上或滤筒内粉尘的积聚，阻力不断增加，因此，必须随时调整螺旋夹，保证各采样点的采样流量保持稳定。

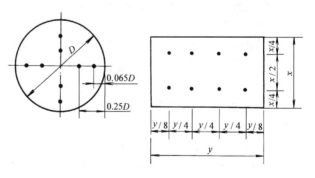

图 9-32　采样点的布置（动压变化大于 4:1）

　　管道测尘时，同样要考虑温度、压力变化对流量计读数的影响，其修正方法与工作区采样相同。至于滤膜的准备，测定数据整理，也与工作区采样大体相同。

9.2.3　高温烟气含尘浓度的测定

　　测定管道中高温气体的含尘浓度时，涉及气流的温度、压力、含湿量和气体的成分等参数。因此，高温测尘采用的设备和方法比常温测尘复杂。图 9-33 所示是高温测尘采样系统的示意图。工业锅炉和其他工业炉窑的烟气测尘是经常遇到的高温测尘课题。

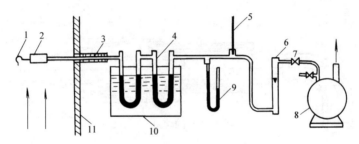

图 9-33 高温测尘采样系统示意图

1—采样头 2—滤筒 3—采样管（加热或保温） 4—吸湿管 5—温度计
6—流量计 7—调节阀 8—抽气机 9—压力计 10—冷却器 11—烟道

在高温烟气测尘计算时，为了简化起见，作以下一些假设：

1）整个系统内烟气的状态变化过程遵循理想气体状态方程式。

2）近似把干烟气看成干空气，即把烟气看成干空气和水蒸气的混合气体。

3）测试系统严密，无漏气现象。

高温测尘和常温测尘的差别主要有：

1）高温烟气是干烟气和水蒸气的混合气体，为了防止水蒸气出现凝结对流量计示值的影响，在流量计前要设置吸湿器，以除去烟气中的水蒸气。因此，要预先测定烟气的含湿量。

2）在采样装置内高温烟气的温度、压力和含湿量都会发生变化，要根据这些变化对流量计读数进行修正。

3）测定高温烟气时，不能采用普通滤膜，应根据需要选用玻璃纤维滤筒或刚玉滤筒。

4）为了防止烟气中水蒸气在采样管内冷凝，高温烟气常用管内采样，即采样头、滤筒和一部分采样管置于烟道内，以防止水蒸气在采样管内冷凝。如果采用管外采样，采样管必须保温或设置加热装置，保证采样器前的管路不结露。

1. 烟气含湿量的测定和计算

如果高温烟气冷却时所产生的凝结水进入转子流量计，则将使转子变重，影响其读数，严重时还会使转子失灵。因此，在实际测定装置上，转子流量计前均设有吸湿装置，还要测定烟气的含湿量。

测定烟气含湿的常用方法有：质量法、干湿球温度法和冷凝法。这里介绍质量法和干湿球温度法。

（1）质量法 质量法的测定原理是从烟道中抽出一定体积的烟气，在通过装有吸湿剂的吸湿管时，水蒸气被吸湿剂吸收，吸湿剂的增重即为该体积烟气中的水蒸气含量。所选的吸湿剂应当是只吸收水蒸气，而不吸收水蒸气以外的其他气体。常用的是硅胶、五氧化二磷、氯化钙等。如图 9-33 所示的采样系统中，装有两个串联的吸湿管，以保证烟气通过时其中的水蒸气被完全吸收。

在测定时，应记录进入流量计的烟气温度、压力和流量，测定完毕后求出吸湿管增重。烟气中水蒸气的含量（体积分数）按下式计算

$$x_s = \frac{1.24\,G_w}{V_d \dfrac{273}{273+t_1} \times \dfrac{B+p_1}{101.3} + 1.24\,G_w} \times 100\% \tag{9-37}$$

式中 x_s——烟气中水蒸气的体积分数（%）；

1.24——1g 水蒸气在标准状态下所占的体积（L/g）；

G_w——吸湿剂（吸湿管）吸收的水蒸气量（g）；

V_d——测量状态下抽取的干烟气体积（L）；

t_1——流量计前烟气的温度（℃）；

B——当地大气压力（kPa）；

p_1——流量计前烟气的压力（kPa）。

由于吸湿剂对水蒸气的吸收速率随操作温度的升高而降低，用质量法测定含湿量时应有冷却装置。质量法的精确度较高，在高温烟气测尘时广泛使用。

（2）干湿球温度测湿法　通过测定干湿球温度，也能计算得到烟气的水蒸气含量。

图 9-34 所示的是干湿球温度计测湿系统。图 9-35 是干湿球温度计的装置简图。测定时，让经过滤筒除尘的烟气以大于 2.5m/s 的速度流过干湿球温度计，等

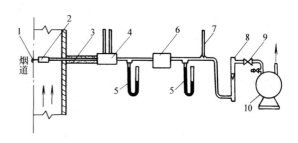

图 9-34　干湿球温度计测湿系统

1—采样头　2—滤筒　3—采样管（加热或保温）
4—干湿球温度计　5—压力计　6—干燥计　7—温度计
8—流量计　9—调节阀　10—抽气泵

干湿球温度计上的示值稳定时读数，并读取其他测定数据。然后，根据下式计算出烟气中所含水蒸气的体积分数 x_s

$$x_s = \frac{p_{bs} - \alpha(t_c - t_z)B_b}{B_j} \times 100\% \tag{9-38}$$

式中　p_{bs}——温度为 t_b 时饱和水蒸气压力（kPa）；

B_b——通过湿球表面的烟气绝对压力（kPa）；

B_j——烟道内烟气绝对静压（kPa）；

t_c——干球温度（℃）；

t_z——湿球温度（℃）；

α——系数，且 $\alpha = 0.00066$。

用干湿球温度测定烟气中水蒸气含量，操作不很复杂。这里还必须指出，通过干湿球温度计的烟气温度不超过 95℃时才能采用本方法。

2. 流量计读数的修正和采样流量的计算

（1）流量计读数的修正　高温测尘时，要根据烟气温度和压力的变化对流量计读数进行修正。

前面已经介绍过，等速采样时采样头的抽气量按式（9-36）确定

$$q_V = 0.047d^2v$$

在烟气经去湿和沿途冷却以后，通过流量计的实际流量 $q_{V,j}$ 为

$$q_{V,j} = q_V \frac{B + p_j}{B + p_1} \frac{273 + t_1}{273 + t_2}(1 - x_s) \tag{9-39}$$

式中　B——当地的大气压力（kPa）；

p_j——烟道内烟气的静压（kPa）；

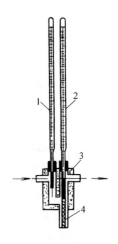

图 9-35　干湿球测湿装置

1—干球温度计　2—湿球温度计
3—保温材料　4—沾水纱布

t_1——流量计前的烟气温度（℃）；

t_2——烟道内烟气的温度（℃）；

p_1——流量计前压力计的读数（kPa）；

x_s——烟气中所含水蒸气的体积分数。

流量计在非标定工况（p_1，t_1）下工作时，实际流量 $q_{V,j}$ 的气体通过流量计，按照式（9-32），这时，流量计的读数为

$$q'_{V,j} = q_{V,j}\left(\frac{B+p_1}{101.3}\right)^{\frac{1}{2}}\left(\frac{273+20}{273+t_1}\right)^{\frac{1}{2}} \tag{9-40}$$

将式（9-36）、式（9-38）代入式（9-40），可以求得等速采样时所需的流量计读数 $q'_{V,j}$ 的另一计算式

$$q'_{V,j} = 0.08d^2v(1-x_s)\frac{B+p_j}{273+t_2}\left(\frac{273+t_1}{B+t_1}\right)^{\frac{1}{2}} \tag{9-41}$$

式中符号同前。

【例9-6】 已知烟道内的烟气温度 $t_2 = 160℃$，流速 $v = 13\text{m/s}$，含湿量 $x_s = 10\%$，烟气静压 $p_j = -2\text{kPa}$，当地大气压力 $B = 100\text{Pa}$，采样头的进口内径 $d = 8\text{mm}$，流量计前的烟气温度 $t_1 = 60℃$，压力 $p_1 = -3\text{kPa}$。求等速采样时应取的流量计读数。

【解】 由式（9-41）得流量计的读数

$$q_{V,j} = 0.08d^2v(1-x_s)\frac{B+p_j}{273+t_2}\left(\frac{273+t_1}{273+p_1}\right)^{\frac{1}{2}}$$

$$= 0.08 \times 8^2 \times 13 \times (1-0.1) \times \frac{100+(-2)}{273+160} \times \left[\frac{273+60}{100+(-3)}\right]^{\frac{1}{2}}\text{L/min}$$

$$= 25.08\text{L/min}$$

（2）采气量的计算 通过流量计的实际气体量即是采气量 V_τ（L），可按下式计算

$$V_\tau = q_{V,j}\tau \tag{9-42}$$

将式（9-41）变换为

$$q_{V,j} = q'_{V,j}\left(\frac{101.3}{273+20}\right)^{\frac{1}{2}}\left(\frac{273+t_1}{B+p_1}\right)^{\frac{1}{2}}$$

并代入式（9-42）得

$$V_\tau = 0.588q'_{V,j}\tau\left(\frac{273+t_1}{B+p_1}\right)^{\frac{1}{2}} \tag{9-43}$$

以上式中，τ 为采样时间（min）。

将 V_τ 换算为标准状态下的采气量 V_0

$$V_0 = V_\tau\frac{B+p_1}{273+t_1} \times \frac{273}{101.3} \tag{9-44}$$

【例9-7】 一加热炉烟气测尘系统中，已知流量计前的烟气温度 $t = 50℃$，压力 $p_j = -8.5\text{kPa}$，流量计前装有吸湿器。采样时间为10min，当地大气压 $B = 100\text{kPa}$。流量计的读数 $q'_{V,j} = 30\text{L/min}$，滤筒收集下来的粉尘质量 $G = 0.5\text{g}$。计算该加热炉烟气的含尘浓度。

【解】 按式（9-43）计算采气量

$$V_\tau = 0.588 q'_{v,j} \tau \left(\frac{273 + t_1}{B + p_1}\right)^{\frac{1}{2}}$$

$$= 0.588 \times 30 \times 10 \times \left(\frac{273 + 60}{100 - 8.5}\right)^{\frac{1}{2}} \text{L}$$

$$= 336.52 \text{L}$$

标准状态下的采气量按式（9-44）计算

$$V_0 = V_\tau \frac{B + p_1}{273 + t_1} \times \frac{273}{101.3} = 336.52 \times \frac{100 + (-8.5)}{273 + 50} \times \frac{273}{101.3} \text{L}$$

$$= 256.91 \text{L}$$

含尘浓度为

$$y = \frac{G}{V_0} = \frac{0.5 \times 10^3}{256.91} \times 10^3 \text{mg/m}^3 = 1.946 \times 10^3 \text{mg/m}^3$$

9.3　气体含量测定

本节重点介绍二氧化硫（SO_2）、氮氧化物（NO_x）、一氧化碳（CO）、臭氧（O_3）、总烃及非甲烷和氟化物的测定方法，其他气体的测定可参见有关书籍。

9.3.1　二氧化硫的测定

测定 SO_2 常用的方法有分光光度法、紫外荧光法、电导法、库仑滴定法（恒电流库仑法）、火焰光度法等。

1. 四氯汞钾溶液吸收盐酸副玫瑰苯胺分光光度法

该方法是国内外广泛采用的测定环境空气中 SO_2 的方法，具有灵敏度高、选择性好等优点，但吸收液毒性较大。

（1）原理　用氯化钾和氯化汞配制成四氯汞钾吸收液，气样中的二氧化硫用该溶液吸收，生成稳定的二氯亚硫酸盐络合物，该络合物再与甲醛和盐酸副玫瑰苯胺作用，生成紫色络合物，其颜色深浅与 SO_2 含量成正比，用分光光度法测定。

（2）测定　有两种操作方法。方法一所用盐酸副玫瑰苯胺显色溶液含磷酸量较方法二少，最终显色 pH 值为 1.6 ± 0.1，显色后溶液呈红紫色，最大吸收波长在 548nm 处，试剂空白值较高，最低检出限为 $0.75 \mu g/25 mL$；当采样体积为 30L 时，最低检出浓度为 $0.025 mg/m^3$。方法二最终显色 pH 值为 1.2 ± 0.1，显色后溶液呈蓝紫色，最大吸收波长在 575nm 处，试剂空白值较低，最低检出限为 $0.40 \mu g/7.5 mL$，当采样体积为 10L 时，最低检出浓度为 $0.04 mg/m^3$，灵敏度略低于方法一。

方法测定要点：先用亚硫酸钠标准溶液配制标准色列，在最大吸收波长处以蒸馏水为参比测定吸光度，用经试剂空白修正后的吸光度对 SO_2 含量绘制标准曲线。然后，以同样方法测定显色后的样品溶液，经试剂空白修正后，按下式计算样气中 SO_2 的浓度

$$c_{SO_2}(\text{mg/m}^3) = \frac{W}{V_n} \cdot \frac{V_t}{V_a} \tag{9-45}$$

式中　W——测定时所取样品溶液中 SO_2 含量（μg），由标准曲线查知；

V_t——样品溶液总体积（mL）；

V_a——测定时所取样品溶液体积（mL）；

V_n——标准状态下的采样体积（L）。

2. 钍试剂分光光度法

该方法所用吸收液无毒，样品采集后相当稳定，但灵敏度较低，所需采样体积大，适合于测定 SO_2 日平均浓度。它与四氯汞钾溶液吸收盐酸副玫瑰苯胺分光光度法都被国际标准化组织（ISO）规定为测定 SO_2 标准方法。

（1）原理 大气中的 SO_2 用过氧化氢溶液吸收并氧化为硫酸。硫酸根离子与过量的高氯酸钡反应，生成硫酸钡沉淀，剩余钡离子与钍试剂作用生成钍试剂 – 钡络合物（紫红色）。根据颜色深浅，间接进行定量测定。其反应过程如下

$$SO_2 + H_2O_2 = H_2SO_4$$

$$Ba^{2+} + SO_4^{2-} = BaSO_4 \downarrow$$

$$Ba^{2+}（剩余）+ 钍试剂 \longrightarrow 钍试剂 – 钡络合物$$

有色络合物最大吸收波长为 520nm。该方法最低检出限为 $0.4\mu g/mL$；当用 50mL 吸收液采样 $2m^3$ 时，最低检出浓度为 $0.01mg/m^3$。

（2）测定

1）标准曲线的绘制：吸取不同量硫酸标准溶液，各加入一定量高氯酸钡 – 乙醇溶液，再加钍试剂溶液显色，得到标准色列。以蒸馏水代替标准溶液，用同法配制试剂空白溶液，于 520nm 处，以水作参比，测其吸光度并调至 0.700。于相同波长处，以试剂空白溶液作参比，测定标准色列的吸光度，以吸光度对 SO_2 浓度绘制标准曲线。

2）将采样后的吸收液定容（同标准色列定容体积），按照上述方法测定吸光度，从标准曲线上查知相当 SO_2 浓度（c），按下式计算大气中的 SO_2 浓度

$$c_{SO_2}（mg/m^3）= \frac{cV_t}{V_n} \tag{9-46}$$

式中 V_t——样品溶液总体积（mL）；

V_n——标准状态下的采样体积（L）。

3. 紫外荧光法

荧光通常是指某些物质受到紫外光照射时，各自吸收了一定波长的光之后，发射出比照射光波长长的光，而当紫外光停止照射后，这种光也随之很快消失。当然，荧光现象不限于紫外光区，还有 X 荧光、红外荧光等。利用测荧光波长和荧光强度建立起来的定性、定量方法称为荧光分析法。

（1）原理 荧光通常发生于具有 π – π 电子共轭体系的分子中，如果将激发荧光的光源用单色器分光后照射这种物质，测定每一种波长的激发光所发射的荧光波长及其强度，以荧光强度对激发光波长或荧光波长作图，便得到荧光激发光谱或荧光发射光谱（简称荧光光谱）。不同物质的分子结构不同，其激发光谱和发射光谱不同，这是进行定性分析的依据。最直接的荧光定性分析方法是将待分析物质的荧光发射光谱与预期化合物的荧光发射光谱相比较，方法简便，并能取得较好的效果。在一定的条件下，物质发射的荧光强度与其浓度之间有一定的关系，这是进行定量分析的依据。

含被测物质的溶液被入射光（I_0）激发后，可以在溶液的各个方向观测到荧光强度（F）。但由于激发光源能量的一部分透过溶液，故在透射方向观测荧光是不适宜的。一般在与激发光源发射光垂直的方向观测，如图 9-36 所示。

根据比耳定律，透过光的比例为

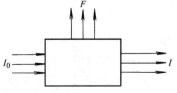

图 9-36   观测荧光方向示意图

$$\frac{I}{I_0} = 10^{-\varepsilon bc} \tag{9-47}$$

式中　I_0——入射光（激发光）强度；

I——透过光强度；

c——被测物质的浓度；

ε——被测物质摩尔吸光系数；

b——透过液层厚度。

被吸收和散射等光的比例为

$$1 - \frac{I}{I_0} = 1 - 10^{-\varepsilon bc}$$

即

$$I_0 - I = I_0(1 - 10^{-\varepsilon bc})$$

总发射荧光强度（F）与试样吸收的激发光的光量子数和荧光量子效率（Φ_F 为荧光物质吸收激发光后所发射的荧光量子数与吸收的激发光量子数之比值）成正比

$$F = \Phi_F(I_0 - I) = I_0\Phi_F(1 - 10^{-\varepsilon bc})$$

将上式括号内的指数项展开可得

$$F = I_0\Phi_F\left[2.3\varepsilon bc - \frac{(-2.3\varepsilon bc)^2}{2!} + \frac{(-2.3\varepsilon bc)^3}{3!} - \cdots\right]$$

对于很稀的溶液，被吸收的激发光不到 2%，εbc 很小，上式中括号内第二项后各项可忽略不计，则简化为

$$F = 2.3\Phi_F\varepsilon bcI_0$$

对于一定的荧光物质，当测定条件确定后，上式中的 Φ_F、I_0、ε、b 均为常数，故又可简化为

$$F = kc$$

即荧光强度与荧光物质浓度呈线性关系。荧光强度和浓度的线性关系仅限于很稀的溶液。

影响荧光强度的因素有：激发光照射时间、溶液温度和 pH 值、溶剂种类及伴生的各种散射光等。

（2）荧光计和荧光分光光度计　用于荧光分析的仪器有目视荧光计、光电荧光计和荧光分光光度计等。它们由光源、滤光片或单色器、样品池及检测系统等部分组成。光电荧光计以高压汞灯为激发光源、滤光片为色散元件，光电池为检测器，将荧光强度转换成光电流，用微电流表测定。结构比较简单，用于测定微量荧光物质可得到满意的结果。

如果对荧光物质进行定性研究或选择定量分析的适宜波长，则需要使用荧光分光光度计，其结构如图 9-37 所示。它以氙灯作光源（在 250~600nm 有很强的连续发射，峰值约在 470nm 处），棱镜或光栅为色散元件，光电倍增管为检测器。荧光信号通过光电倍增管转换为电信号，经放大后进行显示和记录；也可以送入数据处理系统经处理后进行数显、打印等。双光束自动扫描荧光分光光度计可以自动扫描记录荧光激发光谱和发射光谱。

（3）大气中 SO_2 的测定　紫外荧光法测定大气中的 SO_2，具有选择性好、不消耗化学试剂、适用于连续自动监测等特点，已被世界卫生组织在全球监测系统中采用。目前，广泛用于大气环境地面自动监测系统中。

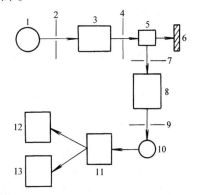

图 9-37　荧光分光光度计结构示意图

1—光源　2、4、7、9—狭缝　3—激发光单色器

5—样品池　6—表面吸物质　8—发射光单色器

10—光电倍增管　11—放大器

12—指示器　13—记录仪

用波长 190～230nm 紫外光照射大气样品，则 SO_2 吸收紫外光被激发至激发态，即

$$SO_2 + hv_1 \rightarrow SO_2'$$

激发态 SO_2' 不稳定，瞬间返回基态，发射出波峰为 330nm 的荧光，即

$$SO_2' \rightarrow SO_2 + hv_2$$

发射荧光强度和 SO_2 浓度成正比，用光电倍增管及电子测量系统测量荧光强度，即可得知大气中 SO_2 的浓度。

荧光法测定 SO_2 的主要干扰物质是水分和芳香烃化合物。水的影响一方面是由于 SO_2 可溶于水造成损失，另一方面，由于 SO_2 遇水产生荧光猝灭而造成负误差，可用半透膜渗透法或反应室加热法除去水的干扰。芳香烃化合物在 190～230nm 紫外光激发下也能发射荧光造成正误差，可用装有特殊吸附剂的过滤器预先除去。

紫外荧光 SO_2 监测仪由气路系统及荧光计两部分组成，如图 9-38 和图 9-39 所示。大气试样经除尘过滤器后，通过采样阀进入渗透膜除水器、除烃器到达荧光反应室，反应后的干燥气体经流量计测定流量后排出。气样流速为 1.5L/min。荧光计脉冲紫外光源发射脉冲紫外光经激发光滤光片（光谱中心 220nm）进入反应室，SO_2 分子在此被激发产生荧光，经发射光滤光片（光谱中心 330nm）投射到光电倍增管上，将光信号转换成电信号，经电子放大系统等处理后直接显示浓度读数。

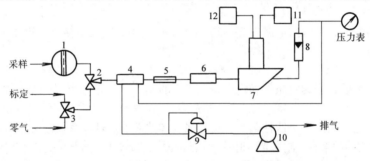

图 9-38　紫外荧光 SO_2 监测仪气路系统

1—除尘过滤器　2—采样电磁阀　3—零气/标定电磁阀　4—渗透膜除水器　5—毛细管　6—出烃器
7—反应室　8—流量计　9—调节阀　10—抽气泵　11—电源　12—信号处理及显示系统

该仪器操作简便。开启电源预热 30min，待稳定后通入零气，调节零点，然后通入 SO_2 标准气，调节指示标准气浓度值，继之通入零气清洗气路，待仪器指零后即可采样测定。如果采用微机控制，可进行连续自动监测，其最低检测含量可达 1×10^{-7}%。

4. 其他监测方法

（1）库仑滴定法（恒电流库仑法）　这种方法工作原理如图 9-40 所示。发送池是由铂丝阳极、铂网阴极、活性炭参比电极及 0.3mol/L 碱性碘化钾溶液组成的库仑（电解）池。若将一恒流电源加于两电解电极上，则电流从阳极流入，经阴极和参比电极流出。因参比电极通过负载电阻和阴极连接，故阴极电位是参比电极电位和负载上的电压降之和。此时两电极上的反应为

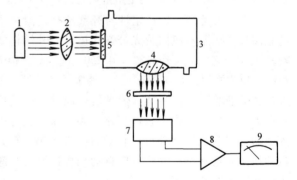

图 9-39　SO_2 监测仪荧光计工作原理

1—紫外光源　2、4—透镜　3—反应室　5—激发光滤光片
6—发射光滤光片　7—光电倍增管　8—放大器　9—指示器

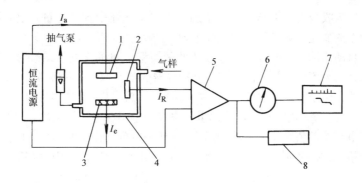

图 9-40　库仑滴定式 SO_2 监测仪工作原理

1—铂丝阳极　2—活性炭参比电极　3—铂网阴极　4—库仑池
5—放大器　6—微安表　7—记录仪　8—数据处理系统

阳极　　　$3I^- \rightarrow I_3^- + 2e$

阴极　　　$I_3^- + 2e \rightarrow 3I^-$

如果进入库仑池的气样中不含 SO_2，库仑池又无其他反应，则阳极氧化的碘离子和阴极还原的碘离子相等，即阳极电流等于阴极电流，参比电极无电流输出。如果气样中含 SO_2，则与溶液中的碘发生下列反应

$$SO_2 + I_2 + 2H_2O \rightarrow SO_4^{2-} + 2I^- + 4H^+$$

由于该反应的发生，降低了流入阴极的电解液中 I_2 的浓度，使阴极电流下降。为维持电极间氧化还原平衡，降低的电流将由参比电极流出

$$C(氧化态) + ne \rightarrow C(还原态)$$

气样中 SO_2 含量越大，消耗碘越多，导致阴极电流减小而通过参比电极流出的电流越大。当气样以固定流速连续地通入库仑池时，则参比电极电流和 SO_2 量间的关系如下

$$P = \frac{I_R M}{96500n} = 0.000332 I_R \tag{9-48}$$

式中　P——每秒进入库仑池的 SO_2 量（μg/s）；

　　　I_R——参比电极电流（μA）；

　　　M—— SO_2 相对分子质量（ $M = 64$ ）；

　　　n——参加反应的每个 SO_2 分子的电子变化数。

设通入库仑池的气样流量为 F （L/min）；气样中 SO_2 浓度为 c （μg/L），则每秒进入库仑池的 SO_2 量为

$$P = \frac{cF}{60}$$

则　　　　　　　　$$c = \frac{0.000332 I_R \times 60}{F} \approx 0.02 \frac{I_R}{F}$$

若 $F = 0.25 L/min$ ，则 $c = 0.08 I_R$ 。

由此可见，参比电极增加 $1μA$ 电流，相当于气样中 $0.08 mg/m^3$ 的 SO_2 浓度。将参比电极电流变化放大后，由微安表显示或用记录仪记录被测气体的 SO_2 浓度。仪器还设有数据处理系统，对测定结果进行数字显示和打印。

（2）溶液电导法　用酸性过氧化氢溶液吸收气样中的二氧化硫

$$SO_2 + H_2O_2 \longrightarrow H_2SO_4 \Longrightarrow 2H^+ + SO_4^{2-}$$

所生成的硫酸，使吸收液电导率增加，其增加值决定于气样中 SO_2 含量，故通过测量吸收液吸收 SO_2 前后电导率的变化，就可以得知气样中 SO_2 的浓度。

电导式 SO_2 自动监测仪有间歇式和连续式两种类型。间歇式测量结果为采样时段的平均浓度，连续式测量结果为不同时间的瞬时值。这种仪器的工作原理如图 9-41 所示。它有两个电导池，一个是参比池，用于测定空白吸收液的电导率（K_1），另一个是测量池，用于测定吸收 SO_2 后的吸收液电导率（K_2），而空白吸收液的电导率在一定温度下是恒定的，因此，通过测量电路测知两种电导液电导率差值（$K_2 - K_1$），便可得到任一时刻气样中的 SO_2 浓度。也可以通过比例运算放大电路测量 K_2/K_1 来实现对 SO_2 浓度的测定。当然，仪器使用前需用标准 SO_2 气体或标准硫酸溶液标定。

电导测量法的仪器结构比较简单，但易受温度变化和共存气体（如 CO_2、NO_2、NH_3、H_3S 等）的干扰，并需定期补充吸收液。

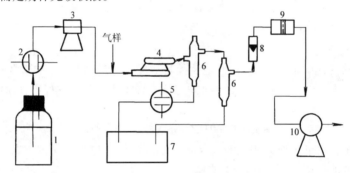

图 9-41　电导式 SO_2 自动监测仪工作原理

1—吸收液瓶　2—参比电导池　3—定量泵　4—吸收管　5—测量电导池
6—气液分离器　7—废液槽　8—流量计　9—滤膜过滤器　10—抽气泵

9.3.2　氮氧化物（NO_x）的测定

氮的氧化物有一氧化氮、二氧化氮、三氧化二氮、四氧化三氮和五氧化二氮等多种形式。大气中的氮氧化物主要以一氧化氮（NO）和二氧化氮（NO_2）形式存在。大气中的 NO 和 NO_2 可以分别测定，也可以测定二者的总量。常用的测定方法有盐酸萘乙二胺分光光度法、化学发光法及库仑滴定法（恒电流库仑法）等。

1. 盐酸萘乙二胺分光光度法

该方法采样和显色同时进行，操作简便，灵敏度高，是国内外普遍采用的方法。根据采样时间不同分为两种情况，一是吸收液用量少，适于短时间采样，检出限为 $0.05\mu g/5mL$（按与吸光度 0.01 相对应的亚硝酸根含量计）；当采样体积为 6L 时，最低检出浓度（以 NO_2 计）为 $0.01mg/m^3$。二是吸收液用量大，适于 24h 连续采样，测定大气中 NO_x 的日平均浓度，其检出限为 $0.25\mu g/25mL$；当 24h 采样量为 288L 时，最低检出浓度（以 NO_2 计）为 $0.002mg/m^3$。

（1）原理　用冰乙酸、对氨基苯磺酸和盐酸萘乙二胺配成吸收液采样，大气中的 NO_2 被吸收转变成亚硝酸和硝酸，在冰乙酸存在条件下，亚硝酸与对氨基苯磺酸发生重氮化反应，然后再与盐酸萘乙二胺偶合，生成玫瑰红色偶氮染料，其颜色深浅与气样中 NO_2 浓度成正比，因此，可用分光光度法进行测定。

NO 不与吸收液发生反应，测定 NO_x 总量时，必须先使气样通过三氧化铬 - 砂子氧化管，将 NO 氧化成 NO_2 后，再通入吸收液进行吸收和显色。由此可见，不通过三氧化铬 - 砂子氧化管，

测得的是 NO_2 含量；通过氧化管，测得的是 NO_x 总量，二者之差为 NO 的含量。

用吸收液吸收大气中的 NO_2，并不是 100% 的生成亚硝酸，还有一部分生成硝酸。用标准 SO_2 气体实验测知，NO_2（气）$\rightarrow NO_2^-$（液）的转换系数为 0.76，因此在计算结果时需除以该系数。

（2）测定

1）标准曲线的绘制：用亚硝酸钠标准溶液配制系列标准溶液，各加入等量吸收液显色、定容，制成标准色列，于 540nm 处测其吸光度及试剂空白溶液的吸光度，以试剂空白修正后的标准色列的吸光度对亚硝酸根含量绘制标准曲线，或计算出单位吸光度相应的 NO_2 微克数（B_s）。

2）试样溶液的测定：按照绘制标准曲线的条件和方法测定采样后的样品溶液吸光度，按下式计算气样中 NO_x 的浓度

$$c_{NO_x}(NO_2, mg/m^3) = \frac{(A - A_0)B_s}{0.76V_n} \tag{9-49}$$

式中　A——试样溶液的吸光度；

　　　A_0——试剂空白溶液的吸光度；

　　　V_n——换算至标准状态下的采样体积（L）。

2. 化学发光法

（1）原理　某些化合物分子吸收化学能后，被激发到激发态，再由激发态返回至基态时，以光量子的形式释放出能量，这种化学反应称为化学发光反应，利用测量化学发光强度对物质进行分析测定的方法称为化学发光分析法。

化学发光现象通常出现在放热化学反应中，包括激发和发光两个过程，即

$$A + B \xrightarrow{M} C^* + D$$
$$C^* \longrightarrow C + hv$$

式中　A 和 B——反应物；

　　　C^*——激发态产物；

　　　D——其余产物；

　　　M——参与反应的第三种物质；

　　　h——普朗克常数；

　　　v——发射光子的频率。

化学发光反应可在液相、气相、固相中进行。液相化学发光多用于天然水、工业废水中有害物质的测定。例如，鲁米诺（3 - 氨基邻苯二甲酰环肼）与过氧化氢在 Co^{2+}、Fe^{2+}、Cu^{2+}、Mn^{2+} 等金属离子催化下发生化学发光反应，当鲁米诺与过氧化氢过量时，发光强度与金属离子的浓度成正比，可用于测定痕量金属离子。气相化学发光反应主要用于大气中 NO_x、SO_2、H_2S、O_3 等气态有害物质的测定。

反应产物的发光强度可用下式表示

$$I = K\frac{[NO][O_3]}{[M]} \tag{9-50}$$

式中　　　I——发光强度；

$[NO]$、$[O_3]$——NO 和 O_3 的浓度；

　　　$[M]$——参与反应的第三种物质浓度，该反应用空气；

　　　K——化学发光反应温度有关的常数。

如果 O_3 是过量的，而 M 也是恒定的，则发光强度与 NO 浓度成正比，这是定量分析的依据。但是，测定 NO_x 总浓度时，需预先将 NO_2 转换为 NO。

化学发光分析法的特点是：灵敏度高，可达 10^{-7}% 级，甚至更低；选择性好，对于多种污染物质共存的大气，通过化学发光反应和发光波长的选择，可不经分离有效地进行测定；线性范围宽，通常可达 5~6 个数量级。为此，在环境监测、生化分析等领域得到较广泛的应用。

（2）化学发光 NO_x 监测仪 以 O_3 为反应剂的氮氧化物监测仪可以测定大气中 NO、NO_2 及其总浓度。我国生产的这种仪器有 GSH—202 型、BF—8840 型等，前者的测量范围为 $0~8mg/m^3$，最小检测浓度为 $20\mu g/m^3$。其工作原理如图 9-42 所示。汽车排气分析用的 NO_x 监测仪与大气 NO_x 监测仪大同小异，不过不需要很高的灵敏度。

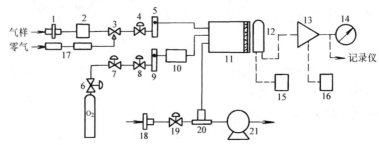

图 9-42 化学发光 NO_x 监测仪工作原理

1、18—尘埃过滤器 2—NO_2→NO 转换器 3、7—电磁阀 4、6、19—针形阀 5、9—流量计
8—膜片阀 10—O_3 发生器 11—反应室及滤光片 12—光电倍增管 13—放大器 14—指示表
15—高压电源 16—稳压电源 17—零气处理装置 20—三通管 21—抽气泵

由图可见，气路分为两部分，一是 O_3 发生气路，即氧气经电磁阀、膜片阀、流量计进入 O_3 发生器，在紫外光照射或无声放电等作用下，产生一定数量的 O_3 气体送入反应室。二是气样经尘埃过滤器进入转换器，将 NO_2 转换成 NO，再通过三通电磁阀、流量计到达反应室。气样中的 NO 与 O_3 在反应室中发生化学发光反应，产生的光量子经反应室端面上的滤光片获得特征波长光射到光电倍增管上，将光信号转换成与气样中 NO_2 浓度成正比的电信号，经放大和信号处理后，送入指示、记录仪表显示和记录测定结果。反应后的气体由泵抽出排放。还可以通过三通电磁阀抽入零气校正仪器的零点。

3. 原电池库仑滴定法

这种方法与 SO_2 库仑滴定测定法的不同之处是库仑池不施加直流电压，而依据原电池原理工作，如图 9-43 所示。库仑池中有两个电极，一是活性炭阳极，二是铂网阴极，池内充 0.1mol/L 磷酸盐缓冲溶液（pH = 7）和 0.3mol/L 碘化钾溶液。当进入库仑池的气样中含有 NO_2 时，则与电解中的 I^- 反应，将其氧化成 I_2，而生成的 I_2

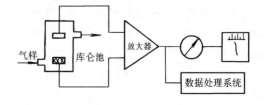

图 9-43 原电池恒电流库仑法测定 NO_x 原理

又立即在铂网阴极上还原为 I^-，便产生微小电流。如果电流效率达 100%，则在一定条件下，微电流大小与气样中 NO_2 浓度成正比，故可根据法拉第电解定律将产生的电流换算成 NO_2 的浓度，直接进行显示和记录。测定总氮氧化物时，需先让气样通过三氧化铬氧化管，将 NO 氧化成 NO_2。图 9-44 所示为 NO_x 自动监测仪的气路系统。

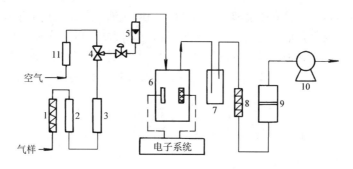

图 9-44　原电池库仑滴定法 NO_x 自动监测仪气路系统

1、8—加热器　2—氧化银过滤器　3—三氧化铬氧化管　4—三通阀　5—流量计
6—库仑池　7—缓冲瓶　9—稳流室　10—抽气泵　11—活性炭过滤器

9.3.3　一氧化碳的测定

测定大气中 CO 的方法有非分散红外吸收法、气相色谱法、定电位电解法、间接冷原子吸收法等。这里只介绍非分散红外吸收法和气相色谱法，其他方法可参考有关书籍。

1. 非分散红外吸收法

这种方法被广泛用于 CO、CO_2、CH_4、SO_2、NH_3 等气态污染物质的监测，具有测定简便、快速，不破坏被测物质和能连续自动监测等优点。

（1）原理　当 CO、CO_2 等气态分子受到红外辐射（$1 \sim 25\mu m$）照射时，将吸收各自特征波长的红外光，引起分子振动能级和转动能级的跃迁，产生振动–转动吸收光谱，即红外吸收光谱。在一定气态物质浓度范围内，吸收光谱的峰值（吸光度）与气态物质浓度之间的关系符合朗伯–比尔定律，因此，测其吸光度即可确定气态物质的浓度。

CO 的红外吸收峰在 $4.5\mu m$ 附近，CO_2 在 $4.3\mu m$ 附近，水蒸气在 $3\mu m$ 和 $6\mu m$ 附近。因为空气中 CO_2 和水蒸气的浓度远大于 CO 的浓度，故干扰 CO 的测定。在测定前用制冷或通过干燥剂的方法可除去水蒸气；用窄带光学滤光片或气体滤波室将红外辐射限制在 CO 吸收的窄带光范围内，可消除 CO_2 的干扰。

（2）非分散红外吸收法 CO 监测仪　非分散红外吸收法 CO 监测仪的工作原理示于图 9-45。从红外光源发射出能量相等的两束平行光，被同步电机带动的切光片交替切断。然后，一路通过滤波室（内充 CO 和水蒸气，用以消除干扰光）、参比室（内充不吸收红外光的气体，如氮气）射入检测室，这束光称为参比光束，其 CO 特征吸收波长光强不变。另一束光称为测量光束，通过滤

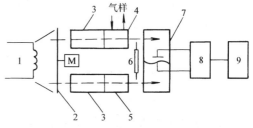

图 9-45　非分散红外吸收法 CO 监测仪原理
1—红外光源　2—切片光　3—滤波室
4—测量室　5—参比室　6—调零挡板　7—检测室
8—放大及信号处理系统　9—指示表及记录仪

波室、测量室射入检测室。由于测量室内有气样通过，则气样中的 CO 吸收了部分特征波长的红外光，使射入检测室的光束强度减弱，且 CO 含量越高，光强减弱越多。检测室用一金属薄膜（厚 $5 \sim 10\mu m$）分隔为上、下两室，均充等浓度 CO 气体，在金属薄膜一侧还固定一圆形金属片，距薄膜 $0.05 \sim 0.08mm$，二者组成一个电容器。这种检测器称为电容检测器或薄膜微音器。由于射入检测室的参比光束强度大于测量光束强度，使两室中气体的温度产生差异，导致下室中的气体膨胀压力大于上室，使金属薄膜偏向固定金属片一方，从而改变了电容器两极间的距

离，也就改变了电容量，由其变化值即可得出气样中 CO 的含量值。采用电子技术将电容量变化转变成电流变化，经放大及信号处理后，由指示表和记录仪显示和记录测量结果。

测量时，先通入纯氮气进行零点校正，再用标准 CO 气体校正，最后通入气样，便可直接显示、记录气样中 CO 含量（c），以 $10^{-4}\%$ 计。按下式将其换算成标准状态下的质量浓度 c_{CO}（mg/m^3）

$$c_{CO}(mg/m^3) = 1.25c \tag{9-51}$$

式中　1.25——标准状态下由（$10^{-4}\%$）换算成（mg/m^3）的换算系数。

2. 气相色谱法

色谱分析法又称层析分析法，是一种分离测定多组分混合物的极其有效的分析方法。它基于不同物质在相对运动的两相中具有不同的分配系数，当这些物质随流动相移动时，就在两相之间进行反复多次分配，使原来分配系数只有微小差异的各组分得到很好的分离，依次送入检测器测定，达到分离、分析各组分的目的。

色谱法的分类方法很多，常按两相所处的状态来分。用气体作为流动相时，称为气相色谱；用液体作为流动相时，称为液相色谱或液体色谱。

（1）气相色谱流程　气相色谱法是使用气相色谱仪来实现对多组分混合物分离和分析的，其流程如图 9-46 所示。载气由高压钢瓶供给，经减压、干燥、净化和测量流量后进入气化室，携带由气化室进样口注入并迅速气化为蒸气的试样进入色谱柱（内装固定相），经分离后的各组分依次进入检测器，将浓度或质量信号转换成电信号，经阻抗转化和放大，送入记录仪记录色谱峰。

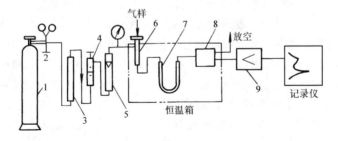

图 9-46　气相色谱仪流程示意图

1—载气钢瓶　2—减压阀　3—干燥净化管　4—稳压阀　5—流量计
6—气化室　7—色谱柱　8—检测器　9—阻抗转换及放大器

（2）色谱流出曲线　当载气载带着各组分依次通过检测器时，检测器响应信号随时间变化曲线称为色谱流出曲线，也称色谱图，如图 9-47 所示。如果分离完全，每个色谱峰代表一种组分。根据色谱峰出峰时间可进行定性分析；根据色谱峰高或峰面积可进行定量分析。

（3）色谱分离条件的选择　色谱柱分离条件的选择包括色谱柱内径及柱长、固定相、气化温度及柱温、载气及其流速、进样时间和进样量等条件的选择。

色谱柱内径越小，柱效越高，一般为 2~6mm。增加柱长可提高柱效，但分析时间增长，一般在 0.5~6mm 之间选择。

固定相是色谱柱的填充剂，可分为气固色谱固定相和气液色谱固定相。前者为活性吸附剂，如活性炭、硅胶、分子筛、高分子微球等，主要用于分离 CH_4、CO、SO_2、H_2S 及 4 个碳以下的气态烃。气液固定相是在担体（或称载体）的表面涂一层固定液制成。担体是一种化学惰性的多孔固体颗粒，分为硅藻土担体（如 6201、101 担体）和非硅藻土担体（如玻璃微球）两大类。

固定液为高沸点有机化合物，分为极性、中等极性、非极性及氢键型四类，常依据相似相溶规律选择，即固定液与被分离组分的化学结构及极性相似，分子间的作用力强，选择性高。非极性物质一般选用非极性固定液，二者之间的作用力主要是色散力，各组分按照沸点由低到高的顺序流出；如极性与非极性组分共存，则具有相同沸点的极性组分先流出。强极性物质选用强极性固定液，两种分子间以定向力为主，各组分按极性由小到大顺序流出。能形成氢键的物质选用氢

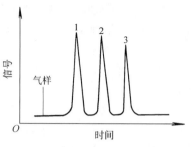

图9-47　色谱流出曲线

键型固定液，各组分按照与固定液分子形成氢键能力大小顺序流出，形成氢键力小的组分先流出。对于复杂混合物，可选用混合型固定液。

提高色谱柱温度，可加速气相和液相的传质过程，缩短分离时间，但过高将会降低固定液的选择性，增加其挥发流失，一般选择近似等于试样中各组分的平均沸点或稍低温度。

气化温度应以能将试样迅速气化而不分解为准，一般高于色谱柱温度30~70℃。

载气应根据所用检测器类型，对柱效能的影响等因素选择。如对热导检测器，应选氢气或氩气；对氢火焰离子化检测器，一般选氮气。载气流速小，宜选用相对分子质量较大和扩散系数小的载气，如氮气和氩气，反之，应选用相对分子质量小、扩散系数大的载气，如氢气，以提高柱效。载气最佳流速需要通过实验确定。

色谱分析要求进样在1s内完成，否则，将造成色谱峰扩张，甚至改变峰形。进样量应控制在峰高或峰面积与进样量成正比的范围内。液体试样一般为0.5~5μL；气样一般为0.1~10mL。

（4）检测器　气相色谱分析常用的检测器有：热导检测器、氢火焰离子化检测器、电子捕获检测器和火焰光度检测器。对检测器的要求是：灵敏度高、检测度（反映噪声大小和灵敏度的综合指标）低、响应快、线性范围宽。

1）热导检测器（TCD）。这种检测器是一个热导池，基于不同组分具有不同的导热系数来实现对各组分的测定。热导池是在不锈钢块上钻4个对称的孔，各孔中均装入一根长短和阻值相等的热敏丝（与池体绝缘）。让一对通孔流过纯载气，另一对通孔流过携带试样蒸气的载气。将4根阻丝接成桥路，通纯载气的一对称参比臂，另一对称测量臂，如图9-48所示。电桥置于恒温室中并通以恒定电流。当两臂都通入纯载气并保持桥路电流、池体温度、载

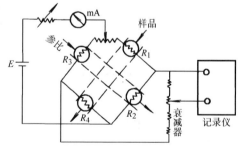

图9-48　热导检测器测量原理

气流速等操作条件恒定时，则电流流经四臂阻丝所产生的热量恒定，由热传导方式从热丝上带走的热量也恒定，两臂中热丝温度和电阻相等，电桥处于平衡状态（$R_1R_4 = R_2R_3$），无信号输出。当进样后，试样中组分在色谱柱中分离后进入测量臂，由于组分和载气组成的二元气体的导热系数和纯载气的导热系数不同，引起通过测量臂气体导热能力改变，致使热丝温度发生变化，从而引起R_1和R_4变化，电桥失去平衡（$R_1R_4 \neq R_2R_3$），有信号输出，其大小与组分浓度成正比。

2）氢火焰离子化检测器（FID）。这种检测器是使被测组分离子化，离解成正、负离子，经收集汇成离子流，通过对离子流的测量进行定量分析。其结构及测量原理如图9-49所示。该检测器由氢氧火焰和置于火焰上、下方的圆筒状收集极及圆环发射极、测量电路等组成。两电极间加200~300V电压。未进样时，氢氧焰中生成H、O、OH、O_2H及一些被激发的变体，但

它们在电场中不被收集，故不产生电信号。当试样组分随载气进入火焰时，就被离子化形成正离子和电子，在直流电场的作用下，各自向极性相反的电极移动形成电流，该电流强度为 $10^{-8} \sim 10^{-13}$ A，需经高阻（R）产生电压降，再放大后送入记录仪记录。

3）电子捕获检测器（ECD）。这是一种分析痕量电负性（亲电子）有机化合物很有效的检测器。

它对卤素、硫、氧、硝基、羰基、氰基、共轭双键体系、有机金属化合物等有高响应值，对烷烃、烯烃、炔烃等的响应值很小。检测器的结构及测量原理如图 9-50 所示。它的内腔中有不锈钢棒阳极、阴极和贴在阴极壁上的 β 放射源（^{3}H或^{63}Ni），在两极间施加直流或脉冲电压。当载气（氩或氮）进入内腔时，受到放射源发射的 β 粒子轰击被离子化，形成次级电子和正离子

$$Ar + \beta \longrightarrow Ar^+ + e$$

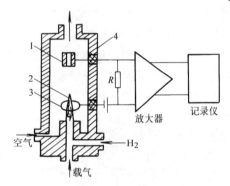

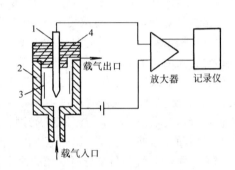

图 9-49 氢火焰离子化检测器及测量原理
1—收集极 2—火焰 3—发射极 4—离子室

图 9-50 电子捕获检测器及测量原理
1—阳极 2—阴极
3—筒状放射源 4—聚四氟乙烯

在电场作用下，正离子和电子分别向阴极和阳极移动形成基流（背景电流）。当电负性物质（AB）进入检测器时，立即捕获自由电子。捕获机理分为两类

$$AB + e \longrightarrow AB^- + E \quad （非离解型）$$
$$AB + e \longrightarrow A + B^- \pm E \quad （离解型）$$

电负性物质捕获电子的结果使基流下降，在记录仪上得到倒峰。在一定浓度范围内，响应值与电负性物质浓度成比例。电负性物质生成的负离子与载气电离产生的正离子复合生成中性分子，随载气流出检测器。

（5）定量分析方法

1）标准曲线法（外标法）。用被测组分纯物质配制系列不同浓度溶液，分别定量进样，记录不同浓度溶液的色谱图，测出峰面积，用峰面积对相应的浓度作图，应得到一条直线，即标准曲线。有时也可用峰高代替峰面积，作峰高－浓度标准曲线。在同样条件下，进同量被测试样，测出峰面积或峰高，从标准曲线上查知试样中待测组分的含量。

2）内标法。选择一种试样中不存在，其色谱峰位于被测组分色谱峰附近的纯物质作为内标物，以固定量（接近被测组分量）加入标准溶液和试样溶液中，分别定量进样，记录色谱峰，以被测组分峰面积与内标物峰面积的比值对相应浓度作图，得到标准曲线。根据试样中被测与内标两种物质峰面积的比值，从标准曲线上查知被测组分浓度。这种方法可抵消因实验条件和进样量变化带来的误差。

3）归一化法。外标法和内标法适用于试样中各组分不能全部出峰，或多组分中只测量一种

或几种组分的情况。如果试样中各组分都能出峰，并要求定量，则使用归一化方法比较简单。设试样中各组分的质量分别为 W_1、W_2、$\cdots$、W_n，则各组分的百分含量（P_i）按照下式计算

$$P_i = \frac{W_i}{W_1 + W_2 + \cdots + W_n} \times 100\% \qquad (9\text{-}52)$$

各组分的质量（W_i）可由质量校正因子（f_w）和峰面积（A_i）求得，即

$$P_i = \frac{A_i f_{w(i)}}{A_1 f_{w(1)} + A_2 f_{w(2)} + \cdots + A_n f_{w(n)}} \times 100\% \qquad (9\text{-}53)$$

f_w 可由文献查知，也可通过实验测定。校正因子分为绝对校正因子和相对校正因子。绝对校正因子是单位峰面积代表某组分的量，既不易准确测定，又无法直接应用，故常用相对校正因子，它是被测组分与某种标准物质绝对校正因子的比值。常用的标准物质是苯（用于 TCD）和正庚烷（用于 FID）。当物质以质量作单位时，称为质量校正因子（f_w），据其含意，按下式计算

$$f_w = \frac{f'_{w(i)}}{f'_{w(s)}} = \frac{A_s W_i}{A_i W_s} \qquad (9\text{-}54)$$

式中　$f'_{w(i)}$、$f'_{w(s)}$——被测和标准物质的绝对校正因子；

　　　W_s、A_s——标准物质的质量和峰面积。

（6）一氧化碳的测定　大气中的 CO、CO_2 和甲烷经 TDX – 01 碳分子筛柱分离后，于氢气流中在镍催化剂（$360℃ \pm 10℃$）作用下，CO、CO_2 皆能转化为 CH_4，然后用氢火焰离子化检测器分别测定上述三种物质，其出峰顺序为：CO、CH_4、CO_2，测定流程如图 9-51 所示。

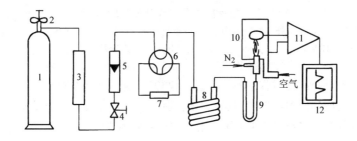

图 9-51　色谱法测定 CO 流程

1—氢气瓶　2—减压阀　3—净化管　4—流量调节阀　5—流量计　6—六通阀
7—定量管　8—色谱柱　9—转化炉　10—FID　11—放大器　12—记录仪

测定时，先在预定实验条件下用定量管加入各组分的标准气样，测其峰高，按下式计算定量校正值

$$K = \frac{c_s}{h_s} \qquad (9\text{-}55)$$

式中　K——定量校正值，表示每 1mm 峰高代表的 CO（或 CH_4、CO_2）浓度（mg/m^3）；

　　　c_s——标准气样中 CO（或 CH_4、CO_2）浓度（mg/m^3）；

　　　h_s——标准气样中 CO（或 CH_4、CO_2）峰高（mm）。

在与测定标准气同样条件下测定气样，测量各组分的峰高（h_x），按下式计算 CO（或 CH_4、CO_2）的浓度（c_x）

$$c_x = h_x K \qquad (9\text{-}56)$$

为保证催化剂的活性，在测定之前，转化炉应在 360℃ 下通气 8h，氢气和氮气的纯度应高于 99.9%。

当进样量为 2mL 时，对 CO 的检测限为 $0.2mg/m^3$。

3. 汞置换法

汞置换法也称间接冷原子吸收法。该方法基于气样中的 CO 与活性氧化汞在 $180\sim200℃$ 发生反应，置换出汞蒸气，带入冷原子吸收测汞仪测定汞的含量，再换算成 CO 浓度。置换反应式如下

$$CO(气) + HgO(固) \xrightarrow{180\sim200℃} Hg(蒸气) + CO_2(气)$$

汞置换法 CO 测定仪的工作流程如图 9-52 所示。空气经灰尘过滤器、活性炭管、分子筛管及硫酸亚汞硅胶管等净化装置除去尘埃、水蒸气、二氧化硫、丙酮、甲醛、乙烯、乙炔等干扰物质后，通过流量计、六通阀，由定量管取样送入氧化汞反应室，被 CO 置换出的汞蒸气随气流进入测量室，吸收低压汞灯发射的 253.7nm 紫外光，用光电管、放大器及显示、记录仪表测量吸光度，以实现对 CO 的定量测定。测量后的气体经碘 – 活性炭吸附管由抽气泵抽出排放。

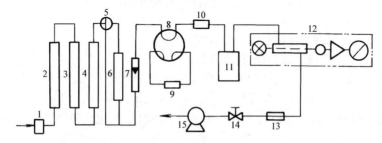

图 9-52　汞置换法 CO 测定仪的工作流程

1—灰尘过滤器　2—活性炭管　3—分子筛管　4—硫酸亚汞硅胶管　5—三通活塞　6—霍加特氧化管
7—转子流量计　8—六通阀　9—定量管　10—小分子筛管　11—加热炉及反应室
12—冷原子吸收测汞仪　13—限流孔　14—流量调节阀　15—抽气泵

空气中的甲烷和氢在净化过程中不能除去，和 CO 一起进入反应室。其中，CH_4 在这种条件下不与氧化汞发生反应，而 H_2 则与之反应，干扰测定，可在仪器调零时消除。校正零点时，将霍加特氧化管串入气路，将空气中的 CO 氧化为 CO_2 后作为零气。

测定时，先将适宜浓度（c_s）的 CO 标准气由定量管进样，测量吸收峰高（h_s）或吸光度（A_s），再用定量管进入气样，测其峰高（h_x）或吸光度（A_x），按下式计算气样中 CO 的浓度（c_s）

$$c_x = \frac{c_s}{h_s}h_x \tag{9-57}$$

该方法检出限为 $0.04mg/m^3$。

9.3.4　臭氧的测定

测定臭氧（O_3）的方法有吸光光度法、化学发光法、紫外线吸收法等。

1. 硼酸碘化钾分光光度法

该方法为用含有硫代硫酸钠的硼酸碘化钾溶液作吸收液采样，大气中的 O_3 等氧化剂氧化碘离子为碘分子，而碘分子又立即被硫代硫酸钠还原，剩余硫代硫酸钠加入过量碘标准溶液氧化，剩余碘于 352nm 处以水为参比测定吸光度。同时采集零气（除去 O_3 的空气），并准确加入与采集大气样品相同量的碘标准溶液，氧化剩余的硫代硫酸钠，于 352nm 测定剩余碘的吸光度，则气样中剩余碘的吸光度减去零气样剩余碘的吸光度即为气样中 O_3 氧化碘化钾生成碘的吸光度。

根据标准曲线建立的回归方程式，按下式计算气样中 O_3 的浓度

$$c_{O_3} 的浓度(mg/L) = \frac{f[(A_1 - A_2) - a]}{bV_n} \tag{9-58}$$

式中　A_1——总氧化剂样品溶液的吸光度；

　　　A_2——零气样品溶液的吸光度；

　　　f——样品溶液最后体积与系列标准溶液体积之比；

　　　a——回归方程式的截距；

　　　b——回归方程式的斜率，吸光度（$\mu g\ O_3$）；

　　　V_n——标准状态下的采样体积（L）。

SO_2、H_2S 等还原性气体干扰测定，采样时应串接三氧化铬管消除。在氧化管和吸收管之间串联 O_3，过滤器（装有粉状二氧化锰与玻璃纤维滤膜碎片）同步采集大气样品即为零气样品。采样效率受温度影响，实验表明，25℃时采样效率可达 100%，30℃达 96.8%。还应注意，样品吸收液和试剂溶液都应放在暗处保存。

2. 化学发光法

测定臭氧的化学发光法有三种，即罗丹明 B 法、一氧化氮法和乙烯法。

罗丹明 B（$C_{28}H_{31}Cl$）是一种比较好的化学发光试剂。将大气样品通入焦性没食子酸—罗丹明 B 乙醇溶液，则焦性没食子酸被 O_3 氧化，产生受激中间体，并迅速与罗丹明 B 作用，使罗丹明 B 被激发而发光。发光峰值波长为 584nm；发光强度与 O_3 含量成正比；测定 O_3 含量范围为 $(3 \sim 140) \times 10^{-4}\%$。共存 NO_x、SO_2 等组分不干扰测定。

一氧化氮法是利用 NO 与 O_3 接触发生化学发光反应原理建立的。发光峰值波长为 1200nm，测定 O_3 含量范围为 $(0.001 \sim 50) \times 10^{-4}\%$。该反应主要用于测定 NO。

乙烯法是较通用的方法，1971 年就被美国环境保护局确定为测定大气中 O_3 浓度的标准方法。该方法原理基于 O_3 能与乙烯发生均相化学发光反应，即气样中 O_3 与过量乙烯反应，生成激发态甲醛，而激发态甲醛瞬间回至基态，放出光子，波长范围为 300~600nm，峰值波长435nm。发光强度与 O_3 含量成正比，其反应式如下

$$2O_3 + 2C_2H_4 \longrightarrow 2C_2H_4O_3 \longrightarrow 4HCHO^* + O_2$$

$$HCHO^* \longrightarrow HCHO + h\nu$$

上述反应对 O_3 是特效的，SO_2、NO_2、Cl_2 等共存不干扰测定；测定 O_3 含量线性范围为 $(0.01 \sim 200) \times 10^{-4}\%$。

乙烯法化学发光 O_3 监测仪的工作原理示于图 9-53。测定过程中需通入四种气体，反应气乙烯由钢瓶供给，经稳压、稳流后进入反应室；空气 A 经活性炭过滤器净化后作为零气抽入反应室，供调节仪器零点。空气 B 经过滤净化进入标准 O_3 发生器，产生标准浓度的 O_3 进入反应室校准仪器刻度。测量时，将三通阀旋至测量档，样气经粉尘过滤器吸入反应室与乙烯发生化学发光反应，其发射光经滤光片滤光投至光电倍增管上，将光信号转换成电信号，经阻抗转换和放大后，送入显示和记录仪表显示、记录测量结果。反应后的废气经抽气泵、流量计进入催化燃烧装置，将废气中剩余乙烯烧掉后排出。

9.3.5　总烃及非甲烷烃的测定

总碳氢化合物常以两种方法表示，一种是包括甲烷在内的碳氢化合物，称为总烃（THC），另一种是除甲烷以外的碳氢化合物，称为非甲烷烃（NMHC）。大气中的碳氢化合物主要是甲烷，其体积分数范围为 $(2 \sim 8) \times 10^{-4}\%$。但当大气严重污染时，大量增加甲烷以外的碳氢化合

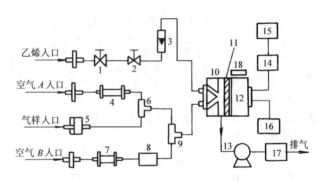

图9-53 乙烯法化学发光 O_3 监测仪工作原理

1—稳压阀 2—稳流阀 3—流量计 4—净化器 5—粉尘过滤器 6、9—三通阀
7—过滤器 8—标准 O_3 发生器 10—反应室 11—滤光片 12—光电倍增管 13—抽气泵
14—阻抗转换及放大器 15—显示、记录仪表 16—高压电源 17—催化燃烧出烃装置 18—半导体制冷器

物。甲烷不参与光化学反应，因此，测定不包括甲烷的碳氢化合物对判断和评价大气污染具有实际意义。

大气中的碳氢化合物主要来自石油炼制、焦化、化工等生产过程中逸散和排放的气体及汽车排气，局部地区也来自天然气、油田气的逸散。对大气造成污染的一般是具有挥发性的碳氢化合物，它们是形成光化学烟雾的主要物质之一。

测定总烃和非甲烷烃的主要方法有：气相色谱法、光电离检测法等。

1. 气相色谱法

其原理基于以氢火焰离子化检测器分别测定气样中的总烃和甲烷烃含量，两者之差即为非甲烷烃含量。

以氮气为载气测定总烃时，总烃峰包括氧峰，即大气中的氧产生正干扰，可采用两种方法消除，一种方法用除碳氢化合物后的空气测定空白值，从总烃中扣除；另一种方法用除碳氢化合物后的空气作载气，在以氮气为稀释气的标准气中加一定体积纯氧气，使配制的标准气样中氧含量与大气样品相近，则氧的干扰可相互抵消。

以氮气为载气测定总烃和非甲烷烃的流程如图9-54所示。气相色谱仪中并联了两根色谱柱，一根是不锈钢螺旋空柱，用于测定总烃；另一根是填充GDX–502担体的不锈钢柱，用于测定甲烷。除烃净化装置如图9-55所示。

在选定色谱条件下，将大气试样、甲烷标准气及除烃净化空气依次分别经定量管和六通阀注入，通过色谱仪空柱到达检测器，可分别得到三种气样的色谱峰。设大气试样总烃峰高（包括氧峰）为 h_t，甲烷标准气样峰高为 h_s，除烃净化空气峰高为 h_a。

在相同色谱条件下，将大气试样、甲烷标准气样通过定量管和六通阀分别注入仪器，经GDX–502柱分离到达检测器，可依次得到气样中甲烷的峰高（h_m）和甲烷标准气样中甲烷的峰高（h'_s）。按下式计算总烃、甲烷烃和非甲烷烃的含量

$$总烃（以 CH_4 计，mg/m^3）= \frac{h_t - h_a}{h_s}c_s \tag{9-59}$$

$$甲烷（mg/m^3）= \frac{h_m}{h_s}c_s \tag{9-60}$$

$$非甲烷烃浓度 = 总烃浓度 - 甲烷浓度 \tag{9-61}$$

式中 c_s——甲烷标准气浓度（mg/m^3）。

如果用除烃后的净化空气作载气，测定流程如图9-56所示。带离子化检测器的色谱仪内并

联的两根色谱柱，一根填充玻璃微球，用于测定总烃，另一根填充 GDX - 502 担体，用于测定甲烷。

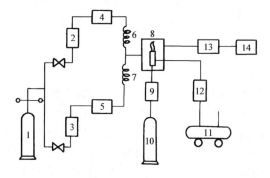

图 9-54　色谱法测定总烃流程

1—气瓶　2、3、9、12—净化器

4、5—六通阀（带 1mL 定量管）　6—GDX - 502 柱

7—空柱　8—FID　10—氢气瓶

11—空气压缩机　13—放大器　14—记录仪

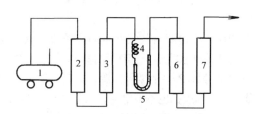

图 9-55　除烃净化装置

1—空压机　2、6—硅胶及 5A 分子筛管

3—活性炭管　4—预热管　5—高温管式炉（U 形管内装钯 - 6201 催化剂，炉温 450 ~ 500℃）　7—碱石棉管

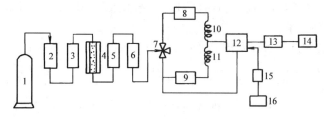

图 9-56　用除烃净化空气作载气色谱流程

1—气瓶　2—硅胶及 5A 分子筛管　3—活性炭管　4—高温管式炉（内有装钯 - 6201 催化剂的
铜管，炉温 450℃）　5—硅胶管　6—碱石棉管　7—三通管　8、9—六通阀（附 1mL 定量管）
10—玻璃微球填充柱　11—GDX - 502 填充柱　12—FID　13—放大器　14—记录仪
15—净化器　16—氢气发生器

　　测定时，先配制氧含量和大气样品相近的甲烷标准气样，再以除烃净化空气为稀释气配制甲烷标准气系列。然后，将气样及甲烷标气样分别经定量管和六通阀注入色谱仪的玻璃微球柱和 GDX - 502 柱，从得到的色谱图上测量总烃峰高和甲烷峰高，按下式计算大气样品中总烃和甲烷的浓度

$$总烃（以 CH_4 计，mg/m^3）= \frac{h_t}{h_{s1}}c_s \tag{9-62}$$

$$甲烷（mg/m^3）= \frac{h_m}{h_{s2}}c_s \tag{9-63}$$

式中　h_t——大气试样中总烃的峰高（mm）；

　　　　h_m——大气试样中甲烷的峰高（mm）；

　　　　h_{s1}——甲烷标准气经玻璃球柱后得到的峰高（mm）；

　　　　h_{s2}——甲烷标准气经 GDX - 502 柱后得到的峰高（mm）；

　　　　c_s——甲烷标准气浓度（mg/m^3）。

以上两浓度之差即为非甲烷烃浓度。

　　也可以用色谱法直接测定大气中的非甲烷烃，其原理基于用填充 GDX - 102 和 TDX - 01 的吸附采样管采集气样，则非甲烷烃被填充剂吸附，氧不被吸附而除去。采样后，在240℃加热解吸，用载气（N_2）将解吸出来的非甲烷烃带入色谱仪的玻璃微球填充柱分离，进入 FID 检测。该方法用正戊烷蒸气配制标准气，测定结果以正戊烷计。

2. 光电离（PID）检测法

有机化合物分子在紫外光照射下可产生光电离现象，即

$$RH + h\nu \longrightarrow RH^+ + e$$

用 PID 离子检测器收集产生的离子流，其大小与进入电离室的有机化合物的质量成正比。

凡是电离能小于 PID 紫外辐射能的物质（至少低 0.3eV）均可被电离测定。PID 光电离检测法通常使用 10.2eV 的紫外光源，此时，氧、氮、二氧化碳、水蒸气等不电离，无干扰；CH_4 的电离能为 12.98eV，也不被电离，而 C_4 以上的烃大部分可电离；这样，可直接测定大气中的非甲烷烃。该方法简单，可进行连续监测。但是，所检测的非甲烷烃是指 C_4 以上的烃，而色谱法检测的是 C_2 以上的烃。

9.3.6　氟化物的测定

大气中的气态氟化物主要是氟化氢，也可能有少量氟化硅（SiF_4）和氟化碳（CF_4）。含氟粉尘主要是冰晶石（Na_3AlF_6）、萤石（CaF_2）、氟化铝（AlF_3）、氟化钠（NaF）及磷灰石 $[3Ca_3(PO_4)_2 \cdot CaF_2]$ 等。

测定大气中氟化物的方法有吸光光度法、滤膜（或滤纸）采样–氟离子选择电极法等。目前广泛采用后一种方法。

1. 滤膜采样–氟离子选择电极法

用磷酸氢二钾溶液浸渍的玻璃纤维滤膜或碳酸氢钠–甘油溶液浸渍的玻璃纤维滤膜采样，则大气中的气态氟化物被吸收固定，尘态氟化物同时被阻留在滤膜上。采样后的滤膜用水或酸浸取后，用氟离子选择电极法测定。

如需要分别测定气态、尘态氟化物时，第一层采样膜用孔径 0.8μm 经柠檬酸溶液浸渍的纤维素酯微孔膜先阻留尘态氟化物，第二、三层用磷酸氢二钾浸渍过的玻璃纤维滤膜采集气态氟化物。用水浸取滤膜，测定水溶性氟化物；用盐酸溶液浸取，测定酸溶性氟化物；用水蒸气热解法处理采样膜，可测定总氟化物。采样滤膜均应分张测定。

另取未采样的浸取吸收液的滤膜 3～4 张，按照采样滤膜的测定方法测定空白值（取平均值），按下式计算氟化物的浓度

$$\text{氟化物（F，mg/m}^3\text{）} = \frac{W_1 + W_2 - 2W_0}{V_n} \tag{9-64}$$

式中　W_1——上层浸渍膜样品中的氟含量（μg）；

　　　W_2——下层浸渍膜样品中的氟含量（μg）；

　　　W_0——空白浸渍膜平均氟含量（μg/张）；

　　　V_n——标准状态下的采样体积（L）。

分别采集尘态、气态氟化物样品时，第一层采尘膜经酸浸取后，测得结果为尘态氟化物浓度，计算式如下

$$\text{酸溶性尘态氟化物（F，mg/m}^3\text{）} = \frac{W_3 - W'_0}{V_n} \tag{9-65}$$

式中　W_3——第一层采样膜中的氟含量（μg）；

　　　W'_0——采尘空白膜中平均含氟量（μg）。

2. 石灰滤纸采样－氟离子选择电极法

用浸渍氢氧化钙溶液的滤纸采样，则大气中的氟化物与氢氧化钙反应而被固定，用总离子强度调节剂浸取后，以离子选择电极法测定。

该方法将浸渍吸收液的滤纸自然暴露于大气中采样，对比前一种方法，不需要抽气动力，并且由于采样时间长（7 天到一个月），测定结果能较好地反映大气中氟化物平均污染水平。按下式计算氟化物含量

$$氟化物\left[F, \mu g/(100cm^2 \cdot d)\right] = \frac{W - W_0}{Sn} \times 100 \tag{9-66}$$

式中　W——采样滤纸中氟含量（μg）；

　　　W_0——空白石灰滤纸中平均氟含量（$\mu g/$张）；

　　　S——采样滤纸暴露在空气中的面积（cm^2）；

　　　n——样品滤纸采样天数，准确至 0.1d。

9.4　净化系统性能测定

本节主要介绍局部排风罩、除尘器和风机的性能测定。局部排风罩的性能测定是指它的阻力和风量的测定；除尘器的性能主要指风量、阻力和除尘效率，采用的测定方法和测试装置及仪表，与上述的风量、风压、含尘浓度的测定相同；风机的性能测定是指现场进行的性能测定。

9.4.1　局部排风罩的性能测定

1. 排风罩阻力的测定

排风罩阻力的测定装置如图 9-57 所示。罩口断面与 1—1 断面的全压差，即为排风罩的阻力 Z。

罩口的邻近断面 0—0 和接管上断面 1—1 之间的能量方程

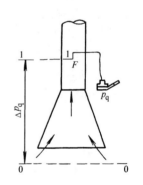

$$p_{q0} = p_{q1} + p_z$$

或　　　　　$$p_{q0} = p_{j1} + p_{d1} + p_z \tag{9-67}$$

由于 $p_{q0} = 0$，则式（9-67）变为

$$p_z = -(p_{j1} + p_{d1}) = |p_{j1}| - p_{d1} \tag{9-68}$$

排风罩阻力 p_z 也可以表示为

$$p_z = \zeta \rho_d \tag{9-69}$$

由式（9-67）和式（9-68）可得

图 9-57　排风罩阻力测定装置

$$\zeta = \frac{p_{q1}}{\frac{\rho v_1^2}{2}} = \frac{p_z}{\frac{\rho v_1^2}{2}} \tag{9-70}$$

式中　p_{q0}——邻近罩口的断面 0—0 全压，可以近似认为即是罩口断面的全压（Pa）；

　　　p_{q1}——断面 1—1 的全压（Pa）；

　　　p_{j1}——断面 1—1 的静压（Pa）；

　　　p_{d1}——断面 1—1 的动压（Pa）；

　　　p_z——罩口的局部阻力（Pa）；

　　　v_1——断面 1—1 的平均风速（m/s）；

　　　ζ——罩口的局部阻力系数。

2. 局部排风罩风量的测定

（1）用动压法测定排风罩的风量　用皮托管和微压计测得断面 1—1 上的动压后，可按式（9-10）和式（9-11）计算出排风罩的风量。

（2）用静压法测定排风罩的风量　在现场测定时，由于实际条件的限制，例如，各管件之间的距离短，难以找到较稳定的测定断面，用动压法测量流量有一定困难。这时，通过测量静压求得排风罩的风量，能够得到比较准确的结果，操作也比较简便，测定装置如图 9-58 所示。由图可以看出，其测定装置与集气口测流量装置类似，原理相同。

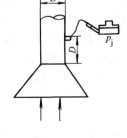

图 9-58　排风罩风量测定（静压法）

排风罩风量按式（9-6）确定

$$q_v = \mu \frac{\pi D^2}{4} \sqrt{\frac{2\,|\,p_{j1}\,|}{\rho}} \qquad (9\text{-}71)$$

式中　μ——排风罩流量系数；

D——排风罩连接风管直径（m）；

p_{j1}——连接管上断面 1—1 的静压（Pa）。

各种形状的排风罩的流量系数 μ 通过实验测得。

用静压法测定排风罩的风量时，静压测孔的位置必须按照规定布置。

μ 值可以从有关资料查得。由于实际的排风罩和资料提供的不可能完全相同，按资料上的 μ 值计算排风量会有一定的误差。

在一个局部排风系统中，如果有多个结构形式相同的排风罩，用动压法测出罩口风量后，再对各个排风罩的排风量进行调整，工作非常麻烦。用静压法调整则比较简便，其操作程序是，先确定排风罩的流量系数 μ 值，然后按式（9-70）计算出各个排风罩要求的静压，通过调整静压来调整排风罩的风量，这将使实际操作工作量大大精简。

在空调系统调整时，静压法也得到广泛运用。

【例 9-8】　已知某排风罩的连接管直径 $D = 200\text{mm}$，连接管上的静压 $p_{j1} = -36\text{Pa}$，排风罩的流量系数 $\mu = 0.9$，空气温度 $t = 20℃$。计算该排风罩的排风量。

【解】　连接管的断面积

$$F = \frac{\pi D^2}{4} = \frac{\pi}{4} \times 0.2^2 \text{m}^2 = 0.0314\text{m}^2$$

20℃ 时的空气密度 $\rho_{20} = 1.2\text{kg/m}^3$

排风罩的排风量为

$$q_v = \mu F \sqrt{\frac{2\,|\,p_{j1}\,|}{\rho}} = 0.9 \times 0.0314 \times \sqrt{\frac{2 \times |-36|}{1.2}}\text{m}^3/\text{s}$$

$$= 0.219\text{m}^3/\text{s} = 788\text{m}^3/\text{h}$$

9.4.2　除尘器的性能测定

1. 风量和阻力的测定

在测定除尘器风量时，应同时测定其进口和出口的风量，以检查除尘器和连接处是否漏风。如果发现漏风量不符合测定标准规定，应采取措施消除漏风后再行测定。

除尘器的阻力测定（图 9-59），可按标准规定布置测点，测定除尘器前后的全压差即为除尘器阻力

$$\Delta p = p_1 - p_2 \tag{9-72}$$

式中　Δp——除尘器阻力（Pa）；

　　　p_1——除尘器进口断面的平均全压（Pa）；

　　　p_2——除尘器出口断面的平均全压（Pa）。

2. 除尘器效率测定

实验室试验时，一般用质量法测定除尘器的全效率

$$\eta = \frac{G_2}{G_1} \times 100\%$$

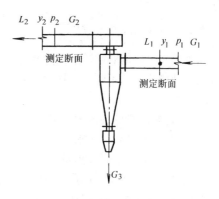

图 9-59　除尘器阻力测定示意图

式中　G_1——除尘器收集到的灰尘量（g）；

　　　G_2——除尘器入口处的喂灰量（g）。

在现场测定时，由于条件限制，常用浓度法测定除尘器全效率

$$\eta = \frac{y_1 - y_2}{y_1} \times 100\%$$

式中符号同前。

在现场测定时，还可根据除尘器出口浓度和捕集的粉尘量来确定除尘效率

$$\eta = \frac{G_2}{G_1 + y_2 q_V} \times 100\% \tag{9-73}$$

式中　G_2——除尘器捕集到的粉尘量（mg/s）；

　　　y_2——除尘器出口浓度（mg/m^3）；

　　　q_V——除尘器风量（m^3/s）。

除尘系统往往会有少量漏风。为了消除漏风对测定结果的影响，应当按下式计算除尘器全效率。

如漏风是吸入（$q_{V2} > q_{V1}$），漏入的空气可视为是洁净的

$$\eta = \frac{y_1 q_{V1} - q_{V2} y_2}{y_1 q_{V1}} \times 100\% \tag{9-74}$$

如漏风是压出（$q_{V2} < q_{V1}$），并假定漏出风量的含尘浓度与进风相同，则

$$\eta = \frac{y_1 q_{V1} - y_1 (q_{V1} - q_{V2}) - y_2 q_{V2}}{y_1 q_{V1}} \times 100\%$$

$$= \frac{q_{V2}}{q_{V1}} \left(1 - \frac{y_2}{y_1} \right) \times 100\% \tag{9-75}$$

式中　q_{V1}、q_{V2}——除尘器进、出口断面风量（m^3/s）。

对于分级效率的测定，应首先测出除尘器进、出口处的粉尘粒径分布和灰斗中的粉尘粒径分布，然后计算除尘器的分级效率。

粉尘的性质、除尘器运行工况对除尘效率影响较大，因此，在提供除尘器全效率测定数据时，应同时说明系统运行情况、设备操作情况，以及粉尘的真密度和粒径分布，或者直接提供除尘器的分级效率。

9.4.3　风机的性能测定

风机在出厂前必须进行性能测定，作出风机的特性曲线，以供选用。然而，在实际工作中，风机的性能往往达不到风机铭牌规定的性能参数，因此，需要进行现场风机性能测定。测试的目的：

1）检验风机的性能是否符合设计要求。

2）如达不到设计要求，给风机或系统的修改提供资料。

3）为今后改进设计提供资料。

风机的性能包括：风量、风压、转速和电动机有关参数等。出厂前的性能测定是在制造厂内进行的。这里主要介绍在现场进行风机风量和风压的测定。

1. 测点布置

风机的测定断面应选择在直管段上。测定风量时测定断面在离风机的出口和入口（或离其渐扩管）$2D \sim 3D$ 处（D 为管道直径）。

测定断面上的测点数按《工业通风机　用标准化风道进行性能试验》（GB/T 1236—2000）确定，无论管径大小都取 5 个等面积圆环。测点距管内壁距离系数按表 9-4 确定。管径为 $300 \sim 400\mathrm{mm}$ 时只取纵向一条直径上 10 个测点，管径大于 $400\mathrm{mm}$ 取纵、横两条互相垂直的直径共 20 个测点。

英国 B. S848 规定，圆形管道在互相垂直的两条直径或互为 $60°$ 的三条直径上取测点。测点距管壁的距离，圆形管道按 Log-Linear 法，对矩形管道按 Log-Tcheby Choff 法布点（表 9-8 和表 9-9）。

表 9-8　圆形管道测点位置（按 Log-Linear 法）

每根测线上的测点数	测点距离内壁距离系数（以管径 D 为基准）
4	0. 043，0. 240，0. 710，0. 957
6	0. 032，0. 135，0. 321，0. 679，0. 865，0. 968
8	0. 021，0. 117，0. 184，0. 345，0. 655，0. 816，0. 883，0. 979
10	0. 019，0. 076，0. 153，0. 217，0. 361，0. 639，0. 783，0. 847，0. 924，0. 981

表 9-9　矩形管道测点位置（按 Log-Tcheby Choff 法）

测点（线）数	测点（线）距管道内壁距离系数（以管径 D 为基准）
5	0. 074，0. 288，0. 5，0. 712，0. 926
6	0. 061，0. 235，0. 437，0. 563，0. 765，0. 939
7	0. 053，0. 203，0. 366，0. 5，0. 634，0. 797，0. 947

对矩形管道，在风管断面上选择 m 根测定线，线上选 n 个测点。总测点数不少于 25 个，最多不超过 49 个。

2. 风压、风量的计算

根据选定断面上各测点测得的动压 p_{d1}、p_{d2}、$\cdots$、p_{dn}，全压 p_{T1}、p_{T2}、$\cdots$、p_{Tn} 及静压 p_{st1}、p_{st2}、$\cdots$、p_{stn}，计算该断面上的平均动压、平均全压及平均静压（图 9-60）

$$p_{d} = \left(\frac{\sqrt{p_{d1}} + \sqrt{p_{d2}} + \cdots + \sqrt{p_{dn}}}{n} \right)^2$$

$$p_T = \frac{p_{T1} + p_{T2} + \cdots + p_{Tn}}{n}$$

$$p_{st} = \frac{p_{st1} + p_{st2} + \cdots + p_{stn}}{n}$$

式中　n——该断面上的测点数。

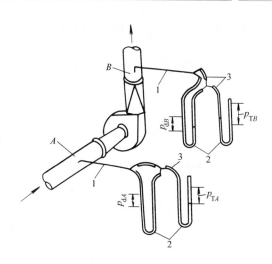

1）风机的全压角码 B 代表出风侧，A 代表进风侧。

$$p_T = p_{TB} - p_{TA} \tag{9-76}$$

风机进风管的全压 p_{TA} 永远为负，风机出风管的全压 p_{TB} 永远为正，因此，风机的全压为两者绝对值之和。

2）风机的静压

$$p_{st} = p_T - p_{dB} \tag{9-77}$$

或

$$p_{st} = p_{TB} - p_{TA} - p_{dB} \tag{9-78}$$

图 9-60　风机风压风量的测定
1—测压管　2—压力计　3—橡胶管

3）风机风量

$$q_{V,A} = 3600 v_A F_A \tag{9-79}$$

及

$$q_{V,B} = 3600 v_B F_B \tag{9-80}$$

式中　$q_{V,A}$、$q_{V,B}$——通过断面 A、B 的风量（m^3/h）；

　　　F_A、F_B——进、出风侧风管断面积（m^2）；

　　　v_A、v_B——通过断面 A、B 的风速（m/s），按在该断面各测点上测得的动压 p_{dn} 计算出各点的风速，平均后得出。

于是，风机的风量为

$$q_{V,F} = \frac{q_{V,A} + q_{V,B}}{2} \tag{9-81}$$

9.5　矿井井下通风系统阻力的测定

矿井通风阻力测定是通风技术管理工作的重要内容之一。其目的主要有：

1）了解通风系统中阻力分布情况，以便降阻增风。

2）提供实际的井巷摩擦阻力系数和风阻值，为通风设计、网络解算、通风系统改造、调节风压和控制火灾提供可靠的基础资料。

9.5.1　风阻力 p_R 测算

1. 测定路线选择和测点布置

如果测定目的是了解通风系统的阻力分布，其测定路线必须选择通风系统的最大阻力路线，因为最大阻力路线决定通风系统的阻力。如果路线上有难以通过的巷道，可选择其并联分支进行测量。

如果测定目的是获得摩擦阻力系数和分支风阻，则应选择不同支护形式、不同类型的典型巷道，如平巷、立井、工作面等进行测量。除此之外，还应考虑选择风量较大、人员易于通过的井巷。测定的结果应能满足网络解算要求。

测点布置应考虑测点间的压差不小于 $10 \sim 20\mathrm{Pa}$，应尽量避免靠近井筒和风门，选择在风流比较稳定的巷道内。在进行井巷通风阻力系数测定时，要求测段内无风流汇合、分岔点，测点前后3m的地段内巷道支护完好，没有堆积物。

2. 一段巷道的通风阻力 p_R 测算

（1）压差计法　用压差计法测定通风阻力的实质是测量风流两点间的势能差和动压差，计算出两测点间的通风阻力。如图9-61所示，压差计两侧用橡胶管与固定于1、2断面的皮托管的静压接口（－）相连，则压差计两侧液面所受压力分别为 $p_1 + \rho'_{m1} g (Z_1 + Z_2)$ 和 $p_2 + \rho'_{m2} g Z_2$，其中 ρ'_{m1} 和 ρ'_{m2} 分别为两橡胶管中空气的平均密度，故压差计所示测值

$$p = p_1 + \rho'_{m1} g (Z_1 + Z_2) - (p_2 + \rho'_{m2} g Z_2)$$

设 $\rho'_{m1}(Z_1 + Z_2) - \rho'_{m2} Z_2 = \rho'_m Z_{12}$，且 ρ'_m 与1、2断面间巷道中空气平均密度 ρ_m 相等，则

$$p = (p_1 - p_2) + Z_{12} \rho_m g \tag{9-82}$$

式中，Z_{12} 为1、2断面高差，p 值即为1、2两断面压能与位能和的差值。根据能量方程，则1、2巷道段的通风阻力 p_{R12} 为

$$p_{R12} = p + \frac{\rho_1}{2} v_1^2 - \frac{\rho_2}{2} v_2^2 \tag{9-83}$$

式（9-82）成立的前提是橡胶管内的空气平均密度 ρ_m 与井巷中的空气平均密度 ρ_m 相等。为此，测定前应将橡胶管放置在巷道相应位置上保存一定时间，使橡胶管中的气温与外界气温平衡，必要时可用唧气筒换气，把巷道中的空气置换到橡胶管中，以缩短气温平衡时间。这在测定高差较大的巷道中阻力时尤为重要。

如果采用图9-62布置方式，即把压差计放在1、2断面之间，测值是否变化？

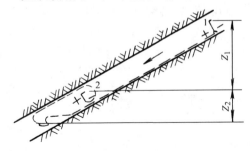

图9-61　压差计法测定通风阻力测点布置

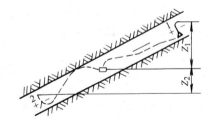

图　9-62

如图9-62所示，压差计右侧液面承压为 $p_1 + Z_1 \rho'_{m1} g$，左侧液面承压为 $p_2 - Z_2 \rho'_{m2} g$，压差计测值

$$p = (p_1 - p_2) + (Z_1 \rho'_{m1} + Z_2 \rho'_{m2}) g$$

同理，设 $Z_1 \rho'_{m2} + Z_2 \rho'_{m2} = (Z_1 + Z_2) \rho'_m$，且 ρ'_m 与井巷测段中空气平均密度 ρ_m 相等，则 $p = (p_1 - p) + (Z_1 + Z_2) \rho_m g$。式中 $(Z_1 + Z_2)$ 为1、2断面的高差。

由此可见，压差计所在位置对测值没有影响。但是在实际测定时，一般不把压差计放在两断面之间以防使测值增大而导致误差增大。

在进行通风阻力测定时，巷道断面的平均风速常用风表测定。

（2）气压计法　用气压计法测定通风阻力，是用精密气压计测出测点间的绝对静压差，再加上动压差和位能差，以计算出通风阻力。

由能量方程知

$$p_{R12} = (p_1 - p_2) + \left(\frac{\rho_1}{2} v_1^2 - \frac{\rho_2}{2} v_2^2 \right) + \rho_m g Z_{12} \tag{9-84}$$

对于 1、2 两断面，用一台精密气压计分别测出其绝对静压 p_1、p_2；用风表测出平均风速 v_1、v_2；用干、湿温度计测气温 t_1、t_2 和相对湿度 ϕ_1、ϕ_2。然后根据各断面的 p、t、ϕ 值求出各断面的空气密度 ρ。若两断面标高差不大，式中 1、2 两断面间空气柱的平均密度 ρ_m 可近似取为 $\dfrac{\rho_1 + \rho_2}{2}$；若两断面高差很大，则应分段测算空气密度，精确求出两断面的位能差。能量方程右面各基础数据测得后即可求出测段的通风阻力。

9.5.2　立井通风阻力测定

立井通风阻力测定原理和井下水平或倾斜巷道一样，测定方法可用压差计法，也可以用气压计法。

1. 压差计法

（1）进风立井通风阻力测定　整个井筒的通风阻力包括井口、井底局部阻力和井筒全长的摩擦阻力三部分。当井筒较深且不能下人铺设胶管时，可采用吊测法，其方法是：

1）测定系统。由压差计、橡胶管、静压管和测绳等部件组成。其布置如图 9-63 所示。静压管是特制的，是感受风流的绝对静压的探头。一般要求具有一定质量（约 2kg），防止风流吹动，同时又要防止淋水堵塞静压孔，其结构如图 9-64 所示。

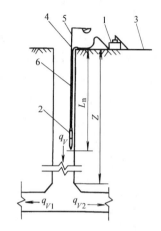

图 9-63　进风立井通风阻力测定测点布置
1—单管压差计　2、3—静压管　4—井筒
5—测绳　6—橡胶管

2）测定方法。为了缩短测定时间，测定前应根据测定深度，预先将橡胶管与测绳绑扎好。连接好橡胶管、静压探头和压差计后，将静压管缓慢放入井筒中，开始每隔 5 ~ 10m 作为一个测点，读一次压差计示值，放下 30m 后，每 20 ~ 30m 读一次压差计示值，直至放到预定深度为止。测定各断面与地面的势能差的同时，还应测定井筒的进风量。此外，测试人员还应乘罐笼测定井筒内空气压力和干、湿温度，以便计算井筒内的空气密度。

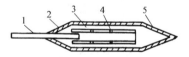

图 9-64　静压管结构
1—接管　2—系绳孔　3—外传压孔
4—内传压孔　5—排水孔

（2）回风立井通风阻力测定　测定系统有两种方式，一是在防爆盖上开个孔，供下放静压管；另一种方法是在风硐内的井口平台上放置压差计和下放静压管进行测定。

回风立井上部井筒与风硐连接段风流不稳定，测定时首先确定井筒与风硐交接位置（标高）。测定系统布置如图 9-65 所示。对于抽出式通风的矿井，压差计的低压端（-）与主要通风机房水柱计传压管相连接；压差计的高压端（+）与连接静压管的橡胶管相连接。测定时静压管穿过防爆盖放入井筒，慢慢下放静压管，记录其下放的深度，同时观察压差计液面变化，当静压管下放至风硐口处即可开始读数，以后每下放 20 ~ 30m 读取一次压差计的示数。一般静压管下放深度 100 ~ 150m，即可推算出回风井和风硐的通风阻力。

当一个井筒担负多水平通风任务时，可采用上述方法分水平测定。即先测算第一水平的井筒通风阻力，将仪器移至下水平进行测定。这样即可测算整个井筒的通风阻力。

（3）测定数据处理　首先根据测定数据确定井口的局部阻力影响范围，在局部阻力影响区间以外的数据，采用线性回归方法确定摩擦阻力计算式 $p_{Rf} = (a + b)H$ 中的系数 a 和 b（H 为井深），然后计算出井筒全长的摩擦阻力，再根据井口受局部阻力影响段的吊测数据即可确定井口的局部阻力 p_j。井底局部阻力可按前述的局部阻力测定方法进行测定。

2. 气压计法

用气压计法测定立井通风阻力一般采用基点法。基点设在井口外无风流流动的地方。用两台仪器同时在基点读数后，一台留在基点（图 9-63 中压差计处），另一台移至井底风流比较稳定的地方。使用气压计时，井筒内的空气密度的测量精度对测量结果影响甚大，为了获得准确的结果，一般是乘罐笼分段（段长 50m 左右）测量井筒内的大气压 p 和干、湿温度 t_d、t_w，然后计算各段的空气密度，求其平均值。同时测量井筒的总进（回）风量。最后按式（9-83）计算立井筒的通风阻力。

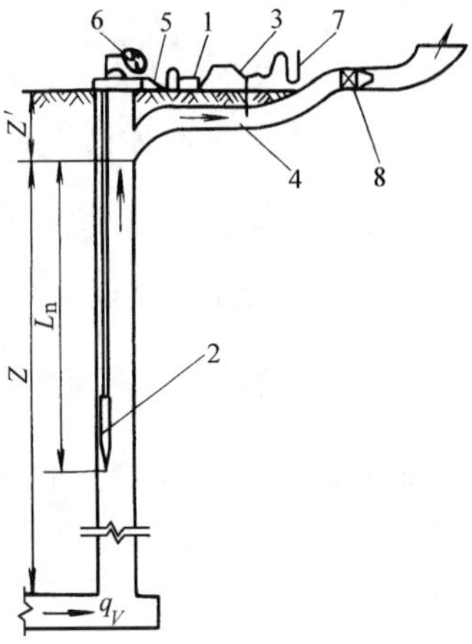

图 9-65 回风立井通风阻力测定测点布置
1—单管压差计 2—静压管 3—三通管 4—风硐
5—橡胶管 6—测绳 7—U 形水柱计 8—风机

9.5.3 测定结果可靠性检查

由于仪表精度、测定技术的熟练程度以及风流状态的变化等因素的影响，测定结果不免会产生一些误差。如果相对误差在允许范围之内，那么测定结果可以应用，否则应进行检查，必要时进行局部重测。通风系统阻力测定的相对误差（检验精度）可按下式计算

$$e = \left| \frac{p_{Rs} - p_{Rm}}{p_{Rm}} \right| \times 100\% \qquad (9\text{-}85)$$

式中　e——测定结果的相对误差，$e \leqslant 5\%$ 时，结果可以应用，否则应检查原因或局部重测；

p_{Rs}——全系统测定阻力累计值（Pa）；

p_{Rm}——全系统计算阻力值（Pa）。

$$p_{Rm} = p_w - \frac{\rho}{2} v^2 \pm p_N \qquad (9\text{-}86)$$

式中　p_w——风机房压差计读数（Pa），取该系统整个测定过程中读数的平均值；

v——风硐内安装压差计感压孔断面的平均风速（m/s）；

p_N——测定系统自然风压（Pa）；自然风压与风流同向取"＋"，反之取"－"；

ρ——风硐内风流的空气密度（kg/m³）。

在一个系统中若测量两条并联路线，结果可互相检验。如果通风状态没有大的变化，并联路线的测定结果则应相近。

在测定的过程中，应及时对风量进行闭合检查。在无分岔的路线上，各测点的风量误差不应超过 5%。

9.6　系统调试与运行

9.6.1　通风系统的调试

通风系统安装完毕后，应进行试运行和调整。系统调整的根本任务是将系统各管段的风量调整到设计风量，使系统和设备的运行达到预定的设计要求。调整风量运行的理论是管网特性方程。调整风量的常用方法有风量等比分配法、基准风口调整法和逐段分支调整法。

1. 风量等比分配法

一般从最远管段即最不利管段的风口开始，逐步调向风机。通过调节三通调节阀或支管上

调节阀的开启度，使所有相邻支管间的实测风量比值和设计风量的比值近似相等，即

$$\frac{q_{V1}}{q_{V2}} = \frac{q'_{V1}}{q'_{V2}} \tag{9-87}$$

式中　q_{V1}、q_{V2}——支管 1，2 的实测风量（m^3/s）；

　　　q'_{V1}、q'_{V2}——支管 1，2 的设计风量（m^3/s）。

最后调整总风管的风量达到设计风量，这时各支管和干管的风量会按各自的比值进行分配，并符合设计风量值。

风量等比分配法比较准确，调试时间较省。但是，要求每一管段上都打测孔，有时还会因空间限制而难以做到，因而限制了它的应用。

2. 基准风口调整法

采用这种方法时不需要打测孔，因此经常采用。调整步骤如下：用风速仪测出所有风口的风量；在每一支干管上选取最初实测风量 q_{Vi} 和设计风量 q'_{Vi}，比值 q_{Vi}/q'_{Vi} 为最小的风口作为基准风口，一组一组地同时测定各支干管上基准风口和其他风口的风量，借助三通调节阀，达到两风口的实测风量与设计风量的比值近似相等，即

$$\left.\begin{array}{l} \dfrac{q_{V1C}}{q_{V1S}} \approx \dfrac{q_{V2C}}{q_{V2S}} \\[3mm] \dfrac{q'_{V1C}}{q_{V1S}} \approx \dfrac{q_{V3C}}{q_{V3S}} \\[3mm] \dfrac{q''_{V1C}}{q_{V1S}} \approx \dfrac{q_{V4C}}{q_{V4S}} \end{array}\right\} \tag{9-88}$$

式中　q_{V1C}，q'_{V1C}，q''_{V1C}，q_{V2C}，q_{V3C}，q_{V4C}——基准风口与风口 2，3，4 配对时的实测风量；

　　　q_{V1S}，q_{V2S}，q_{V3S}，q_{V4S}——风口的设计风量。

最后，将总干管上的风量调整到设计风量，各支干管、各风口的风量即会自动进行等比分配，达到设计风量。这种方法有时要反复进行几次才能完成。

3. 逐段分支调整法

对于较小的通风系统，可采用逐段分支调整法。这种方法是逐步渐近、反复逐段调整各管段，使风量达到设计值。

9.6.2　通风系统的运行管理

通风系统正式运转后，应有专人维护管理。要制定合理的操作管理制度，以充分发挥通风系统的效能。具体应作好以下工作：

1）通风机在起动前应认真做好检查工作，重点应检查风机的转动部分，手动联轴器或传动带时应无卡住和摩擦现象；风机运行中操作人员应做到"一看、二听、三查、四闻"（一看：风机、电动机的运转电流、电压是否正常，振动是否正常；二听：风机及电动机的运行声音是否正常；三查：风机、电动机轴温是否正常；四闻：风机、电动机在运行中是否有异味产生）；风机停运应按操作规程进行。

2）局部排风系统应在工艺设备开动前，提前起动；在工艺设备停车后几分钟，再停止运转。

对于排除有害气体的全面通风系统，为了防止操作人员刚上班，因非生产时间产生并积聚的有害物而中毒，应在工人上班前开动通风系统，使工作区有害物浓度降到容许浓度以下。

3）要定期检查检查孔、集尘箱、密闭门、法兰连接处、测量孔、风管、净化设备、除尘器等是否严密，以防止漏风。

应定期检查风机传动带有无松动或缺损现象，轴承是否保持良好的润滑，起动安全设备是否完善。严格禁止在运转时进行检修操作、注油和清扫。

4）除尘器的清灰装置应定期检查。除尘器卸下的灰要及时处理或运出厂外，不允许在厂区内任意堆放。

使用旋风除尘器时，要特别注意除尘器下部是否严密，要严格防止漏风。

使用湿式除尘器时，要保证水位稳定，定期或连续供水。系统起动时，应先开供水阀，后开风机。系统关闭时，则应先关风机，后关供水阀。要注意对喷嘴、自动放水阀的效能的检查。湿式除尘器的泥浆要及时清理。

使用袋式除尘器时，要定期检查滤袋，发现损坏要及时更换。清灰机构要定期检修，保证正常运行。要经常读取并记录袋式除尘器的阻力示值，并作必要的分析。脉冲袋式除尘器的压缩空气气包内积留的油泥污垢，要定期清理，以防止燃烧爆炸。

使用电除尘器时应注意其清灰，要经常检查分布板、电晕极、集尘极上的积尘情况。对于处理黏度大、易吸水硬化的尘粒更应注意。当积灰厚度超过 5~10mm 时，电除尘器应停止运行，进行清理。

要经常注意对除尘系统的排气进行观察和监督，发现异常情况，及时采取相应的措施。

5）通风系统及其设备要有定期的小、中、大修制度，以便及时发现问题和解决问题，防止重大事故发生，保证系统良好、可靠地运转。

6）局部排风系统各支管的风量调整后，应将调节阀固定好，做出标志，不要随意变动。如系统作用更改，如因工艺调整，增加或减少吸气罩等，则应重新调整通风系统。

7）气力输送系统要特别注意漏风和堵塞，发现问题后要及时分析处理。

8）为保证通风系统的正常运行，应有专人负责，并制定岗位责任制。

二维码形式客观题

扫描二维码可自行做题，提交后可查看答案。

第9章
客观题

参 考 文 献

[1] 孙一坚. 工业通风 [M]. 4 版. 北京：中国建筑工业出版社，2010.

[2] 奚旦立，孙裕生，刘秀英. 环境监测 [M]. 3 版. 北京：高等教育出版社，2004.

[3] 茅清希. 工业通风 [M]. 上海：同济大学出版社，1998.

[4] 张国枢. 通风安全学 [M]. 2 版. 徐州：中国矿业大学出版社，2007.

第 10 章
通风工程气流流动的数值模拟方法

计算流体力学（CFD）是一门以计算机技术为平台，以计算流体力学和计算数学、计算机图像学等相关学科理论为基础，以预测或分析某种流体流动现象为目标的计算学科，也是一门重要的工程实用技术。在通风工程中，借助 CFD 可以模拟通风空调空间内的气流分布详细情况，同时能够考虑室内各种可能的内扰、边界条件和初始条件，因而能全面反映复杂的或无法用现有理论方法来准确分析计算的室内外及通风空调设备内流体流动和分布情况，从而便于发现最优的气流组织方案和设备流动域内内形轮廓，进而指导工程设计，使其达到良好的通风效果。此外，还可以使用 CFD 数值模拟计算的方法来预测新型通风方式的效果，例如，模拟工业厂房的气流组织情况，对帮助分析高大空间的通风空调效果、通风效率和空气龄等参数有重要的作用。由于 CFD 实际上是一种虚拟试验，无须耗费大量的人力、物力，所以利用 CFD 数值模拟方法可以大大节省研究时间和成本，这是传统试验方法难以做到的[1]。本章介绍 CFD 数值模拟方法的原理，并介绍几种典型的计算案例，作为通风工程计算方法的一个补充。

10.1 CFD 数值模拟的基本原理

自从 1687 年牛顿定律公布，直到 20 世纪 50 年代初，研究流体运动规律的方法主要有试验分析法和理论研究法，前者是针对具体问题做模型试验，后者则是利用简单的流体对流传热传质模型和假设，给出所研究问题的解析解。一般来说，试验法直观明了，但是制作模型需要花费大量的时间与成本，试验耗费大且不易调整参数，得到的数据有限；理论方法耗费较试验法小，但往往只能研究比较简单的流体问题，遇到比较复杂的流体流动现象时分析计算非常困难，甚至使用目前的数学方法还不可能求得解析解。CFD 正是在这种背景下为弥补理论分析法和试验法的不足而于 20 世纪 60 年代发展起来的一门科学。它的基本原理是基于纳维尔·斯托克斯方程，许多流体力学家在研究流体流动规律的基础上建立了各种主控方程，并根据各自流动情形提出了各种简化的半经验半理论的封闭模型，从而使方程组得到封闭，这些偏微分方程组是 CFD 数值模拟求解的理论基础和基本数学模型。在此基础上，结合计算数学，将流动区域根据计算的精度和收敛的要求进行分割，再利用差分或有限元的思想对偏微分方程进行离散，从而得到计算区域内一系列由分割形成的离散点的高阶拟线性方程组（在迭代过程中，使用上一次计算结果来计算方程的系数，因而方程组的系数实际上是不断变化的，故称拟线性）。拟线性方程组得到之后，使用计算数学方法进行迭代求解，得到流域内各离散点的流场参数，再可以根据需要使用插值方法将这些若干离散解组合为整个流体运动区域的解，即得到了偏微分主控方程组的数值解。因此，它是具备一定精度的近似解，而不是解析解，只要满足工程的精度即可。CFD 数值模拟方法得到了快速的发展，目前，在暖通空调领域，CFD 主要研究和解决的问题集中在以下几个方面：

1）通风空调设计方案预测和优化。

2）流体机械的传热传质分析，如各种换热装置、冷却塔、喷淋塔的 CFD 数值模拟。

3）射流技术的 CFD 分析，如空调送风的末端装置、新型送风装置等。

4）流体机械及流体元件，如泵、风机等的流动分析和结构优化。

5）空气品质及建筑热湿环境的评价、预测。

6）城市区域风与有害物分布，小区建筑布局优化与预测。

10.1.1 数学模型

CFD 数值模拟方法经常使用的数学模型有层流和湍流两种，由于大多数流动属于湍流，湍流数学模型使用最为广泛。

1. 层流的数学模型

在暖通空调中的室内气流大多属于低速流动的范围，有些情况下可以简化为层流进行研究[2]，当把流体简化为层流时，其流动过程可由 Navier – Stokes 方程、连续性方程及能量方程来描述[3]。

（1）Navier – Stokes 方程 对于具有黏性、可压缩性、各向同性的牛顿质流体，Navier – Stokes 方程的张量形式为

$$\rho\left(\frac{\partial u_i}{\partial \tau} + u_j\frac{\partial u_i}{\partial x_j}\right) = x_i - \frac{\partial p}{\partial x_i} + \frac{\partial}{\partial x_j}\left[\mu\left(\frac{\partial u_i}{\partial x_j} + \frac{\partial u_j}{\partial x_i} - \frac{2}{3}\delta_{ij}\frac{\partial u_k}{\partial x_k}\right)\right] \tag{10-1}$$

式中，ρ 为密度（kg/m³）；x_i 为质量力，在重力场中，$x_i = -\rho g\delta_{zj} = -y\delta_{zj}$；$\mu$ 为动力黏度（Pa·s）；δ_{ij} 为克罗内克算子，$i = j$ 时取 1，其他取 0。

上述 N – S 方程的向量形式，可以分解为 x、y、z 三个方向的分量形式，其实质就是微元体在三个坐标方向上的动量守恒。由此可见，式（10-1）实际上代表了三个偏微分方程。

（2）连续性方程 根据质量守恒定律，在密度不变时（或密度变化很小可以忽略时），可推导出连续性方程为

$$\frac{\partial u_i}{\partial x_i} = 0 \tag{10-2}$$

连续性方程的基本原理是进出微元体内的质量守恒，当密度不变（即不可压缩）时，为体积流量守恒。

（3）热量守恒（温度方程） 根据热量守恒条件及对流、传导及内热源放（吸）热情况，可以得到有关温度的热量守恒方程为

$$\frac{\partial T}{\partial \tau} + \frac{\partial}{\partial x_j}(u_j T) = \frac{\partial}{\partial x_j}\left(K_c\frac{\partial T}{\partial x_j}\right) + \frac{q_T}{\rho C_p} \tag{10-3}$$

式中 K_c——热扩散率（m²/s），$K_c = \dfrac{\lambda_c}{\rho C_p}$；

q_T——流体内部热源的单位体积发热量（W/m³）。

了解方程（10-3）的物理意义有利于对方程原理的理解。左边第一项为微元体温度的变化，第二项为对流换热造成的传热量；右边第一项为热传导热量，第二项为微元体内热源散热量。因此，该方程的物理意义是通过微元体对流换热量和导热传热量以及内热源的散热量几个方面因素最终导致了微元体的温度变化。

以上是层流流体的数学模型，可以用来进行理论上的分析。但应该指出的是，实际的气流流动大多是湍流，而湍流流动更加复杂，需要用雷诺方程来描述。雷诺方程是根据时间平均的概念把流场分为时均场和脉动场推导出来的。在湍流状态下，为了使数学模型封闭，除了连续

性方程以外，尚需要引进一些半理论半经验性模型方程，工程中常用 $k-\varepsilon$ 和 $k-l$ 模型，其中以 $k-\varepsilon$ 最为广泛，下面予以简述。

2. 湍流的数学模型

（1）雷诺平均模拟

1）雷诺时均方程。雷诺时均方程是将非定常的 N-S 方程对时间进行平均，得到一组以时均物理量和脉动量乘积的时均值作为未知量的非封闭方程，形式如下：

$$\frac{\partial(\rho\,\overline{u}_i)}{\partial\tau} + \frac{\partial(\rho\,\overline{u}_i\overline{u}_j)}{\partial x_j} = -\frac{\partial\overline{p}}{\partial x_i} + \frac{\partial}{\partial x_j}\left(\mu\frac{\partial\overline{u}_i}{\partial x_j} - \rho\,\overline{u'_i u'_j}\right) \tag{10-4}$$

式中，u_i 为瞬态值，$\overline{u}_i$ 为时均值，u' 为脉动值，三者关系有 $u_i = \overline{u}_i + u_i'$，其余类似。

雷诺时均方程组是一组未封闭的方程组，为了使方程可以求解，必须将方程中的湍流脉动值与时均值联系起来，因此采用基于 Boussinesq 假设而提出的涡黏膜型，湍流脉动所造成的附加应力可以表示为

$$-\rho\,\overline{u'_i u'_j} = -P_t\delta_{ij} + \mu_t\left(\frac{\partial\overline{u}_i}{\partial x_j} + \frac{\partial\overline{u}_j}{\partial x_i}\right) - \frac{2}{3}\mu_t\delta_{ij}\frac{\partial\overline{u}_k}{\partial x_k} \tag{10-5}$$

式中各物理量均为时均值，μ_t 为湍流黏性度，它是空间坐标的函数，取决于流动状态而不是物性参数，p_t 是脉动速度所造成压力。为了方便，以下省略时均符号 "–"。

将式（10-5）代入式（10-4）可化得湍流时均场动量方程（忽略质力）：

$$\left(\frac{\partial u_i}{\partial\tau} + u_j\frac{\partial u_i}{\partial x_j}\right) = -\frac{1}{\rho}\frac{\partial p}{\partial x_i} + \frac{\partial}{\partial x_j}\left[\nu_{\text{eff}}\left(\frac{\partial u_i}{\partial x_j} + \frac{\partial u_j}{\partial x_i} - \frac{2}{3}\delta_{ij}\frac{\partial u_k}{\partial x_k}\right)\right] \tag{10-6}$$

比较层流三维 Navier-Stokes 方程与湍流时均场动量方程，其形式都是一样的，只是把运动黏度改为湍流有效运动黏度 ν_{eff}，而 $\nu_{\text{eff}} = \nu + \nu_t$，即湍流运动黏度和分子运动黏度之和，因此关键是如何确定 ν_t。在不同的湍流模式理论中，有不少确定 ν_t 的方法，这里主要介绍 $k-\varepsilon$ 和 $k-l$ 模型。

2）涡黏膜型。

a. Prandtl-Kolmogorov 模式（$k-l$）。根据 Prandtl 和 Kolmogorov 的假设，可把湍流运动黏度 ν_t 看成与湍流速度和湍流特征长度之积成比例来表示，若湍流流速为 $k^{1/2}$，其中 k 为湍流动能，而 l 为混合长度，σ_μ 为比例常数，则 ν_t 可表示为

$$\nu_t = \sigma_\mu k^{1/2} l \tag{10-7}$$

为使得上述方程能够求解，必要建立湍流动能的微分方程，根据湍流动能和时间平均的概念，可以推导湍流动能的传递方程为

$$\rho\frac{\partial k}{\partial\tau} + \rho u_j\frac{\partial k}{\partial x_j} = \frac{\partial}{\partial x_j}\left[\left(\mu + \frac{\mu_t}{\sigma_k}\right)\frac{\partial k}{\partial x_j}\right] + \mu_t\frac{\partial u_j}{\partial x_i}\left(\frac{\partial u_j}{\partial x_i} + \frac{\partial u_i}{\partial x_j}\right) - c_D\rho\frac{k^{\frac{3}{2}}}{l} \tag{10-8}$$

式（10-7）中出现了湍流能量 k 和混合长度 l 两个变量，其中混合长度 l 可以表示为位置函数，根据试验，常数 σ_μ 在 0.09~0.11 之间取值。式（10-8）中方程左端第一项是湍流动能随时间的变化，第二项为对流项，即由于对流造成的微元体内湍流动能的变化，右边第一项为扩散项，即扩散造成的微元体内的湍流动能变化，第二项为产生项，第三项为耗散项。通常在 $k-l$ 模型当中，先列出满足湍流动能 k 的传递方程，而对于混合长度 l，则可以预先根据空间位置按照某种代数模型假定它的空间分布函数关系，因此，混合长度随具体流动而变化，不可能给出一个普遍适应的公式。由于 $k-l$ 模型只有制约湍流动能 k 的方程是微分方程，其余是代数方程，所以计算比较简单，因此，对复杂流动的模拟预测能力也较弱。

b. $k-\varepsilon$ 模型。由于一般情况下湍流度越高，即 k 值越大，湍流混合长度 l 越小，根据因次

分析消去式（10-7）中的湍流长度 l 得

$$\nu_t = \sigma_\mu k^2 / \varepsilon \tag{10-9}$$

其中，σ_μ 为常数，由试验得出，一般为 0.09，ε 为湍流能量的黏性耗散率，是为了建立湍流运动黏度的表达式而新增的未知数，故也必须建立新的微分方程使之封闭。根据湍流能量和湍流能量黏性耗散率的定义，再根据时均假设，可以推导出两者的微分方程。

k 可由下式确定

$$\frac{\partial k}{\partial \tau} + \frac{\partial}{\partial x_j}(u_j k) = \frac{\partial}{\partial x_j}\left[\Gamma_{k,\text{eff}} \frac{\partial k}{\partial x_j}\right] + \nu_t\left(\frac{\partial u_j}{\partial x_i} + \frac{\partial u_i}{\partial x_j}\right)\frac{\partial u_j}{\partial x_i} - \sigma_\mu \frac{k^2}{\nu_t} \tag{10-10}$$

ε 可由下式确定

$$\frac{\partial \varepsilon}{\partial \tau} + \frac{\partial}{\partial x_j}(u_j \varepsilon) = \frac{\partial}{\partial x_j}\left[\Gamma_{\varepsilon,\text{eff}} \frac{\partial \varepsilon}{\partial x_j}\right] + \sigma_1 \sigma_2 k\left(\frac{\partial u_j}{\partial x_i} + \frac{\partial u_i}{\partial x_j}\right)\frac{\partial u_j}{\partial x_i} - \sigma_2 \frac{\varepsilon^2}{k} - \frac{\sigma_3 \sigma_\mu}{\sigma_T}g\beta k \frac{\partial T}{\partial x_i}\delta_{zi} \tag{10-11}$$

以上方程的具体推导以及各项的物理含义可查阅有关资料的对应章节[1]，在此不再赘述。

（2）湍流流动的热量守恒方程（温度方程）

$$\frac{\partial T}{\partial \tau} + \frac{\partial}{\partial x_j}(u_j T) = \frac{\partial}{\partial x_j}\left(K_{\text{eff}} \frac{\partial T}{\partial x_j}\right) + \frac{q_T}{\rho C_p} \tag{10-12}$$

式（10-12）是湍流下的热量守恒方程，与层流下的能量方程（10-3）相比，在结构形式上是类似的，不同之处在于湍流能量方程温度、速度均为时均量，扩散系数也为湍流有效扩散系数。同样左边第一项为微元体温度的变化，第二项为对流换热造成的传热量；右边第一项为热传导热量，第二项为微元体内热源散热量。因此，该方程的物理意义是：通过微元体对流换热量和导热传热量以及内热源的散热量几个方面因素最终导致了微元体的温度变化，湍流情况下，方程的系数变成了湍流有效扩散系数。

上面列举了 $k-\varepsilon$ 和 $k-l$ 模型，常见的湍流模型还有重整化群模型（RNG $k-\varepsilon$ 模型），这些都属于涡黏膜型。此外，还有雷诺应力模型（RSM），除了雷诺时均方法推导的主控方程组之外，更为复杂的计算模型还有大涡模型（LES）以及最为准确但对计算要求极高的直接模拟模型（DNS）等，可以参看有关计算流体力学的书籍。

10.1.2 偏微分方程组的离散方法

所谓离散是指将计算的连续区域利用网格划分成一个个"小格子"，通过计算每个"小格子"上的节点值将偏微分格式的控制方程转化为各个节点上的代数方程组，在给定初始条件和边界条件的情况下利用计算机迭代求解，从而得到节点上的数值解，计算域上其他位置的值则根据节点位置上的值进行插值处理，最后用这些分散分布的离散解近似地代替了精确连续解，这就是数值模拟的基本思路。在迭代精度和网格划分密度足够高且计算方法合理的情况下，数值计算的误差是可以被接受的。对于瞬态问题除了对流项、扩散项和源项的离散外，还要考虑对时间项的离散。

在计算流体力学中，较常使用的数值方法主要有有限差分法和有限元法两种，后者多用于土木工程中的固体受力分析，在流体力学领域由于偏微分方程组过于复杂，一般很少采用，而常用有限差分法。

有限体积法是将有限差分法和有限元法结合起来的一种方法，它将计算区域根据计算的精度要求，划分为一系列不重复的控制体积，并使每个网格节点周围有一个控制体积，将所求的微分方程在每一个控制体积内积分，便得出了一组离散的代数方程。与纯差分不同的是，有限体积法利用简易条件下一维对流扩散方程的解来化简偏微分方程组，因而使方程的离散化过程具有明确的物理意义，可以使求解偏微分方程组的过程准确客观且易于把握。有限体积法目的是求解节点值，这与有限差分类似，但是在有限体积法寻求控制体积的积分时，必须假定节点之间分布形式作为基础方程（即简单条件下的偏微分方程解），这又与有限单元法类似。有限体积法在微分方程离散过程中可以利用简单条件下推导出来的某种变量在一个坐标方向上的流通量，因此简化了离散方程的推导，大大减少了工作量，且每个控制体积均满足物理守恒原理，从而也使得整个计算区域满足守恒原理[4]，不容易出现物理上的不合理解。

10.1.3 常用仿真软件

利用离散方法和有限体积法得出主控方程组的拟线型方程组之后，可以编程，利用计算机来求解方程组，但这一个过程工作量是巨大的。近三十年来，由于计算机技术的飞速发展，CFD 在暖通空调领域日益显现其生命力，出现了极大的市场需求，因而应运而生出很多功能强大的商业化软件。一般来说，CFD 软件包括前处理器、求解器及后处理器三大模块。目前，三个模块都有比较成熟的商用开发软件。

1. 前处理器

前处理器的作用主要是数据的输入、几何造型和网格划分，包括：

1）定义模型的几何参数。

2）在几何区域划分网格进行离散。

3）对要解决的问题选择数学模型和相应的控制方程。

4）定义流体的属性参数。

5）为计算域边界处的单元指定边界条件，瞬态计算还需给定初始条件。

在许多商业软件中，前处理主要完成第一、二步骤的工作，后续的工作在求解器的准备阶段完成，只要两者能够衔接好就行。

前处理软件很多，常用的主要有：

（1）GAMBIT GAMBIT 是能处理主流 CAD 数据类型的几何文件，生成四面体、六面体、棱锥和棱柱形的结构化与非结构化网格，能生成近壁面层渐细网格。对于复杂几何体，GAMBIT 能将几何体进行分区，以在每个区内生成高质量的结构化网格，这是一个非常实用的网格划分技巧，这样划分的优点是充分发挥各个部分几何特征的优势而使网格整体质量最高。GAMBIT 相对容易掌握，本身也可以做一些简单的几何建模，但对计算机性能有较高的要求。

（2）ICEM CFD ICEM 是 Integrated Computational Engineering and Manufacturing 的缩写。ICEM CFD Engineering 公司于 1990 年成立，专注于解决网格划分问题。2000 年 ANSYS 公司收购 ICEM CFD，并于 2004 年推出了界面简洁、操作方便的 ICEM CFD/AI * Environment。它具有基于 Windows 形式的界面，支持当前流行的 CAD 数据类型，能进行几何结构的修补和简化，因而具有强大的网格划分功能，可输出多达 100 种求解器所支持的网格文件。ICEM CFD 出色的网格划分功能体现在其对非结构化四面体网格和结构化六面体网格的处理。在非结构化四面体网格处理方面，ICEM CFD 能自动生成四面体网格，并自动生成三棱柱边界层网格，在结构化六面体网格处理方面，ICEM CFD 具有通过自顶而下或自下而上的方式创建复杂的拓扑结构的功能，通过创建与几何体形状近似的拓扑结构来创建高质量的六面体结构化网格，从而大大提高了网格的生成质量，因而可以大大改善收敛性能和加速计算过程。

（3）GRIDGEN 自 1984 年以来，GRIDGEN 的用途已从起初的航空领域发展到航空、自动化、动力生成、化学流程和其他行业。由于各用户要求继续开发此产品，GRIDGEN 的编程人员在 1994 年成立了 Pointwise 公司，推出了商用化后继产品 GRIDGEN，迄今已有 15 版。该软件计算操作界面相对比较简单,操作也比较方便,可以配合 ICEM 一起使用,发挥各自的优势。

2. 求解器

求解器根据数值求解方法对离散后的拟线性方程组进行迭代求解,常用的求解器有:

(1) FLUENT FLUENT 是用于模拟具有复杂外形的流体流动以及传热的功能强大的计算机软件,也是 CFD 领域主流软件。它提供了完全的网格灵活性,用户可以使用结构化网格和非结构网格,例如,二维三角形或四边形网格、三维四面体/六面体/金字塔形网格来解决具有复杂外形的流动问题,甚至可以用混合型非结构网格,即把结构化网格和非结构化网格二者结合起来使用。允许用户根据解的具体情况对网格进行修改和调整,如在变化较大的区域对网格进行加密。FLUENT 是用 C 语言编写的,因此具有很大的灵活性。在 FLUENT 求解问题的过程中,迭代计算与过程结果显示可以通过交互界面和菜单界面设置来完成。此外,高级用户可以通过编写菜单宏和菜单函数自定义和优化界面,扩充计算的功能,也可以通过 C 语言编程来定义若干新变量的偏微分方程并协同求解,还可以通过编程改变边界条件的设置和得出已有物理量的组合结果。总的来说,它可广泛用于研究暖通空调中复杂流场不可压缩和可压缩流体的流动和传热问题。

(2) CFX CFX 也是 ANSYS 公司的模拟工程实际传热与流动问题的商用程序。作为采用全隐式算法的大型商业软件,算法上的独特性、丰富的物理模型和前后处理的完善性,使得 AN-SYS CFX 在结果准确性、计算稳定性、计算速度和灵活性上都有着较好的表现。除了一般的工业流体流动问题之外,像 FLUENT 一样,ANSYS CFX 还可以模拟诸如燃烧、多相流、化学反应等复杂流场。ANSYS CFX 还可以和 ANSYS Structure 及 ANSYS Emag 等软件配合,实现流体分析、结构分析,以及电磁分析等的耦合。ANSYS CFX 也可被集成在 ANSYS Workbench 环境下,方便用户在单一操作界面上实现对整个工程问题的模拟。

(3) CART3D CART3D 的核心技术由 NASA Ames 研究中心开发,包括几何输入、表面处理和相交、网格生成及流动模拟,完全集成在 ANSYS ICEM CFD 仿真环境中。通过应用计算图形学、计算几何学和计算流体动力学技术,CART3D 提供了自动和高效的几何处理与流体分析功能。该软件与其他 CFD 分析软件比较,其最大优势在于分析速度提高了很多。CART3D 区别于其他所有 CFD 程序的最重要的特征就是"快",CART3D 在飞行器气动外流分析行业中具有很强的适用性。

(4) AIRPAK AIRPAK 是面向暖通空调工程师、建筑师和其他设计师而开发的人工环境系统分析软件。特别是在暖通空调领域,它可以较快地模拟所研究对象内的空气流动、传热和污染等物理现象,也可以模拟通风系统的空气流动、空气品质、传热、污染和舒适度等问题,并依照 ISO7730 标准提供舒适度、PMV、PPD 等衡量室内空气质量(IAQ)的技术指标,为优化设计提供参考依据。此外,常用的 CFD 求解软件还有 ICEPAK 和 STAR – CD 以及世界上第一套商用流体数值计算求解器 PHOENICS 等,该软件的特点是界面友好,容易掌握,有兴趣的读者可查阅相关资料。

3. 后处理器

由于计算过程中及其结果都会产生大量的数据,因此后处理器是 CFD 不可或缺的一部分。为了使经过数值计算得出的结果更加直观,有利于对模拟结果进行分析,产生了 CFD 后处理器。利用后处理器,可以把计算得出的温度场、速度场、温度梯度场和热流密度场等庞大的数据整理得到直观的有规律的图形和图表。目前常用的后处理软件有:CFD – POST、Tecplot、FIELDVIEW、Ensight 等软件,使用时可以根据数据整理的需求灵活采用。在整理科学文章时,Tecplot 采用较多,而对于一般的工程报告,也可以直接使用 CFD – POST 或 FLUENT、PHOE-

NICS 等软件本身自带的后处理功能。

10.2　自然通风的数值模拟

10.2.1　计算对象描述

本算例模型是一个典型厂房的二维剖面图，厂房宽 20m，高 18m，类似于图 3-6 所示厂房结构，厂房内空气在热源的热浮升力作用下上升，至上部天窗排除。如图 10-1 所示，进风口、排风口均为 2m，热源高 2m，水平宽 2m。

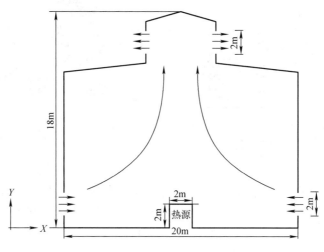

图 10-1　典型厂房计算对象

10.2.2　边界条件

1. 边界条件的设定

地面、墙壁等固定边界采取无滑移边界条件，即假设速度为 0。

在入口和出口处：采取给定压力相对压强为 0，此时速度未知，所以采取梯度为 0 的方法来设置速度，即 $\frac{\partial \varphi}{\partial n}=0$，采用外推法，即在局部网格足够细的情况下，把紧靠进口处的速度外推到边界上，也可以利用局部质量守恒来写出边界条件。

2. 温度边界条件

在固定壁面上，按绝热情况处理，即垂直于壁面的温度梯度为 0。对于内热源，给定其壁面恒定温度值，$t_h = 500℃$，也可以设定热源表面的热流密度。入口温度给定为 27℃。

10.2.3　计算结果分析

采用 SIMPLE 算法进行计算，为便于处理温差引起的浮升力，空气的密度计算采取 Boussinesq 假设，在计算动量方程中与体积力有关的项时，密度是温度的函数，其余项中为常量。

1. 速度分布

图 10-2 是厂房内的速度矢量图，从图中可以看出，入口处速度较大，并且在热源上方形成向上运动的射流，射流断面面积随着高度的增加而增加，结合图 10-3 的速度分布云图可知，射

流面积越小，速度越大，在 $y=8m$ 到 $y=12m$ 之间时速度达到最大值。向上的气流一部分排出室外，另一部分由于压力的作用，向下流入进风射流区形成回流，可以看到在厂房两侧区域形成了明显对称的涡旋区，气流从入口进入后从中间的气流"通道"流出室外。

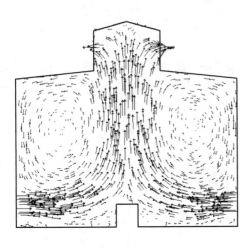

图 10-2　速度矢量图

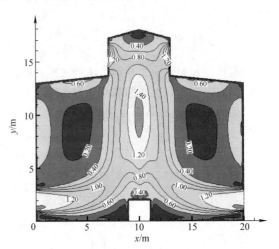

图 10-3　速度分布云图

2. 温度分布

图 10-4 是厂房内的温度分布等值线图，从图中可以看出，等温线在热源附近较为密集，在其上方，随高度的增加，由于卷吸作用，射流温度随之衰减，在水平方向上，离热源距离越远，温度衰减程度高于竖直方向，这说明热源对空气的作用主要是引起气流的上升流动，除热源上部区域之外的其他区域气流温度值变化不大。

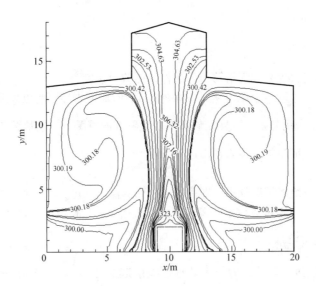

图 10-4　温度分布等值线图

10.3　三维非定常室内自然对流

计算三维非定常的自然对流问题所使用的数学模型可参考前面章节的标准 $k-\varepsilon$ 控制方程组，包括连续性方程、非定常雷诺方程、湍流能量及其耗散率方程、温度方程等，计算采取 Boussinesq 假设。

10.3.1　物理模型和边界条件

1. 物理模型

本节所讨论的流动只受热驱动因素的影响。图 10-5 为某工业厂房自然对流通风示意图。厂房尺寸为 $21.4\text{m} \times 6\text{m} \times 10\text{m}$。厂房左右两侧离地面 0.8m 处对称位置各有一个 $1.2\text{m} \times 1.2\text{m}$ 的通风口与外界进行热质交换。厂房内置一个 1m 高的工作台，台面散热率为 600W/m^2，工作台正上方 0.3m 处有一排风罩与通往室外的排风管相连。在完全自然对流的情况下，本节使用 CFD 方法来研究其室内气流组织及通风效果。

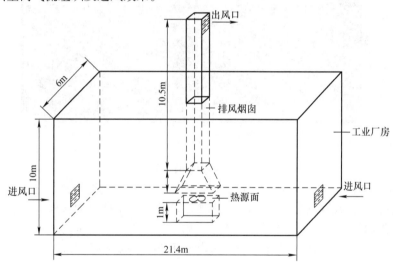

图 10-5　某工业厂房自然对流通风示意图

2. 边界条件

厂房内流体为空气。

1）入口边界条件：由于本例为自然对流案例，入口处边界设置为压力入口，表压设为 0，即 $p_{\text{in}} = 0$，设室外自然进风的空气温度为 $t = 20\,^{\circ}\!\text{C}$。

2）出口边界条件：出口边界设置为压力出口，即流出到大气中 $p_{\text{out}} = 0$。

3）固壁面边界条件：第一类边界条件，即 $u = v = w = 0$；$k = 0$，$\varepsilon = 10^{-24}$。

4）热源边界条件：热源面为工作台的上表面，设置其热流密度为 600W/m^2。

根据初步估算，排出口平均温度为 $43\,^{\circ}\!\text{C}$，因此取 $\Delta T_0 = \left[(43-20)/2\right]\text{K} = 11.5\text{K}$，此时瑞利数 Ra 为

$$Ra = \frac{g\beta\Delta T_0 l^3 \rho}{\mu a} = 13.36 \times 10^5 \tag{10-13}$$

10.3.2　数值计算结果

依据计算结果可知，在完全自然通风状态下，热源表面热流密度为 $600W/m^2$ 时，室内计算通风量为 $628.72m^3/h$（$0.175m^3/s$），排风口风速达到 $0.9m/s$。

数值模拟结果表明，在完全自然对流情况下，如图 10-6 所示，厂房内空间静压有明显的分层现象，在空间上层的表压为 0，而下层则为较小的负压，使得室外大气能经过厂房下方两侧的通风口进入厂房内；由于热源的影响，排气烟囱内有一股上升气流在流动，所以在排气烟囱靠近热源端为较大的负压，这样室内的气流才能掠过热源面经排风罩进入排气烟囱；烟囱内气流与大气相连端则转变为正压，这样管内废气才得以排出厂房，这与实际工况较吻合。

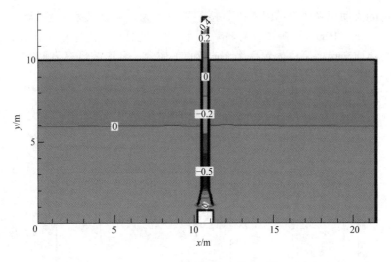

图 10-6　中轴垂直断面静压分布

从图 10-7 可知，在完全自然对流的条件下，热源产生的热量携带其上空的空气一同进入排风罩内，在这种浮升力的推动下，室内空气源源不断地经过烟囱排向室外，由于空气连续性方程即质量守恒作用使室外大气从通风口进入厂房内，但由于这一完全由热压产生的浮升力作为驱动力其实是较微弱的，因此厂房通风口及房内大部分区域的气流速度均很小。

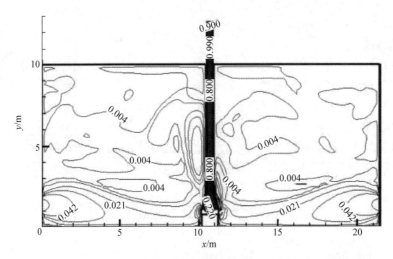

图 10-7　中轴垂直断面速度分布

此外，在完全自然对流情形下，由于厂房内气流速度很小（图 10-8），空气湍流度也较小，但送风口进风射流已经形成，热源对整个室内温度分布有一定的影响，温度等值线以热源面为中心，以球形向四周辐射开来，越靠近热源，温升越明显（图 10-9）。

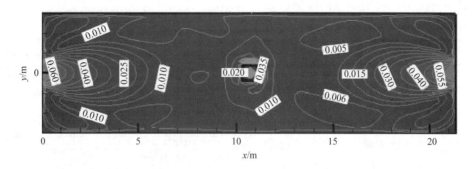

图 10-8　1.2m 水平面速度等值线图

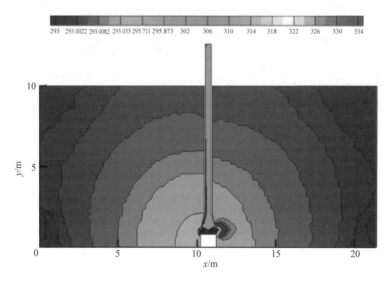

图 10-9　中轴面温度等值线

10.4　机械通风的数值模拟

在工业厂房中，如电镀车间、酸洗车间、热处理车间、油漆车间等，常有有害气体逸出，散发在车间里，对操作工人的身体健康造成了严重危害。这类车间在设计通风装置时，常采用控制速度法来计算各罩口所需要的排风量，但此法对整个车间各部位有害气体浓度分布及气流速度分布无法预测，也无法对设计效果进行优化。本节使用 CFD 数值仿真方法，分析单侧槽边排风罩的特性，计算出车间各部分的有害气体浓度场和气流速度场，从而有利于择优选取最佳通风方式。

为了便于分析，本章采用二维稳态 $k-\varepsilon$ 湍流模型，考虑等温状态，因而数学模型只涉及连续性方程、运动方程、湍流能量传递方程、湍流能量耗散率方程及浓度方程，可参见计算流体力学的相关章节推导[1]，在此不再赘述。

10.4.1 计算对象及其边界条件

1. 计算对象

在许多情况下，由于场地的限制，只能设置单边排风罩，所以本节主要讨论单边槽边排风罩，如图10-10所示，网格划分为 60×60。计算对象是边长为6m的正方形，车间两侧距地面1m处各开一高为1m的外窗，屋顶开一宽为2.1m的天窗，有害气体（假设为 CO_2）以 $v = 0.3 m/s$ 的速度从槽中逸出。对此侧吸罩，在没有进行全面通风的情况下，分别计算抽风速度为 1m/s、2m/s、3m/s、4m/s 和 8m/s 时的各个工况。如果采取全面送风，在槽边罩抽风不变的情况下，分别考虑以 0.5m/s 两侧窗下排或下送的两种典型工况，以比较其优劣。

为了研究槽边罩的整体性能，把它放置在某一车间中统一考虑，即把整个厂房作为计算对象。

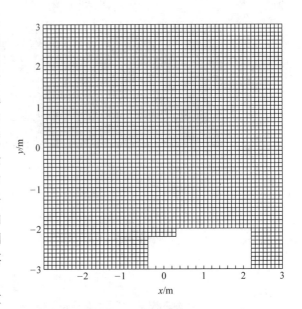

图 10-10 计算对象及其网格划分

2. 边界条件

1）在固定边界上，采取无滑（no–slip）条件，令其速度为0，即 $u = 0$，$v = 0$，$k = 0$，$\varepsilon = 0$，$\partial c / \partial n = 0$，$n$ 为法线方向。

2）对于已知排风口，设定排风速度。对于吸气口，分别为 1m/s、2m/s、3m/s、4m/s 和 8m/s，其他参数按照 $\partial(k, \varepsilon, c)/\partial y = 0$ 或 $\partial(k, \varepsilon, c)/\partial x = 0$ 设定。

3）对于液面污染物，设定 CO_2 产生量为 0.5kg/s，或按照 0.3m/s 的速度给定其散发速度，其湍流度 $k = 0.04 m^2/s^2$，$\varepsilon = 0.008 m^2/s^3$。

4）当不进行机械送风或排风时，天窗和侧窗属于不能给定具体值的边界，此时各参变量值按法向梯度为0，即侧窗 $v = 0$，$\partial(u, k, \varepsilon, c)/\partial x = 0$；天窗 $u = 0$，$\partial(v, k, \varepsilon, c)/\partial y = 0$。

5）对于不存在回流的进、出风口，其湍流能量和耗散率按照常规设定，即按 $0.04 m^2/s^2$ 和 $0.008 m^2/s^3$ 设定；对于存在回流的情况，根据试验值设定。

6）湍流度 k、湍流动能 ε 在固定边界上设定为0。但由于湍流黏性耗散率 ε 在方程中为分母，故取一个极小正值，如设 $\varepsilon = 1 \times 10^{-19} m^2/s^3$。

7）对于浓度方程，取槽上污染物散发的出口 CO_2 无因次体积浓度为1，新风入口 CO_2 无因次体积浓度为0，而出口取无因次浓度值法向梯度为0。

10.4.2 计算过程及结果分析

1. 计算步骤

本节使用 SIMPLER 算法，具体计算步骤如下：

1）估计压力场的 p^* 值。

2）求解动量方程得到 u^*，v^* 值。

3）求解压力修正方程得 p' 值。

4）计算修正后的压力值。

5）用速度修正公式计算 u、v 值。

6）求解 k、ε、c 值。

7）将修正后的压力值当成第一循环的 p^* 值，返回步骤2），直至收敛为止。

8）输出计算结果，整理数据。

2. 结果分析

图 10-11 ~ 图 10-14 是单侧抽风罩通风的浓度等值线图、速度矢量图、流线图及槽边罩口流线图。由图可见，此时所有污染物基本上不能得到控制，几乎全部散逸到室内。在抽风速度作用下，抽风罩一侧气流有向右流动的趋势，造成抽风罩右侧浓度值偏高，并且随着气流的运动，把污染物输送到整个房间。从整个浓度场分布来看，左边工作区域浓度偏小，而右边明显偏大，特别是位于右侧的区域，污染物体积分数高达95%以上。

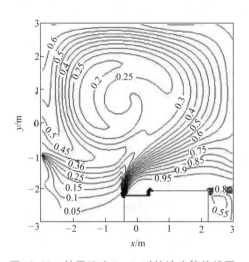

图 10-11　抽风速度 1m/s 时的浓度等值线图

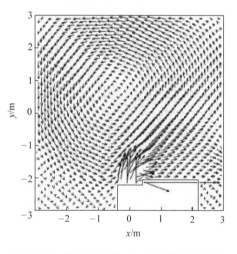

图 10-12　抽风速度 1m/s 时的速度矢量图

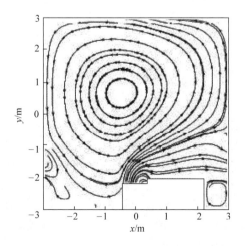

图 10-13　抽风速度 1m/s 时的流线图

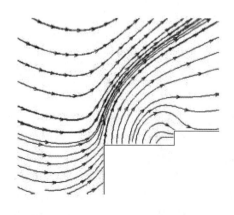

图 10-14　抽风速度 1m/s 时的槽边罩口流线图

随着风速增加到2m/s，情况有所改变如图10-15～图10-18所示。此时，由于抽风量增大，左侧窗和天窗变成补风的主要来源，而右侧风口受抽风口气流的卷吸带动作用，有部分污染气流通过右侧窗排出房间，另外一部分污染物由于室内涡旋的作用，通过对流和扩散，在房间左上方、右上方及右下方三个涡旋区域不断聚集，形成高浓度污染区域。

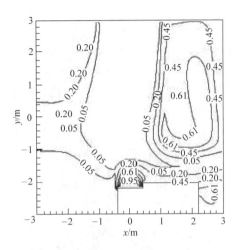

图10-15　抽风速度2m/s时的浓度等值线图

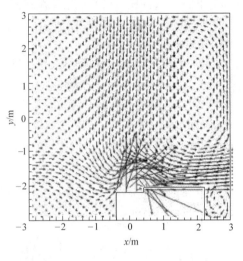

图10-16　抽风速度2m/s时的速度矢量图

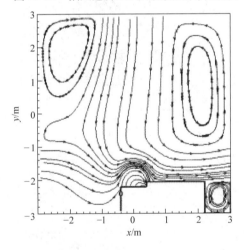

图10-17　抽风速度2m/s时的流线图

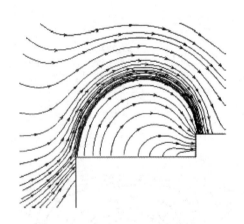

图10-18　抽风速度2m/s时的槽边罩口流线图

由图10-19～图10-22可知，随着抽风速度增加到3m/s，室内浓度明显降低，特别是工作区的体积分数已经达到5%。但是由于吸气气流强度不够，造成污染源边界较高（图10-20），仍有部分污染物通过对流和扩散作用传播到室内右上部，或沉积在房间右下部，从而导致室内右上部体积分数高达23%，右下部角落高达30%（图10-22）。因此，3m/s的吸气速度仍然达不到理想的控制效果。

由图10-23～图10-29可知，当抽风速度增加到4m/s及8m/s时，抽风罩一侧的气流控制力明显进一步增强，特别是发散区域进一步减小。从图10-23～图10-29还可发现，在3m以下区域，CO_2含量明显降低，体积分数分别为10%和5%，但在这两种风速情形下，由于气流组织不够合理，右侧下部仍有CO_2聚集，体积分数分别高达30%和15%，因此必须采取措施改进气流组织方式。

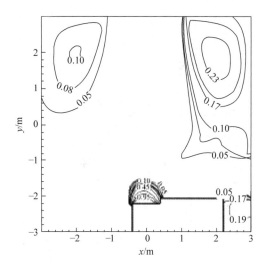

图 10-19　抽风速度 3m/s 时的浓度等值线图

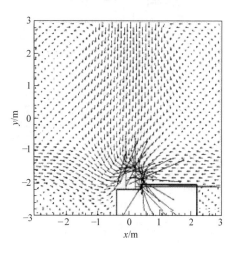

图 10-20　抽风速度 3m/s 时的速度矢量图

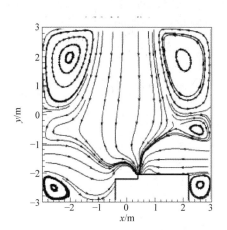

图 10-21　抽风速度 3m/s 时的流线图

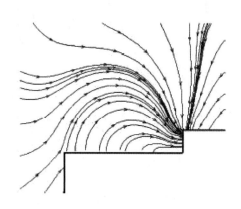

图 10-22　抽风速度 3m/s 时的槽边罩口流线图

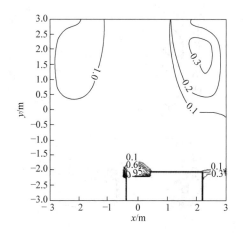

图 10-23　抽风速度 4m/s 时的浓度等值线图

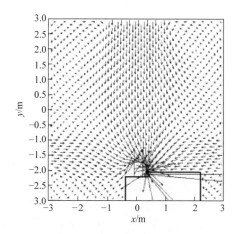

图 10-24　抽风速度 4m/s 时的速度矢量图

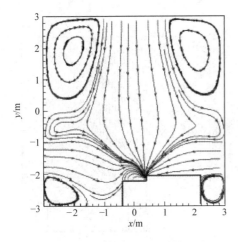

图 10-25 抽风速度 4m/s 时的流线图

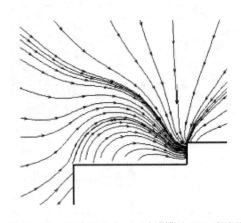

图 10-26 抽风速度 4m/s 时的槽边罩口流线图

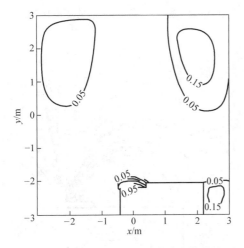

图 10-27 抽风速度 8m/s 时的浓度等值线图

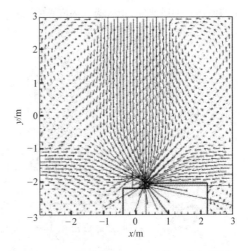

图 10-28 抽风速度 8m/s 时的速度矢量图

3. 通风方式的改进方案

由上述分析可知，尽管加大了排风量，对流场分布有所改善，但由于扩散和对流的作用，流场中部分区域总会有一定程度的污染。

图 10-30 和图 10-31 是排风罩口速度为 8m/s，两侧窗强制通风速度为 0.5m/s 时的浓度和速度分布。可以看出，与图 10-27 和图 10-28 相比，尽管上部情况有所改善，上部局部区域最高体积分数已经由 15% 以上降低到 8%，但左侧下部改善不明显，甚至局部地区浓度有所增加（图 10-30）。若把两侧由排风改为送风，速度仍然维持在 0.5m/s，即把新鲜空气直接送到工作区域，情况明显改善（图10-32、图 10-33）。从矢量图 10-32 可知，新鲜空气

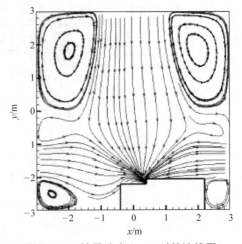

图 10-29 抽风速度 8m/s 时的流线图

送进来后直达工作区，一部分补充排风，一部分形成上部旋涡，还有一部分从天窗排出。从图 10-33 可以看出，整个房间不再有局部污染物浓度较大的沉积区域。由此可见，局部排风加两侧新鲜空气送风方式是保证室内空气品质的相对较好方案。

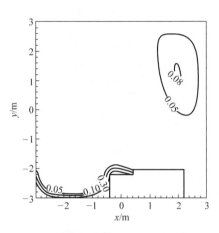

图 10-30　抽风速度 8m/s、以 0.5m/s
两侧排风时的浓度等值线图

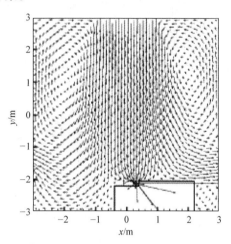

图 10-31　抽风速度 8m/s、以 0.5m/s
两侧排风时的速度矢量图

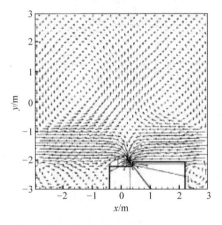

图 10-32　抽风速度 8m/s、以 0.5m/s
两侧送风时的速度矢量图

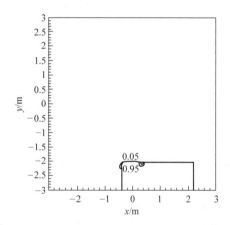

图 10-33　抽风速度 8m/s、以 0.5m/s 两侧送风时
的浓度等值线图

应该指出的是，图 10-33 的方式尽管达到了较好的通风效果，但付出的成本也是很高的。根据设计规范要求，当槽宽 $B > 800\text{mm}$ 时，应该使用双侧排风罩。图 10-34 ~ 图 10-37 是采取双侧排风罩的仿真计算结果，其槽边高 150mm，污染气体同样以 0.3m/s 的速度散发，抽风速度取为 2m/s。

从图 10-34、图 10-35 可知，排风量降低 50%，且节约了送风量，此时污染气体完全得到控制。由此可见，当槽宽大于一定值时，应该进行双侧排风。

4. 计算结果与模型试验的对比

为了验证数值计算的正确性，对单侧抽风罩这种通风形式进行了模型试验[3]。装置如图 10-38 所示，这是上部和两侧用有机玻璃做的车间模型。为了使抽风及 CO_2 气体均匀送出，在下

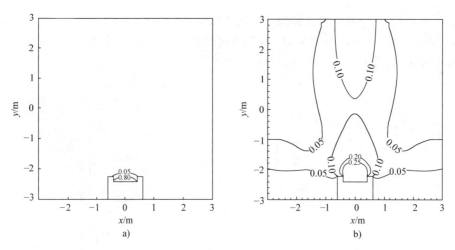

图 10-34 双侧抽风罩通风的流场浓度等值线图

a）浓度分布 b）速度分布

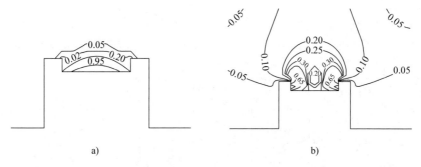

图 10-35 双侧抽风罩通风的浓度等值线局部放大图

a）局部浓度分布 b）局部速度分布

部做了两个静压箱。同时，在 CO_2 逸出槽上，加上钢丝网，以使 CO_2 气体逸出更均匀。又为了使试验结果更接近二维情况，特将车间内所设槽、罩沿纵向加长。测量时，在中间取一断面，这样就更接近二维情况。

由于计算点太多，且在离槽远处浓度值较小，测量误差会较大（仪器误差 50×10^{-6}）。因此，测点只分布在工作区，选取 24 个点进行测量。

本试验使用 Z4-6111 热线风速仪，对基准速度及 CO_2 逸出速度进行测定。用 2312 型手提式红外 CO_2 气体分析仪，对浓度进行测试，取箱内逸出无因次浓度为 1，其他点浓度值与逸出口浓度值之比即得所需试验值。由于 CO_2 分析仪误差为 $\pm 50 \times 10^{-6}$，对于通风量大的情况，当抽风速度为 8m/s 及 11m/s

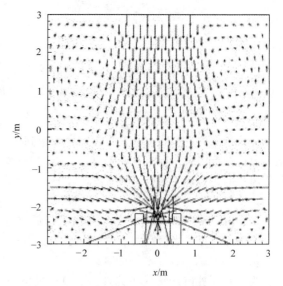

图 10-36 双侧抽风罩通风的流场速度矢量图

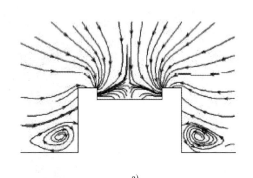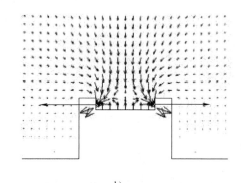

图 10-37　双侧抽风罩通风的流场流线图及速度矢量图

a）流场流线图　b）速度矢量图

时，离槽远处，因浓度值本身不大，故不易测出真实值，所以，本试验着重对抽风速度为 4m/s 时的情况进行了测量。试验值与计算值比较的误差用下式计算：

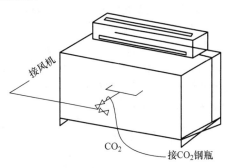

图 10-38　试验装置图

$$\left|\frac{\text{试验值} - \text{计算值}}{\text{计算值}}\right| \times 100\% \qquad (10\text{-}14)$$

试验表明，试验值与计算值的相对误差平均值达 13.5%，原因如下：

1）由于浓度值测定首先要求整个浓度场十分稳定，而实际过程中，影响因素很多，例如，试验中要求 CO_2 钢瓶输出量很小，但长时间保持输出极小量，就要求压力表微调精度高，而试验设备难以达到要求。这样，CO_2 逸出口浓度值就只能在短时间内稳定，但由于测点多，仪器反应速率达 10s 左右，这无疑增加了试验误差。

2）测量浓度的仪器精度为 50×10^{-6}，测量车间浓度低的地方，必然会产生误差。

3）槽中逸出的 CO_2 不可能很均匀，靠近抽风口的速度总比远离抽风口的地方大（尽管加了金属丝网），也会使整个车间浓度场受影响。

由计算与试验结果的比较证明，运用数值方法来预测车间浓度场、速度场是可行的。

10.5　旋风除尘器内部气流场数值模拟

10.5.1　旋风除尘器的计算模型

旋风除尘器是工业通风中常用的一种气体除尘设备，由前所述，其除尘机理是使含尘气流做旋转运动，借助于离心力将尘粒从气流中分离并捕集于器壁，再借助重力作用使尘粒落入灰斗。图 10-39 是某旋风除尘器的模型示意图，含尘空气从入口进入后，气流在除尘器内部形成气旋，在离心效应的作用下，灰尘被捕捉在除尘器四周的吸附壁上，在重力的作用下落入灰斗，除尘后的空气在底部形成向上的反气旋，从除尘器的上部出口离开。

10.5.2　边界条件

由于旋风除尘器内的气流流动必为湍流，从精度上来说，选用各向异性的雷诺应力模型是最适合的，但是雷诺应力模型在三维模型下需要求解 7 个方程，计算量是两方程模型的许多倍，考虑到计算机的计算效率和时间，因此在模型选择时采用对强旋流计算精度较高的 RNG $k - \varepsilon$ 两方程模型，在重整化选项上采用 Swirl Dominated Flow。由于只需模拟除尘器内部的流场和颗粒轨迹问题，计算中未考虑温度的作用，因此在计算时可以不加入能量方程，空气按不可压缩流体处理。

按如下方法给定边界条件。

1) 固定边界。对固定边界，采用无滑移边界条件，即速度为 0，固定壁面也均按绝热条件处理。

2) 进口边界。进口给定为速度边界，设入口速度 v_{inlet} = 30m/s，给定湍流强度为 10%，水力直径 0.0543m（水力直径大小一般是四倍的过流面积与湿周长之比）。

3) 颗粒物设置。运用离散相模型来对除尘器中的颗粒物运行轨迹进行模拟，假设颗粒物为煤粉，材料密度为 1000kg/m^3。设置空气入口为颗粒物产生面，给定两种颗粒物粒径，分别是 $1\mu\text{m}$ 和 $30\mu\text{m}$，产生面处的煤粉质量流量为 0.05kg/s。

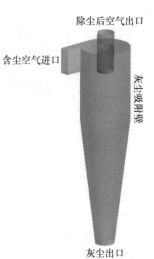

图 10-39　旋风除尘器计算模型

10.5.3 结果分析

图 10-40 所示是旋风除尘器的气流流线图，从图可知，气流从入口进入后，有一部分在旋风除尘器内自上而下做螺旋转动并且在底部出口处形成上升反螺旋，最后从上部出口流出；另有一部分达到筒体中部便离开了除尘器图 10-41 是除尘器内颗粒物粒径运动轨迹图，从图中可以看出，颗粒物运动轨迹与气流流动方向基本类似，颗粒物随着气流流动，不断被除尘器壁面有效捕集，部分颗粒物运动速度加大，直到底部才会被捕集，少量小颗粒粉尘随气流逃逸，不能被有效捕集，这是在出口处基本上见不到粉尘的迹线的原因。这与气流流线明显不同。

图 10-42 是除尘器上部某断面上沿 x 轴方向切线速度、径向速度和轴向速度的分布图。从图可知，与前述旋风除尘器理论分析所得出的速度分布形状是基本一致的。轴向速度 v_j 表明，靠近外筒壁面处速度向下，指向筒体底部，而中心较大部分圆柱形区域速度向上，指向顶部出口，轴中心附近的速度最大，并且存在速度为 0 的内外分界面；径向速度 v_r 分布表明，外旋气流径向速度向外，指向筒壁面，而中心较大圆柱形区域径向速度向内，指向中心轴，并且在内外分界面径向速度为 0。图中切线速度在靠近筒体壁面附近达到最大，然后逐步减小至中心轴处为 0。

图 10-43 是除尘器上部某断面 x 方向压力分布图，可见在分界面以内其中心较大圆柱形区域流体静压为负，而轴中心处全压为 0，动压最大，亦即速度最大，此处负压最高。这是流体经旋风除尘器入口进入，从轴向上升，最后经上部排风管排出的原因。

由以上分析可知，用 CFD 来仿真旋风除尘器内这一非常复杂的气流运动是可行的，它是开发和改进新型旋风除尘器非常有效的工具之一。

本章对几种气流运动进行的仿真分析，说明利用 CFD 数值仿真的方法可以对通风设计的方案进行检验和校正，还可以比较直观地观察到流场分布的效果，是对设计前期方案筛选和后期设计改进、优化的一种重要辅助手段。可以预见，随着计算流体力学的发展以及计算机性能的不断提升，仿真模拟作为通风工程气流组织和复杂设备内流体传热传质分析的一种辅助工具将会更加普及。

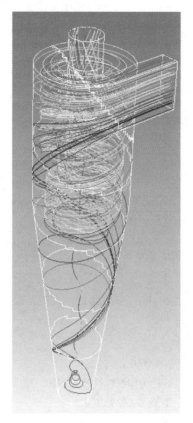

图 10-40　除尘器内气流流线图

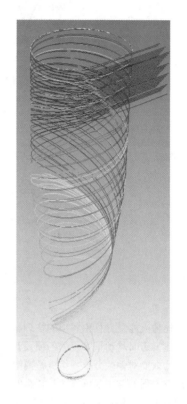

图 10-41　除尘器内颗粒物运动轨迹图

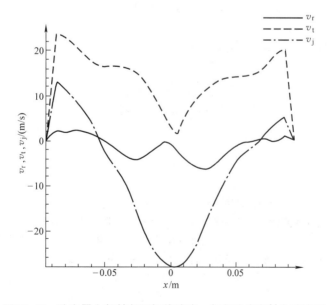

图 10-42　除尘器上部某断面切线速度、径向速度和轴向速度图

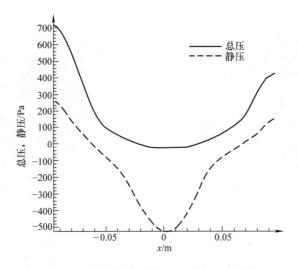

图 10-43　除尘器上部某断面 x 方向压力分布图

习　题

1. 简述湍流能量方程中各项的物理含义及方程本身的守恒原理。
2. 简述雷诺时均动量方程的各项及其方程本身的物理含义。
3. 为什么要对偏微分方程组进行离散？离散后的方程为什么被称为拟线性代数方程？
4. 离散方程的常用求解方法是什么？为什么要在求解过程之中要使用欠松弛方法？
5. CFD 方法能够应用在通风工程中分析哪些问题？它是否能够代替模型试验方法？

二维码形式客观题

扫描二维码可自行做题，提交后可查看答案。

第10章
客观题

参 考 文 献

[1] 王汉青. 暖通空调流体流动数值计算方法与应用 [M]. 北京：科学出版社，2013.
[2] 山口克人. 关于室内气流分布基础的研究 [D]. 大阪：大阪大学，1983.
[3] 汤广发，吕文瑚，王汉青. 室内气流数值计算及模型试验 [M]. 长沙：湖南大学出版社，1989.
[4] 王福军. 计算流体动力学分析——CFD 软件原理与应用 [M]. 北京：清华大学出版社，2004.

附　　录

附录1　居住区大气中有害物质的最高容许浓度

编号	物质名称	最高容许浓度/(mg/m³) 一次	日平均	编号	物质名称	最高容许浓度/(mg/m³) 一次	日平均	编号	物质名称	最高容许浓度/(mg/m³) 一次	日平均
1	一氧化碳	3.00	1.00	14	吡啶	0.08		25	硫化氢	0.01	
2	乙醛	0.01		15	苯	2.40	0.80	26	硫酸	0.30	0.10
3	二甲苯	0.30		16	苯乙烯	0.01		27	硝基苯	0.01	
4	二氧化硫	0.50	0.15	17	苯胺	0.10	0.03	28	铅及其无机		0.0007
5	二氧化碳	0.04		18	环氧氯丙烷	0.20			化合物(换算		
6	五氧化二磷	0.15	0.05	19	氟化物	0.02	0.007		成Pb)		
7	丙烯腈		0.05		(换算成F)			29	氯	0.10	0.03
8	丙烯醛	0.10		20	氨	0.20		30	氯丁二烯	0.10	
9	丙酮	0.80		21	氧化氮	0.15		31	氯化氢	0.05	0.015
10	甲基对硫磷	0.01			(换算成NO₂)			32	铬(六价)	0.0015	
	(甲基E605)			22	砷化物		0.003	33	锰及其化合物		0.01
11	甲醇	3.00	1.00		(换算成As)				(换算成		
12	甲醛	0.05		23	敌百虫	0.10			MnO₂)		
13	汞		0.0003	24	酚	0.02		34	飘尘	0.50	0.15

注：1. 一次最高容许浓度，指任何一次测定结果的最大容许值。

2. 日平均最高容许浓度，指任何一日的平均浓度的最大容许值。

3. 本表所列各项有害物质的检验方法，应按现行的《大气监测检验方法》执行。

4. 灰尘自然沉降量，可在当地清洁区实测数值的基础上增加3~5t/(km²·月)。

附录2　车间空气中有害物质的最高容许浓度

编号	物质名称	最高容许浓度/(mg/m³)	编号	物质名称	最高容许浓度/(mg/m³)	编号	物质名称	最高容许浓度/(mg/m³)
	(一)有毒物质		4	乙腈	3	8	二甲基二氯硅烷	2
1	一氧化碳①	30	5	二甲胺	10	9	二氧化硫	15
2	一甲胺	5	6	二甲苯	100	10	二氧化硒	0.1
3	乙醚	500	7	二甲基甲酰胺(皮)	10	11	二氯丙醇(皮)	5

（续）

编号	物质名称	最高容许浓度/（mg/m³）	编号	物质名称	最高容许浓度/（mg/m³）	编号	物质名称	最高容许浓度/（mg/m³）
12	二硫化碳（皮）	10	37	甲基内吸磷（甲基E059）（皮）	0.2	56	苯胺、甲苯胺、二甲苯胺（皮）	5
13	二异氰酸甲苯酯	0.2	38	甲基对硫磷（甲基E605）（皮）	0.1	57	苯乙烯	40
14	丁烯	100	39	乐戈（乐果）（皮）	1		钒及其化合物：	
15	丁二烯	100	40	敌百虫（皮）	1	58	五氧化二钒烟	0.1
16	丁醛	10	41	敌敌畏（皮）	0.3	59	五氧化二钒粉尘	0.5
17	三乙基氯化锡（皮）	0.01	42	吡啶	4	60	钒铁合金	1
18	三氧化二砷及五氧化二砷	0.3		汞及其化合物：		61	苛性碱（换算成NaOH）	0.5
19	三氧化铬、铬酸盐重铬酸盐（换算成CrO₂）	0.05	43	金属汞	0.01	62	氟化氢及氟化物（换算成F）	1
			44	升汞	0.1			
20	三氯氢硅	3	45	有机汞化合物（皮）	0.005	63	氨	30
21	己内酰胺	10	46	松节油	300	64	臭氧	0.3
22	五氧化二磷	1	47	环氧氯丙烷（皮）	1	65	氧化氮（换算成NO₂）	5
23	五氯酚及其钠盐	0.3	48	环氧乙烷	5			
24	六六六	0.1	49	环己酮	50	66	氧化锌	5
25	丙体六六六	0.05	50	环己醇	50	67	氧化镉	0.1
26	丙酮	400	51	环己烷	100	68	砷化氢	0.3
27	丙烯腈（皮）	2	52	苯（皮）	40		铅及其化合物：	
28	丙烯醛	0.3	53	苯及其同系物的一硝基化合物（硝基苯及硝基甲苯等）（皮）	5	69	铅烟	0.03
29	丙烯醇（皮）	2				70	铅尘	0.05
30	甲苯	100				71	四乙基铅（皮）	0.005
31	甲醛	3	54	苯及其同系物的二及三硝基化合物（二硝基苯、三硝基甲苯等）（皮）	1	72	硫化铅	0.5
32	光气	0.5				73	碳及其化合物	0.001
	有机磷化合物：					74	钼（可溶性化合物）	4
33	内吸磷（E059）（皮）	0.02	55	苯的硝基及二硝基氯化物（一硝基氯苯、二硝基氯苯等）（皮）	1	75	钼（不溶性化合物）	6
34	对硫磷（E605）（皮）	0.05				76	黄磷	0.03
35	甲拌磷（3911）（皮）	0.01				77	酚（皮）	5
36	马拉硫磷（4049）（皮）	2				78	萘烷、四氢化萘	100
						79	氰化氢及氢氰酸盐（换算成HCN）（皮）	0.3

（续）

编号	物质名称	最高容许浓度/（mg/m³）	编号	物质名称	最高容许浓度/（mg/m³）	编号	物质名称	最高容许浓度/（mg/m³）
80	联苯-联苯醚	7	96	碘甲烷（皮）	1		（二）生产性粉尘	
81	硫化氢	10	97	溶剂汽油	350	1	含有10%以上游离	
82	硫酸及三氧化硫	2	98	滴滴涕	0.3		二氧化硅的粉尘	
83	锆及其化合物	5	99	羰基镍	0.001		（石英、石英岩等）②	2
84	锰及其化合物（换算成MnO₂）	0.2	100	钨及碳化钨	6	2	石棉粉尘及含有10%以上石棉的粉尘	2
85	氯	1	101	醋酸酯：醋酸甲酯	100	3	含有10%以下游离二氧化硅的滑石粉尘	4
86	氯化氢及盐酸	15	102	醋酸乙酯	300			
87	氯苯	50	103	醋酸丙酯	300	4	含有10%以下游离二氧化硅的水泥粉尘	6
88	氯萘及氯联苯（皮）	1	104	醋酸丁酯	300			
89	氯化苦	1	105	醋酸戊酯	100	5	含有10%以下游离二氧化硅的煤尘	10
	氯代烃：			醇：				
90	二氯乙烷	25	106	甲醇	50	6	铝、氧化铝、铝合金粉尘	4
91	三氯乙烯	30	107	丙醇	200			
92	四氯化碳（皮）	25	108	丁醇	200	7	玻璃棉和矿渣棉粉尘	5
93	氯乙烯	30	109	戊醇	100	8	烟草及茶叶粉尘	3
94	氯丁二烯（皮）	2	110	糠醛	10	9	其他粉尘③	10
95	溴甲烷（皮）	1	111	磷化氢	0.3			

注：1. 表中最高容许浓度，是工人工作地点空气中有害物质所不应超过的数值。工作地点系指工人为观察和管理生产过程而经常或定时停留的地点，如生产操作在车间内许多不同地点进行，则整个车间均算为工作地点。

2. 有（皮）标记者为除经呼吸道吸收外，尚易经皮肤吸收的有毒物质。

3. 工人在车间内停留的时间短暂，经采取措施仍不能达到上表规定的浓度时，可与省、市、自治区卫生主管部门协商解决。

4. 本表所列各项有毒物质的检验方法，应按现行的《车间空气监测检验方法》执行。

① 一氧化碳的最高容许浓度在作业时间短暂时可予放宽：作业时间1h以内，一氧化碳浓度可达到50mg/m³，0.5h以内可达到100mg/m³，15～20min可达到200mg/m³。在上述条件下反复作业时，两次作业之间须间隔2h以上。

② 含有80%以上游离二氧化硅的生产性粉尘，宜不超过1mg/m³。

③ 其他粉尘系指游离二氧化硅含量在10%以下，不含有毒物质的矿物性和动植物性粉尘。

附录 3 镀槽边缘控制点的吸入速度 v_x

槽的用途	溶液中主要有害物	溶液温度/℃	电流密度/ (A/cm^2)	v_x/ (m/s)
镀 铬	H_2SO_4、CrO_3	55~58	20~35	0.5
镀耐磨铬	H_2SO_4、CrO_3	68~75	35~70	0.5
镀 铬	H_2SO_4、CrO_3	40~50	10~20	0.4
电化学抛光	H_2PO_4、H_2SO_4、CrO_3	70~90	15~20	0.4
电化学腐蚀	H_2SO_4、KCN	15~25	8~10	0.4
氰化镀锌	ZnO、NaCN、NaOH	40~70	5~20	0.4
氰化镀铜	CuCN、NaOH、NaCN	55	2~4	0.4
镍层电化学抛光	H_2SO_4、CrO_3、$C_3H_5(OH)_3$	40~45	15~20	0.4
铝件电抛光	H_3PO_4、$C_3H_5(OH)_3$	85~90	30	0.4
电化学去油	NaOH、Na_2CO_3、Na_3PO_4、Na_2SiO_4	~80	3~8	0.35
阳极腐蚀	H_2SO_4	15~25	3~5	0.35
电化学抛光	H_3PO_4	18~20	1.5~2	0.35
镀 镉	NaCN、NaOH、Na_2SO_4	15~25	1.5~4	0.35
氰化镀锌	ZnO、NaCN、NaOH	15~30	2~5	0.35
镀铜锡合金	NaCN、CuCN、NaOH、Na_2SnO_3	65~70	2~2.5	0.35
镀 镍	$NiSO_4$、NaCl、$COH_6(SO_3Na)_2$	50	3~4	0.35
镀锡（碱）	Na_2SnO_3、NaOH、CH_3COONa、H_2O_2	65~75	1.5~2	0.35
镀锡（滚）	Na_2SnO_3、NaOH、CH_2COONa	70~80	1~4	0.35
镀锡（酸）	SnO_4、NaOH、H_2SO_4、C_6H_5OH	65~75	0.5~2	0.35
氰化电化学浸蚀	KCN	15~25	3~5	0.35
镀 金	$K_4Fe(CN)_6$、Na_2CO_3、$H(AuCl)_4$	70	4~6	0.35
铝件电抛光	Na_3PO_4	—	20~25	0.35
钢件电化学氧化	NaOH	80~90	5~10	0.35
退 铬	NaOH	室 温	5~10	0.35
酸性镀铜	$CuCO_4$、H_2SO_4	15~25	1~2	0.3
氰化镀黄铜	CuCN、NaCN、Na_2SO_3、$Zn(CN)_2$	20~30	0.3~0.5	0.3
氰化镀黄铜	CuCN、NaCN、NaOH、Na_2CO_3、$Zn(CN)_2$	15~25	1~1.5	0.3
镀 镍	$NiSO_4$、Na_2SO_4、NaCl、$MgSO_4$	15~25	0.5~1	0.3
镀锡铅合金	Pb、Sn、H_3BO_4、HBF_4	15~25	1~1.2	0.3
电解纯化	Na_2CO_3、K_2CrO_4、H_2CO_4	20	1~6	0.3
铝阳极氧化	H_2SO_4	15~25	0.8~2.5	0.3
铝件阳极绝缘氧化	$C_2H_4O_4$	20~45	1~5	0.3
退 铜	H_2SO_4、CrO_3	20	3~8	0.3
退 镍	H_2SO_4、$C_2H_5(OH)_3$	20	3~8	0.3
化学脱脂	NaOH、Na_2CO_3、Na_3PO_4	—	—	0.3
黑 镍	$NiSO_4$、$(NH_4)_2SO_4$、$ZnSO_4$	15~25	0.2~0.3	0.25
镀 银	KCN、AgCl	20	0.5~1	0.25
预镀银	KCN、K_2CO_4	15~25	1~2	0.25
镀银后黑化	Na_2S、Na_2SO_3、$(CH_2)_2CO$	15~25	0.08~0.1	0.25

（续）

槽的用途	溶液中主要有害物	溶液温度/℃	电流密度/(A/cm²)	v_x/(m/s)
镀　铍	$BeSO_4$、$(NH_4)_2Mo_7O_2$	15~25	0.005~0.02	0.25
镀　金	KCN	20	0.1~0.2	0.25
镀　钯	Pa、NH_4Cl、NH_4OH、NH_3	20	0.25~0.5	0.25
铝件铬酐阳极氧化	CrO_3	15~25	0.01~0.02	0.25
退　银	AgCl、KCN、Na_2CO_3	20~30	0.3~0.1	0.25
退　锡	NaOH	60~75	1	0.25
热水槽	水蒸气	>50	—	0.25

注：v_x 值系根据溶液的质量浓度、成分、温度和电渣密度等因素综合确定。

附录4　通风管道单位长度摩擦阻力线算图

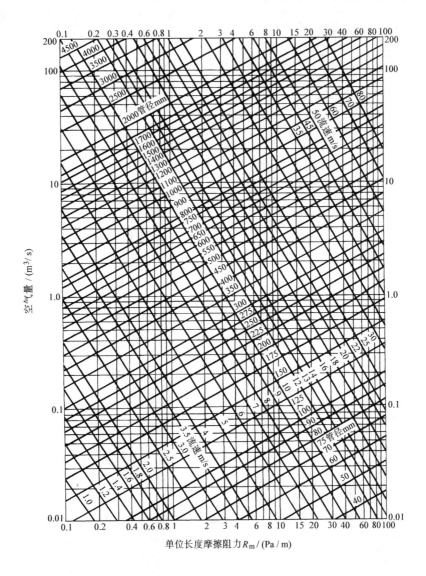

附录 5　部分常见管件的局部阻力系数

序号	名称	图形	局部阻力系数（按图内所示的速度值 v_0 计算）											

序号 1　伞形风帽（管边尖锐）

	h/D_0	0.1	0.2	0.3	0.4	0.5	0.6	0.7	0.8	0.9	1.0	∞
进风		2.63	1.83	1.53	1.39	1.31	1.19	1.15	1.08	1.07	1.06	1.06
排风		4.00	2.30	1.60	1.30	1.15	1.10	—	1.00	—	1.00	—

序号 2　带扩散管的伞形风帽

	h/D_0	0.1	0.2	0.3	0.4	0.5	0.6	0.7	0.8	0.9	1.0	∞
进风		1.32	0.77	0.60	0.48	0.41	0.30	0.29	0.28	0.25	0.25	0.25
排风		2.60	1.30	0.80	0.70	0.60	0.60	—	0.60	—	0.60	—

序号 3　带倒锥体的伞形风帽

	h/D_0	0.1	0.2	0.3	0.4	0.5	0.6	0.7	0.8	0.9	1.0	∞
进风		2.90	1.90	1.59	1.41	1.33	1.25	1.15	1.10	1.07	1.06	1.06
排风		—	2.90	1.90	1.50	1.30	1.20	—	1.10	—	1.00	—

序号 4　伞形罩

$\alpha/(°)$	10	20	30	40	90	120	150
圆形	0.14	0.07	0.04	0.05	0.11	0.20	0.30
矩形	0.25	0.13	0.10	0.12	0.19	0.27	0.37

序号 5　渐扩和变径管

$\dfrac{F_1}{F_0}$	$\alpha/(°)$				
	10	15	20	25	30
1.25	0.02	0.03	0.05	0.06	0.07
1.50	0.03	0.06	0.10	0.12	0.13
1.75	0.05	0.09	0.14	0.17	0.19
2.00	0.06	0.13	0.20	0.23	0.26
2.25	0.08	0.16	0.26	0.38	0.33
3.50	0.09	0.19	0.30	0.36	0.39

（续）

序号	名称	图形	局部阻力系数（按图内所示的速度值 v_0 计算）						

序号 6　圆形渐扩管

$\dfrac{F_1}{F_0}$	$\alpha/(°)$					
	10	15	20	25	30	45
1.25	0.01	0.02	0.03	0.04	0.05	0.06
1.50	0.02	0.03	0.05	0.08	0.11	0.13
1.75	0.03	0.05	0.07	0.11	0.15	0.20
2.00	0.04	0.06	0.10	0.15	0.21	0.27
2.25	0.05	0.08	0.13	0.19	0.27	0.34
2.50	0.06	0.10	0.15	0.23	0.32	0.40

当 $\alpha > 45°$ 时，$\zeta = \left(1 - \dfrac{F_0}{F_1}\right)^2$

序号 7　矩形渐扩管

$\dfrac{F_1}{F_0}$	$\alpha/(°)$					
	10	15	20	25	30	45
1.25	0.02	0.03	0.05	0.06	0.07	—
1.50	0.03	0.06	0.10	0.12	0.13	—
1.75	0.05	0.09	0.14	0.17	0.19	—
2.00	0.06	0.13	0.20	0.23	0.26	—
2.25	0.08	0.16	0.26	0.30	0.33	—
2.50	0.09	0.19	0.30	0.36	0.39	—

序号 8　突扩管

$\dfrac{F_1}{F_2}$	0	0.1	0.2	0.3	0.4	0.5	0.6	0.7	0.8	0.9	1.0
ζ_1	1.0	0.81	0.64	0.49	0.36	0.25	0.16	0.09	0.04	0.01	0

序号 9　突缩管

ζ_2	0.5	0.47	0.42	0.38	0.34	0.30	0.25	0.20	0.15	0.09	0

序号 10　减缩管

当 $\alpha \leqslant 45°$ 时，$\zeta = 0.10$

序号 11　圆形和方形弯头

（续）

序号	名称	图形	局部阻力系数（按图内所示的速度值 v_0 计算）											
12	矩形弯管							a/b						
			r/b	0.25	0.5	0.75	1.0	1.5	2.0	3.0	4.0	5.0	6.0	8.0
			0.5	1.5	1.4	1.3	1.2	1.1	1.0	1.1	1.1	1.1	1.2	1.2
			0.75	0.57	0.52	0.48	0.44	0.40	0.39	0.39	0.40	0.42	0.43	0.44
			1.0	0.27	0.25	0.23	0.21	0.19	0.18	0.18	0.19	0.20	0.27	0.21
			1.5	0.22	0.20	0.19	0.17	0.15	0.14	0.14	0.15	0.16	0.17	0.17
			2.0	0.20	0.18	0.16	0.15	0.14	0.13	0.13	0.14	0.14	0.15	0.15
13	矩形断面直角弯头	 （小型叶片）	0.35											
14	矩形断面直角弯头	 （小型机翼型叶片）	0.10											
15	矩形直角弯头	 （一片大型叶片）	0.56											
16	乙形弯		l/b_0	0	0.4	0.6	0.8	1.0	1.2	1.4	1.6	1.8		2.0
			ζ	0	0.62	0.89	1.61	2.63	3.6	4.0	4.2	4.2		4.18
			l/b_0	2.4	2.8	3.2	4.0	5.0	6.0	7.0	9.0	10.0		∞
			ζ	3.8	3.3	3.2	3.1	3.0	2.8	2.7	2.5	2.4		2.3
17	乙形弯		l/D_0	0		1.0		2.0		3.0	4.0		5.0	6.0
			R_0/D_0	0		1.90		3.74		5.60	7.46		9.30	11.3
			ζ	0		0.15		0.15		0.16	0.16		0.16	0.16

（续）

序号	名称	图形	局部阻力系数（按图内所示的速度值 v_0 计算）
18	乙形弯	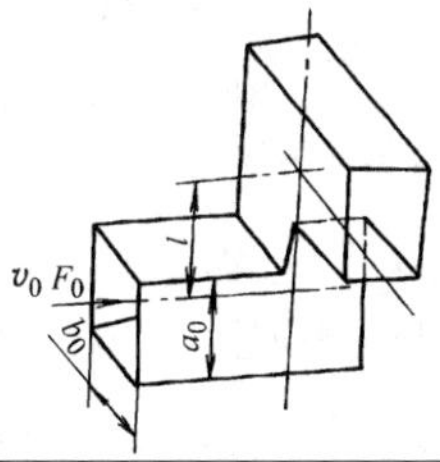	见下表

l/b_0	0	0.4	0.6	0.8	1.0	1.2	1.4	1.6	1.8	2.0
ζ	1.15	2.40	2.90	3.31	3.44	3.40	3.36	3.28	3.20	3.11
l/b_0	2.4	2.8	3.2	4.0	5.0	6.0	7.0	9.0	10.0	∞
ζ	3.16	3.18	3.15	3.00	2.89	2.78	2.70	2.50	2.41	2.30

序号	名称	图形
19	通风机出口变径管	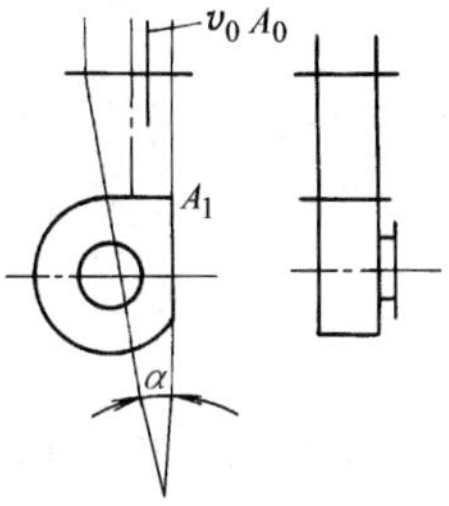

$\alpha/(°)$	A_0/A_1					
	1.5	2	2.5	3	3.5	4
10	0.08	0.09	0.1	0.1	0.11	0.11
15	0.1	0.11	0.12	0.13	0.11	0.15
20	0.12	0.14	0.15	0.16	0.17	0.18
25	0.15	0.18	0.21	0.23	0.25	0.26
30	0.18	0.25	0.3	0.33	0.35	0.35
35	0.21	0.31	0.38	0.41	0.43	0.44

序号	名称	图形
20	合流三通	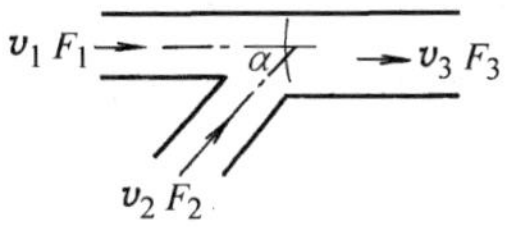

$F_1+F_2=F_3$
$\alpha=30°$

F_2/F_3	$q_{V,2}/q_{V,3}$					
	0.00	0.03	0.05	0.1	0.2	0.3
	ζ_2					
0.06	−1.13	−0.07	−0.30	1.82	10.1	23.30
0.10	−1.22	−1.00	−0.76	0.02	2.88	7.34
0.20	−1.50	−1.35	−1.22	−0.84	0.05	1.40
0.33	−2.00	−1.80	−1.70	−1.40	−0.72	−0.12
0.50	−3.00	−2.80	−2.60	−2.24	−1.44	0.91
F_2/F_3	ζ_1					
0.06	0.00	0.06	0.04	−0.10	−0.81	−2.10
0.10	0.01	0.10	0.08	0.04	−0.33	−1.05
0.20	0.06	0.10	0.13	0.16	0.06	−0.24
0.33	0.42	0.45	0.48	0.51	0.52	0.32
0.50	1.40	1.40	1.40	1.36	1.26	1.09

F_2/F_3	$q_{V,2}/q_{V,3}$					
	0.4	0.5	0.6	0.7	0.8	1.0
	ζ_2					
0.06	41.50	65.20	—	—	—	—
0.10	13.40	21.10	29.40	—	—	—
0.20	2.70	4.46	6.48	8.70	11.40	17.30
0.33	0.52	1.20	1.89	2.56	3.30	4.80
0.50	−0.36	0.14	0.84	1.18	1.53	
F_2/F_3	ζ_1					
0.06	−4.07	−6.60	—	—	—	—
0.10	−2.14	−3.60	5.40	—	—	—
0.20	−0.73	−1.40	−2.30	−3.34	−3.59	−8.64
0.33	0.07	−0.32	−0.82	−1.47	−2.19	−4.00
0.50	0.86	0.53	0.15	−0.52	−0.82	−2.07

（续）

序号	名称	图形	局部阻力系数（按图内所示的速度值 v_0 计算）							
			$q_{V,2}/q_{V,3}$	F_2/F_3						
				0.1	0.2	0.3	0.4	0.5	0.8	1.0
				ζ_2						
			0	−1.00	−1.00	−1.00	−1.00	−1.00	−1.00	−1.00
			0.1	0.21	−0.46	−0.57	−0.60	−0.62	−0.63	−0.63
			0.2	3.10	0.37	−0.06	−0.20	−0.28	−0.30	−0.35
			0.3	7.60	1.50	0.50	0.20	0.05	−0.08	−0.10
			0.4	13.5	2.92	1.15	0.59	0.26	0.18	0.16
			0.5	21.2	4.58	1.78	0.97	0.44	0.35	0.27
21	合流三通		0.6	30.4	6.42	2.60	1.37	0.64	0.46	0.31
			0.7	41.3	8.50	3.40	1.77	0.76	0.50	0.40
			0.8	53.8	11.5	4.22	2.14	0.85	0.53	0.45
			0.9	58.0	14.2	5.30	2.58	0.89	0.52	0.40
			1.0	83.7	17.3	6.33	2.92	0.89	0.39	0.27
			$q_{V,2}/q_{V,3}$	ζ_1						
			0	0	0	0	0	0	0	0
			0.1	0.02	0.11	0.13	0.15	0.16	0.17	0.17
			0.2	−0.33	0.01	0.013	0.18	0.20	0.24	0.29
			0.3	−1.10	−0.25	−0.01	0.10	0.22	0.24	0.29
			0.4	−2.15	−0.75	−0.30	−0.05	0.17	0.26	0.36
			0.5	−3.60	−1.43	−0.70	−0.35	0.00	0.21	0.32
			0.6	−5.40	−2.35	−1.25	−0.70	−0.20	0.06	0.25
			0.7	−7.60	−3.40	−1.95	−1.20	−0.50	−0.15	0.10
			0.8	−10.1	−4.61	−2.74	−1.82	−0.90	−0.43	−0.15
			0.9	−13.0	−6.02	−3.70	−2.55	−1.40	−0.80	−0.45
			1.0	−16.3	−7.70	−7.45	−3.35	−1.90	−1.17	−0.75

图形栏：

$v_1\,F_1 \longrightarrow \overset{\alpha}{\underset{v_2\,F_2}{\diagdown}} \dashrightarrow v_3\,F_3$

$F_1+F_2>F_3$
$F_1=F_3$
$\alpha=30°$

（续）

序号	名称	图形	局部阻力系数（按图内所示的速度值 v_0 计算）						

| | | | F_2/F_3 | \multicolumn{6}{c}{$q_{V,2}/q_{V,3}$} |

			F_2/F_3	0.00	0.03	0.05	0.1	0.2	0.3
						ζ_2			
			0.06	−1.12	−0.70	−0.20	1.82	10.3	23.8
			0.10	−1.22	−1.00	−0.78	0.06	3.00	7.64
			0.20	−1.50	−1.40	−1.25	−0.85	0.12	1.42
			0.33	−2.00	−1.82	−1.69	−1.38	−0.66	−0.10
			0.50	−3.00	−2.80	−2.60	−2.24	−1.50	−0.85
			F_2/F_3			ζ_1			
			0.06	0.00	0.05	0.05	−0.05	−0.59	−1.65
22	合流三通	$v_1\,F_1 \longrightarrow \alpha \longrightarrow v_3\,F_3$ $v_2\,F_2$ $F_1+F_2=F_3$ $\alpha=45°$	0.10	0.06	0.10	0.12	0.11	−0.15	−0.71
			0.20	0.20	0.25	0.30	0.30	0.26	0.04
			0.33	0.37	0.42	0.45	0.48	0.50	0.40
			0.50	1.30	1.30	1.30	1.27	1.20	1.10
			F_2/F_3			$q_{V,2}/q_{V,3}$			
			F_2/F_3	0.4	0.5	0.6	0.7	0.8	1.0
						ζ_2			
			0.06	42.4	64.3	—	—	—	—
			0.10	13.9	22.0	31.9	—	—	—
			0.20	3.00	4.86	7.05	9.50	12.4	—
			0.33	0.70	1.48	2.24	3.10	3.95	5.76
			0.50	−0.30	−0.24	0.79	1.26	1.60	2.18
			F_2/F_3			ζ_1			
			0.06	−3.21	−5.13	—	—	—	—
			0.10	−1.55	−2.71	−3.73	—	—	—
			0.20	−0.33	−0.86	−1.52	−2.40	−3.42	—
			0.33	0.20	−0.12	−0.50	−1.01	−1.60	−3.10
			0.50	0.90	0.61	0.22	−0.20	−0.68	−1.52

（续）

序号	名称	图形	局部阻力系数（按图内所示的速度值 v_0 计算）							

局部阻力系数（按图内所示的速度值 v_0 计算）

$q_{V,2}/q_{V,3}$	F_2/F_3						
	0.1	0.2	0.3	0.4	0.5	0.8	1.0
	ζ_2						
0	−1.00	−1.00	−1.00	−1.00	−1.00	−1.00	−1.00
0.1	0.24	−0.45	−0.56	−0.59	−0.61	−0.62	−0.62
0.2	3.15	0.54	−0.02	−0.17	−0.26	−0.28	−0.29
0.3	8.00	1.64	0.60	0.30	0.08	0.00	−0.03
0.4	14.00	3.15	1.30	0.72	0.35	0.25	0.21
0.5	21.90	5.00	2.10	1.18	0.60	0.45	0.40
0.6	31.60	6.90	2.97	1.65	0.85	0.60	0.53
0.7	42.90	9.20	3.90	2.15	1.02	0.70	0.60
0.8	55.9	12.4	4.90	2.66	1.20	0.74	0.66
0.9	70.6	15.4	6.20	3.20	1.30	0.79	0.64
1.0	86.9	18.9	7.40	3.71	1.42	0.81	0.59
$q_{V,2}/q_{V,3}$	ζ_1						
0	0	0	0	0	0	0	0
0.1	0.05	0.12	0.14	0.16	0.17	0.17	0.17
0.2	−0.20	0.17	0.22	0.27	0.27	0.29	0.31
0.3	−0.76	−0.13	0.08	0.20	0.28	0.32	0.40
0.4	−1.65	−0.50	−0.12	0.08	0.26	0.36	0.41
0.5	−2.77	−1.00	−0.49	−0.13	0.16	0.30	0.40
0.6	−4.30	−1.70	−0.87	−0.45	−0.04	0.20	0.33
0.7	−6.05	−2.60	−1.40	−0.85	−0.25	0.08	0.25
0.8	−8.10	−3.56	−2.10	−1.30	−0.55	−0.17	0.06
0.9	−10.0	−4.75	−2.80	−1.90	−0.88	−0.40	−0.18
1.0	−13.2	−6.10	−3.70	−2.55	−1.35	−0.77	−0.42

序号 23　名称 合流三通

图形：$v_1\ F_1$ ——— α ——— $v_3\ F_3$，$v_2\ F_2$

$F_1 + F_2 > F_3$

$F_1 = F_3$

$\alpha = 45°$

（续）

序号	名称	图形	局部阻力系数（按图内所示的速度值 v_0 计算）					

F_2/F_3	\multicolumn{6}{c}{$q_{V,2}/q_{V,3}$}
	0.00	0.03	0.05	0.1	0.2	0.3
	\multicolumn{6}{c}{ζ_2}
0.06	−1.12	−0.72	−0.20	2.00	10.6	24.5
0.10	−1.22	−1.00	−0.68	0.10	3.18	8.01
0.20	−1.50	−1.25	−1.19	−0.83	0.20	1.52
0.33	−2.00	−1.81	−1.69	−1.37	−0.67	0.09
0.50	−3.00	−2.80	−2.60	−2.13	−1.38	−0.68
F_2/F_3	\multicolumn{6}{c}{ζ_1}
0.06	0.00	0.05	0.05	−0.03	−0.32	−1.10
0.10	0.01	0.06	0.09	0.10	−0.03	−0.38
0.20	0.06	0.10	0.14	0.19	0.20	0.09
0.33	0.33	0.39	0.41	0.45	0.49	0.45
0.50	1.25	1.25	1.25	1.23	1.17	1.01

序号 24　名称：合流三通

图形：$v_1\,F_1 \longrightarrow \alpha \longrightarrow v_3\,F_3$，$v_2\,F_2$，$F_1+F_2=F_3$，$\alpha=60°$

F_2/F_3	\multicolumn{6}{c}{$q_{V,2}/q_{V,3}$}
	0.4	0.5	0.6	0.7	0.8	1.0
	\multicolumn{6}{c}{ζ_2}
0.06	43.5	68.0	—	—	—	—
0.10	14.6	23.0	33.1	—	—	—
0.20	3.30	5.40	7.80	10.5	13.7	—
0.33	0.91	1.80	2.73	3.70	4.70	6.60
0.50	−0.02	0.60	1.18	1.72	2.22	3.10
F_2/F_3	\multicolumn{6}{c}{ζ_1}
0.06	−2.03	−3.42	—	—	—	—
0.10	−0.96	−1.75	−2.75	—	—	—
0.20	−0.14	−0.50	−0.95	−1.50	−2.20	—
0.33	0.34	0.16	−0.10	−0.47	−0.85	−1.90
0.50	0.90	0.75	0.48	0.22	−0.05	−0.78

（续）

序号	名称	图形	局部阻力系数（按图内所示的速度值 v_0 计算）							

			$q_{V,2}/q_{V,3}$	F_2/F_3						
				0.1	0.2	0.3	0.4	0.5	0.8	1.0
				ζ_2						
25	合流三通	$v_1\ F_1$ — α — $v_3\ F_3$　$v_2\ F_2$　$F_1+F_2>F_3$　$F_1=F_3$　$\alpha=60°$	0	-1.00	-1.00	-1.00	-1.00	-1.00	-1.00	-1.00
			0.1	0.26	-0.42	-0.54	-0.58	-0.61	-0.62	-0.62
			0.2	3.35	0.55	0.03	-0.13	-0.23	-0.26	-0.26
			0.3	8.20	1.85	0.75	0.40	0.10	0.00	-0.01
			0.4	14.7	3.50	1.55	0.92	0.45	0.35	0.28
			0.5	23.0	5.50	2.40	1.44	0.78	0.58	0.50
			0.6	33.1	7.90	3.50	2.05	1.08	0.80	0.68
			0.7	44.9	10.0	4.60	2.70	1.40	0.98	0.84
			0.8	58.5	13.7	5.80	3.32	1.64	1.12	0.92
			0.9	78.9	17.2	7.65	4.05	1.92	1.20	0.99
			1.0	91.0	21.0	9.70	4.70	2.11	1.35	1.00
			$q_{V,2}/q_{V,3}$	ζ_1						
			0	0	0	0	0	0	0	0
			0.1	0.09	0.14	0.16	0.17	0.17	0.18	0.18
			0.2	0.00	0.16	0.23	0.26	0.29	0.31	0.32
			0.3	-0.40	0.06	0.22	0.30	0.32	0.41	0.42
			0.4	-1.00	-0.16	0.11	0.24	0.37	0.44	0.48
			0.5	-1.75	-0.50	-0.08	0.13	0.33	0.44	0.50
			0.6	-2.80	-0.95	-0.35	-0.10	0.25	0.40	0.48
			0.7	-4.00	-1.55	-0.70	-0.30	0.08	0.28	0.42
			0.8	-5.44	-2.24	-1.17	-0.64	-0.11	0.16	0.32
			0.9	-7.20	-3.08	-1.70	-1.02	-0.38	-0.08	0.18
			1.0	-9.00	-4.00	-2.30	-1.50	-0.68	-0.28	0.00

序号	名称	图形							
26	直角三通	v_2 → → v_2　v_1 ↓	v_2/v_1	0.6	0.8	1.0	1.2	1.4	1.6
			ζ_{12}	1.18	1.32	1.50	1.72	1.98	2.28
			ζ_{21}	0.6	0.8	1.0	1.6	1.9	2.5

（续）

序号	名称	图形	局部阻力系数（按图内所示的速度值 v_0 计算）					
27	分流三通（支管）	$v_1 F_1$ → α → $v_3 F_3$ → $v_2 F_2$ $F_2+F_3=F_1$ $α=0\sim90°$						

$α/(°)$	v_2/v_1					
	0.1	0.2	0.3	0.4	0.5	0.6
15	0.81	0.65	0.51	0.38	0.28	0.19
30	0.84	0.69	0.56	0.44	0.34	0.26
45	0.87	0.74	0.63	0.54	0.45	0.38
60	0.90	0.82	0.79	0.66	0.59	0.53
90	1.00	1.00	1.00	1.00	1.00	1.00

$α/(°)$	v_2/v_1					
	0.8	1.0	1.2	1.4	1.6	1.8	2.0
15	0.06	0.03	0.06	0.13	0.35	0.63	0.98
30	0.16	0.11	0.13	0.23	0.37	0.60	0.89
45	0.28	0.23	0.22	0.28	0.38	0.53	0.73
60	0.43	0.36	0.32	0.31	0.33	0.37	0.44
90	1.00	1.00	1.00	1.00	1.00	1.00	1.00

序号	名称	图形	局部阻力系数（按图内所示的速度值 v_0 计算）			
28	分流三通（支管）	$v_1 F_1$ → α → $v_3 F_3$ → $v_2 F_2$ $F_2+F_3>F_1$ $F_1=F_3$				

v_2/v_1	$α/(°)$			
	15	30	45	60
0	1.0	1.0	1.0	1.0
0.1	0.92	0.94	0.97	1.0
0.2	0.65	0.70	0.75	0.84
0.4	0.38	0.46	0.60	0.76
0.6	0.20	0.31	0.50	0.65
0.8	0.09	0.25	0.51	0.80
1.0	0.07	0.27	0.58	1.00
1.2	0.12	0.36	0.74	1.23
1.4	0.24	0.70	0.98	1.54
1.6	0.46	0.80	1.30	1.98
2.0	1.10	1.52	2.16	3.00
2.6	2.75	3.23	4.10	5.15
3.0	7.20	7.40	7.80	8.10
4.0	14.1	14.2	14.8	15.0
5.0	23.2	23.5	23.8	24.0
6.0	34.2	34.5	35.0	35.0
8.0	62.0	62.7	63.0	63.0

（续）

序号	名称	图形	局部阻力系数（按图内所示的速度值 v_0 计算）

29　分流三通（直管）

$\alpha = 0 \sim 90°$　No 1
$F_2 + F_3 > F_1$
No 2
$F_2 + F_3 = F_1$

$\alpha/(°)$	No 1	No 2					
	15~90	15~60	90				
v_3/v_1			F_3/F_1				
	0~1.0	0~1.0	0~0.4	0.5	0.6	0.7	>0.8
0	0.40	1.00	1.00	1.00	1.00	1.00	1.00
0.1	0.32	0.81	0.81	0.81	0.81	0.81	0.81
0.2	0.26	0.64	0.64	0.64	0.64	0.64	0.64
0.3	0.20	0.50	0.50	0.52	0.52	0.50	0.50
0.4	0.15	0.36	0.36	0.40	0.38	0.37	0.36
0.5	0.10	0.25	0.25	0.30	0.28	0.26	0.25
0.6	0.06	0.16	0.16	0.23	0.20	0.18	0.16
0.8	0.02	0.04	0.04	0.16	0.12	0.07	0.04
1.0	0.00	0.00	0.00	0.20	0.10	0.05	0.00
1.2	—	0.07	0.07	0.36	0.21	0.14	0.07
1.4	—	0.39	0.39	0.78	0.59	0.49	—
1.6	—	0.90	0.90	1.36	1.15	—	—
1.8	—	1.78	1.78	2.43	—	—	—
2.0	—	3.20	3.20	4.00	—	—	—

30　矩形三通

$\dfrac{F_2}{F_1}$	0.5	1
分流	0.304	0.247
合流	0.233	0.072

31　圆形三通

$\alpha = 90°$

合流（$R_0/D_1 = 2$）

$q_{V,3}/q_{V,1}$	0	0.10	0.20	0.30	0.40	0.50
ζ_1	-0.13	-0.10	-0.07	-0.03	0	0.03

$q_{V,3}/q_{V,1}$	0.60	0.70	0.80	0.90	1.0
ζ_1	0.03	0.03	0.03	0.05	0.08

分流（$F_3/F_1 = 0.5$；$q_{V,3}/q_{V,1} = 0.5$）

R_0/D_1	0.5	0.75	1.0	1.5	2.0
ζ_1	1.10	0.60	0.40	0.25	0.20

（续）

序号	名称	图形	局部阻力系数（按图内所示的速度值 v_0 计算）					

32　90°矩形断面吸入三通

$\dfrac{q_{V,2}}{q_{V,1}}$	F_2/F_3			F_2/F_3	
	0.25	0.5	1.0	0.5	1.0
	ζ_2			ζ_3	
0.1	−0.60	−0.60	−0.60	0.20	0.20
0.2	0.00	−0.20	−0.30	0.20	0.22
0.3	0.40	0.00	−0.10	0.10	0.25
0.4	1.20	0.25	0.00	0.00	0.24
0.5	2.30	0.40	0.10	−0.10	0.20
0.6	3.60	0.70	0.20	−0.20	0.18
0.7		1.00	0.30	−0.30	0.15
0.8		1.50	0.40	−0.40	0.00

33　90°矩形断面送出三通

$\dfrac{q_{V,2}}{q_{V,1}}$	F_2/F_1			F_2/F_1		
	0.25	0.5	1.0	0.5	1.0	0.25
	ζ_2			ζ_3		
0.1	0.70	0.61	0.65	0.68	—	—
0.2	0.50	0.50	0.55	0.56	—	—
0.3	0.60	0.40	0.40	0.45	—	—
0.4	0.80	0.40	0.35	0.40	0.05	0.03
0.5	1.25	0.50	0.35	0.30	0.15	0.05
0.6	2.00	0.60	0.38	0.29	0.20	0.12
0.7	—	0.80	0.45	0.29	0.30	0.20
0.8	—	1.05	0.58	0.30	0.40	0.29
0.9	—	1.50	0.75	0.38	0.46	0.35

34　压出四通

v_2/v_1	0.6	0.8	1.0	1.2	1.4	1.6
ζ_1	0	0	0	0	0	0
ζ_2	1.0	0.4	0.2	0.1	0.05	0

35　吸入四通

v_2/v_1	0.6	0.8	1.0	1.2	1.4	1.6
ζ_1	0.4	0.35	0.2	0.1	0	0
ζ_2	−1.8	−0.7	0	0.1	0.25	0.35

（续）

序号	名称	图形	局部阻力系数（按图内所示的速度值 v_0 计算）								

36　侧孔送风

v_1/v_0	0.6	0.8	1.0	1.2	1.4	1.6	1.8	2.0	2.2
ζ_0	1.7	1.7	1.8	1.9	2.1	2.3	2.6	3.0	3.5
v_1/v_0	0.4	0.5	0.6	0.8					
ζ_1	0.06	0.01	-0.03	-0.06					

37　侧孔吸风

$\dfrac{F_2}{F_1}$	$q_{V,2}/q_{V,0}$				
	0.1	0.2	0.3	0.4	0.5
	ζ_0				
0.1	0.8	1.3	1.4	1.4	1.4
0.2	-1.4	0.9	1.3	1.4	1.4
0.4	-9.5	0.2	0.9	1.2	1.3
0.6	-21.2	-2.5	0.3	1.0	1.2

$\dfrac{F_2}{F_1}$	$q_{V,2}/q_{V,0}$			
	0.1	0.2	0.3	0.4
	ζ_1			
0.1	0.1	-0.1	-0.8	-2.56
0.2	0.1	0.2	-0.01	-0.6
0.4	0.2	0.3	0.3	0.2
0.6	0.2	0.3	0.4	0.4

38　侧面送风口

$$\zeta = 2.04$$

39　孔板送风口

开孔率 $= \dfrac{孔面积}{a \times b}$

$v/$ （m/s）	开孔率				
	0.2	0.3	0.4	0.5	0.6
0.5	300	120	60	36	23
1.0	330	130	68	41	27
1.5	350	145	74	46	30
2.0	390	155	78	49	32
2.5	400	165	83	52	34
3.0	410	175	86	55	37

$$\Delta p = \zeta \frac{v^2 \rho}{2}$$

v 为面风速

（续）

序号	名称	图形	局部阻力系数（按图内所示的速度值 v_0 计算）					
40	风管入口（装设圆形排风罩）		$\theta/(°)$	20	0.02			
				40	0.03			
				60	0.05			
				90	0.11			
				120	0.20			
41	风管入口（装设矩形排风罩）		$\theta/(°)$	20	0.13			
				40	0.08			
				60	0.12			
				90	0.19			
				120	0.27			
42	风管入口（装设孔板）		A_1/A_2	0.4	9.61			
				0.6	3.08			
				0.8	1.17			
				1.0	0.48			
43	带外挡板的条缝形送风口		v_1/v_0	0.6	0.8	1.0	1.2	1.5	2.0
			ζ_1	2.73	3.3	4.0	4.9	6.5	10.4
44	单面空气分布器		当网络净面积为80%时　$r=0.2D$　$R=1.2D$ $b=0.7D$　$l=1.25D$ $\zeta=1.0$　$K=1.8D$					
45	双面空气分布器		一般　　$\zeta=1.0$ 防火　　$\zeta=3.5$					

（续）

序号	名称	图形	局部阻力系数（按图内所示的速度值 v_0 计算）										
46	散流器（盘式）		H/d	0.2		0.4		0.6~1.0					
			ζ	3.4		1.4		1.05					
47	散流器		1.0										

序号	名称			$\alpha/(°)$								
		$\dfrac{nb}{2(a+b)}$	0	10	20	30	40	50	60	70	80
48	矩形风道对开式阀 n—叶片数	0.3	0.52	0.85	2.1	4.1	9.0	21	73	284	807
		0.4	0.52	0.92	2.2	5.0	11	28	100	332	915
		0.5	0.52	1.0	2.3	5.4	13	33	122	377	1045
		0.6	0.52	1.0	2.3	6.0	14	38	148	411	1121
		0.8	0.52	1.1	2.4	6.6	18	54	188	495	1299
		1.0	0.52	1.2	2.7	7.3	21	65	245	547	1521
		1.5	0.52	1.4	3.2	9.0	28	107	361	677	1654

序号	名称	图形	$\alpha/(°)$	10	15	20	30	40	45	50	60	70
49	圆形风道内蝶阀		ζ	0.52	0.95	1.54	3.80	10.8	20	35	118	751

序号	名称	图形	$\alpha/(°)$	0	10	15	20	30	40	45	50	60	70	75
50	矩形风道内四平行叶片阀		ζ	0.83	0.93	1.05	1.35	2.57	5.19	7.08	10.4	23.9	70.2	144

序号	名称	图形	ζ	$h/H(h/d)$								
				0.1	0.2	0.3	0.4	0.5	0.6	0.7	0.8	0.9
51	插板阀		圆管	97.8	35	10.0	4.6	2.06	0.98	0.44	0.17	0.06
			矩形管	193	44.5	17.8	8.12	4.0	2.1	0.95	0.39	0.09

序号	名称	图形	ζ	F_0/F_1								
				0.2	0.3	0.4	0.5	0.6	0.7	0.8	0.9	1.0
52	固定直百叶风口		进风	33	13	6.0	3.8	2.2	1.3	0.8	0.52	0.5
			出风	33	14	7.0	4.0	3.5	2.6	2.0	1.75	1.05

序号	名称	图形	ζ	F_0/F_1									
				0.1	0.2	0.3	0.4	0.5	0.6	0.7	0.8	0.9	1.0
53	固定斜百叶风口		进风	—	45	17	68	4.0	2.3	1.4	0.9	0.6	0.5
			出风	—	58	24	13	8.0	5.3	3.7	2.7	2.0	1.5
54	活动百叶风口	同上	进风1.4；出风3.5 （$F_0/F_1=0.8$）										

附录6　通风管道统一规格

一、圆形风管的规格

外径 D /mm	钢板制风管		塑料制风管		外径 D /mm	除尘风管		气密性风管	
	外径允许偏差/mm	壁厚/mm	外径允许偏差/mm	壁厚/mm		外径允许偏差/mm	壁厚/mm	外径允许偏差/mm	壁厚/mm
100					80 90 100				
120					(110) 120				
140		0.5		3.0	(130) 140				
160					(150) 160				
180					(170) 180				
200	±1		±1		(190) 200	±1	1.5	±1	2.0
220					(210) 220				
250					(240) 250				
280					(260) 280				
320		0.75		4.0	(300) 320				
360					(340) 360				
400					(380) 400				
450					(420) 450				

（续）

外径 D /mm	钢板制风管		塑料制风管		外径 D /mm	除尘风管		气密性风管	
	外径允许偏差/mm	壁厚/mm	外径允许偏差/mm	壁厚/mm		外径允许偏差/mm	壁厚/mm	外径允许偏差/mm	壁厚/mm
500	±1	1.0	1.5	4.0	(480) 500	±1	2.0	±1	3.0~4.0
560					(530) 560				
630				5.0	(600) 630				
700					(670) 700				
800					(750) 800				
900					(850) 900				
1000					(950) 1000				
1120					(1060) 1120				
1250		1.2~1.5			(1180) 1250				
1400				6.0	(1320) 1400				
1600					(1500) 1600				
1800					(1700) 1800		3.0		4.0~6.0
2000					(1900) 2000				

二、矩形管道规格

外边长 $A \times B$ /(mm×mm)	钢板制风管 外边长允许偏差/mm	钢板制风管 壁厚/mm	塑料制风管 外边长允许偏差/mm	塑料制风管 壁厚/mm
120×120				
160×120				
160×160		0.5		
200×120				
200×160				
200×200				
250×120				
250×160				3.0
250×200				
250×250				
320×160				
320×200	−2		−2	
320×250				
320×320		0.75		
400×200				
400×250				
400×320				
400×400				
500×200				4.0
500×250				
500×320				
500×400				
500×500				
630×250				
630×320		1.0	−3	5.0
630×400				

外边长 $A \times B$ /(mm×mm)	钢板制风管 外边长允许偏差/mm	钢板制风管 壁厚/mm	塑料制风管 外边长允许偏差/mm	塑料制风管 壁厚/mm
630×500				
630×630				
800×320				5.0
800×400				
800×500				
800×630				
800×800		1.0		
1000×320				
1000×400				
1000×500				
1000×630				
1000×800	−2		−3	
1000×1000				6.0
1250×400				
1250×500				
1250×630				
1250×800				
1250×1000				
1600×500		1.2		
1600×630				
1600×800				
1600×1000				
1600×1250				8.0
2000×800				
2000×1000				
2000×1250				

附录7 各种粉尘的爆炸浓度下限

名称	爆炸浓度/(g/m³)	名称	爆炸浓度/(g/m³)
铝粉末	58.0	面粉	30.2
蒽	5.0	萘	2.5
酪素赛璐珞尘末	8.0	燕麦	30.2
豌豆	25.2	麦糠	10.1
二苯基	12.5	沥青	15.0
木屑	65.0	甜菜糖	8.9
渣饼	20.2	甘草尘土	20.2
工业用酪素	32.8	硫黄	2.3
樟脑	10.1	硫矿粉	13.9
煤末	114.0	页岩粉	58.0
松香	5.0	烟草末	68.0
饲料粉末	7.6	泥炭粉	10.1
咖啡	42.8	六次甲基四胺	15.0
燃料	270.0	棉花	25.2
马铃薯淀粉	40.3	菊苣（蒲公英属）	45.4
玉蜀黍	37.8	茶叶末	32.8
木质	30.2	兵豆	10.1
亚麻皮屑	16.7	虫胶	15.0
玉蜀黍粉	12.6	一级硬橡胶尘末	7.6
硫的磨碎粉末	10.1	谷仓尘末	227.0
奶粉	7.6	电子尘	30.0

附录8 气体和蒸气的爆炸极限

名　称	气体、蒸气相对密度	爆炸极限				生产类别	发火点/℃
		体积分数（%）		质量浓度/（mg/m³）			
		下限	上限	下限	上限		
氨	0.59	16.00	27.00	111.20	187.20	乙	
松节油	—	0.80	—	44.50	—	乙	
汽　油	3.15	1.00	6.00	37.20	223.20	甲	−50 ~ +30

（续）

名　　称	气体、蒸气相对密度	爆炸极限				生产类别	发火点/℃
		体积分数（%）		质量浓度/（mg/m³）			
		下限	上限	下限	上限		
煤　油	—	1.40	7.50	—	—	甲	+28
照明气	0.50	8.00	24.50	47.05	145.20	甲	
氢	0.07	9.15	75.00	3.45	62.50	甲	
水煤气	0.54	12.00	66.00	81.50	423.50	乙	
发生炉煤气	2.90	20.70	73.70	221.00	755.00	乙	
高炉煤气	—	35.00	74.00	315.00	666.00	乙	
苯	2.77	1.50	9.50	49.10	31.00	甲	−50 ~ +10
甲　苯	3.20	1.20	7.00	45.50	266.00	甲	
甲　烷	0.55	5.00	16.00	32.60	104.20	甲	
乙　烷	1.03	3.00	15.00	30.10	180.50	甲	
丙　烷	1.52	2.30	9.50	41.50	170.50	甲	
丁　烷	2.00	1.60	8.50	38.00	210.50	甲	
戊　烷	2.49	1.40	8.00	41.50	237.00	甲	−10
丙　酮	2.00	2.90	13.00	69.00	308.00	甲	−17
二氯化乙烯	3.55	9.70	12.80	386.00	514.00	甲	+6
氯化乙烯	—	3.00	80.00	54.00	144.00	甲	
甲　醇	—	6.00	36.50	78.50	478.00	甲	−1 ~ +32
乙　烯	0.97	3.00	34.00	34.80	392.00	甲	
丙　烯	1.45	2.00	11.00	34.40	190.00	甲	
乙　炔	0.90	3.50	82.00	37.20	870.00	甲	
乙　醇	1.59	3.50	18.00	66.20	340.10	甲	+9 ~ +32
丙　醇	2.10	2.50	8.70	62.30	226.00	甲	+22 ~ +45
丁　醇	—	3.10	10.20	94.00	309.00	甲	+27 ~ +34
硫化氢	1.19	4.30	45.50	60.50	642.20	甲	
二硫化碳	2.60	1.90	81.30	58.80	250.00	甲	−43

信 息 反 馈 表

尊敬的老师：您好！

感谢您多年来对机械工业出版社的支持和厚爱！为了进一步提高我社教材的出版质量，更好地为我国高等教育发展服务，欢迎您对我社的教材多提宝贵意见和建议。另外，如果您在教学中选用了《通风工程》第 2 版（王汉青　主编），欢迎您提出修改建议和意见。索取课件的授课教师，请填写下面的信息，发送邮件即可。

一、基本信息

姓名：_____　性别：_____　职称：_____　职务：_____

邮编：_____　地址：_____

学校：_____　院系：_____　任课专业：_____

任教课程：_____　手机：_____　电话：_____

电子邮件：_____　QQ：_____

二、您对本书的意见和建议

（欢迎您指出本书的疏误之处）

三、您对我们的其他意见和建议

请与我们联系：

100037　机械工业出版社·高等教育分社

Tel：　010 - 88379 9542（O）　刘涛

E - mail：ltao929@163.com　QQ：1847737699

http：//www.cmpedu.com（机械工业出版社·教育服务网）

http：//www.cmpbook.com（机械工业出版社·门户网）